페랑디
파티스리

Ferrandi Pâtisserie © Flammarion Paris 2017

Korean edition arranged through Bestun Korea Agency, Seoul.
Korean Translation Copyright © ESOOP Publishing Co., Ltd., 2018
All rights reserved.

이 도서의 국립중앙도서관 출판예정도서목록(CIP)은
서지정보유통지원시스템 홈페이지(http://seoji.nl.go.kr)와
국가자료공동목록시스템(http://www.nl.go.kr/kolisnet)에서
이용하실 수 있습니다.(CIP제어번호: CIP2018041262)

페랑디 파티스리

1판 1쇄 발행일 2019년 2월 1일
편   저 : 에콜 페랑디 파리
사   진 : 리나 누라
번   역 : 강현정
발행인 : 김문영
펴낸곳 : 시트롱마카롱
등   록 : 제2014-000153호
주   소 : 서울시 중구 장충단로 8가길 2-1
페이지 : www.facebook.com/CimaPublishing
이메일 : macaron2000@daum.net
ISBN : 979-11-953854-9-2 03590

FERRANDI
PARIS

편저 에콜 페랑디 파리
사진 리나 누라
번역 강현정

페랑디
파티스리

PÂTIS
SERIE

페랑디 요리 학교의
모든 테크닉과 레시피

CITRON MACARON

The Kitchen

FERRAND

L'ÉCOLE FRANÇAISE DE GASTRONOMIE · PARIS

책을 펴내며

에콜 페랑디의 첫 번째 책인 『페랑디 요리 수업(*Le Grand Cours de Cuisine de Ferrandi*)』은 출간 이래 꾸준한 베스트셀러로 자리매김하면서 여러 언어로 번역되었고 각종 수상의 영광을 안았습니다. 그 뒤를 이은 작업으로 파티스리 책을 펴내는 것은 어찌 보면 당연한 수순이겠지요.

전 세계적으로 인기를 누리고 있는 프랑스의 제과제빵 분야는 그 우수성과 독창성으로 반박할 여지 없는 최고의 명성을 얻어왔고, 에콜 페랑디에서 파티스리 수업을 시작한 지도 곧 100년이 되어갑니다.

에콜 페랑디 교육 철학의 중심에는 전통적인 노하우를 전수하고 창의적인 혁신을 장려한다는 두 가지의 기본 목표가 있습니다. 우리 학교의 독보적인 강점이라 할 수 있는 관련 업계와의 긴밀한 연계 덕택에, 전통 교육에만 머무르지 않고 늘 시대와 함께 발전해나가는 실용적인 접근이 가능하게 되었고, 이로 인해 페랑디는 전 세계에서 모범적인 기준으로 손꼽히는 요리 학교로 우뚝 서게 되었습니다.

예술적인 동시에 장인 정신이 돋보이는 제과제빵 분야를 다룬 이 책은 단순히 레시피만으로 채워진 요리책의 차원을 넘어 페랑디 학교의 정신을 잘 보여줄 수 있는 폭넓은 내용을 알차게 담고 있습니다. 학교의 교육 철학에 따라, 제과제빵의 기본 테크닉을 자세히 설명하고 있는 것은 물론이고, 정확하고도 섬세한 표현의 예술인 파티스리의 필수 요소라 할 수 있는 창의성과 더 신선한 아이디어를 모색하는 데도 좋은 자극제가 될 것입니다.

젊은 학생들뿐 아니라 새롭게 직종을 바꾼 일반인, 또는 특별 수업에 참가하는 일반 애호가들에 이르기까지 페랑디 학교의 수강생 층은 매우 다양합니다. 이들에게 지식과 기술을 전수하는 교수진은 넘치는 열정과 높은 수준을 엄격하게 적용하며 교육에 임합니다. 이렇듯 언제나 최고의 수준을 유지하려는 노력 덕분에 제과제빵이라는 프랑스의 미식 예술은 전 세계에 널리 퍼져 더 많은 사람이 나누게 되었습니다. 프랑스 파티스리가 갖는 지위와 명성이 그 어느 때보다 더 커진 이 시점에 이 책이 나오게 되어 파티스리 분야의 발전에 기여할 수 있으리라 기대합니다.

이 책이 나오기까지 열정을 갖고 도움을 주신 페랑디 학교 담당자 여러분, 특히 책 출간 프로젝트를 꼼꼼하게 진행해준 코디네이터 오드리 자네(Audrey Janet)와 스테비 앙투안(Stévy Antoine), 카를로스 세르케이라(Carlos Cerqueira), 클로드 시롱(Claude Chiron), 브뤼노 시레(Bruno Ciret), 레지스 페레(Régis Ferey), 알랭 기요맹(Alain Guillaumin), 에두아르 오뷔(Edouard Hauvuy)를 비롯한 여러 파티스리 셰프들에게 깊은 고마움을 전합니다.

또한 이 책의 수준 높은 구성을 위해 자신들의 소중한 레시피 하나씩을 기꺼이 내준 오펠리 바레스(Ophélie Barès), 크리스텔 브뤼아(Christelle Brua), 크리스틴 페르베르(Christine Ferber), 니나 메타예르(Nina Métayer), 크리스토프 아당(Christophe Adam), 쥘리앵 알바레즈(Julien Alvarez), 니콜라 바셰르(Nicolas Bacheyre), 니콜라 베르나르데(Nicolas Bernardé), 니콜라 부생(Nicolas Boussin), 얀 브리스(Yann Brys), 프레데릭 카셀(Frédéric Cassel), 공트랑 셰리에(Gontran Cherrier), 필립 콩티치니(Philippe Conticini), 얀 쿠브뢰르(Yann Couvreur), 크리스토프 펠데르(Christophe Felder), 세드릭 그롤레(Cédric Grolet), 피에르 에르메(Pierre Hermé), 장 폴 에뱅(Jean-Paul Hévin), 아르노 라레르(Arnaud Larher), 질 마샬(Gilles Marchal), 피에르 마르콜리니(Pierre Marcolini), 칼 마를레티(Carl Marletti), 얀 멍기(Yann Menguy), 크리스토프 미샬락(Christophe Michalak), 앙젤로 뮈자(Angelo Musa), 필립 위라카(Philippe Urraca)를 비롯한 프랑스 정상급 파티스리 셰프들, 졸업생, 객원 교수, 자문위원회 회원 여러분에게도 진심으로 감사의 뜻을 표합니다. 에콜 페랑디의 교육에 그들의 존재는 그 무엇보다도 소중합니다.

브뤼노 드 몽트(Bruno de Monte)
에콜 페랑디 파리 교장

차례

FERRANDI
PARIS

**개교 백 주년을
맞이하는
요리 학교**

페랑디 파리 요리 학교는 최고를 지향한다는 신념하에 그간 수많은 요리사, 파티시에, 레스토랑 종사자 및 호텔 매니지먼트 전문가들을 교육하여 배출해냈다. 수 세대에 걸친 많은 유명 셰프들은 관련 업계와의 연계에 기초를 둔 혁신적인 페랑디의 교육을 받았다. 프랑스 국립 요리 학교인 **페랑디 파리**의 독보적인 특징은 무엇일까? **페랑디 파리**는 CAP(직업학교 자격증. 고등학교 과정), 학사(Bachelor), 석사(Master) 과정, 실습생이나 직종을 전환한 일반인을 위한 과정 등 다양한 층의 학생들을 대상으로 최고 수준의 교육을 진행하고 있다. 또한 국제부 프로그램을 통해 프랑스인 이외에 해외 여러 나라에서 온 학생들에게도 동일한 수준의 우수한 교육과 훈련을 제공한다. **페랑디 파리**의 우수성은 이러한 다양성과 교육적 창의성에서 나오는 것이다. 끊임없이 입학하고 졸업하는 젊은 학생들, 관련 업체의 전문가들, 직종을 바꾼 일반인들 또는 더욱 완벽한 요리 기술을 습득하고자 하는 개인 요리 애호가 수강생들까지 **페랑디 파리**를 구성하는 학생들의 배경과 학습 목적은 매우 다양하며, 요식 업계뿐 아니라 호텔 경영(hospitality management) 분야까지 광범위하게 어우르고 있다. 기술적인 배움의 엄격함과 관련 업계에서의 현장 경험을 조화롭게 결합하는 교육을 표방하는 **페랑디 파리**는 오늘도 늘 각계 전문가들의 의견에 귀를 기울이며 선구자로서, 정상의 자리를 지키기 위해 끊임없이 진화하고 있다. **페랑디 파리**는 이미 30여 년 전부터 학사 과정(BAC+3, Bachelor) 프로그램을 개설해 운영하고 있는 최초의 요리 학교다.

단순한 학교를 넘어
미식 업계 전체를 위한 혁신과 교류가 있는
프랑스 가스트로노미의 중심지,
페랑디 파리

**최고를 향한
노력**

페랑디 파리는 HEC Paris 경영대학원, ESSEC 비즈니스 스쿨, GOBELIN 비주얼 아트 스쿨 등과 마찬가지로 파리 일드프랑스(Paris-île-de-France) 상공회의소에 소속된 21개의 교육 기관 중 하나이며, 고등학교 과정인 CAP부터 석사 과정인 Master(bac +5)까지 총괄적인 교과 과정을 갖춘 프랑스의 유일한 요리 학교다. 견습(무료 수강, 보수 지급)부터 제과제빵 고급 과정 프로그램까지 **페랑디 파리**는 학생들에게 최상의 교육을 제공하기 위해 끊임없이 교수법과 교과 과정을 검토하고 보강하며 진화하고 있다. 케이터링과 테이블 세팅, 제빵, 제과, 접객 관리에 이르기까지 모든 수강생들은 '엄격한 기준의 강도 높은 학습'이라는 페랑디의 기본 철학을 함께 나누고 있다. 이는 최고가 되기 위해서는 필수적인 관문이기 때문이다.

**다양한
수강생**

페랑디 요리 학교는 파리 본교와 파리 외곽 주이 앙 조자스(Jouy-en-Josas, Yvelines), 생 그라티엥(Saint-Gratien, Val-d'Oise) 등 세 곳에 캠퍼스가 있다. 그 외에 보르도 트레이닝 센터(보르도 상공회의소 소속)가 있고, 앞으로 새로운 분교들도 설립될 예정이다. 매년 2,300명에 달하는 실습생과 학생들이 CAP 과정부터 석사 과정까지 분포되어 수강하고 있으며, 300여 명의 해외 학생들이 국제부 프로그램에 등록하고 있다. 또한 2,000명의 전업자나 평생 교육 과정 신청자들이 **페랑디 파리** 캠퍼스에서 교육을 받는다. 공립 교육 기관인 **페랑디 파리**는 그 본연의 성격에 따라 학생의 70%가 무상 수업 혜택을 받는다(CAP, 직업 계열 바칼로레아 BAC pro, 심화 과정인 mention complémentaire, 전문 학위 과정인 BTS). 이론 수업과 연계 업체 현장에서의 실습 모두 포함된다. 특히 현장에서 익히는 실습에 기반을 둔 교육 방식은 매우 효과적이며, 그 결과는 98%라는 놀라운 합격률로 증명되고 있다. 이 분야의 자격증 취득률로는 프랑스 최고 수준이다.

**전문 업계와
긴밀하게 연계된
교수진**

100명에 달하는 **페랑디 파리**의 정규 교수진은 이미 프랑스 내 또는 해외의 유수 기업 또는 업장에서 10년 이상의 경력을 쌓은 최고 수준의 전문가들이다. 이들 중 몇몇은 프랑스 명장(MOF) 타이틀 소지자이고 다수의 상을 받은 경력이 있다. 이러한 탄탄한 실력을 갖춘 내부 교수진 외에 현업 유명 셰프나 파티시에들도 초빙되어 연중 내내 활발히 기획되는 마스터클래스나 특정 테마를 다루는 이벤트 강좌 및 시연 등을 진행한다.

또한 정기적으로 해외의 유명 셰프들을 초청하여 학생들이 현재 국제 미식 문화의 트렌드를 익히고 이에 대비해나갈 수 있도록 돕는다. 마찬가지로 국제부 교수진은 세계 여러 나라에서 초청을 받아 프랑스 요리와 파티스리의 기술을 전수하는 워크숍을 열기도 한다. 이와 같이 교육 현장과 실제 관련 업계를 긴밀히 연결하는 것이 바로 **페랑디 파리**가 가장 중요하게 여기는 부분이고, 이는 곧 학생들에게는 미래의 성공을 여는 중요한 열쇠가 된다.

**파리에 위치한
미식의 장**

총면적 25,000제곱미터의 **페랑디 파리** 건물은 파리 시내 중심지 생제르맹데프레(Saint-Germain-des-Prés)에 위치하고 있다. 역사적인 건물 안에 마련된 35개의 실습실을 비롯한 첨단 시설들은 학생들에게 최적의 학습 환경을 제공하고 있으며, 학생들이 실무를 담당하고 있는 2개의 레스토랑은 일반 대중에게도 개방된다.

파리 중심에 위치한 진정한 미식의 장이라 할 수 있는 **페랑디 파리**는 미식 축제와 같은 행사 기간 동안 일반 대중을 위한 강연회나 이벤트를 열기도 한다. 또한 쿠킹 스튜디오가 마련되어 있어 개인이나 소그룹을 위한 클래스도 진행한다. **페랑디 파리**의 전문 교수진과 함께하는, 일반인을 위한 단기 요리 수업이 주로 이곳에서 이루어진다. 그 밖에도 프랑스 셰프 협회 등에서 주최하는 요리 및 파티스리 경연 대회가 연간 30~50회 정도 열리며, 다양한 요리 관련 이벤트가 다채롭게 개최된다. 현업에서 활동하고 있는 페랑디 졸업생들도 전문가를 위한 고급 과정 특별 강의를 들으러 학교를 방문하는 등 최고를 향한 노력은 끊임없이 계속된다. 이렇듯 배움의 터전인 **페랑디 파리**는 늘 실제 미식의 현장과 가깝게 연결되어 있다.

**실습 위주의
교육**
———

실습, 정확한 기법, 프랑스 가스트로노미의 전통 테크닉 및 기본 노하우 습득이라는 기본 공식은 페랑디 교육의 근간과도 일맥상통한다. 큰 강의실에서 교수가 보여주는 시연 수업 참관 대신 학생들은 집중적인 실제 연습을 통해 최고의 전문 기술을 배우고 익힌다. 아침 6시가 되면 벌써 학교는 연령층과 배경이 다양한 학생들의 실습 열기로 활기를 띤다. 실습 레스토랑의 주방과 홀에서는 학생들이 실제와 동일한 상황에 실전 투입되어 배운 것을 직접 실행에 옮기며 훈련한다. 그뿐만 아니라 학생들은 연중 내내 개최되는

다양한 요리 및 파티스리 행사에 참가함으로써 그간 수업을 통해 익힌 지식과 기술, 노하우를 실제로 활용해볼 기회를 갖는다.

**세계적인
학교로**
———

프랑스인들의 식문화가 2010년 유네스코 인류무형문화유산으로 등재됨으로써 역사적으로 그 위상을 지켜온 프랑스의 미식 문화는 또 한 번 세계적으로 인정과 주목을 받게 되었다. 프랑스의 요리와 파티스리 노하우는 세계 최고로 여겨지고 있으며, 이것을 경험하고 배우려는 수요는 점점 늘고 있다. **페랑디 파리**는 이러한 목표를 갖고 찾아오는 세계 각국의 학생들에게 최고의 교육을 제공하여 그들이 수준 높은 프랑스 요리 및 제과제빵 노하우와 실력을 전 세계에서 발휘하고 전수할 수 있도록 중요한 조력자 역할을 하고 있다.

최고의 명성을 얻고 있는 **페랑디 파리**는 매년 30개국이 넘는 나라에서 300여 명의 학생들이 찾아와 수업을 받는다. 그들은 일반 요리, 제과제빵 과정 수강뿐 아니라 특정 전문 분야를 위해 개설되는 단기 연수(training weeks) 등을 통해 프랑스의 가스트로노미를 익히고, 자신들이 배운 것을 세계 여러 나라로 돌아가 전파한다. 페랑디 학생들은 단지 학교 내에서의 실습 교육에만 국한하지 않고 다양한 견학, 테이스팅, 프랑스 전역에 걸친 음식 관련 업체 방문 등을 통해 와인, 테루아를 체험하고 원재료 생산자들이나 유명한 전문 시장 등을 방문함으로써 폭넓은 배움의 기회를 갖는다.

미식의 국제 교류라는 중요한 틀 안에서 **페랑디 파리**는 디종 국제 미식 와인 센터(Cité internationale de la gastronomie et du vin)와의 협업을 통해 해외 학생들을 위한 프랑스 요리 파티스리 교육 센터 설립을 준비하고 있고, 이는 2019년에 문을 열 예정이다. 또한 페랑디 파리의 국제부 교수진들은 종종 세계 각국에 초빙되어 단기 교육 과정, 또는 요리 파티스리 지도자나 현업 스태프들을 위한 특별 워크숍 등을 진행하고 있다.

전문가를 위한 학교

페랑디 파리는 해당 분야의 현업 전문가들이 새로운 테크닉이나 트렌드를 익히고자 할 때 언제든지 교육받을 수 있는 평생 교육 프로그램을 제공하고 있다. 제과제빵, 테이블 세팅, 경영 관리, 위생관리, 업계 필수 교육 등 이 분야의 직업인이라면 꼭 필요한 내용의 다양한 강의가 매년 60개 이상 단기 코스로 마련되어 있다. 강의 내용은 새로운 경향이나 기법(채식, 수비드 등)의 변화 및 발전 등을 감안해 늘 새롭게 개선·보강되며, 프랑스 내에서는 물론이고 해외에서의 창업을 지원하기도 한다. 이 밖에도 **페랑디 파리**는 특정 레스토랑 및 농산물 가공 전문 업체를 위한 맞춤형 교육 및 컨설팅을 제공하고 있다. 레스토랑과 식품 관련 업체들은 특화된 페랑디의 자문과 교육 내용을 통해 최적화한 도움을 받을 수 있다.

혁신을 통한 꾸준한 발전

35년 전 이미 학사 과정(Bachelor)을 개설했고 그 이후로도 꾸준하게 교육 강좌 내용을 효율적으로 업데이트해 나감으로써 **페랑디 파리**는 미식 분야는 물론, 그 독보적인 혁신 정신으로 경영 분야에서도 변화를 앞서 나가는 기관으로 우뚝 서게 되었다. 여러 분야에서 선구자 역할을 하고 있는 **페랑디 파리**는 전 세계가 본보기로 삼을 만큼 요리 학교의 모범적 기준이라는 평판을 얻게 되었다. 페랑디는 현재에 안주하지 않고 세계를 향해, 새로운 테크놀로지에, 그리고 나아가 미식 분야에 영향을 줄 수 있는 타 분야의 지식에까지도 활짝 열려 있는 학교다. 학생들에게 더욱 폭넓은 외부 기관과의 연계 기회를 제공하기 위해 **페랑디 파리**는 투르의 프랑수아 라블레 대학(Université François Rabelais de Tours)이나 프랑스 패션 인스티튜트(Institut français de la mode) 등 다수의 교육 기관과 협력 결연을 맺고 있다. 또한 파리의 유명 비주얼 아트 스쿨인 고블랭(GOBELINS)과는 푸드와 사진을 주제로 한 워크숍을 진행함으로써 각기 다른 두 분야의 교류와 협업을 시도하고 있다.

일반 대중도 누구에게나 개방된 온라인 무료 강의인 무크(MOOC, Massive Open Online Courses)를 통해서 **페랑**

디 파리 교육의 혜택을 누릴 수 있다. 최초의 페랑디 무크 강좌는 2015년 시작되었는데, 오늘날 미식계에서 새롭게 부상하고 있는 분야인 '푸드 디자인'에 관한 것이었다. 2017년에는 두 번째 무크 강좌가 '미식 트렌드'라는 주제로 시작되었다. 이 수업에서는 기존의 자료를 모니터링하여 앞으로 다가올 미래의 변화를 예측하고 이에 따른 혁신을 모색하는 방향을 제시한다. 차기 페랑디 무크 강의에서는 '푸드 스타일링'을 다룰 예정이다.

우수한 파트너십
—

페랑디 파리는 업계 현장과 긴밀한 관계를 유지하고 있을 뿐 아니라 미식계의 주요 전문가 협회 및 기관들과도 지속적인 파트너십을 이어가고 있다. 프랑스 요리 아카데미(Académie culinaire de France), 프랑스 요리사 협회(Cuisiniers de France, Cuisiniers de la République), 프랑스 조리사 협회(Toques françaises), 국제 조리사 협회(Toques blanches international club), 프랑스 요리 명인 협회(Maîtres cuisiniers de France), 레스토랑 운영자 협회(Maîtres restaurateurs), 국립 요리사 아카데미(Académie nationale des cuisiniers), 프로스페르 몽타녜 미식 클럽(Club Prosper Montagné), 유로 토크 프랑스(Euro-Toques France)와 같은 단체에서

주최하는 공식 행사나 이벤트에 페랑디 학생들이 참가하도록 독려하고 이를 통해 전문가들과의 교류 및 지식 전수의 기회를 제공한다. 그뿐만 아니라 **페랑디 파리**는 다수의 민간 기업과도 파트너십을 갖고 있으며, 이에 자문 또는 감사 역할이나 맞춤형 컨설팅을 제공하고 있다.

페랑디의 파티스리
—

직업 고등학교 과정인 CAP부터 학사 과정 파티스리 전공(Bachelor arts culinaires et entrepreneuriat, option pâtisserie), 나아가 파티스리 고급 과정에 이르기까지 다양하게 진행되는 교과 과정은 **페랑디 파리**를 이루는 큰 축의 하나다. 파티스리를 단지 좋아하는 것만으로는 훌륭한 파티시에가 될 수 없다. 모든 요리 부문에서 강조하는 엄격함과 정확성은 파티스리 분야에서는 더욱더 중요하고, 이 분야의 광범위한 테크닉(제빵, 아이스크림, 초콜릿 등)을 마스터하는 데 없어서는 안 되는 필수 요건이다.
또한 창의성도 매우 중요한 요소다. 단지 데커레이션뿐 아니라 새

로운 디저트를 개발하는 데 맛과 향, 질감, 색깔 등의 독창성이 요구된다. 엄격함과 창의성이라는 두 마리 토끼를 다 잡기 위해서 파티시에는 다방면에 능한 예술가가 되어야 한다. **페랑디 파리**의 교수진은 이러한 다양한 소양(위생 준수, 엄격함, 능란한 솜씨와 꼼꼼함)을 학생들에게 전수하는 데 전념을 다한다. 공트랑 셰리에, 니콜라 베르나르데, 니나 메타예르, 오펠리 바레스, 얀 멍기, 얀 쿠브뢰르와 같은 유명 파티시에들은 **페랑디 파리**의 자랑스러운 졸업생들이며 이 책 작업에도 참여했다.

전 세계로 퍼져 나가는 프랑스 파티스리
——

'프랑스식' 제과제빵 기술과 노하우는 전 세계로부터 인정받고 있다. 프랑스 파티스리에 대한 인기와 명성 덕에 프랑스 학생들은 해외로 진출하여 일할 수 있는 기회가 점점 더 많아지고 있고, 또한 **페랑디 파리**에는 점점 더 많은 외국 학생들이 더욱 수준 높은 파티스리 기술 습득과 훈련을 위해 몰려오고 있다. 이들을 위해 **페랑디 파리**에서는 영어로 진행되는 강의를 개설 중이며, 이 국제부 과정 인원의 60%는 아시아 출신 학생들이다. 작은 규모의 클래스(교수 1명당 12~15명의 학생)와 실습 위주의 수업(유명 파티스리에서의 견습 포함)을 통해 프랑스 파티스리의 정수를 마스터한 이들은 전 세계로 진출해 그간 갈고닦은 역량을 발휘할 준비가 되어 있다.

모든 사람을 위한 책
——

페랑디 파리의 혁신적 콘셉트로 탄생한 첫 번째 책 『**페랑디 요리 수업**(*Le Grand Cours de Cuisine de Ferrandi*)』은 아주 성공적인 반응을 얻었다. 프랑스 미식의 기초를 근간으로 하는 **페랑디 파리**의 노하우를 파티스리 분야에서도 전수하기 위한 후속 책이 많은 기대 속에 출간되었다. 이 책 또한 **페랑디 파리**가 고안하고 발전시켜온 교육 철학에 기반을 두고 있는데, 이는 곧 실습과 실제 현업 전문가들과의 밀접한 연계라는 중심축이다.
매 단락 서두에 소개된 테마별 개요 설명을 통해 사용되는 재료에 대한 기초 지식과 역사적 정보 등을 얻을 수 있다. 뿐만 아니라 흔히 저지를 수 있는 실수를 미리 예방할 수 있도록 주의 사항을 알려주고, 레시피의 성공 팁을 제공한다. 책에 제시된 레시피는 난이도에 따라 3단계로 소개되고 있는데, 이것은 학사(Bachelor) 교과 과정에 기초한 것이다. 레벨 1은 전통 방식의 클래식 기본 레시피, 레벨 2는 클래식 디저트를 조금 더 정교하게 만들거나 재해석한 레시피, 가장 난도가 높은 레벨 3은 유명 셰프 파티시에의 레시피를 실었다(이들 중에는 페랑디 학교의 객원 교수, 수업 스폰서, 자문 위원회 회원, 또는 졸업생들도 포함되어 있다). 최고의 파티시에들 각자가 고유의 경험을 통해 우러나온 최고의 솜씨를 보여주는 레시피다. 독자들은 각자의 수준에 맞는 단계를 선택하면 된다.

페랑디의 미래

전에 없이 빠르게 진화 중인 미식계의 요구에 부응하기 위해 꾸준히 혁신을 거듭하고 있는 **페랑디 파리**는 다가오는 개교 100주년을 맞이하여 흥미진진한 계획들을 설계 중이다. 우선 호텔 경영 프로그램 고등 교육을 위한 5성급 호텔을 만들어 학생들에게 현장 실습 교육을 제공할 예정이다. 또한 디종의 국제 미식 와인 센터 안에 외국인 학생들을 위한 페랑디 요리 및 파티스리 트레이닝 센터가 설립될 예정이다. 미식 문화와 혁신의 중심에 서 있는 **페랑디 파리**는 그 전문성을 바탕으로 더욱 성장하여 모든 이들에게 큰 즐거움을 줄 것이라 기대한다.

조리 도구

MATÉRIEL

주방 도구 USTENSILES

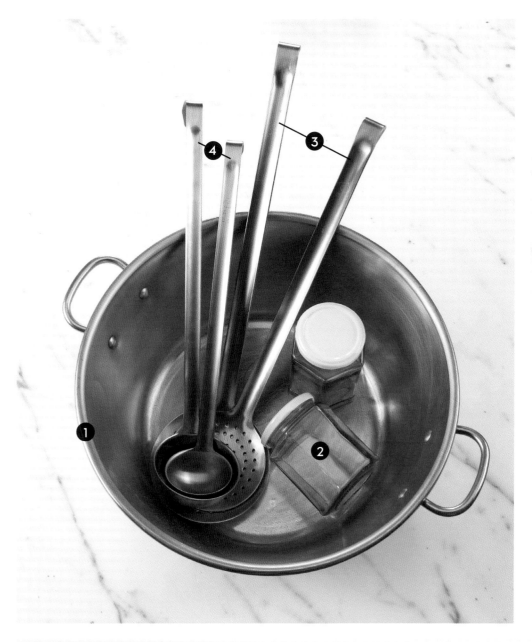

❺

❻

주방 도구

1 ── 잼 제조용 구리 냄비
(Bassine à confiture en cuivre)

2 ── 잼 보관용 밀폐 유리병
(Bocaux à confiture en verre)

3 ── 거품 국자, 스키머
(Écumoires)

4 ── 국자 (Louches ou pochons)

5 ── 밑이 평평한 스텐 볼
(Bassines à fond plat en acier inoxydable)

6 ── 전자 저울 (Balance électronique)

7 ── 휘핑 사이폰과 데코 노즐, 가스 캡슐
(아산화질소 N20)
(Siphon avec embouts et cartouches de gaz N2O)

8 ── 미니 체망 (Passettes)

9 ── 고운 원뿔체망
(Passoire-étamine dit chinois-étamine)

10 ── 원뿔체, 시누아 (Étamine dit chinois)

11 ── 체, 체망 (Tamis)

12 ── 설탕용 온도계 (80 ~ 220℃)
(Thermomètre à sucre)

13 ── 크렘 앙글레즈용 온도계 (−10 ~ 120℃)
(Thermomètre à crème anglaise)

14 ── 전자 온도계 (−40 ~ 200℃)
(Thermomètre électronique)

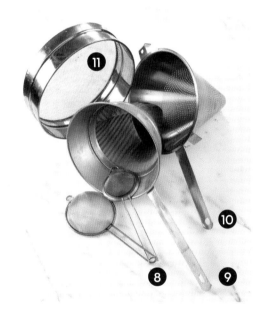

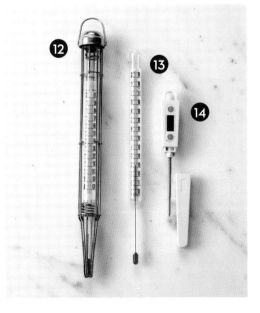

주방 가전제품

1 —— 전동 스탠드 믹서. 도우훅(A), 휘스크, 거품기(B), 플랫비터(C)
　　　(Robot-pâtissier avec crochet à pâte, fouet et feuille)
2 —— 푸드 프로세서, S자형 날 (분쇄, 다지기)
　　　(Robot-coupe avec lame en « S » pour broyer et hacher)
3 —— 핸드블렌더 (혼합, 에멀전화)
　　　(Mixeur plongeant pour mélanger et émulsionner)

다양한 틀, 몰드 AUTOUR DU MOULE

다양한 틀, 몰드

1 —— 스텐 샤를로트 틀
(Moule à charlotte en acier inoxydable)

2 —— 논스틱 파운드케이크 틀
(Moule à cake à revêtement antiadhésif)

3 —— 판형 스텐 마들렌 틀
(Plaque à madeleine en acier inoxydable)

4 —— 논스틱 원형 타르트 틀
(Moule à tarte à revêtement antiadhésif)

5 —— 논스틱 분리형 원형틀
(Moules à manqué à revêtement antiadhésif)

6 —— 브리오슈 틀 (Moules à brioche)

7 —— 구리 카늘레 틀 (Moules à canelé en cuivre)

8 —— 실리콘 틀 (Moules souples en silicone)

9 —— 토기 쿠겔호프 틀
(Moule à kougelhopf en terre cuite)

10 —— 수플레 틀, 라므캥
(Ramequins ou moules à soufflé)

11 —— 케이크 링 (Cercles à entremets)

12 —— 타르트 링 (Cercle à tarte)

13 —— 정사각 프레임 케이크 틀
(Carré à entremets)

14 —— 대형 사각 프레임 베이킹 틀
(Cadre à entremets)

15 —— 실리콘 패드, 실패드, 실리콘 매트
(Toile de cuisson siliconée
ou tapis silicone)

16 —— 마카롱용 실리콘 패드
(Toile siliconée à macarons)

17 —— 애플 턴오버용 스텐 원형 커터
(Découpoir ou emporte-pièce
cannelé à chaussons aux pommes
en acier inoxydable)

18 —— 스텐 원형 쿠키 커터
(Découpoir ou emporte-pièce uni
en acier inoxydable)

19 —— 엑소글라스® 내열 원형 커터 세트
(Découpoir ou emporte-pièce uni
en Exoglass®)

20 —— 주방용 랩
(Film étirable ou film alimentaire)

21 —— 케이크용 띠지
(Bande Rhodoïd pour les entremets)

22 —— 초콜릿용 투명 비닐 시트
(Feuille guitare pour le chocolat)

23 —— 유산지 (Papier sulfurisé)

24 —— 스텐 사각 식힘망
(Grille rectangulaire à pied en acier
inoxydable)

25 —— 스텐 원형 식힘망
(Grille ronde à pied en acier inoxydable)

26 —— 스텐 베이킹 팬, 베이킹 시트
(Plaque en acier inoxydable)

27 —— 스텐 타공 베이킹 팬
(Plaque perforée en acier inoxydable)

28 —— 스텐 당과류용 사각형 망 시트
(Plaque à confiserie en acier inoxydable)

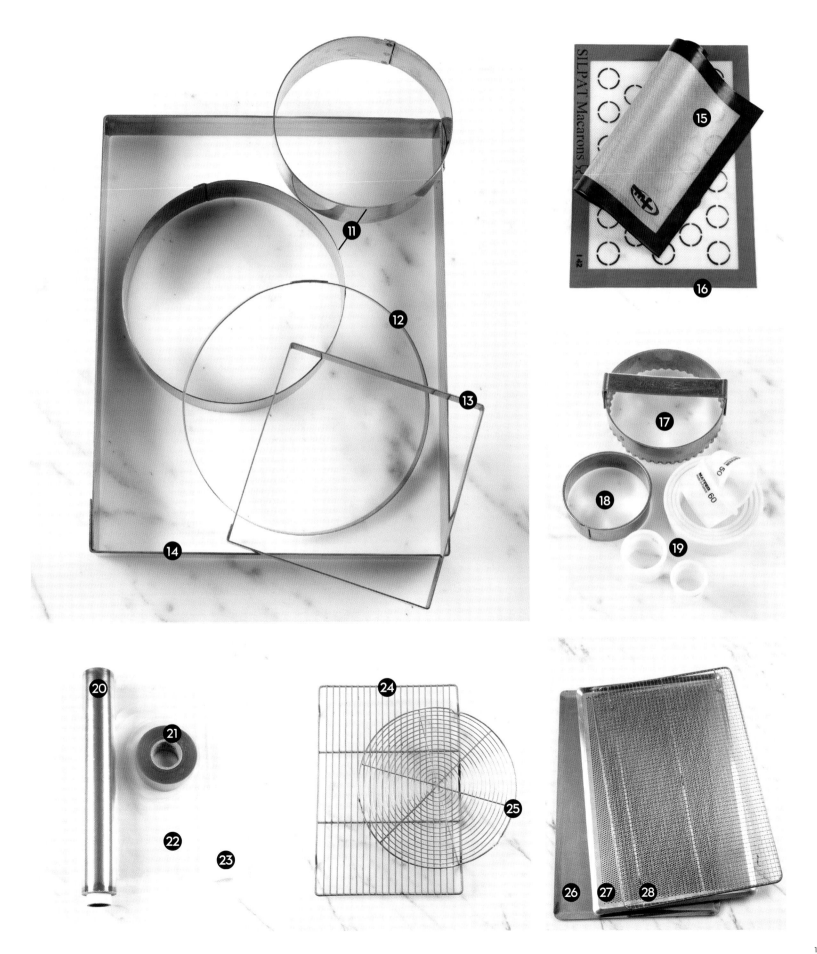

주방용 소도구 PETIT MATÉRIEL

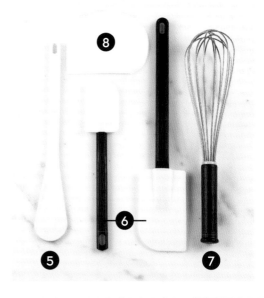

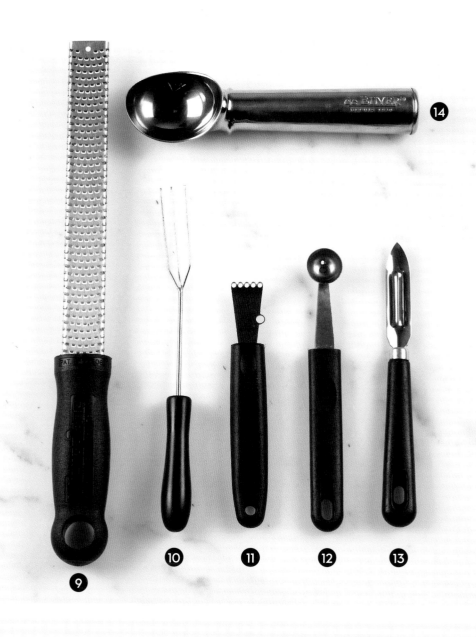

주방용 소도구

1 —— 셰프 나이프 (Couteau de tour)

2 —— 브레드 나이프, 빵 칼
(제누아즈 커팅, 초콜릿 다지기 등)
(Couteau-scie, pour trancher entre autres les génoises et pour hacher le chocolat)

3 —— 생선용 필레 나이프
(파티스리 데코, 초콜릿 작업용)
(Filet de sole, pour les décors et travail du chocolat)

4 —— 페어링 나이프 (Couteau d'office)

5 —— 엑소글라스® 내열 주걱 (Spatule Exoglass®)

6 —— 알뜰 주걱 (Maryses)

7 —— 거품기, 휘스크 (Fouet allongé)

8 —— 스크레이퍼 (Corne)

9 —— 마이크로플레인 그레이터
(Râpe Microplane)

10 —— 초콜릿용 디핑 포크
(Fourchette à chocolat à tremper)

11 —— 제스터 (Zesteur-canneleur)

12 —— 멜론 볼러 (Cuillère parisienne ou à boule)

13 —— 필러, 감자 필러 (Éplucheur économe)

14 —— 아이스크림 스쿱 (Cuillère à glace)

15 —— 파티스리용 밀대 (Rouleau à pâte)

16 —— 반죽 커터 (Coupe-pâte)

17 —— 파티스리 무늬내기용 집게, 핀처
(Pince à tarte pour décorer les bords des tartes, pâtés et tourtes)

18 —— 펀칭 롤러
(Rouleau « pic-vite », pour piquer les pâtes)

19 —— 체, 체망 (Tamis)

20 —— 밀가루 제거용 브러시 (Brosse à farine)

21 —— 주방용 붓 (Pinceaux)

22 —— 스패츌러 (Palettes)

23 —— L자 스패츌러 (Palettes coudées)

24 —— 1회용 짤주머니
(Poche à douille jetable en polyéthylène)

25 —— 강화 플라스틱 깍지
(Douilles en polycarbonate)

기본 테크닉

GESTES DE BASE

밀대 사용하기 Utiliser un rouleau

1 • 손가락 끝을 밀대 위에 얹는다.

2 • 밀대를 손가락으로부터 손바닥 쪽으로 굴리면서 눌러 민다.
밀어야 하는 반죽의 크기에 맞춰 이같은 동작을 여러 번 반복한다.

3 • 처음 위치로 돌아와 다시 시작하여...

4 • 원하는 두께가 되도록 같은 방법으로 민다.

반죽으로 눌러 타르트 시트 틀에 앉히기 Foncer une pâte par tamponnage

1 • 일인용 타르트 틀에 버터를 바르고 나란히 모아 놓는다. 원하는 두께로 밀어 미리 포크로 펀칭해 놓은 반죽을 일인용 타르트 틀 위에 놓는다.

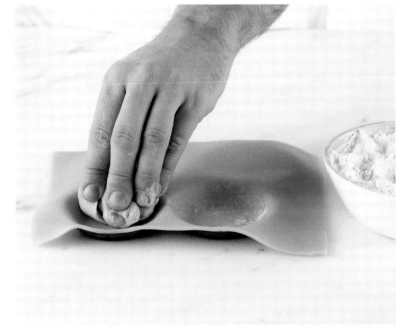

2 • 반죽 자투리나 남은 부분을 뭉쳐 둥글게 만든다. 밀가루를 묻힌 뒤 틀에 얹은 반죽 시트를 살살 눌러가며 각각 틀의 바닥과 옆면에 붙여 고정시킨다.

3 • 밀대를 굴리며 눌러 가장자리 남은 반죽을 잘라낸다. 밀대 두 개를 동시에 사용하면 더 쉽다.

4 • 틀 안에 반죽 시트를 완벽하게 얹어 깔아준 모습.

반죽 시트 타르트 링에 앉히기 — 테크닉 1 Foncer une pâte

1 • 타르트 링 안쪽 면에 버터를 바른다.

2 • 반죽을 둥글게 민 다음 타르트 링을 가운데 놓는다. 반죽 시트의 크기는 링의 크기보다 손가락 두 개 정도의 폭만큼 여유가 있어야 한다.

5 • 정중앙으로 맞춰 반죽을 틀 위에 조심스럽게 놓는다.

6 • 반죽을 틀 바닥에 깔고 둘레 벽과의 꺾어진 이음 부분을 꼼꼼히 눌러 붙인다.

3 • 타르트 링을 들어내고 반죽에 밀가루를 살짝 뿌린다. 밀가루용 브러시를 사용해 남은 것은 쓸어낸다.

4 • 펀칭 롤러를 밀어 골고루 구멍을 내준다.

7 • 타르트 링을 살짝 들고 엄지손가락으로 반죽을 아래로 밀어 바닥과 옆면에 잘 고정시킨다. 반죽이 늘어나거나 자국이 남지 않도록 주의한다.

8 • 가장자리 반죽을 안쪽으로 살짝 밀어가며 빙 둘러 윗면 테두리를 만든다.

반죽 시트 타르트 링에 앉히기 — 테크닉 1(계속)

9 • 틀 위로 밀대를 밀어 가장자리 남는 부분의 반죽을 잘라낸다.

10 • 테두리 부분을 엄지와 검지로 눌러 살짝 올라오게 만든다.

11 • 타르트 무늬내기용 집게를 사용하여 일정한 간격으로 테두리를 돌려가며
무늬를 내준다.

12 • 테두리 전체를 빙 둘러 보기 좋게 무늬를 낸 모습.

반죽 시트 타르트 링에 앉히기 — 테크닉 2

1• 타르트 링 안쪽 면에 버터를 바른 다음 얇게 민 반죽을 틀 위에 얹어 바닥과 옆면에 꼼꼼하게 깔아 붙인다. 칼로 찔러 구멍을 낸다.

2• 틀 위로 밀대를 밀어 가장자리 남는 부분의 반죽을 잘라낸다.

3• 테두리 부분의 반죽을 틀의 벽 쪽으로 밀면서 엄지와 검지로 눌러 살짝 올라오게 만든다.

4• 페어링 나이프 칼날을 틀에 대고 밀어 반죽이 남는 윗부분을 빙 둘러 잘라낸다.

짤주머니 채우기, 사용하기 Remplir et utiliser une poche à douille

1 • 선택한 깍지를 짤주머니 끝에 끼운다.

2 • 깍지 길이의 반 정도까지 오도록 짤주머니의 끝 부분을 칼로 잘라낸다.

3 • 깍지 윗부분의 짤주머니를 완전히 한 바퀴 돌려 내용물이 빠져나가지 않도록 한다.

4 • 내용물을 채워 넣는 동안, 돌려놓은 짤주머니 부분을 깍지 안으로 밀어 넣어 둔다.

5 • 짤주머니의 중간 부분을 한쪽 손으로 잡고 입구를 손 위로 접어 넓게 벌려 내용물을 쉽게 넣을 수 있도록 한다.

6 • 스크레이퍼를 사용해 내용물을 짤주머니에 채워 넣는다(크림, 무스, 머랭 등).

7 • 짤주머니의 윗부분 입구를 펴 올린다.

8 • 한 손으로 짤주머니 입구 꼭대기를 잡고 다른 손으로 내용물을 아래로 훑듯이 깍지 부분까지 밀어 내린다.

9 • 깍지 안에 밀어 넣어 두었던 돌린 매듭 부분을 끌어 올려 편다.

10 • 내용물을 다시 훑어내려 깍지 끝까지 채워지도록 한다.

11 • 짤주머니를 손으로 잘 잡고, 비어 있는 윗부분을 엄지 뒤쪽으로 감아준다.

12 • 손바닥과 손가락으로 짤주머니를 눌러가며 내용물을 일정한 양으로 짜 내릴 수 있도록 조절한다.

재료
INGRÉDIENTS

좋은 재료를 선택하지 않으면 좋은 파티스리는 기대할 수 없다.
이 책에 제시된 레시피에 꼭 필요한 기본 재료들을 정리한다.

유제품 LES PRODUITS LAITIERS

대부분의 파티스리에 사용되는 우유, 크림, 버터는 맛과 질감을 결정하는 재료로 파티스리의 질을 좌우하는 가장 중요한 역할을 한다.

우유 LAIT

'우유'는 특별히 다른 설명이 없으면 일반적으로 가장 많이 사용하는 소의 젖을 의미한다. 이 책에 소개된 레시피에서는 특정 설명이 없는 한 저지방 우유(lait demi-écrémé)를 사용하고, 경우에 따라 전유 (全乳, lait entier)를 사용한다.

————— **선택** 파티스리에서는 저온 멸균 신선 우유(lait frais pasteurisé)와 초고온 멸균 우유(lait UHT)를 사용하며, 비멸균 생우유(lait cru)는 사용하지 않는다. 저온 멸균 신선 우유는 맛이 좀 더 두드러지고, 초고온 멸균 우유는 일 년 내내 보존할 수 있는 장점이 있다. 일반적으로 저지방 우유가 가장 많이 사용되지만, 크렘 앙글레즈나 클라푸티, 플랑 등의 레시피에는 전유를 사용하는 것이 더 진하고 맛있다.
————— **보관** 포장을 뜯지 않은 상태에서 상온 보관이 가능한 초고온 멸균 우유는 일단 개봉하면 냉장고(3℃)에 넣어두어야 하고 3일까지 보관할 수 있다. 신선 우유의 경우, 개봉하기 전 냉장고(3℃)에 7일간 보관 가능하며, 일단 개봉한 뒤에는 2~3일 안에 소비해야 한다. 두 경우 모두 제품 포장에 표시된 유통기한을 준수한다.

포장 색깔 (프랑스 기준)	빨강	파랑	녹색	노랑
유형	전유	저지방 우유	무지방 우유	비멸균 생우유
리터당 지방 함량	36g	15.5g	3g 미만	경우에 따라 다름

액상 크림, 생크림 CRÈME LIQUIDE

휘핑용 생크림(crème fleurette)로도 불리는 이것은 유산균 발효가 되지 않은 크림으로 신맛이 없으며 최소 30% 이상의 유지방을 함유하고 있다. 휘핑하여 샹티이 크림을 만들 때 쓰인다.

————— **선택** 냉장 신선 코너에 있는 저온 멸균 전유 휘핑용 생크림을 고르는 것이 좋다. 초고온 멸균 액상 크림은 맛도 덜하고 많은 경우에 첨가제가 들어 있다. 파티스리에서 저지방 크림은 사용하지 않는다.
————— **보관** 냉장고(4℃)에 보관한다.

헤비크림 CRÈME FRAÎCHE ÉPAISSE

더블 크림(crème double)이라고도 불리는 이것은 유산균 발효된 크림으로 약간 신맛이 나며 최소 30% 이상의 유지방을 함유하고 있다. 트러플 초콜릿이나 몇몇 비에누아즈리 만들 때를 제외하고는 일반적으로 파티스리에서 많이 쓰이지 않는다.

————— **선택** 저온 멸균 전유 생크림을 선택한다. 이지니(Isigny)와 브레스(Bresse) 크림은 AOP(원산지 명칭 보호) 인증을 받은 제품들이다.
————— **보관** 냉장고(4℃)에 보관한다.

마스카르포네 MASCARPONE

부드러운 질감과 약간의 달콤한 맛을 지닌 이 이탈리아 트리플 크림 치즈(유지방 함량 최소 50% 이상)는 진한 맛과 농도를 내준다. 특히 티라미수에 많이 사용되며, 샹티이 크림을 만들 때도 일반 생크림에 마스카르포네를 30%정도 섞어 휘핑하면 더 안정성을 띠게 된다.

─────── **보관** 냉장고(4℃)에 보관한다.

우유 분말 LAIT EN POUDRE

첨가물 없이 우유만 건조한 가루로, 액체 우유가 지닌 본래의 단백질, 지방, 비타민, 무기질을 그대로 포함하고 있다. 우유 분말은 파티스리 레시피에서 마른 재료로 또는 지방을 포함한 재료로 물 없이 첨가될 수 있어, 혼합물의 농도와 맛을 조절하는 역할을 해준다. 요거트, 아이스크림을 만들 때 주로 사용하며 경우에 따라 비에누아즈리를 만들 때도 사용한다.

─────── **보관** 직사광선이 들지 않는 건조한 곳에 보관한다.

가당 연유 LAIT CONCENTRÉ SUCRÉ

우유를 가열 농축시켜 수분의 일부를 증발시키고 설탕을 첨가해 만든다. 걸쭉하고 매끄러운 질감과 단맛을 지닌 이 농축 가당 우유는 디저트의 표면을 윤기 나게 마무리해주는 글라사주용으로 많이 사용된다.

─────── **보관** 개봉 전에는 건조하고 서늘한 곳에 보관한다. 개봉 후에는 냉장고(4℃)에 보관하고, 3일 이내에 소비한다.

버터 BEURRE

버터는 82%의 유지방과 16%의 수분을 갖고 있다. 버터의 질은 파티스리의 맛뿐 아니라 텍스처에 있어서 가장 중요한 요소다. 레시피에 명시된 버터의 온도와 질감 상태를 정확하게 준수해 준비해두는 것은 성패의 관건이 될 수 있다.

─────── **선택** 파티스리에서는 일반적으로 저온 멸균 우유로 만든 무염 버터 또는 가염 버터를 사용한다. 가능하면 AOP 인증 제품(Charentes-Poitou, Isigny, Bresse)을 선택한다.
─────── **보관** 저온 멸균유 버터는 0℃~4℃에서 8주간 보관 가능하다. 버터는 냄새가 잘 배는 성질이 있으므로 보관시 잘 밀봉해두어야 그 고유의 풍미를 유지할 수 있다.

밀어 접기용 버터(BEURRE DE TOURAGE)란 무엇인가요?

전통적인 푀유타주용으로 사용되는 이 저수분 버터(beurre sec)는 일반 버터보다 유지방 함량이 높고(84%) 수분 함량이 적다. 가소성(plasticité)이 뛰어나고 일반 버터보다 천천히 녹기 때문에 밀어 접기를 반복하는 푀유타주 파이 반죽을 만드는 데 적합하다. 베이킹 전문 재료상에서 구입 가능하며, 만일 없다면 AOP 버터, 특히 샤랑트 푸아투(Charentes-Poitou) 버터를 사용해도 훌륭한 결과물을 만들 수 있다.

갈색 버터(BEURRE NOISETTE)란 무엇인가요?

버터의 수분이 증발되고 락토스(유당)가 캐러멜라이즈될 때까지 가열한 것을 말하며, 연한 갈색과 특유의 고소한 향이 난다. 버터를 가열해 녹여 원하는 갈색이 되면 즉시 소스팬 바닥을 찬물에 담가 가열을 중단시킨다. 고운 체망으로 거른 후 사용한다. 피낭시에 또는 마들렌 반죽에 넣으면 헤이즐넛 맛의 고소한 향을 낼 수 있다.

정제 버터(BEURRE CLARIFIÉ)란 무엇인가요?

버터를 녹였을 때 가라앉는 유청과 표면에 뜨는 불순물을 제거한 맑은 부분만을 뜻한다. 정제 버터는 수분을 포함하지 않으며 100% 지방으로 이루어져 있기 때문에 발연점이 높아 조리시 잘 타지 않고 더 높은 온도의 열을 견딜 수 있다.

버터 사용 시 유용한 팁

- 레시피에 상온의 버터 또는 포마드 버터(beurre pommade, softened butter)라고 표기되어 있으면 버터를 최소 30분 전에 미리 냉장고에서 꺼내둔다.
- 버터를 미리 작게 깍둑 썰어두면(사방 5~6mm 정도 크기) 반죽에 넣어 섞기 쉽다.
- 버터를 녹일 때는 미리 작게 썰어둔다.
- 버터를 녹일 때는 주의를 기울여 지켜본다. 버터는 빨리 탄다(120℃).
- 파티스리에서 일반 버터를 대신할 재료는 없다. 스프레드용으로 나온 버터나 저지방 버터, 마가린 등 기타 유사제품으로 대체하지 않는다.

사용 테크닉

뵈르 말락세 BEURRE MALAXÉ	
만드는 법	냉장고에서 꺼낸 차가운 버터에 가소성을 더하기 위하여 밀대로 골고루 두들긴다.
특성	특별한 텍스처의 반죽을 만들 수 있다.
사용	파트 브리제, 파트 사블레, 푀유테, 브리오슈, 크루아상...

뵈르 포마드 BEURRE POMMADE	
만드는 법	냉장고에서 미리 꺼내 부드러워진 상온의 버터를 플랫비터나 주걱으로 저어 크리미한 농도로 만든 것. 절대 녹아서는 안 된다.
특성	덩어리 없이 매끈하여 크림이나 소스 등에 넣으면 진한 농도와 부드러운 텍스처를 더해준다. 쉽게 혼합된다.
사용	파운드케이크 반죽, 시가레트, 랑그드샤 등의 구움과자. 크림 : 버터 크림, 아몬드 크림, 무슬린 크림...

뵈르 퐁뒤 BEURRE FONDU	
만드는 법	버터를 작게 자른 다음 약한 불이나 전자레인지에서 색이 나지 않도록 녹인다.
특성	반죽을 마르지 않게 하여 촉촉하고 부드러운 식감을 내준다.
사용	케이크 및 사바랭, 제누아즈, 마들렌, 팽드젠 등의 비스퀴, 스펀지 반죽. 베이킹 틀에 바르는 용도로도 사용된다.

뵈르 마니에 BEURRE MANIÉ	
만드는 법	버터에 동량의 밀가루를 넣어 잘 혼합한다.
특성	푀유타주 밀어 접기에 사용되며 바삭한 식감을 만든다.
사용	푀유타주 앵베르세, 또는 요리에서 소스의 농후제로 사용된다.

달걀 LES ŒUFS

달걀은 특별한 추가 설명이 없는 경우에는 오로지 닭의 알만을 지칭하며, 파티스리에서는 이것만 사용한다. 껍질로 싸인 달걀은 산란 후 28일 이내의 신선한 것을 사용한다. 신선한 달걀일수록 노른자가 봉긋하며 흰자가 걸쭉하고 도톰하다.

양계 방식

달걀 포장 상자와 껍질에는 양계 방식이 표시되어 있다. 이는 달걀의 질을 결정하는 중요한 요소다. 유기농(0), 또는 자연방사 (1) 방식으로 기른 닭의 알을 선택하는 것을 권장한다.

O	유기농	1	자연방사 양계	2	지면사육 동물복지 양계	3	케이지 사육 양계

* 프랑스 기준

달걀의 크기

포장에 표기된 달걀 사이즈를 통해 무게를 가늠할 수 있다. 파티스리 레시피에는 달걀의 무게가 정확하게 표시되어야 한다. 아래 도표를 참조하면 레시피 분량을 준비하기 위해 몇 개의 달걀이 필요한지 어림잡을 수 있을 것이다. 만일 레시피에 정확한 무게 대신 달걀 한 개라고 표기된 경우는 일반적으로 중간 크기의 달걀을 의미한다.

분류	왕란	대란	중란	소란
크기	TG / XL	G / L	M	P / S
무게	73g 초과	63 ~ 73g	53 ~ 63g	53g 미만

55g 중란 무게 분포

——— **알아두세요** 달걀의 크기가 커지면 그만큼 흰자의 양이 많아진다. 달걀노른자의 무게는 달걀 크기와 관계없이 항상 18~20g이다.

——— **보관 요령** 껍질째로 보관할 경우 냉장고(6~8℃)에 넣어 신선도를 유지한다. 금방 사용할 예정인 달걀은 상온에 보관해도 무방하다. 노른자와 흰자를 분리해둔 경우에 흰자는 밀폐 용기에 넣어 냉장고에서 3일간, 노른자는 한나절 동안 보관할 수 있다. 노른자는 더 빨리 건조되고 세균이 번식하기 쉬워 보존성이 떨어진다. 냉동 보관할 경우, 흰자는 밀폐 용기에 넣은 상태로 3개월간, 노른자는 무게의 10% 분량의 설탕을 넣고 풀어 15일간 보관할 수 있다.

달걀껍질	5g	달걀흰자	32g	달걀노른자	18g

달걀 가공품이란?
달걀을 깨서 가공한 제품으로 제과제빵 전문가들이 많이 사용한다. 액상 달걀, 냉장 달걀, 냉동 달걀 등이 있다. 예를 들어 마카롱 제조 시 달걀흰자 분말을 사용하면 거품을 더 쉽게 올리고 혼합물을 더 안정적으로 만들 수 있다. 이러한 제품들은 전문 매장에서 구입할 수 있다.

달걀 취급 시 유의사항

- 레시피 상의 달걀 분량을 미리 냉장고에서 꺼내두어 모든 재료가 동일한 온도가 되도록 준비한다.
- 달걀은 절대 씻지 않는다.
- 구입했을 때 이미 껍데기에 금이 간 달걀은 사용하지 않는다. 취급 중에 실수로 달걀에 금이 가게 된 경우는 반죽 등에 빠른 시간 내에 사용할 수 있다.
- 달걀은 사용하는 용기에 직접 깨서 넣지 말고, 껍질 조각이 들어가지 않도록 다른 그릇에 따로 깨어놓은 후 혼합하는 게 안전하다.
- 달걀을 만지기 전과 만진 후에는 반드시 손을 씻는다.

달걀 사용 시 유용한 팁

달걀노른자와 설탕을 섞을 때는 두 재료를 볼에 같이 넣자마자 바로 거품기로 젓는다. 달걀노른자는 설탕과 접촉하면 삭는 성질이 있어, 이로 인해 먹기에 불편한 작은 응어리가 생길 수 있기 때문이다. 또한 달걀흰자를 거품기로 쳐서 거품을 올린 경우, 즉시 혼합물에 넣어 섞어준다. 너무 오래 방치해두면 공기가 빠지면서 액체 상태로 변할 우려가 있기 때문이다.

설탕과 감미료 LE SUCRE ET LES PRODUITS SUCRANTS

요리나 제과제빵에서 가장 보편적으로 쓰이는 설탕은 사탕무나 사탕수수로부터 추출해 만든 수크로스(saccharose, sucrose, 자당)다. 이 설탕의 단맛 정도는 제과제빵이나 당과류 제조에 사용되는 다른 감미료들과 비교할 때 기준점이 된다고 할 수 있다. 보통 레시피 재료에 설탕이라고 표시된 경우는 일반적인 가는 정백당(sucre semoule, caster sugar)을 지칭한다.

──── **보관** 설탕의 적은 습기다. 반드시 밀폐 용기에 넣어 습기가 없고 통풍이 되는 상온에 보관한다.

글루코스 GLUCOSE

옥수수 전분 추출물로 만든 이 감미료는 주로 아이스크림이나 당과류를 만들 때 사용하거나 설탕을 끓여 시럽이나 캐러멜을 만들 때 함께 넣기도 한다. 액상(글루코스 시럽)과 가루, 두 가지 형태가 있다.

──── **특성** 글루코스를 사용하면 쉽게 마르지 않아 촉촉한 텍스처를 유지할 수 있고 설탕이 다시 굳는 결정화를 막아주어 보존성이 향상되고 질감도 개선된다.
──── **당도** 일반 설탕보다 50% 낮다.

전화당 SUCRE INVERTI

자당의 산성 또는 효소 가수분해를 통해 얻어지는 포도당과 과당의 혼합물인 전화당은 끈적한 페이스트 질감의 시럽 형태를 띠고 있다. 시중에는 '트리몰린'이라는 이름의 제품으로 나와 있는 경우가 많다. 유일한 천연 전화당이라 할 수 있는 꿀로 대치해도 되지만, 이 경우 강한 꿀 특유의 맛이 난다.

──── **특성** 파운드케이크나 구움과자, 케이크 등의 혼합물이 건조되는 것을 막아 촉촉한 상태를 유지해준다. 주로 글루코스와 함께 사용되기도 하는 전화당은 빙과류의 보존성을 높여주며, 아이스크림의 빙점 온도를 낮춰 그 질감을 개선해준다. 또한 케이크 등을 오븐에 구울 때 표면에 더욱 노릇한 크러스트를 만들 수 있다.
──── **당도** 일반 설탕보다 높다(1.2배).

꿀 MIEL

천연적으로 생산되는 유일한 전화당인 꿀은 종류에 따라 풍미가 매우 다양하고, 질감도 매끈하게 흐르는 액체 타입부터 단단하게 굳은 형태, 크리미한 농도까지 다양하다.

──── **특성** 전화당과 비슷한 성질을 갖고 있으며, 특유의 강한 풍미가 있다. 팽데피스(pain d'épice)와 누가(nougat)에 꼭 들어가는 필수재료다.
──── **당도** 일반 설탕보다 높다(1.3배).

비정제 설탕 SUCRES COMPLETS

라파두라(rapadura), 코코넛 슈거, 메이플 시럽, 아가베 시럽 등의 비정제 원당은 그 맛에 있어서도 아주 좋은 천연 설탕이다. 이 책의 레시피에서는 거의 사용되지 않았다.

퐁당슈거(fondant)란?
설탕, 글루코스 시럽, 물을 혼합한 것으로 케이크 데커레이션이나 글라사주, 또는 견과류나 과일 절임의 당코팅용으로 사용된다. 바로 쓸 수 있는 형태의 제품으로 나와 있으며 제과제빵 전문매장에서 구입할 수 있다.

설탕의 종류

그래뉴당, 가는 정백당(SUCRE SEMOULE)	
외형	0.35~0.4mm 크기 입자의 가루 설탕
특징	가장 많이 사용되는 설탕. 혼합이 쉽고 잘 녹는다.

굵은 정백당(SUCRE CRISTAL)	
외형	0.5~0.6mm 크기 입자의 설탕
특징	과일 젤리의 표면에 입히거나 사블레에 묻혀 바삭한 식감을 준다. 반죽을 더욱 끈적이게 하는 효과를 준다.

우박설탕, 펄 슈거(SUCRE EN GRAINS)	
외형	불규칙하게 굵은 흰색 알갱이 설탕
특징	슈케트, 브리오슈, 트로페지엔 등에 뿌려 장식 효과와 단맛을 낸다.

슈거파우더, 분당(SUCRE GLACE)	
외형	0.08~0.1mm 크기 입자의 미세한 분말 형태 설탕. 굵은 정백당을 곱게 분쇄해 얻는다. 가루가 뭉치지 않도록 하기 위해 전분을 넣기도 한다.
특징	파티스리 데커레이션용. 파트 쉬크레에 쉽게 혼합된다.

잼 제조용 설탕(SUCRE À CONFITURE)	
외형	정백당과 펙틴, 구연산을 혼합한 것으로 즐레나 잼을 만드는 데 최적화되어 있다.
특징	잼 제조시 펙틴을 따로 추가해 넣지 않는다. 이 설탕만으로 굳는 효과를 낼 수 있다.

비정제 황설탕, 브라운 슈거(CASSONNADE)	
외형	비정제 천연 사탕수수 설탕
특징	캐러멜과 용연향 풍미가 난다.

조당(VERGEOISE)	
외형	사탕무를 정제하고 남은 잔액을 건조하여 얻은 설탕
특징	축축하고 색이 진하며 특유의 향이 있다. 희미하게 감초 맛도 난다.

무스코바도 설탕(MUSCOVADO)	
외형	비정제 사탕수수 설탕으로 당밀 함량이 높다.
특징	축축하고 덩어리로 뭉치는 경향이 있다. 감초를 비롯한 스파이스 향이 난다.

당밀(MÉLASSE)	
외형	농도가 짙은 시럽
특징	감초 맛이 강하게 난다.

설탕 시럽 온도

p.516 도표 참조.

카카오와 초콜릿 LE CACAO ET LE CHOCOLAT

카카오나무의 열매인 카카오 빈을 가공하여 만드는 초콜릿은 많은 사람이 좋아하는 식품이다. 맛있는 디저트의 상징이 되기도 한 다양한 형태의 초콜릿은 제과제빵에서 제대로 마스터해야 하는 필수 재료중 하나다.

초콜릿 CHOCOLAT

'초콜릿'이라 명명하려면 완성된 제품의 건조 성분이 최소 35% 이상의 카카오를 함유하고 있어야 한다. 초콜릿의 종류에 따라 설탕, 카카오 버터, 유화제, 우유 분말, 향료가 들어간다.

초콜릿의 종류	구성 성분
다크 초콜릿	카카오, 설탕, 카카오 버터, 향료, 유화제
밀크 초콜릿	카카오, 설탕, 카카오 버터, 우유 분말, 향료, 유화제
화이트 초콜릿	카카오 버터, 설탕, 우유 분말, 향료, 유화제

———— **선택** 사용 목적에 따라 적합한 것을 고른다. 진하고 부드러운 무스를 만들 때와 틀에 넣어 모양을 내어 윤기 나고 매끈하게 만드는 데 필요한 초콜릿은 다르다. 두 가지 중요한 기준을 고려해야 한다.

- 카카오 버터 함량

카카오 버터 함량이 높을수록 매끈하게 흐르고 일정한 틀에 넣어 모양을 만들기가 쉽다. 카카오 버터 함량을 확인하려면 제품의 영양 구성표에 표기된 초콜릿 100g당 들어 있는 지방 함유율을 보면 된다. 이것이 바로 그 초콜릿이 지닌 카카오 버터의 함량이다.

- 카카오 함유율

우리는 무의식적으로 코코아 함량이 높을수록 맛이 더 진하고 좋은 초콜릿이라고 생각한다. 실제로 카카오 함유량이 높으면 그만큼 설탕 함량은 적다. 재배 환경이나 카카오의 종류, 로스팅, 제조법에 따라 카카오 함량이 아주 높은 초콜릿이 오히려 카카오 60% 초콜릿보다 맛이 떨어지는 경우도 있다. 가장 좋은 방법은 여러 종류의 초콜릿을 직접 맛보고 원하는 효과를 내는 데 가장 적합한 맛의 강도와 종류를 선택하는 것이다.

커버처 초콜릿(CHOCOLAT DE COUVERTURE)이란 무엇인가요?

카카오 버터의 함량이 높은(최소 31% 이상) 초콜릿으로, 더 쉽게 녹여 흐르는 질감을 만들 수 있어, 결과적으로 식었을 때 더 곱고 매끈한 텍스처를 지니게 된다. 커버처 초콜릿을 템퍼링한 다음(p.570, p.572 테크닉 참조) 틀에 넣어 원하는 모양을 만들거나 태블릿 초콜릿을 만들 수 있고, 초콜릿 봉봉을 코팅하는 데 사용하기도 한다.

———— **보관** 모든 초콜릿은 잘 밀봉한 상태로 직사광선이 들지 않는 건조한 곳에 보관한다(15~20℃).

카카오 가루 CACAO EN POUDRE

갈색의 카카오 가루는 덩어리져 뭉치는 성질이 있다. 사용하기 전에 항상 체에 친다.

———— **선택** 무가당 100% 카카오 가루를 고른다.
———— **보관** 잘 밀봉해서 직사광선이 들지 않는 건조한 곳에 보관한다.

카카오 버터 BEURRE DE CACAO

로스팅한 카카오 빈을 압착해 추출한 지방 성분인 카카오 버터는 냄새가 없으며 초콜릿의 템퍼링을 돕는 역할을 한다. 카카오 버터를 중탕으로 녹인 뒤 초콜릿에 넣어 섞어준다.

——— **선택** 100% 카카오 버터를 선택하고 대량으로 필요한 경우는 덩어리로 구입한다. 또는 미립자 가루 형태로 된 것을 구입할 수 있다.

——— **보관** 특히 열에 취약하므로 높은 온도를 피한다. 초콜릿과 마찬가지로 잘 밀봉해서 직사광선이 들지 않는 건조한 곳에 보관한다(15~20℃).

카카오 페이스트 PÂTE DE CACAO

순 카카오 페이스트, 카카오 리큐어, 또는 카카오 매스라고도 불린다. 이것은 설탕이 전혀 첨가되지 않은 순수한 100% 카카오다. 각종 크림에 향을 더하거나 프랄리네에 넣어 섞을 때 사용하면 좋다.

——— **선택** 카카오 버터와 마찬가지로 대량으로 필요한 경우는 덩어리로 구입한다. 소량으로 사용할 경우는 작은 조각이나 납작한 태블릿 모양으로 된 제품을 선택한다.

——— **보관** 잘 밀봉해서 직사광선이 들지 않는 건조한 곳에 보관한다(15~20℃).

밀가루와 곡류 제품
LA FARINE ET LES PRODUITS CÉRÉALIERS

밀가루 FARINE DE BLÉ

밀가루 T45	
제품 설명	가장 정제도가 높은 밀가루. 색이 매우 하얗다.
사용	비에누아즈리, 발효 반죽
밀가루 T55	
제품 설명	가장 많이 사용되는 흰색 밀가루
사용	파티스리, 푀유타주, 부서지기 쉬운 반죽, 파트 아 퐁세
밀가루 T65	
제품 설명	크림색을 띤다.
사용	비스퀴, 캉파뉴 브레드
밀가루 T80	
제품 설명	반 도정 통밀가루(semi-complète)로 베이지색을 띤다.
사용	비스퀴, 캉파뉴 브레드
밀가루 T110	
제품 설명	정제하지 않은 통밀가루(complète)로 회색을 띤다.
사용	통밀빵(pains complets), 갈색 통밀빵(pains bis)
밀가루 T150	
제품 설명	통밀가루(intégrale), 회색을 띠며 섬유소과 무기질이 풍부하다.
사용	통밀빵(pain de son), 사블레
맷돌로 제분한 밀가루 FARINE DE MEULE	
제품 설명	철제 롤러가 아닌 맷돌로 간 밀가루. 이러한 방식은 밀가루의 영양소가 풍부한 밀 알곡의 싹과 밀 겨의 일부분을 보존할 수 있다.
사용	파티스리, 특수한 빵류
단백질이 풍부한 밀가루 FARINE DE GRUAU	
제품 설명	Type 45, 55 두 종류가 있다. 단백질이 풍부한 밀(farine de force)을 빻아 만든 밀가루로 일반 제품보다 글루텐이 풍부하다.
사용	브리오슈, 빵. 더 쫄깃한 반죽을 만들 수 있다.
체에 친 고운 밀가루 FARINE FLUIDE	
제품 설명	Type 45, 55 두 종류가 있다. 이미 체에 친 고운 입자의 밀가루
사용	소스, 크레프 반죽, 클라푸티, 크림

* 프랑스의 밀가루는 회분 함량에 따라 분류한다.
 T45 : 회분 함량 0.5% 이하, 단백질 함량 11.0% 이상
 T55 : 회분 함량 0.5~0.6%, 단백질 함량 11.5% 이상
 한국의 밀가루로 대치할 경우에는 T45는 박력분, T55는 중력분, T65/80은 준강력분 또는 강력분이 가장 가깝다.

프랑스의 밀가루 종류를 구분하는 T(TYPE)는 무엇을 뜻하나요?

밀가루 100g당 들어 있는 회분 함량을 뜻한다. 밀가루가 더 흰색을 띨수록(즉 더 정제된 것일수록), 밀 겨의 함량, 즉 회분이 적어진다. 밀가루 T45의 회분 함량은 0.5%이고, 통밀가루인 T150은 1.40%의 회분을 포함하고 있다.

글루텐이 무엇인가요?

밀, 호밀, 보리, 스펠타밀 등에 천연 함유되어 있는 글루타닌과 글리아딘 두 종류로 이루어진 단백질로, 반죽에 탄력을 주고 부풀게 하는 중요한 요소이다. 글루텐이 많은 밀가루일수록 더 쉽게 잘 부풀어오른다. 밀가루에 액체를 첨가한 뒤 치대며 혼합하는 동안 글루텐 단백질이 그물망 조직으로 연결되어 반죽에 골격 구조를 형성해준다. 흔히 반죽을 치댈 때 글루텐을 활성화시킨다고 이야기하는 이유가 바로 이것이다. 글루텐이 응집되어 반죽이 더 탄력 있고 단단해지는 것이다. 글루텐 함량이 풍부한 밀가루를 '힘이 있는 밀가루(farine de force)'라고 부르기도 하는데, 가볍고 공기를 많이 함유한 쫄깃한 빵을 만들기 위한 발효 반죽에는 이 밀가루를 권장한다. 반대로 좀 더 섬세한 페이스트리나 케이크류의 경우에는 단백질 함량이 낮은 밀가루를 선택하는 것이 좋다.

——— **보관**
- 밀가루의 산패를 방지하기 위해 건조하고 통풍이 잘 되는 시원한 곳에 보관해야 한다.
- 습기의 침투를 막도록 단단히 밀봉해 보관한다.

기타 다양한 종류의 밀가루 AUTRES FARINES

메밀, 호밀, 귀리(오트밀), 스펠타밀(독일 밀), 밤가루 등은 특별한 향을 더해줄 뿐 아니라 지역 특산 파티스리나 빵 등에 사용되기도 한다. 밀가루와 같은 방법으로 보관한다.

전분, 녹말 AMIDON ET FÉCULE

전분은 몇몇 알곡, 구근류나 덩이줄기 식물에 천연 함유되어 있다. 가장 보편적으로는 옥수수에서 추출한 전분을 사용한다(Maïzena®라는 이름으로 시판되는 제품이 대표적이다). 또한 감자에서 추출한 녹말도 많이 사용된다. 전분 또는 녹말은 글루텐을 함유하고 있지 않고, 흰색 분말 형태로 구입할 수 있다. 가열 후에는 겔화하는 성질이 있다.

——— **사용** 크림, 비스퀴, 플랑, 비스퀴 드 사부아, 당과류의 코팅(마시멜로 등)...

커스터드 분말 POUDRE À CRÈME

전분에 설탕과 바닐라 향을 혼합해 가공한 제품이다. 수퍼마켓 베이킹 재료 코너에서 '커스터드 크림 분말 믹스(préparation pour la crème pâtissière)'라고 표기된 봉지 포장 제품을 쉽게 구입할 수 있다.

——— **사용** 크림, 플랑...

견과류 LES OLÉAGINEUX

호두, 헤이즐넛, 아몬드, 피스타치오는 기름을 짤 수 있는 채유 열매로 그 맛 또한 아주 좋다. 제과제빵의 기본 재료중 하나인 이 견과류는 통째로, 가루 형태로 또는 페이스트나 오일로 두루 사용된다.

───── **보관** 모든 견과류는 지방 함량이 높기 때문에 산패되기 쉽다. 한 번에 많이 사서 저장해두지 말고 필요한 때마다 조금씩 구입해 사용하는 것이 가장 좋다.
부득이하게 남은 양을 보관해야 하는 경우에는
- 밀폐 용기에 넣어 냉장, 또는 냉동 보관한다.
- 직사광선이 들지 않는 건조한 곳, 가능한 한 최대로 서늘한 곳에 보관한다.
잣, 피칸, 브라질너트, 마카다미아너트도 마찬가지 방법으로 보관한다.

아몬드 AMANDE

통 아몬드, 껍질을 벗기지 않은 아몬드, 껍질을 벗긴 아몬드, 아몬드 가루, 아몬드 슬라이스, 길게 채 썬 칼 아몬드, 다진 아몬드 등 다양한 형태로 사용된다. 갈레트 데 루아, 피낭시에, 마카롱 등을 만드는 데 빠질 수 없는 필수재료다.

───── **선택** 아몬드의 대부분은 캘리포니아에서 생산되고 있지만, 스페인, 이탈리아, 프랑스 프로방스산 아몬드를 최상급으로 친다. 아몬드는 일반적으로 달콤한 맛을 지니고 있지만 몇몇 품종은 쓴맛을 갖고 있다. 필요한 만큼 그때그때 조금씩 구입하는 것이 좋다.

아몬드 페이스트

아몬드 페이스트는 데커레이션용 또는 혼합물에 섞어서 사용하는 재료이며, 바로 사용할 수 있도록 준비된 상태의 제품을 쉽게 구입할 수 있다. 제품마다 설탕 함유량이 다르기 때문에 용도에 따라 알맞게 선택해서 사용한다.
아몬드 함량 66% 이상인 페이스트는 맛에서는 뛰어나지만 가격대가 높고 보존 기한은 짧은 편이다. 반면 아몬드 함량 25%의 대량생산 제품은 설탕 함량이 높기 때문에 보존성이 높고 가격도 그리 비싸지 않지만, 맛에 있어서는 좀 떨어진다.

분류	수페리어	엑스트라	당과류, 퐁당용	일반 데코용
아몬드	66%	50%	33%	25%
설탕	34%	50%	67%	75%

헤이즐넛 NOISETTE

통 헤이즐넛, 또는 헤이즐넛 가루 형태로 주로 초콜릿에 혼합하여 사용한다.

───── **선택** 헤이즐넛을 가장 많이 재배하는 곳은 터키이지만, 최상급으로 치는 헤이즐넛은 이탈리아, 특히 피에몬테산이다. 통 헤이즐넛을 사용할 경우에는 크기가 고른 것을 선택한다. 풍미를 더 높이기 위해서는 오븐에서 살짝 로스팅하는 방법이 가장 좋다(필요하면 껍질을 벗긴다).

프랄리네

헤이즐넛 또는 아몬드를 캐러멜라이즈한 다음 식혀서 곱게 분쇄해 만드는 프랄리네는 가정에서 쉽게 만들 수 있으며(p.548, p.550 레시피 참조), 시판되는 제품을 구입해도 된다. 갈아서 고운 알갱이 상태로 만든 것과, 흐르는 듯한 페이스트 타입이 있다. 일반적으로 프랄리네(praliné)라고만 표시된 제품은 헤이즐넛과 설탕을 동량으로 사용한 것으로 간주해도 된다. 특별한 제품의 경우에는 견과류 함유율이 포장에 명시되어 있다. 오랫동안 보관한 경우에는 기름이 위에 뜨는 경향이 있으니, 잘 저어 균일하게 섞어서 사용한다. 건조하고 서늘한 곳에 보관한다.

호두 NOIX

통 호두살, 굵게 다진 것 또는 가루 등으로 사용되는 호두는 각종 케이크나 파티스리에 많이 쓰이며, 아삭한 식감과 달콤하고 고소한 너트 특유의 풍미를 더해준다. 프랑스의 그르노블과 페리고르산 호두는 둘 다 AOP(원산지 명칭 보호) 인증을 받은 최상급 품질이다.

———— **선택** 데커레이션용으로 사용할 호두는 온전한 통 호두살을 선택한다. 다지거나 곱게 갈아 사용할 목적이라면 작은 조각으로 부순 호두살을 구입하는 것이 경제적이다. 이미 갈아놓은 호두가루는 산패되기 쉬우니 구입을 피하는 것이 좋다. 필요한 양만큼 그때그때 갈아서 사용한다.

———— **보관** 호두는 산패되기 가장 쉬운 견과류 중 하나다. 소량으로 구입하고, 반드시 냉장 또는 냉동 보관한다.

피스타치오 PISTACHE

가격대가 높은 견과류로, 주로 파티스리의 데커레이션용으로 소량 사용된다. 아이스크림 제조용으로는 보통 피스타치오 페이스트를 쓴다.

———— **선택** 스낵용으로 나오는 가염 피스타치오는 파티스리용으로 적합하지 않다. 무염 피스타치오를 사용한다. 페이스트의 경우 피스타치오 함량이 높을수록 맛이 뛰어나다. 포장에 명시된 성분 표시를 잘 확인하고 구입한다. 페이스트는 잘 저어 균일하게 섞은 뒤 사용한다.

이스트와 베이킹파우더
LA LEVURE BIOLOGIQUE ET LES POUDRES À LEVER

생이스트 LEVURE BIOLOGIQUE

'베이커의 이스트(levure de boulanger)'라고도 불리는 생이스트는 빵을 만드는 데 없어서는 안 될 필수재료이다. 미생물 배양에서 얻은 곰팡이로 이루어진 이 효모는 발효를 일으켜 밀가루 내의 당을 탄산가스로 변환시킴으로써 반죽을 부풀게 한다. 또한 빵에 특유의 풍미를 더해준다.

————— **선택** 가장 보편적으로 사용되는 생이스트는 덩어리 또는 큐브 형태로 판매되는 프레시 타입이다. 건조 타입인 드라이 이스트(levure déshydratée), 인스턴트 드라이 이스트류(levure sèche instantanée ou active)도 제품으로 다양하게 나와 있으며 사용하기 편리하다.
————— **보관** 프레시 타입의 생이스트는 밀폐 용기에 담아 냉장고(4℃)에서 최대 2~3주까지 보관할 수 있다. 드라이 이스트는 밀폐 용기에 담아 직사광선이 안 드는 건조한 곳에 보관한다.

사용 시 유용한 팁

- 이스트는 반드시 따뜻한(40℃ 이하) 물이나 우유를 조금 넣어 개어서 사용해야 반죽에 골고루 흡수된다.
- 이스트의 양이 너무 많으면 혼합물에 안 좋은 풍미를 줄 수 있으니 반드시 레시피에 제시된 정량만을 사용한다.
- 소금과 설탕은 이스트의 적이다. 이 두 재료는 이스트와의 직접 접촉을 가급적 피하는 것이 좋고, 혼합물에 소금이나 설탕을 넣었을 때에는 지체없이 반죽해야 한다.
- 혼합물의 온도나 반죽이 부풀도록 휴지시키는 장소의 온도를 체크한다. 온도가 높을수록 이스트가 빨리 활성화한다.

베이킹파우더 LEVURE CHIMIQUE

프랑스에서 다양한 이름(poudre à lever, poudre levante, levure en poudre, levure alsacienne)으로 불리는 베이킹파우더는 습기와 열의 작용 하에 반죽에 탄산가스를 발생시키는 작용을 하는 다양한 성분의 혼합물을 지칭한다. 베이킹파우더는 산성제(주석산 또는 구연산, 크림 오브 타르타르 등), 알칼리성 가스 발생제(탄산나트륨 또는 베이킹소다), 그리고 옥수수 전분이나 감자녹말 등의 완화제로 구성되어 있으며, 반죽과 접촉하자마자 활성화되기 시작한다.

————— **보관** 밀폐 용기에 넣어 습기가 없고 서늘한 곳에 보관한다.

사용 시 유용한 팁

- 베이킹파우더는 사용 전에 액체에 풀지 않는다. 항상 밀가루와 함께 체에 친 후 사용한다.
- 반드시 레시피에 제시된 정량만 사용한다. 너무 많이 넣으면 안 좋은 맛이 나거나 반죽이 너무 심하게 부풀 우려가 있다.
- 베이킹파우더를 넣은 혼합물은 재빨리 오븐에 넣어 굽는다.

식품 첨가물 LES ADDITIFS ALIMENTAIRES

식품의 맛이나 질감 또는 보존성 등의 성질을 향상시키기 위해 첨가하는 물질이다. 소금과 같은 식품 첨가물은 이미 오래전부터 사용되어 왔고, 오랜 기간에 걸친 연구를 통해 다양한 신제품이 개발되어 왔다.

소금 SEL

맛의 균형을 잡는 데 꼭 필요한 물질이다. 음식물에 잘 녹아들 수 있도록 항상 고운 소금을 사용하는 게 좋다. 입자가 있는 플뢰르 드 셀*은 마지막에 음식 위에 뿌리면 간 조절뿐 아니라 아삭하게 씹는 식감도 즐길 수 있다.

크림 오브 타르타르 CRÈME DE TARTRE

주석영, 주석산 수소 칼륨. 흰색 가루 형태를 띠고 있으며, 베이킹파우더에 들어가는 성분 중 하나다. 프랑스에서는 거의 사용되지 않지만, 영미권 국가들에서는 달걀흰자의 거품을 낼 때 안정제로 많이 사용한다.

——— **보관** 건조한 곳에 보관한다.

주석산 ACIDE TARTRIQUE

포도즙의 주석 추출물로 무색의 결정체 형태를 하고 있으며 타르타르산이라고도 불린다. 과일즙 젤리 등을 만들 때 겔화제로 사용된다.

——— **보관** 건조한 곳에 보관한다.

구연산 ACIDE CITRIQUE

레몬을 비롯한 시트러스 과일에서 얻은 추출물로 흰색 결정체 형태를 하고 있다. 즐레, 잼, 사탕 등에 사용되어 새콤한 풍미를 더해준다.

——— **보관** 건조한 곳에 보관한다.

농후제와 겔화제 ÉPAISSISSANTS ET GÉLIFIANTS

한천

우뭇가사리를 건조하여 가공한 흰색 가루 형태로 식품을 굳게 만드는 겔화 효능이 뛰어나다(액체 1리터당 4g이면 충분하다). 한천은 차가운 상태에서 혼합물에 넣은 뒤 가열하여 1분간 끓인다. 잼의 농도를 더 진하게 만들거나 크림, 쿨리, 젤리 등의 당과류를 굳히는 겔화제로 사용되며, 일반 젤라틴을 사용하기 어려운 과일에 혼합하여 사용한다(p.385 앙트르메 개요 참조).

——— **보관** 건조한 곳에 보관한다.

* 플뢰르 드 셀(fleur de sel) : '소금의 꽃'이라는 뜻으로 해안가 염전에서 건조 중인 간수의 표면 위에 뜨는 소금 결정을 일일이 수작업으로 걷어내어 채집한 것. 고급 소금의 대명사로 통한다.

젤라틴 GÉLATINE

투명한 판 형태(보통 한 장당 2g)나 가루 형태로 되어 있는 젤라틴은 동물의 가죽껍데기와 뼈에 함유된 콜라겐에서 추출한 물질이다. 젤라틴의 굳기 강도를 나타내는 겔화 강도는 블룸 단위(50~300 bloom)로 표시되며, 숫자가 클수록 겔화 강도가 세다. 이 책에서 권장하고 있는 젤라틴 골드(gelatine qualité or)의 겔화 강도는 200~220블룸이다. 젤라틴을 물에 적셔 말랑하게 불릴 때에는 대략 젤라틴 무게의 6배의 물이 필요하다.

——— **알아두세요** 젤라틴은 찬물에 먼저 적셔 말랑하게 불린 다음 끓지 않는 뜨거운 액체(70℃ 이하)에 녹여 사용한다. 젤라틴을 넣은 혼합물은 절대 끓여서는 안 된다. 혼합물의 산도나 설탕 함량이 너무 높으면 정상적인 겔화 작용에 영향을 미칠 수 있다.
——— **보관** 건조한 곳에 보관한다.

펙틴 PECTINE

사과, 유럽 모과, 감귤류, 레드커런트에 천연 함유되어 있는 성분으로 농후제와 겔화제 역할을 한다. 베이지색 가루 형태로 주로 신맛이 적은 과일즙 젤리나 잼에 넣어 겔화를 돕는다.

——— **알아두세요** 펙틴 가루는 미리 설탕과 합해 놓아 혼합물에 넣었을 때 고루 섞일 수 있도록 한다. 잼 제조용 설탕에는 펙틴 성분이 이미 포함되어 있다.
——— **보관** 잘 밀봉해서 건조한 곳에 보관한다.

식용 색소 COLORANTS

천연 색소는 동물(연지벌레에서 짜낸 붉은색 염료 양홍), 식물(비트에서 추출한 붉은색, 아나토에서 추출한 주황색), 또는 광물로부터 얻은 것들까지 다양하다. 그 밖에 화학적 공정을 거쳐 만들어진 색소들도 있다. 가급적 천연 원료로 만든 색소를 선택하고, 원하는 목적에 따라 적합한 형태(가루 또는 액상)를 고른다.

——— **알아두세요** 색소를 혼합물에 넣을 때는 아주 소량씩 넣는다. 조금씩 추가하며 조절하기 쉽지만 일단 한번 너무 많이 넣으면 조절이 불가능하기 때문이다.

수용성 액상 색소	
사용	데코용, 크림, 케이크 반죽(구우면 색이 연해진다), 아몬드 페이스트, 당과류
보관	개봉 후 3개월까지 냉장고에 보관
수용성 가루 색소	
사용	설탕공예용(sucre tiré, sucre soufflé), 머랭, 마카롱
보관	개봉 후 1년까지 건조한 곳에 보관
지용성 가루 색소	
사용	초콜릿, 아몬드 페이스트
보관	개봉 후 1년까지 건조한 곳에 보관

식용 향료 ARÔMES

향신료나 허브류(바닐라, 계피, 사프란, 향신 허브 등) 이외에도 농축 추출물(바닐라 엑스트렉트, 커피 엑스트렉트), 또는 꽃 증류 향료(오렌지 블러섬 워터, 로즈 워터), 천연 에센스 액 등 파티스리에서는 다양한 종류의 천연 향료가 사용된다.
여기서 천연(naturel)의 의미는 자연 성분으로부터 얻었다는 것을 뜻한다. 동물이나 식물을 원료로 하여 추출한 것은 물론이고 효모 효소나 세균으로부터 생물학적인 방법으로 만들어낸 것을 모두 포함한다. 비터 아몬드, 아니스, 베르가모트, 민트, 코코넛 등의 이러한 향료는 액체 타입으로 구입 가능하며 혼합물에 직접 넣어 사용한다. 럼, 키르슈 등의 리큐어와 기타 오드비도 마찬가지로 파티스리 혼합물에 향을 내거나 스펀지 시트를 적시는 시럽에 향을 더할 때 유용하게 쓰인다.

——— **알아두세요** 향료를 사용할 때는 소량씩 넣고 맛을 보면서 조절한다.

아이스크림용 안정제와 유화제 STABILISANTS ET ÉMULSIFIANTS POUR GLACE

전문가용 아이스크림 또는 소르베 레시피에는 특수한 첨가제가 들어가는데, 그 효능은 다음과 같다.
- 아이스크림을 더욱 부드럽게 해준다.
- 얼음 결정이 뭉치는 것을 막아주어 질감을 더 좋게 만든다.
- 먹을 때 너무 빨리 녹는 것을 늦춰준다.
- 보존성을 높여준다.

소르베용 안정제

로커스트빈검(캐롭), 한천, 카라지난, 구아검 등의 천연 성분 추출물로 만든 안정제는 흰색 가루 형태로 전문매장에서 구입할 수 있다. 이 안정제에는 유화제가 들어 있지 않으며, 과일에 함유된 수분을 안정화하여 얼음 결정이 생기는 것을 막아 부드러운 텍스처의 소르베를 만들어준다.

아이스크림용 안정제

안정제 성분(우유의 수분을 안정화시킴)과 주로 달걀노른자에서 추출한 유화제 성분이 들어 있다. 유화제는 아이스크림 제조기에 혼합물을 넣어 돌려 섞을 때 물과 지방 입자가 에멀전화하여 잘 섞이도록 도와준다.

사용시 유용한 팁

즉시 소비할 목적으로 일반 가정에서 아이스크림이나 소르베를 만들 때는 안정제나 유화제가 반드시 필요한 것은 아니다.
이 책에 소개된 아이스크림 레시피에서도 이같은 첨가제를 생략하고 만들 수 있다.

이 첨가제들은 전문 매장이나 인터넷에서 구입할 수 있다.

과일 LES FRUITS

제철 과일 분포도(프랑스 기준)*

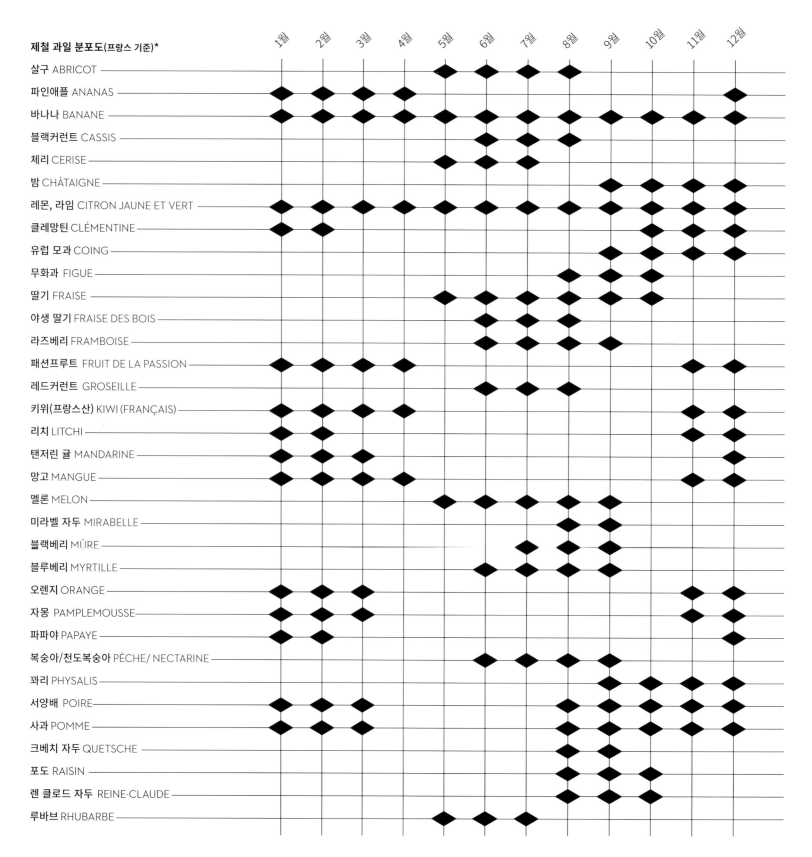

	1월	2월	3월	4월	5월	6월	7월	8월	9월	10월	11월	12월
살구 ABRICOT					◆	◆	◆	◆				
파인애플 ANANAS	◆	◆	◆	◆								◆
바나나 BANANE	◆	◆	◆		◆	◆	◆	◆	◆	◆	◆	◆
블랙커런트 CASSIS						◆	◆					
체리 CERISE					◆	◆						
밤 CHÂTAIGNE									◆	◆		◆
레몬, 라임 CITRON JAUNE ET VERT	◆	◆	◆	◆	◆							
클레망틴 CLÉMENTINE	◆	◆									◆	◆
유럽 모과 COING										◆	◆	◆
무화과 FIGUE								◆	◆			
딸기 FRAISE					◆	◆	◆		◆			
야생 딸기 FRAISE DES BOIS						◆	◆					
라즈베리 FRAMBOISE							◆	◆	◆	◆		
패션프루트 FRUIT DE LA PASSION	◆	◆	◆	◆							◆	◆
레드커런트 GROSEILLE						◆	◆					
키위(프랑스산) KIWI (FRANÇAIS)	◆	◆	◆								◆	◆
리치 LITCHI	◆										◆	◆
탠저린 귤 MANDARINE	◆										◆	◆
망고 MANGUE	◆	◆	◆	◆							◆	◆
멜론 MELON					◆	◆	◆	◆	◆			
미라벨 자두 MIRABELLE								◆	◆			
블랙베리 MÛRE							◆	◆				
블루베리 MYRTILLE						◆	◆	◆				
오렌지 ORANGE	◆	◆	◆								◆	◆
자몽 PAMPLEMOUSSE	◆	◆									◆	◆
파파야 PAPAYE	◆	◆										◆
복숭아/천도복숭아 PÊCHE / NECTARINE						◆	◆	◆	◆			
꽈리 PHYSALIS									◆	◆	◆	◆
서양배 POIRE	◆	◆	◆					◆	◆	◆	◆	◆
사과 POMME	◆	◆	◆					◆	◆	◆	◆	◆
크베치 자두 QUETSCHE								◆	◆			
포도 RAISIN								◆	◆	◆		
렌 클로드 자두 REINE-CLAUDE								◆	◆			
루바브 RHUBARBE					◆	◆	◆					

* 본 도표에 제시된 자료는 일반적인 참고 자료이다. 과일 종류에 따라 제철보다 일찍 출하되는 품종들도 있어 본 자료에 표기된 것보다 이른 시기에 구입할 수 있다.

계량 및 단위 환산표 LES ÉQUIVALENCES

리터	데시리터	센티리터	밀리리터	킬로그램
1리터	10dl	100cl	1000ml	1kg
1/2리터	5dl	50cl	500ml	0.500kg
1/4리터	2.5dl	25cl	250ml	0.250kg
1/8리터	1.25dl	12.5cl	125ml	0.125kg

컵	**1컵**	**3/4컵**	**1/2컵**	**1/4컵**
용량	250ml	200ml	125ml	60ml

재료	깎아서 1테이블스푼	깎아서 1티스푼
밀가루	10g	3g
설탕	18g	5g
슈거파우더	10g	3g
베이킹파우더	10g	6g
고운 소금	20g	5g
기름	8g	4g

오븐의 온도와 조절기 표시 환산표

온도(°C)	30°C	60°C	90°C	120°C	150°C	180°C	210°C	240°C	270°C	300°C
조절기 레벨	1	2	3	4	5	6	7	8	9	10

반죽
PÂTES

반죽 LES PÂTES

반죽의 종류

파티스리 반죽은 크게 다섯 종류로 분류할 수 있다.
- **부서지기 쉬운 반죽**(pâtes friables) : 파트 아 퐁세, 파트 브리제, 파트 쉬크레, 파트 사블레
- **푀유테 파이 반죽**(pâtes feuilletées) : 기본 파트 푀유테, 파트 푀유테 앵베르세...
- **발효 반죽**(pâtes levées) : 파트 아 팽, 브리오슈, 바바...
- **발효 파이 반죽**(pâtes levées feuilletées) : 크루아상, 퀸아망...
- **슈 반죽**(pâtes à choux)

부서지기 쉬운 반죽과 타르트

이 종류의 모든 반죽은 밀가루의 글루텐이 활성화되지 않아 끈기와 탄력이 거의 없다. 이 반죽을 만들 때는 너무 오래 치대어 탄성이 생겨서는 안 된다. 타르트 시트로 밀어 펴기 힘들 뿐 아니라, 구웠을 때 쭈그러들 수 있기 때문이다.
이러한 타르트 반죽을 만드는 방법은 **사블라주**(sablage)와 **크레마주**(crémage) 두 가지가 있다. 사블라주는 밀가루와 버터를 분리시키는 방법이고, 크레마주는 크림 상태로 만든 버터와 설탕, 달걀을 에멀전화하듯 섞어 만드는 방법으로 파트 쉬크레를 만들 때 주로 사용하는 테크닉이다. 이 두 반죽은 구웠을 때 그 질감도 다르다. 사블라주 반죽은 더 쉽게 깨져 부스러지는 텍스처인 반면 크레마주 반죽은 그보다는 더 뭉친 느낌으로 입안에서 와삭하고 바스러지는 식감을 준다.

크레마주와 사블라주 성공하기
크레마주 반죽을 만들 때 특히 주의해야 할 점은 모든 재료들의 온도다. 버터는 상온에 두어 부드럽게 한 다음 녹지 않도록 주의하며 크림처럼 저어 포마드 상태로 준비하고, 달걀은 상온이어야 한다. 또한 최대한 공기가 주입되지 않도록 느린 속도로 돌려 혼합해야 반죽이 깨지지 않고 굽는 동안 변형되지 않는다.
사블라주 반죽의 경우는 손반죽보다 전동 스탠드 믹서의 플랫비터를 사용하여 혼합하는 것을 권장한다. 버터가 녹는 것을 최대한 방지할 수 있기 때문이다. 사블라주 반죽에 사용하는 버터는 언제나 차가운 것을 쓴다.

반죽시 주의할 점
반죽에 탄력이 생기면 안되므로 밀가루가 일단 고루 혼합되면 너무 많이 치대지 않는 게 좋다. 그 대신 대충 섞인 혼합물을 작업대에 놓고 프라제(fraser) 방식으로 균일한 반죽을 만드는 것이 좋다. 즉, 반죽을 바닥에 놓고 손바닥으로 너무 세지 않게 눌러 밀면서 끊어주는 방법을 뜻한다.

반죽을 냉장고에 넣어 휴지시키기

부서지기 쉬운 타르트 반죽은 차갑게 해주는 과정이 꼭 필요하다. 반죽 내의 버터가 다시 굳을 시간을 주는 것이다. 반죽이 너무 차가우면 깨지기 쉽고 밀어 펴기 어려우며, 너무 말랑말랑해도 다루기 힘들다. 레시피에 제시된 시간 만큼 정확하게 냉장 휴지시킨다.
냉장고에 넣어 빠른 시간에 고루 차가워지도록 하기 위해서는 반죽을 공처럼 둥근 덩어리로 그대로 넣지 말고, 살짝 눌러 넓적한 상태로 만든 다음 랩을 씌워 보관한다. 냉장고에서 꺼냈을 때 밀어 펴기 훨씬 수월하다.

반죽 밀기

반죽을 밀 때 덧 밀가루는 눈으로 겨우 보일 정도로만 아주 얇게 한 켜 뿌려주면 충분하다. 아주 차가운 밀대를 사용하면 반죽의 온도가 올라가는 것을 방지할 뿐 아니라 밀대에 반죽이 들러붙는 것도 막을 수 있다. 반죽이 건조해지는 덧 밀가루를 계속 추가하는 것보다 일시적으로라도 반죽을 냉장고에 다시 넣어 적당한 굳기를 회복해 유지하는 것이 더 중요하다.
타르트 바닥 시트를 어떤 두께로 밀 것인가는 사용법과 보관 시간에 따라 달라진다. 타르트 시트만 미리 초벌로 구워두는 경우(cuire à blanc)는 아몬드 크림 등을 넣어 함께 굽는 타르트 시트보다 덜 얇아야 한다. 내용물을 넣지 않은 타르트 시트 상태로 오래 보관해야 할수록 두께는 두꺼워진다.

타르트 시트 초벌 굽기는 꼭 필요한가?

타르트 바닥으로 사용할 시트에 내용물을 넣지 않고 미리 굽는 것을 퀴송 아 블랑(cuisson à blanc) 또는 블라인드 베이킹(blind baking)이라고 한다. 굽는 동안 타르트 시트가 쭈그러드는 것을 막기 위해 유산지를 깔고 베이킹용 누름돌을 채워 넣기도 하는데, 특히 기본 타르트 반죽인 파트 아 퐁세(pâte à foncer)의 경우에는 꼭 필요한 과정이다. 파트 쉬크레나 파트 사블레의 경우는 타르트 링에 버터를 바르고, 반죽을 평평하고 균일하게 틀에 잘 앉힌다면 굳이 누름돌을 채워 굽지 않아도 무방하다.

반죽 보관하기

반죽을 둥글고 넓적한 상태로 만들어 랩으로 여러 겹 싸거나 냉동용 지퍼백에 넣은 뒤 내용물의 이름과 날짜를 표시한다. 냉장고의 가장 차가운 위치에 넣거나 냉동 보관한다. 냄새가 강한 음식(생선, 멜론, 치즈 등)과 멀리 떼어놓아야 한다. 파트 아 퐁세나 파트 브리제 반죽에 흰색 식초나 레몬즙을 몇 방울 넣으면 보존성이 좋아진다.

	파트 아 퐁세	파트 브리제	파트 쉬크레	파트 사블레
냉장	3일	3일	2일	2일
냉동	3개월	3개월	3개월	3개월

타르트 사이즈

	4인용	6인용	8인용	10인용
틀 사이즈	18cm	22cm	24cm	26cm
반죽 사이즈	24cm	26cm	28cm	30cm
반죽 무게	200g	250g	280g	300g

타르트별 반죽 종류

타르트 종류	반죽
키슈	파트 아 퐁세(무설탕)
익힌 과일 타르트(사과, 서양배 등)	파트 브리제, 쉬크레, 사블레
즙이 많은 과일 타르트(자두류)	미리 초벌구이한 파트 브리제
크림을 채운 타르트(크렘 파티시에, 레몬 크림 등)	파트 사블레, 파트 쉬크레
프로마주 블랑 타르트, 치즈케이크	파트 브리제
플랑, 커스터드 타르트	파트 푀유테 또는 파트 브리제
얇은 타르트	파트 푀유테

파트 푀유테 (파이 반죽) LES PÂTES FEUILLETÉES

푀유타주 반죽을 사용한 케이크의 흔적은 이미 14세기에도 찾아볼 수 있지만, 밀어 접기 테크닉이 자세히 소개된 것은 17세기 요리사 바렌(François-Pierre de La Varenne)의 저서 『프랑스 요리사 (Le Cuisinier français)』에서이다. 이후 앙토냉 카렘(Antonin Carême)은 5회 밀어 접기 푀유타주로 발전시켰다.

양질의 버터

푀유타주 반죽을 성공적으로 만들기 위해서는 버터의 질이 가장 중요한 관건이다. 가소성이 좋은 푀유타주용 저수분 버터 (beurre de tourage)의 사용을 권장한다.

차가운 온도 유지

완벽한 푀유타주 반죽을 만들기 위해는 가급적 시원한 장소에서 작업하는 것이 좋다. 버터를 다루기 쉽기 때문이다. 대리석으로 만든 상판은 작업을 훨씬 쉽게 해주며, 특히 감싸는 버터 반죽이 거꾸로 바깥쪽에 있는 푀유타주 앵베르세를 만들 때는 차가운 작업대가 큰 도움이 된다.

푀유타주의 관건인 밀어 접기

푀유타주는 길게 민 반죽을 겹쳐 접는 과정을 여러 차례 해주어 겹겹이 층을 만드는 방법이다. 밀어 접기를 할 때 매회 반죽을 90도씩 회전한 상태로 밀어준다. 푀유타주는 보통 4.5회에서 6회의 밀어 접기를 한다. 기본 밀어 접기(tour simple)는 길게 민 반죽을 3절로 접는 방법을 뜻하고, 더블 밀어 접기(tour double)는 양끝을 가운데 지점으로 향해 접은 뒤 다시 반으로 접는 4절 접기를 뜻하는데, 그 모양을 따서 지갑 모양 접기(tour portefeuille)라고도 부른다. 밀어 접기 횟수가 많아질수록 많은 층의 겹이 쌓여 반죽은 가볍고 바삭해진다. 페이스트리의 층이 무려 1,024겹까지 이르기도 하여, '천 겹의 잎'이란 뜻인 밀푀유(millefeuille)라는 이름으로 불린다.

브러시와 밀대 사용

매번 밀어 접기를 할 때마다 뿌린 덧 밀가루는 반드시 제거해야 한다. 베이킹용 브러시나 마른 붓으로 쓸거나 털어내 주어야 반죽이 층층이 잘 응집된다. 밀어 접기가 끝난 반죽을 냉장고에 넣어 휴지시키기 전에 밀대로 한 번 눌러 밀어주면 층층이 잘 붙고 균일한 푀유타주를 만드는 데 도움을 줄 수 있다.

기본 푀유타주 FEUILLETAGE TRADITIONNEL	
장점	푀유타주 앵베르세보다 만들기 쉽다.
단점	중간 휴지 시간이 여러 번 필요하다. 하루 전날 준비해야 한다.
보관	3일
푀유타주 앵베르세 FEUILLETAGE INVERSÉ(hollandais라고도 한다)	
장점	버터 맛이 더 진하다. 구울 때 덜 수축된다. 휴지 시간이 더 짧다. 아주 부드럽고 바삭하다. 내용물을 채웠을 때 덜 축축해진다.
단점	만들기 까다롭다. 파이 롤러로 작업하기 어렵다. 반드시 시원한 장소에서 혹은 차가운 상판 위에서 작업해야 한다.
보관	3일
속성 푀유타주 FEUILLETAGE RAPIDE(écossais, record라고도 한다)	
장점	빨리 손쉽게 만들 수 있다. 타르트 시트나 프티푸르용으로 최적이다.
단점	파이의 겹이 많지 않고 불규칙하다.
보관	하루(최대한 빨리 사용한다)

푀유타주 밀기와 자르기

파트 푀유테는 밀어 펼 때 수축하는 성질이 있기 때문에, 반죽을 한 번에 밀어서 끝내지 말고, 반드시 두세 번을 밀대로 밀어 펴야 한다. 이때 밀어 펴는 사이사이 반죽을 잠깐씩 작업대 위에 그대로 두어 수축하는 시간을 준다. 가로와 세로를 바꿔가며 균일하게 밀어야 구울 때 변형을 최대한 막을 수 있다. 반죽을 미는 작업이 끝나면 원하는 모양으로 자르기 전에 푀유타주를 작업대 바닥에서 잠시 들어 올려 휴지시킨다. 작업실의 온도가 덥다면 냉장고에 잠시 넣어두었다가 꺼내 원하는 모양과 크기로 자른다.

보존성 높이기

데트랑프 반죽용 물에 소금을 녹여 넣거나, 흰 식초 한 방울을 데트랑프 반죽 물에 넣어주면 반죽이 산화되는 것을 막을 수 있으며, 냉장고에 3~4일간 보관 가능하다.

냉동하기

푀유타주 반죽은 랩으로 잘 밀봉한 뒤 냉동실에 넣어 최대 두 달 동안 보관할 수 있다. 이 경우 밀어 접기 4회를 마친 상태로 냉동해둔 다음, 사용하기 전 냉장실로 옮겨 천천히 해동하고 마지막 5번째 밀어 접기를 추가하여 굽는 것이 가장 이상적이다.

발효 반죽과 비에누아즈리
LES PÂTES LEVÉES ET LES VIENNOISERIES

부서지기 쉬운 반죽들과는 달리, 생이스트의 작용을 통해 글루텐을 활성화시켜 끈기를 만들어 내는 반죽이다.

브리오슈 반죽 PÂTE À BRIOCHE	
보관	랩으로 싸서 냉장고에서 24시간까지
냉동	1차 발효 후 냉동한다. 냉장실로 옮겨 해동한 뒤 다시 발효시킨다. 달걀물을 바른 후 굽는다.

푀유테 발효 반죽 PÂTE LEVÉE FEUILLETÉE	
보관	랩으로 싸서 냉장고에서 24시간까지
냉동	성형한 다음 굽지 않은 상태로 냉동한다. 냉장실로 옮겨 해동한 뒤 1시간 동안 발효시킨다. 달걀물을 바른 후 굽는다.

속성 푀유타주 FEUILLETAGE RAPIDE	
보관	랩으로 싸서 냉장고에서 24시간까지
냉동	1차 발효 후 냉동한다. 냉장실로 옮겨 해동한 뒤 다시 발효시킨다. 달걀물을 바른 후 굽는다.

정확한 반죽

반죽은 두 단계로 이루어진다. 우선 느린 속도로 반죽해 재료가 고루 섞이도록 한 다음, 중간 속도로 올려 글루텐 그물망이 활성화되고 공기가 주입될 수 있도록 하여 발효 반죽을 만든다. 반죽이 부드럽고 적당히 탄력과 형태를 갖출 정도의 시간만큼만 반죽한다. 너무 오래 치대면 반죽이 질겨질 우려가 있다.

달걀물 입히기

달걀을 푼 다음 체에 걸러 알끈을 제거하면 더욱 매끈한 액체의 달걀물을 만들 수 있다. 소금을 한 자밤 집어넣으면 더욱 흐르듯 묽어진다. 달걀물을 바를 때는 너무 많이 바르지 않도록 주의한다. 특히 가장자리에 달걀물을 바르면 푀유타주에 풀처럼 붙어 굽는 동안 겹겹이 부푸는 것을 방해할 수 있으니 주의한다.

뜨거울 때 틀에서 분리하기

틀에 넣어 구운 브리오슈에는 수분이 남아 있다. 구워 낸 즉시 뜨거울 때 틀을 제거해야 수분이 날아가 빵이 틀 안에서 눅눅해지는 것을 막을 수 있다.

파트 아 슈 (슈 반죽) PÂTES À CHOUX

수분이 증발되지 않도록 주의하기

버터는 미리 작게 잘라 두어야 우유와 물이 끓는 동안 빨리 녹일 수 있다. 이렇게 함으로써 액체의 증발량을 최소화할 수 있고, 결과적으로 레시피의 계량분과 최대한 정확하게 맞출 수 있다.

왜 슈 반죽 위에 포크로 자국을 낼까?

슈 반죽을 굽기 전에 윗면을 포크로 살짝 눌러주는 것은 슈나 에클레어가 특별히 볼록한 곳 없이 고르게 부풀도록 하기 위해서이다. 베이킹 팬에 슈 반죽을 짤 때 20mm 별모양 깍지를 사용하는 경우도 있는데, 이것도 같은 효과를 낸다.

지체하지 마세요

슈 반죽은 보관할 수 없다. 일단 한 번 만든 슈 반죽은 식기 전에 즉시 모양을 짜야 한다. 그렇게 해야 구웠을 때 고르게 잘 부푼다. 굽고 난 후에는 즉시 식힘망 위에 옮겨 수분을 날려야 눅눅해지지 않는다.

슈가 꺼지면 안 돼요

슈 반죽을 굽는 동안에는 오븐 문을 열어서는 안 된다. 슈가 부풀다가 꺼져 허물어지기 때문이다.

냉동해도 되나요?

슈 반죽을 보관하긴 어렵지만 만들어 즉시 베이킹 팬 위에 모양을 짜놓은 상태에서는 냉동이 가능하다. 또한 구워 놓은 슈에 속을 채워 넣지 않은 상태라면 역시 냉동이 가능하다(슈, 에클레어 등). 해동할 때에는 망에 얹어 냉장실에 넣어둔다. 100℃ 오븐에 잠깐 넣어 습기를 없애면 본래 슈가 지닌 최적의 상태를 회복할 수 있다.

다양한 글라사주

슈 반죽 디저트에 글라사주를 입히는 방법은 다양하다. 퐁당슈거를 비롯해 가나슈, 프랄리네, 캐러멜, 과일 즐레 등이 대표적이다.

역사에 따르면 '파트 아 쇼(pâte à chaud, 뜨거운 반죽)'라는 명칭은 16세기 앙리 2세의 부인인 카트린 드 메디치 왕비의 한 파티시에를 통해 프랑스에 처음 소개된 것으로 전해온다. 본래 튀긴 과자류인 베녜(begnets)용으로 사용되었던 슈 반죽은 18세기에 파티시에 아비스(Avice)에 의해 오븐에 굽는 레시피로 발전하였고, 이는 이후 를리지외즈(religieuse), 에클레어(éclair), 살랑보(salambo), 프로피트롤(profiteroles), 파리 브레스트(paris-brest), 생 토노레(saint-honoré) 등의 파티스리를 만드는 필수적인 기본 반죽으로 자리잡았다.

파트 쉬크레 – 크레마주 방식 Pâte sucrée preparée par crémage

지름 22cm
타르트 시트 1개 분량
(6인분)

작업 시간
15분

냉장
2시간

보관
냉장고에서 3일까지

도구
거품기
체
스크레이퍼

재료
버터 50g
슈거파우더 50g
달걀 30g
소금 0.5~1g
밀가루 125g

1• 볼에 상온의 버터를 넣고 거품기로 저어 부드럽고 크리미한 포마드 상태로 만든다.

4• 체에 친 밀가루를 넣고 섞어준다.

5• 혼합물을 작업대에 놓고 스크레이퍼나 손바닥으로 눌러 밀며 끊듯이 혼합하여(fraser) 균일한 반죽을 만든다.

2 • 체에 친 슈거파우더를 넣는다.

3 • 균일하게 혼합될 때까지 거품기로 저어 섞는다. 달걀을 풀어 소금을 넣은 뒤 혼합물에 넣고 잘 섞는다.

6 • 반죽을 넓적하게 만든 뒤 주방용 랩으로 잘 싸서 냉장고에 넣어둔다.

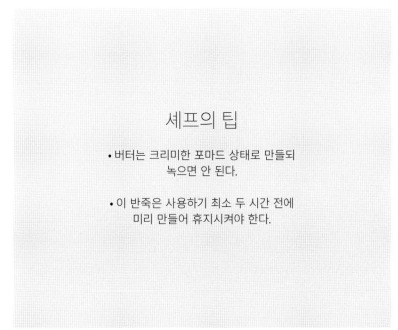

셰프의 팁

• 버터는 크리미한 포마드 상태로 만들되
녹으면 안 된다.

• 이 반죽은 사용하기 최소 두 시간 전에
미리 만들어 휴지시켜야 한다.

파트 사블레 – 사블라주 방식 Pâte sablée preparée par sablage

지름 22cm
타르트 시트 1개 분량
(6인분)

작업 시간
15분

냉장
2시간

보관
냉장고에서 3일까지

도구
거품기
체
스크레이퍼

재료
달걀 25g
소금 0.5~1g
밀가루 125g
슈거파우더 65g
버터 65g

1· 볼에 달걀과 소금을 넣고 거품기로 풀어준다.

4· 손으로 비벼가며 모래와 같은 부슬부슬한 질감이 나도록 고루 혼합한다.

5· 가운데를 움푹하게 만든 뒤 달걀을 풀어 넣는다. 스크레이퍼를 이용하여 가장자리의 혼합물을 가운데로 긁어모으며 대충 섞는다.

셰프의 팁

달걀을 넣기 전에 모래 질감으로 부슬부슬하게 대충 섞는 것이
이 반죽을 성공적으로 만드는 비결이다.

2 • 밀가루와 슈거파우더를 체에 쳐 작업대에 놓는다.

3 • 깍둑 썬 차가운 버터를 넣고 손가락으로 밀가루와 섞어준다.

6 • 손바닥으로 눌러 밀어 끊듯이 혼합해 균일한 반죽을 만든다.

7 • 반죽을 공처럼 둥글게 뭉친 다음 넓적하게 눌러 랩으로 잘 싼다. 냉장고에
2시간 동안 넣어둔다.

파트 브리제 – 전동 스탠드 믹서 사용 Pâte brisée préparée au batteur

지름 22cm
타르트 시트 1개 분량
(6인분)

작업 시간
10분

보관
냉장고에서 3일까지

재료
버터 75g
설탕 6g
소금 2.5g
밀가루 125g
달걀 40g

도구
체
전동 스탠드 믹서

셰프의 팁

• 반죽을 너무 치대 탄력이 생기지 않도록 주의한다.

• 버터가 녹지 않도록 주의한다.

1 • 전동 스탠드 믹서 볼에 버터, 설탕, 소금, 체에 친 밀가루를 넣고 플랫비터를 돌려 혼합한다.

2 • 모래 질감과 같이 부슬부슬하게 섞이면, 달걀을 풀어 조금씩 넣으며 혼합한다.

3 • 균일한 반죽이 될 때까지 섞어준다. 넓적하게 만든 뒤 랩으로 싸 냉장고에 넣어둔다.

파트 아 사블레 브르통 Pâte à sablé breton

지름 22cm
타르트 시트 1개 분량
(6인분)

작업 시간
30분

냉장
2시간

보관
냉장고에서 일주일까지

도구
거품기
체

재료
달걀노른자 40g
설탕 80g
포마드 상태의 버터 80g
소금 2g
밀가루 115g
베이킹파우더 3.5g

1• 볼에 달걀노른자와 설탕을 넣고 거품기로 저어 혼합한다.

2• 혼합물의 색이 연해지고 완전히 섞이면 부드럽고 크리미한 포마드 상태의 버터와 소금을 넣고 실리콘 주걱으로 잘 섞어준다.

3• 밀가루와 베이킹파우더를 합해 미리 체에 친 다음 혼합물에 넣고 실리콘 주걱으로 너무 치대지 않으면서 섞는다. 반죽을 주방용 랩으로 잘 싸거나 얇게 밀어 타르트용 링에 앉힌 다음 냉장고에 2시간 동안 넣어둔다.

기본 파트 푀유테 Pâte feuilletée classique

반죽 600g 분량

작업 시간
2시간

냉장
최소 2시간

보관
냉장고에서 3일까지

도구
체
스크레이퍼
파티스리용 밀대

재료
소금 5g
물 125g
밀가루(T65) 250g
녹인 버터 25g
푀유타주용 저수분 버터
(beurre de tourage) 200g

1 • 전동 스탠드 믹서 볼에 버터, 설탕, 소금, 체에 친 밀가루를 넣고 플랫비터를 돌려 혼합한다.

셰프의 팁

• 데트랑프 반죽에 넣는 물의 양에 흰 식초를
소량 뿌려 넣으면 반죽이 산화되는 것을 방지할 수 있다.
특히 반죽을 며칠간 보관할 경우에 더욱 효과적이다.

• 반죽 밀어 접기를 할 때마다 손가락으로 살짝 눌러 표시해두면,
나중에 밀어 접기를 몇 차례 했는지 한 눈에 알 수 있다.
예를 들어 3절 접기 2회, 또는 3절 접기 1회 + 4절 접기 1회를 마쳤을 경우
손가락 두 개로 눌러놓는 식으로 표시해둔다.
총 5회 밀어 접기를 마친 반죽은 손가락 누른 자국 5개가 표시된다.

4 • 반죽의 휴지를 위하여 격자무늬로 칼집을 내준다.

2 • 스크레이퍼로 고루 혼합하여 반죽을 만든다. 너무 많이 치대 반죽하지 않는다.

3 • 반죽을 공 모양으로 둥글게 뭉친다.

5 • 주방용 랩으로 싼 다음 냉장고에 최소 20분간 넣어둔다.

6 • 푀유타주용 저수분 버터를 밀대로 두들겨 풀어준 다음 넓적한 정사각형으로 만든다.

기본 파트 푀유테 (계속)

7 • 버터 크기의 두 배 길이로 반죽을 민다.

8 • 넓적한 버터를 놓고 반죽으로 덮어 감싼다. 버터가 빠져나오지 않도록 가장 자리를 잘 밀봉한다.

11 • 다시 한 번 길게 밀어 3절 접기를 한다. 주방용 랩으로 싸서 냉장고에 30분 정 도 넣어둔다. 이렇게 하면 3절 접기 2회를 마친 상태가 된다.

12 • 접힌 반죽의 열린 쪽이 옆으로 오도록 놓는다.

9 • 작업대 위에 덧 밀가루를 뿌린 뒤 밀대를 사용하여 반죽을 길이 60cm, 폭 25cm로 민다.

10 • 3등분으로 접는다(3절 접기). 접은 반죽을 오른쪽으로 90도 회전한다.

13 • 과정 9~12번을 반복해준다. 3절 접기 4회를 마친 상태가 되었다. 이번에는 과정 9~10을 한 번 더 추가해 총 밀어 접기 총 5회를 마친다. 냉장고에 30분 간 다시 넣어둔 다음 꺼내서 사용한다.

셰프의 팁

• 일반적으로 총5회~6회의 밀어 접기를 마친 푀유타주 반죽을 많이 사용한다. 5회 밀어 접기를 한 푀유타주는 최적 상태의 파이를 만들 수 있다.

• 밀어 접기 횟수에 따라 적합한 파이 종류
- 밀어 접기 4회 푀유타주 반죽 : 파이 스틱(pailles feuilletées)
- 밀어 접기 6회 푀유타주 반죽 : 볼로방(vol-au-vent)

속성 파트 푀유테 Pâte feuilletée rapide

반죽 675g 분량

작업 시간
30분

냉장
1시간 ~ 1시간 30분

보관
랩으로 잘 싸서 48시간까지
(당일 사용을 권장한다)

도구
스크레이퍼
파티스리용 밀대

재료
밀가루(T65) 250g
소금 5g
물 125g
사방 2cm로 깍둑썰기한 버터 200g

1 • 작업대에 밀가루를 쏟아놓고 가운데를 움푹하게 만든다. 소금을 녹인 물을 중앙에 붓고 깍둑 썬 차가운 버터를 넣는다.

4 • 차가워진 반죽을 70cm x 25cm 크기로 길게 민다.

5 • 길이의 한쪽 끝을 1/3 지점으로, 나머지 한쪽 끝은 2/3 지점을 향해 안쪽으로 접는다. 이것을 다시 반으로 접는다.

셰프의 팁

이 반죽은 급할 때 만들어 쓰는 방법으로 일반 푀유타주를 대신할 수는 없지만,
만드는 즉시 사용할 경우엔 만족할 만한 결과를 얻을 수 있다.

2 • 손가락 끝으로 밀가루를 조금씩 가운데로 모아주고 다른 한 손으로는 스크레이퍼로 긁어모아 대충 섞는다. 반죽을 둥글게 뭉쳤을 때 버터 조각이 아직 차가운 상태로 그대로 남아 있는 게 보여야 한다.

3 • 작업대에 덧 밀가루를 뿌리고 반죽을 밀대로 민다. 3등분으로 접어 버터와 밀가루 반죽이 뭉치도록 한다. 주방용 랩으로 잘 싸서 냉장고에 20분간 넣어둔다.

6 • 반죽은 이제 4겹이 되었다(4절 접기). 주방용 랩으로 잘 싸서 냉장고에 30분간 넣어둔다. 과정 4~6을 2회 더 반복해준다. 다시 냉장고에 30분간 넣어둔다.

7 • 마지막으로 3절 접기를 1회 더 추가한 다음 사용한다.

파트 퓌유테 앵베르세 Pâte feuilletée inversée

반죽 900g 분량

냉장
최소 2시간

보관
냉장고에서 4일까지

도구
스크레이퍼
파티스리용 밀대

재료
뵈르 마니에(beurre manié)
밀가루 130g
퓌유타주용 저수분 버터
(beurre de tourage) 400g

데트랑프(détrempe)
밀가루(T65) 270g
물 140g
소금 6g

1 • 버터와 밀가루를 손으로 섞어 뵈르 마니에를 만든다.

4 • 손가락 끝으로 밀가루를 조금씩 중앙으로 긁어와 물을 적신다.

2 • 뵈르 마니에를 넓적하게 눌러 직사각형으로 만든다. 주방용 랩으로 싸서 냉장고에 20분간 넣어둔다.

3 • 작업대에 밀가루를 쏟아 놓고 가운데를 움푹하게 만든다. 물과 소금을 가운데 공간에 넣어 데트랑프 반죽을 준비한다.

5 • 스크레이퍼를 사용하여 골고루 혼합해 매끈한 반죽을 만든다.

6 • 반죽을 둥글게 뭉친다. 휴지를 위해 반죽 위에 격자로 칼집을 내준다. 주방용 랩으로 싸서 냉장고에 20분간 넣어둔다.

파트 퓌유테 앵베르세 (계속)

7 • 데트랑프 반죽을 20cm x 30cm 크기로 민다. 뵈르 마니에를 밀대로 두드려 풀어준 다음 데트랑프 길이의 두 배가 되도록 모양을 만든다.

8 • 데트랑프를 뵈르 마니에 위에 놓고 반으로 접어 덮는다. 반죽이 빠져나오지 않도록 가장자리를 잘 붙여 밀봉한다.

11 • 접힌 반죽의 열려 있는 쪽이 옆으로 오도록 놓은 다음, 다시 한 번 길게 밀어 4절 접기를 한다. 이렇게 하면 3절 접기(tour simple) 기준으로 총 4회의 밀어 접기를 마친 상태가 된다. 말라서 갈라지지 않도록 주방용 랩으로 잘 싸서 냉장고에 30분 동안 넣어둔다.

12 • 접힌 반죽의 열린 쪽이 옆으로 오도록 놓고 다시 한 번 길게 밀어 마지막으로 3절 접기를 한다. 총 5회의 밀어 접기를 마친 상태가 되었다. 랩으로 싸서 냉장고에 30분간 다시 넣어둔 다음 사용한다.

9 • 작업대 위에 덧 밀가루를 뿌리고 밀대를 사용하여 반죽을 길이 60cm, 폭 25cm로 민다.

10 • 4절 접기를 한다(p.70 과정 6 참조). 주방용 랩으로 싸서 냉장고에 30분간 넣어둔다.

셰프의 팁

뵈르 마니에를 밀대로 두드려 부드럽게 풀어준 다음
데트랑프 반죽 길이의 두 배 크기로 만들어준다.
버터를 차갑게 유지하여 그 가소성을
데트랑프 반죽의 강도와 동일하게 맞추는 것이 중요하다.

애플 턴오버 Chaussons aux pommes

5~6개 분량

작업 시간
2시간 30분(반죽 만드는 시간 포함)

냉장
2시간 30분(반죽 휴지 시간 포함)

조리
30분

보관
24시간까지

도구
스크레이퍼
파티스리용 밀대
요철 무늬 원형 커팅틀(지름 13cm)
주방용 붓

재료
필링 : 사과 콩포트 500g

퓌유타주 앵베르세
뵈르 마니에(beurre manié)
퓌유타주용 저수분 버터 200g
밀가루 100g
데트랑프(détrempe)
밀가루 150g
소금 5g
물 87g

달걀물
달걀 50g(달걀 1개를 푼다)
달걀노른자 40g(노른자 약 2개)
우유 50g

기본 시럽
물 30g
설탕 30g

1 • 레시피 분량대로 퓌유타주 반죽을 만든다(p.72 테크닉 참조). 반죽을 민 다음 원형 커터로 5~6개의 요철 있는 원형을 잘라낸다.

3 • 사과 콩포트를 스푼으로 떠서 반죽 한 개마다 70~80g씩 얹는다.

4 • 반죽을 반으로 접어 내용물을 덮어준 다음 가장자리를 꼼꼼히 눌러 붙인다.

셰프의 팁

페이스트리 시트 가운데에 사과 콩포트를 넣기 전에 크렘 파티시에를 얇게 한 켜 발라주어도 좋다.
사과 콩포트 이외에 시럽에 담근 과일(체리, 살구, 파인애플, 미라벨 자두, 서양배 등)을 채워 넣어도 된다.

2 • 자른 원형의 중앙 부분(가장자리는 그대로 둔다)을 밀대로 납작하게 밀어 반죽을 타원형으로 늘여준다. 가장자리에 달걀물을 발라 접합 시 잘 붙도록 해준다.

5 • 뒤집어서 베이킹 팬에 놓은 다음 달걀물을 바른다. 냉장고에 30분간 넣어두었다 꺼낸 뒤 다시 한 번 달걀물을 발라준다. 오븐을 210℃로 예열한다. 작은 칼날을 이용하여 애플 턴오버 윗면에 깃털 모양으로 줄무늬를 내준다. 칼끝으로 콕콕 찔러 5~6군데 구멍을 내어 굽는 동안 김이 빠져나갈 수 있도록 한다.

6 • 210℃로 예열된 오븐에 애플 턴오버를 넣고 온도를 190℃로 내린다. 노릇하게 구워진 색이 날 때까지 약 30분간 굽는다. 오븐에서 꺼낸 뒤 바로 붓으로 시럽을 발라준다.

레몬 페이스트리 크림 턴오버 Bichons

12개 분량

작업 시간
3시간(반죽 만드는 시간 포함)

냉장
2시간 30분(반죽 휴지 시간 포함)

조리
20분

보관
최대 48시간까지

도구
체
파티스리용 밀대
깍지를 끼우지 않은 짤주머니

재료
푀유타주 앵베르세
<u>뵈르 마니에(beurre manié)</u>
푀유타주용 저수분 버터 200g
밀가루 100g
<u>데트랑프(détrempe)</u>
밀가루 150g
소금 5g
물 87g
설탕(반죽에 뿌리는 용도)

레몬 페이스트리 크림(크렘 비숑)
전유 500g
왁스 처리하지 않은 레몬 제스트
(곱게 간다) 1개분
설탕 75g
달걀노른자 20g(노른자 약 1개)
옥수수 전분 40g

1· 레시피 분량대로 푀유타주 반죽을 만든다(p.72 테크닉 참조). 설탕을 솔솔 뿌리고 반죽을 두께 5mm, 50cm x 25cm 크기의 직사각형으로 민다.

4· 작업대 바닥에 설탕을 뿌린다. 그 위에 달팽이 모양의 반죽을 놓고 밀대를 사용하여 두께 2mm의 타원형으로 얇게 민다.

5· 레몬 페이스트리 크림을 만든다. 우유에 레몬 제스트를 넣고 크렘 파티시에와 같은 방법으로 만들면 된다(p.196 테크닉 참조). 짤주머니에 크림을 채운 다음, 밀어 놓은 반죽의 반쪽 위에 짜 얹는다.

셰프의 팁

- 더 진한 레몬 풍미를 좋아한다면 크림을 익히고 불에서 내린 뒤, 제스트를 갈아내고 남은 레몬의 즙을 짜 넣어준다.
- 레몬 대신 라임을 사용해도 좋다.

2 • 반죽을 25cm 폭으로 돌돌 말아 냉장고에 30분 정도 넣어둔다.

3 • 돌돌 만 반죽을 12 조각으로 동그랗게 자른다(한 개당 두께 약 2cm).

6 • 오븐을 200℃로 예열한다. 반으로 접어 잘 덮은 다음, 필요하다면 가장자리에 물을 조금 바르고 꼼꼼히 눌러 붙인다. 유산지를 깐 베이킹팬 위에 비숑을 놓고 오븐에 넣어 노릇한 구운 색이 날 때까지 약 20분간 굽는다.

팔미에 Palmiers

8~10개 분량

작업 시간
2시간 30분(반죽 만드는 시간 포함)

냉장
2시간(반죽 휴지 시간 포함)

냉동
30분

조리
20분

보관
밀폐 용기에 넣어서 3일까지

도구
파티스리용 밀대
주방용 붓

재료
설탕 140g

푀유타주 앵베르세
뵈르 마니에(beurre manié)
푀유타주용 저수분 버터 200g
밀가루 100g
데트랑프(détrempe)
밀가루 150g
소금 5g
물 87g

달걀물
달걀 50g(달걀 1개를 푼다)
달걀노른자 40g(노른자 약 2개)
전유 50g

1 • 레시피 분량대로 푀유타주 반죽을 만든다(p.72 테크닉 참조). 마지막 5번째 밀어 접기를 하기 전에 반죽에 설탕을 솔솔 뿌린다. 3절 접기 기준 5회를 마친다.

3 • 양끝을 다시 가운데로 향해 반으로 접는다. 양끝이 중간 지점에서 만나되 서로 겹쳐지지 않도록 주의한다.

4 • 밀대로 윗면을 가볍게 눌러준 다음 다시 반으로 접는다. 폭 10cm, 두께 3cm 정도의 덩어리가 완성되었다. 냉동실에 30분간 넣어둔다.

- 이 레시피에서는 5회차 밀어 접기를 하기 전, 반죽에 덧 밀가루를 뿌리는 대신 설탕 (반죽 무게의 25%) 을 뿌렸다.

- 설탕을 많이 뿌릴수록 더 바삭하게 캐러멜라이즈된 팔미에를 만들 수 있다.

2 • 반죽을 밀어 두께 5mm, 25cm x 80cm 크기의 긴 직사각형을 만든다. 짧은 쪽 양끝을 가운데로 모아 접어 각각 두 겹을 만든다.

5 • 오븐을 200℃로 예열한다. 베이킹 팬에 버터를 살짝 발라준다. 반죽을 김밥처럼 1cm 두께로 슬라이스한다. 반죽을 베이킹 팬에 평평하게, 여유 있게 간격을 유지하며 놓는다. 붓으로 달걀물을 발라준다.

6 • 예열한 오븐에 넣고 20분간 굽는다. 중간에 10분이 지났을 때 팔미에를 뒤집어 양면이 골고루 색이 나고 캐러멜라이즈되게 한다. 다 구워진 후에는 바로 오븐에서 꺼내어 망 위에 얹어 식힌다.

LEVEL

1

레몬 타르트
TARTE AU CITRON

6인분

작업 시간
1시간

냉장
2시간

냉동
20분

조리
15~20분

보관
냉장고에서 48시간까지

도구
거품기
체
스크레이퍼
파티스리용 밀대
지름 22cm 타르트 링
마이크로 플레인 그레이터
주방용 온도계
핸드블렌더
주방용 붓

재료
파트 쉬크레
(p.60 레시피 참조)

레몬 크림
레몬즙 150g
달걀 150g
설탕 120g
판 젤라틴 3g
포마드 상태의 버터 75g

완성하기
무색 나파주 쓰는 대로

파트 쉬크레 PÂTE SUCRÉE
파트 쉬크레를 만들어둔다. 타르트 링에 파트 쉬크레(반죽 약 250g) 시트를 앉힌다 (p.29 테크닉 참조). 냉동실에서 20분 정도 차갑게 굳혀 타르트 시트를 굽는 동안 옆면이 무너져 내리는 것을 막는다. 160℃로 예열한 오븐에 넣어 타르트 시트만 15~20분간 굽는다. 꺼내서 식힌다. 마이크로플레인 그레이터를 사용해 타르트 시트 가장자리를 매끈하게 다듬어준다.

레몬 크림 CRÉME AU CITRON
갓 짠 레몬즙과 달걀, 설탕을 내열 믹싱볼에 넣어 섞고 중탕 냄비에 올려 저으며 익힌다. 농도가 되직해질 때까지 거품기로 계속 저어준다. 그동안 젤라틴을 찬물에 담가 말랑하게 불린다. 혼합물의 온도가 60℃가 되면 중탕 냄비에서 내린 뒤 물을 꼭 짠 젤라틴을 넣고 잘 섞어 녹인다. 온도가 30~35℃로 떨어지면 포마드 상태의 버터를 넣는다. 핸드블렌더로 갈아 균일하게 혼합한다.

완성하기 MONTAGE
차갑게 식은 타르트 시트에 레몬 크림을 채워 넣는다. 시트 높이만큼 가득 채운 뒤 스패츌러로 매끈하게 밀어준다. 잠시 굳도록 놓아둔 뒤, 타르트 표면에 따뜻한 무색 나파주를 붓으로 발라 완성한다.

셰프의 팁

녹인 화이트 초콜릿이나 카카오 버터를
타르트 시트 바닥에 붓으로 발라 방수막을 한 켜 입히면,
레몬 크림을 채워 넣어도 시트가 젖어 뭉그러지지 않고
더 오래 바삭함을 유지할 수 있다.

레몬 머랭 타르트
TARTE AU CITRON MERINGUÉE

6인분

작업 시간
1시간 30분

냉동
1시간 30분

냉장
1시간 30분

조리
15~20분

보관
냉장고에서 48시간까지

도구
핸드블렌더
지름 3cm 반구형 실리콘 틀 1판
전동 스탠드 믹서
파티스리용 밀대
지름 22cm 타르트 링
거품기
조리용 온도계
짤주머니 +
10mm, 15mm 깍지

재료
이탈리안 머랭 300g
(p.232 레시피 참조)

레몬 젤리
생 레몬즙 95g
물 30g
설탕 6g
한천 3g

레몬 파트 쉬크레
버터 75g
슈거파우더 40g
아몬드 가루 15g
소금 0.5g
레몬 제스트 5g
달걀 30g
밀가루 125g

레몬 크림
레몬즙 150g
달걀 150g
설탕 120g
판 젤라틴 3g
버터 75g

레몬 젤리 GELÉE DE CITRON
소스팬에 레몬즙과 물, 설탕을 넣고 설탕이 녹을 때까지 가열한 다음 한천을 넣는다. 약 2분간 끓인 뒤 핸드블렌더로 갈아 혼합한다. 반구형 틀에 조금씩 채우고 냉동실에 1시간 동안 넣어둔다.

레몬 파트 쉬크레 PÂTE SUCRÉE AU CITRON
전동 스탠드 믹서 볼에 버터, 슈거파우더, 아몬드 가루, 소금, 그레이터로 곱게 간 레몬 제스트를 넣고 플랫비터를 돌려 혼합한다. 달걀을 넣고 이어서 밀가루를 넣어 잘 혼합한다. 반죽을 꺼내 둥글납작하게 눌러준 다음 랩으로 잘 싸서 냉장고에 30분간 넣어둔다. 타르트 링 안쪽에 버터를 살짝 바른 뒤 얇게 밀어 편 레몬 파트 쉬크레를 앉힌다(p.29 테크닉 참조). 냉동실에 넣어 약 30분간 휴지시킨 다음, 170℃로 예열한 오븐에서 약 20분 구워낸다. 꺼내서 식힌다.

레몬 크림 CRÈME AU CITRON
갓 짠 레몬즙과 달걀, 설탕을 내열 믹싱볼에 넣어 섞고 중탕 냄비에 올려 저으며 익힌다. 농도가 되직해질 때까지 거품기로 계속 저어준다. 그동안 젤라틴을 찬물에 담가 말랑하게 불린다. 혼합물의 온도가 60℃가 되면 중탕 냄비에서 내린 뒤 물을 꼭 짠 젤라틴을 넣고 잘 섞어 녹인다. 버터를 넣고 핸드블렌더로 갈아 매끈하게 혼합한다. 랩을 표면에 밀착시켜 덮은 뒤 냉장고에 1시간 동안 넣어둔다.

완성하기 MONTAGE
차갑게 식은 타르트 시트에 레몬 크림을 채워 넣는다. 데커레이션용으로 얹을 분량의 크림은 남겨둔다. 시트 높이만큼 가득 채운 뒤 스패출러로 매끈하게 밀어준다. 냉동실에 20분간 넣어둔다. 지름 10mm 원형 깍지를 끼운 짤주머니에 레몬 크림을 채운 뒤 타르트 중앙에 동글동글한 방울 모양으로 짜 얹는다. 이탈리안 머랭을 만들어 15mm 원형 깍지를 끼운 짤주머니에 넣고 타르트 가장자리에 빙 둘러 큰 방울 모양으로 짜 얹는다. 그 위에 반구형으로 굳은 레몬 젤리를 얹어준다.

셰프의 팁

타르트에 머랭을 짜 얹은 다음 250℃로 예열된 오븐에 넣어 3~5분간 구워낸다. 살짝 그슬린 색을 내어 보기에 좋을 뿐 아니라 이탈리안 머랭을 고정시켜주는 효과도 있다.

투르비옹 TOURBILLON

얀 브리스 Yann Brys

2011 프랑스 제과 명장

6인분

작업 시간
2시간

냉장
3시간 30분

조리
25분

보관
냉장고에서
48시간까지

도구
파티스리용 밀대
지름 20cm 타르트 링
거름체
분쇄기
마이크로플레인
그레이터
거품기
고운 원뿔체
주방용 온도계
핸드블렌더
짤주머니 + 원형 깍지
회전판(파티스리용
턴테이블)
주방용 토치

재료

레몬 유자 크림
전유 24g
유기농 라임 제스트(곱게 간다) 2개분
달걀 135g
설탕 95g
유자즙 26g
레몬즙 30g
버터 140g

레몬 파트 쉬크레
버터 90g
밀가루(T55) 140g
설탕 27g
유기농 레몬 제스트(곱게 간다) 1/2개분
소금 0.5g
탕 푸르 탕 55g
(tant pour tant : 슈거파우더와 아몬드 가루를
반씩 섞은 것)
달걀 25g

라임 프란지판
생 아몬드 페이스트 110g
달걀 57g
라임 제스트(곱게 간다) 1개분
전분 9g
아몬드 가루 17g
달걀흰자 16g
설탕 5g
버터 38g

레몬 마멀레이드
유기농 생 레몬 125g(약 2개 정도)
고운 소금 1g
레몬즙 10g
라임즙 10g
설탕 50g
유기농 라임 제스트(곱게 간다) 1/2개분

유자 이탈리안 머랭
설탕 120g
물 25g
달걀흰자 60g
유자즙 7g

완성하기
무색 글라사주 쓰는 대로
곱게 간 라임 제스트

--------- 유자 레몬 크림 CRÈME DE CITRON AU YUZU

소스팬에 우유와 그레이터로 곱게 간 라임 제스트를 넣고 가열한다. 끓으면 불에서 내리고 뚜껑을 닫은 채로 5분간 향을 우려낸다. 달걀과 설탕을 거품기로 잘 혼합한 뒤, 그 위에 라임향 우러난 뜨거운 우유를 체에 거르며 붓는다. 유자즙과 생 레몬즙을 뜨겁게 데운 뒤 달걀 우유 혼합물과 섞는다. 다시 소스팬에 모두 담고 85℃가 될 때까지 저어주며 가열한 다음 불에서 내려 식힌다. 45℃가 되면 작게 썰어둔 버터를 넣고 핸드블렌더로 갈아 혼합하여 부드럽고 매끄러운 크림을 만든다. 약 2시간 정도 냉장고에 넣어 식힌다.

--------- 레몬 파트 쉬크레 PÂTE SUCRÉE AU CITRON

깍둑 썰어둔 버터와 밀가루를 마치 모래와 같은 질감이 나도록 부슬부슬하게 혼합한다. 설탕, 레몬 제스트, 소금, 탕 푸르 탕(재료 설명 참조)을 넣고 섞는다. 가볍게 풀어 놓은 달걀을 넣고 고루 섞는다. 끈기가 생기지 않도록 반죽을 너무 많이 치대지 않는다. 반죽을 랩으로 싸서 냉장고에 1시간 넣어둔다. 밀대로 얇게 밀어 지름 20cm 타르트 링에 앉힌다.

--------- 라임 프란지판 MOELLEUX CITRON VERT

오븐을 165℃로 예열한다. 전동 스탠드 믹서 볼에 아몬드 페이스트를 넣고 달걀을 조금씩 넣어가며 플랫비터로 부드럽게 풀어준 다음 라임 제스트를 넣어 섞는다. 전분과 아몬드 가루를 넣고 섞는다. 다른 볼에 달걀흰자를 넣고 설탕을 추가하며 거품기로 돌린다. 거품기를 들어올렸을 때 새 부리 모양이 될 정도(soft peaks)의 상태가 되면, 아몬드 혼합물에 넣고 알뜰주걱으로 살살 섞어준다. 버터를 따뜻하게 녹인 뒤 혼합물에 넣고 섞는다. 타르트 시트에 한 켜 채운 다음 165℃ 오븐에 넣어 약 25분간 굽는다. 타르트 시트 아랫면의 색을 보아가며 굽는 시간을 조절한다.

--------- 레몬 마멀레이드 MARMELADE AU CITRON

레몬을 껍질째 잘게 썰어 소스팬에 넣는다. 찬물을 레몬이 잠기도록 붓고 가열한 뒤 끓으면 바로 건진다. 찬물로 헹군 뒤 다시 소스팬에 넣고 찬물을 붓는다. 소금을 넣어준다. 끓으면 건지고 찬물에 헹군다. 다시 소스팬에 찬물과 함께 넣은 다음 레몬즙과 라임즙을 넣고 가열한다. 끓기 시작하면 불을 약하게 줄이고 약 10분 정도 익힌다. 건져서 찬물에 헹구어 더 이상 익는 것을 중단한다. 분쇄기에 설탕과 함께 넣고, 부드럽고 고운 질감이 되도록 갈아준다. 라임 제스트를 넣어 섞은 다음 냉장고에 보관한다.

--------- 유자 이탈리안 머랭 MERINGUE ITALIENNE AU YUZU

소스팬에 설탕과 물을 넣고 121℃까지 가열한다. 뜨거운 시럽을 미리 거품 올린 달걀흰자에 넣으며 거품기로 돌려 단단한 이탈리안 머랭을 만든다. 유자즙을 넣고 주걱으로 살살 섞은 다음 짤주머니에 넣어둔다.

--------- 완성하기 MONTAGE

라임 프란지판을 넣고 구워낸 타르트 시트가 완전히 식으면 레몬 마멀레이드를 퍼 발라 덮어준다. 그 위에 유자 레몬 크림을 채워 넣는다. 타르트를 회전판 위에 올려놓는다. 판을 돌려가며 따뜻한 유자 이탈리안 머랭을 가운데부터 바깥쪽으로 나선형으로 짜 얹는다. 주방용 토치로 머랭의 가장자리 바깥 면을 살짝 그슬려준 다음 라임 제스트와 글라사주 몇 방울을 뿌려 장식한다.

딸기 타르트
TARTE AUX FRAISES

4인분

작업 시간
1시간

냉장
30분

냉동
10분

조리
30분

보관
냉장고에서 24시간까지

도구
전동 스탠드 믹서
파티스리용 밀대
지름 22cm 타르트 링
짤주머니 + 15mm 깍지
거품기
체
블렌더
주방용 온도계
주방용 붓

재료
파트 사블레
버터(깍둑 썬다) 60g
밀가루 100g
아몬드 가루 15g
슈거파우더 40g
소금(fleur de sel) 1g
달걀 20g
액상 바닐라 에센스 3g

아몬드 피스타치오 크림
버터(상온) 60g
설탕 60g
아몬드 가루 60g
피스타치오 페이스트 25g
달걀 50g

크렘 파티시에
저지방 우유(lait demi-écrémé)
125g
설탕 25g
달걀노른자 25g
옥수수 전분 12g
버터 20g

딸기 즐레
딸기 퓌레 60g
물 30g
딸기 시럽 30g
글루코스 시럽 30g
판 젤라틴 4g

완성하기
딸기 500g
껍질 벗긴 무염 피스타치오
(굵직하게 다진다) 20g

파트 사블레 PÂTE SABLÉE
전동 스탠드 믹서 볼에 깍둑 썬 버터, 밀가루, 아몬드 가루, 슈거파우더, 소금을 넣고 플랫비터로 돌려 모래 질감처럼 부슬부슬하게 혼합한다. 달걀과 바닐라 에센스를 넣고 섞는다. 반죽을 꺼내 작업대에 놓고 손바닥으로 눌러 밀면서 끊는 느낌으로 균일하게 섞는다. 냉장고에 30분간 넣어 휴지시킨다. 차가워진 반죽을 얇게 밀어 타르트 틀에 앉힌다(p.29 테크닉 참조). 냉동실에 10분간 넣어둔다.

아몬드 피스타치오 크림 CRÈME D'AMANDE-PISTACHE
오븐을 170℃로 예열한다. 상온의 버터를 주걱으로 부드럽게 풀어준 다음 설탕, 아몬드 가루, 피스타치오 페이스트, 달걀을 넣고 섞는다. 색이 하얗게 변할 때까지 주걱으로 잘 저어 부드럽고 매끈한 크림을 만든다. 짤주머니에 넣고 차가운 타르트 시트에 짜 채운 다음, 오븐에서 30~35분간 굽는다. 꺼내서 식힌다.

크렘 파티시에 CRÈME PÂTISSIÈRE
레시피 분량대로 크렘 파티시에를 만든다(p.196 레시피 참조).

딸기 즐레 GELÉE DE FRAISE
젤라틴을 찬물에 담가 말랑하게 불린다. 소스팬에 딸기 과육 퓌레, 물, 딸기 시럽, 글루코스 시럽을 넣고 데운다. 온도가 50℃에 이르면 물을 꼭 짠 젤라틴을 넣고 섞어 녹인다. 불에서 내린다.

완성하기 MONTAGE
타르트 시트 전체에 크렘 파티시에를 짤주머니로 짜 얹는다. 반으로 자른 딸기를 빙 둘러 보기 좋게 얹고 가운데는 딸기 한 개를 놓는다. 따뜻한 딸기 즐레를 붓으로 조심스럽게 바른 다음 굵게 다진 피스타치오를 뿌려 완성한다.

붉은 베리 믹스 타르트
TARTE AUX FRUITS ROUGES

6인분

작업 시간
1시간

조리
18~20분

보관
냉장고에서 24시간까지

도구
전동 스탠드 믹서
체
짤주머니 + 8mm, 15mm 깍지
지름 22cm x 높이 3.5cm 타르트 링
스패출러

재료
다쿠아즈 비스퀴*
달걀흰자 140g
설탕 13g
탕 푸르 탕 300g
(tant pour tant : 슈거파우더와 아몬드
가루를 반씩 섞은 것)
헤이즐넛 가루 40g

바닐라 시부스트 크림
저지방 우유(lait demi-écrémé) 75g
액상 생크림(crème liquide 유지방 35%)
150g
설탕 150g
바닐라 빈 1줄기
달걀노른자 120g
커스터드 분말 15g
가루형 젤라틴 8g
물 36g
달걀흰자 180g

완성하기
블랙베리 50g
라즈베리 100g
레트커런트 100g
딸기 150g

*표시된 재료는 비스퀴 시트 2개 분량이다.
이 레시피는 이보다 더 적은 양으로 만들기 어렵
다. 본 레시피용으로 하나의 비스퀴 시트만 사용하
고, 나머지 하나는 랩으로 잘 싸거나 밀폐 용기에
넣어 냉장고에 2~3일, 또는 냉동실에 15일간 보관
할 수 있다.

다쿠아즈 비스퀴 BISCUIT DACQUOISE

오븐을 180℃로 예열한다. 전동 스탠드 믹서 볼에 달걀흰자를 넣고 와이어 휩을 중간 속도로 돌려 거품을 올린다. 거품기를 들어올렸을 때 새 부리 모양이 될 정도(soft peaks)의 상태가 되면, 설탕을 두 번에 나누어 넣으며 빠른 속도로 돌려 단단한 머랭을 만든다. 탕 푸르 탕(재료 설명 참조)을 체에 친 다음 헤이즐넛 가루와 섞는다. 여기에 머랭을 넣고 실리콘 주걱으로 접듯이 돌리며 살살 섞어준다. 지름 15mm 깍지를 끼운 짤주머니에 넣는다. 유산지를 깐 베이킹 팬에 타르트 링을 올린다. 반죽을 짜 넣고 슈거파우더를 뿌린 뒤 180℃ 오븐에서 18~20분 굽는다.

바닐라 시부스트 크림 CRÈME CHIBOUST VANILLE

젤라틴 가루를 찬물에 적신다. 소스팬에 우유, 크림, 설탕 30g, 길게 갈라 긁은 바닐라 빈 가루를 넣고 가열한다. 달걀노른자와 설탕 30g, 커스터드 분말을 거품기로 저어 색이 연해질 때까지 혼합한다. 뜨거워진 우유를 붓고 섞은 뒤 3분 정도 저으면서 끓여 크렘 파티시에를 만든다. 찬물에 불린 젤라틴을 넣어준다. 달걀흰자의 거품을 올린다. 설탕 90g을 여러 번에 나누어 넣으면서 거품기를 돌려 단단한 머랭을 만든다. 뜨거운 크렘 파티시에에 머랭을 넣고 실리콘 주걱으로 돌리듯이 살살 섞어준다.

완성하기 MONTAGE

지름 8mm 깍지를 끼운 짤주머니에 시부스트 크림을 채운다. 다쿠아즈 비스퀴 위에 크림을 짜 채워 넣는다. 스패출러를 사용하여 수북한 돔 모양으로 매끈하게 만들어준다. 과일을 보기 좋게 얹어 완성한다.

붉은 베리 믹스 타르트 TARTE AUX FRUITS ROUGES

니나 메타예르 Nina Métayer

**2016, 2017 베스트 파티시에
페랑디 파리 졸업생**

타르트 8개분

작업 시간
1시간 30분

냉장
1시간 40분

조리
4시간 15분

보관
냉장고에서
48시간까지

도구
파티스리용 밀대
긴 타원형 모양의
타르틀레트 링 8개
쿠키 커터
고운 원뿔체
전동 스탠드 믹서
거품기
체
원뿔체
주방용 온도계

재료
붉은 베리 과일즙
딸기 500g
라즈베리 500g
설탕 50g

붉은 베리 페이퍼
판 젤라틴(qualité Or)
2.5장
물 250g
딸기(갈아서 체에 거른다)
250g
라즈베리(갈아서 체에
거른다) 125g
설탕 50g
펙틴(pectine NH) 2.5g

파트 쉬크레
버터 300g
슈거파우더 190g
아몬드 가루 60g
소금 1g
바닐라 가루 2g
밀가루 500g
달걀 113g

헤이즐넛 스펀지
달걀흰자 225g
설탕 74g
슈거파우더 225g
로스팅한 헤이즐넛 가루 200g
붉은 베리 과일즙 150g

크렘 파티시에
우유 164g
바닐라 빈 1줄기
달걀노른자 30g
설탕 37g
커스터드 분말 13g
버터 6g

더블 크림 무스
액상 생크림(crème liquide 유지방 35%)
150g
크렘 파티시에(상기 레시피 참조) 200g
더블 크림(crème double) 200g

붉은 베리 젤리
판 젤라틴(qualité Or) 2장
붉은 베리 과일즙 150g

완성하기
딸기 250g
라즈베리 250g
레드커런트 100g
라임 제스트

붉은 베리 과일즙 JUS DE FRUITS ROUGES

내열 믹싱볼에 딸기, 라즈베리, 설탕을 넣고 랩으로 단단히 밀봉한 다음 중탕으로 2시간 익힌다. 고운 체로 걸러 즙을 받아둔다.

붉은 베리 페이퍼 PAPIER FRUITS ROUGES

오븐을 250℃로 예열한 다음 논스틱 베이킹 팬을 넣어 뜨겁게 달군다. 젤라틴을 찬물에 담가 10분 정도 말랑하게 불린다. 소스팬에 물, 갈아서 체에 거른 딸기와 라즈베리 즙을 넣고 가열한다. 펙틴과 섞어둔 설탕을 넣어준다. 3분간 끓인 후 불에서 내리고 물을 꼭 짠 젤라틴을 넣어 잘 녹인다. 오븐에 넣어둔 베이킹 팬이 아주 뜨거워지면 혼합물을 흘려 넣어 팬 전체에 얇게 고루 펴준다. 오븐 온도를 90℃로 낮춘 뒤 베이킹 팬을 넣고 2시간 동안 건조시킨다. 또는 건조용 오븐을 이용해도 좋다. 오븐에서 꺼내 즉시 원하는 모양으로 잘라 떼어낸다.

파트 쉬크레 PÂTE SUCRÉE

버터, 슈거파우더, 아몬드 가루, 소금, 바닐라 가루, 밀가루(모든 가루 재료는 체에 친 후 사용하는 것이 좋다)를 믹싱볼에 넣고 모래 질감이 나도록 부슬부슬하게 손으로 비벼 혼합한다. 가볍게 풀어둔 달걀을 넣어 섞는다. 반죽이 균일하게 섞이면 랩으로 싼 뒤 냉장고에 넣어 20분간 휴지시킨다. 오븐을 155℃로 예열한다. 반죽을 밀대로 얇게 밀어 양끝이 둥근 긴 모양의 타르틀레트 링에 앉힌다. 냉장고에서 20분간 휴지시킨 후, 예열한 오븐에 넣어 7분간 굽는다. 작은 커팅 틀을 이용하여 타르트 시트 바닥의 가장자리 5mm 정도를 남기고 가운데 부분을 잘라낸다.

헤이즐넛 스펀지 BISCUIT NOISETTE

오븐 온도를 180℃로 올린다. 전동 스탠드 믹서에 와이어 휩을 장착하고 달걀흰자의 거품을 올린다. 설탕을 넣어주며 단단한 거품을 올려 머랭을 만든다. 슈거파우더와 로스팅한 헤이즐넛 가루를 체에 친 다음 머랭을 넣고 실리콘 주걱으로 접어 돌리듯이 살살 섞어준다. 유산지를 깐 베이킹 팬에 혼합물을 펼쳐놓고 오븐에서 5분간 굽는다. 꺼내서 뒤집어 망에 올려 식힌다. 타르틀레트 크기와 동일하게 잘라낸다. 붓으로 붉은 베리 과일즙을 적셔준다.

크렘 파티시에 CRÈME PÂTISSIÈRE

소스팬에 우유와 길게 갈라 긁은 바닐라 빈을 넣고 가열한다. 볼에 달걀노른자와 설탕, 커스터드 분말을 넣고 색이 연해질 때까지 거품기로 잘 저어 섞는다. 우유가 끓으면 달걀 설탕 혼합물에 조금 부어 잘 혼합한 다음 다시 소스팬으로 모두 옮긴다. 거품기로 세게 저어가며 계속 가열하여 끓기 시작하면 불에서 내린다. 깍둑 썰어놓은 버터를 조금씩 넣으며 섞는다. 크림을 재빨리 식힌 뒤 체에 곱게 내린다.

더블 크림 무스 MOUSSE CRÈME DOUBLE

전동 믹서 볼에 액상 생크림을 넣고 거품기로 돌려 휘핑한다. 거품기를 들어올렸을 때 새 부리 모양이 될 정도(soft peaks)의 상태가 되면 멈춘다. 크렘 파티시에와 더블 크림을 섞은 뒤 휘핑한 크림에 넣고 실리콘 주걱으로 접어 돌리듯이 살살 섞는다.

붉은 베리 젤리 GELÉE DE FRUITS ROUGES

판 젤라틴을 얼음물에 담가 10분간 말랑하게 불린다. 소스팬에 붉은 베리 과일즙을 뜨겁게 데운 뒤 물을 꼭 짠 젤라틴을 넣고 섞어 녹인다. 기름을 살짝 발라둔 용기에 혼합물을 덜어 놓는다. 냉장고에 1시간 동안 넣어 굳힌 뒤 큐브 모양으로 잘라둔다.

완성하기 MONTAGE

붉은 베리 과일즙을 적신 헤이즐넛 스펀지 위에 큐브 모양으로 잘게 썬 딸기와 라즈베리를 얹어놓는다. 그 위에 헤비크림 무스를 짜 얹는다. 바닥을 도려낸 타르틀레트 시트를 뒤집어 그 위에 덮어준다. 크림과 생과일, 큐브로 자른 붉은 베리 젤리, 붉은 과일 페이퍼를 골고루 얹어 보기 좋게 중앙을 장식한다. 라임 제스트를 조금 뿌려 완성한다.

살구 타르트
TARTE AUX ABRICOTS

6인분

작업 시간
1시간

냉장
2시간 30분(반죽 휴지 포함)

조리
20분

보관
냉장고에서 48시간까지

도구
거품기
체
스크레이퍼
파티스리용 밀대
지름 22cm 타르트 링
주방용 붓

재료
살구 500g

파트 쉬크레
버터(깍둑 썬다) 60g
소금 1g
슈거파우더 45g
아몬드 가루 15g
달걀 25g
밀가루 120g

아몬드 크림
버터(상온) 45g
설탕 45g
달걀 40g
아몬드 가루 45g
액상 생크림(crème liquide 유지방 35%) 8g

완성하기
살구 나파주 쓰는 대로

파트 쉬크레 PÂTE SUCRÉE
레시피 분량대로 크레마주 방식의 파트 쉬크레를 만든다(p.60 테크닉 참조).

아몬드 크림 CRÈME D'AMANDE
버터를 전자레인지에 넣어 몇 초간 돌린 뒤 거품기로 잘 섞어 부드러운 포마드 상태로 만든다. 설탕을 넣고, 공기가 주입되지 않도록 주의하며 잘 섞는다. 풀어둔 달걀을 넣고 섞은 다음 아몬드 가루를 넣는다. 액상 생크림을 넣고 잘 혼합한다. 냉장고에 30분간 넣어둔다.

살구 ABRICOTS
살구를 씻어서 물기를 제거한다. 반으로 잘라 씨를 뺀다.

완성하기 MONTAGE
오븐을 170℃로 예열한다. 파트 쉬크레를 밀대로 밀어 타르트 틀에 앉힌 다음(p.29 테크닉 참조), 아몬드 크림을 채워 넣는다. 반으로 자른 살구를 빙 둘러 보기 좋게 놓는다. 오븐에 넣어 20~30분간 굽는다. 꺼내서 식힌 뒤 타르트 링을 제거한다. 미리 따뜻하게 데워 놓은 살구 나파주를 붓으로 발라준다.

셰프의 팁

아몬드 크림에 생크림을 넣을 때
피스타치오 페이스트 20g을 함께 넣으면
향을 더해줄 수 있다.

살구 타르트
TARTE AUX ABRICOTS

6인분

작업 시간
4시간

조리
1시간 15분

냉장
3시간

냉동
30분

보관
냉장고에서 24시간까지

도구
체
스크레이퍼
파티스리용 밀대
지름 20cm 타르트 링
전동 스탠드 믹서
짤주머니 + 15mm 깍지
조리용 온도계
지름 18cm 타르트 링
핸드블렌더

재료
파트 푀유테 200g
(p.66 테크닉 참조)

피스타치오 아몬드 크림
생 아몬드 페이스트 60g
달걀 30g
아몬드 가루 20g
포마드 상태의 버터 30g
피스타치오 페이스트 10g
헤비크림(crème épaisse 유지방 35%)
30g

구운 살구
생 살구 500g
비정제 황설탕(cassonade) 20g
꿀 20g
로즈마리 1줄기

아몬드 크레뫼
생 아몬드 페이스트 85g
전유(lait entier, whole milk) 100g
액상 생크림(crème liquide 유지방 35%)
250g
판 젤라틴 4g

흰색 글라사주
전유(lait entier, whole milk) 100g
설탕 250g
액상 생크림(crème liquide 유지방 35%)
200g
글루코스 시럽 70g
감자 전분 15g
판 젤라틴 7g
이산화티탄* 1g
바닐라 빈 1/2줄기(선택)

* 이산화 티탄(titanium dioxide) : 파티스리에서
색소로 사용되는 화학물질로, 흰색을 내며 매끈한
광택 효과가 있다.

파트 푀유테, 파이 반죽 PÂTE FEUILLETÉE
오븐을 170℃로 예열한다. 지름 20cm 타르트 링에 얇게 민 파트 푀유테를 앉힌 다음(p.29 테크닉 참조), 오븐에서 타르트 시트만 20분간 초벌로 구워낸다.

피스타치오 아몬드 크림 CRÈME D'AMANDE-PISTACHE
오븐의 온도를 190℃로 올린다. 전동 스탠드 믹서 볼에 아몬드 페이스트를 넣고 달걀을 조금씩 넣어가며 플랫비터로 부드럽게 풀어준다. 아몬드 가루, 포마드 상태의 크리미한 버터, 피스타치오 페이스트를 넣고 섞는다. 헤비크림을 넣고 혼합물이 매끈한 크림 질감이 나도록 잘 섞는다. 짤주머니에 넣고 미리 구워둔 타르트 시트 안에 한 켜 채워 넣는다. 오븐에서 40분간 굽는다. 꺼내서 식힌다.

구운 살구 ABRICOTS RÔTIS
오븐의 온도를 200℃로 올린다. 살구를 씻은 뒤 8등분으로 자른다. 황설탕, 꿀, 로즈마리를 넣고 살구에 골고루 묻도록 잘 섞는다. 유산지를 깐 베이킹 팬 위에 한 켜로 펼쳐 놓은 다음 오븐에서 15분간 굽는다.

아몬드 크레뫼 CRÉMEUX AUX AMANDES
젤라틴을 찬물에 담가 말랑하게 불린다. 전동 스탠드 믹서 볼에 아몬드 페이스트, 우유, 액상 생크림 100g을 넣고 플랫비터를 돌려 잘 섞는다. 혼합물의 1/3을 소스팬에 덜어 담고 50℃까지 가열한다. 여기에 물기를 꼭 짠 젤라틴을 넣고 잘 저어 녹인 뒤 나머지 혼합물 전체와 잘 섞어준다. 액상 생크림 150g을 거품기로 휘핑한 다음 전체 혼합물에 넣고 실리콘 주걱으로 살살 섞는다. 지름 18cm 타르트 링을 베이킹 팬에 놓고 크레뫼를 채워 넣은 뒤 냉동실에 30분간 넣어 굳힌다.

흰색 글라사주 GLAÇAGE BLANC
젤라틴을 찬물에 담가 말랑하게 불린다. 소스팬에 우유, 설탕 분량의 반, 액상 생크림, 글루코스 시럽, 바닐라 빈(선택사항)을 넣고 가열한다. 끓으면 바로 불을 끄고 식힌 다음, 전분과 혼합한 나머지 분량의 설탕을 넣는다. 다시 불에 올려 잘 저으며 가열한다. 끓으면 불에서 내린 뒤 물기를 꼭 짠 젤라틴을 넣어준다. 이산화티탄을 넣고 핸드블렌더로 갈아 혼합한다. 식힌다. 글라사주 혼합물의 온도가 20℃까지 떨어지면 냉동실에서 꺼낸 아몬드 크레뫼에 부어 씌워준다.

완성하기 MONTAGE
글라사주를 입힌 아직 냉동 상태의 아몬드 크레뫼를 타르트 시트 가운데 놓는다. 구운 살구를 빙 둘러 보기 좋게 얹는다. 피스타치오를 몇 알 올려 장식한다.

LEVEL

3

살구 라벤더 타르트
TARTE ABRICOT ET LAVANDE

니콜라 바셰르 Nicolas Bacheyre

2016 기대주 파티시에

8~10인분

작업 시간
2시간

냉장
9시간

향 우려내기
30분

조리
25분

보관
냉장고에서
24시간까지

도구
전동 스탠드 믹서
체
파티스리용 밀대
지름 28cm 타르트 링
스크레이퍼
짤주머니 + 깍지
원뿔체
핸드블렌더

재료
살구 800g

바닐라 라벤더 휩드 가나슈
액상 생크림(crème liquide 유지방 35%)
375g
바닐라 빈 10g
라벤더 생화 5g
화이트 초콜릿(잘게 다진다) 95g
물에 적셔 불린 젤라틴(masse de gélatine)
15g

파트 사블레
무염 버터 260g
황설탕 260g
아몬드 가루 65g
헤이즐넛 가루 195g
고운 소금 3g
밀가루 215g

아몬드 크림
무염 버터 80g
슈거파우더 80g
아몬드 가루 105g
달걀 75g
액상 바닐라 에센스 8g

완성하기
라벤더 꽃 쓰는 대로
새싹 허브 쓰는 대로

─────── 바닐라 라벤더 휩드 가나슈 GANACHE MONTÉE VANILLE-LAVANDE

소스팬에 액상 생크림 125g와 길게 갈라 긁은 바닐라 빈, 라벤더 꽃을 넣고 가열한다. 끓으면 불을 끈 다음 그대로 뚜껑을 닫고 30분간 향을 우린다. 향이 우러나면 다시 데운 뒤 화이트 초콜릿 위로 체에 거르며 부어준다. 찬물에 불린 젤라틴을 넣고 살짝 에멀전화 하듯이 혼합해 가나슈를 만든다. 나머지 분량의 액상 생크림을 넣고 핸드블렌더로 갈아 혼합한다. 사용하기 전까지 냉장고에 6시간 정도 넣어둔다.

─────── 파트 사블레 PÂTE SABLÉE

전동 스탠드 믹서 볼에 버터와 황설탕을 넣고 크리미한 질감이 되도록 플랫비터를 돌려 섞는다. 미리 체에 친 아몬드 가루와 헤이즐넛 가루를 넣고 살살 섞는다. 소금과 밀가루를 넣고 대충 섞어 반죽을 만든다. 반죽을 두 장의 유산지 사이에 넣고 3mm 두께로 민다. 랩으로 싸서 냉장고에 2시간 넣어둔다. 타르트용 링 또는 직사각형 프레임에 넣어 앉힌다. 타르트 시트의 바닥과 틀 안쪽 벽이 정확히 직각이 되도록 꺾이는 둘레 부분을 꼼꼼히 눌러준다. 작은 칼을 이용하여 틀 바깥으로 삐져나온 반죽을 깔끔하게 다듬어 잘라낸다.

─────── 아몬드 크림 CRÈME D'AMANDE

전동 스탠드 믹서 볼에 버터와 슈거파우더를 넣고 플랫비터로 돌려 크리미한 질감이 되도록 섞는다. 아몬드 가루를 넣고 중간 속도로 돌려 혼합한다. 스크레이퍼로 볼 안쪽 벽과 바닥을 긁어 혼합물을 한 번 떼어준다. 풀어놓은 달걀과 액상 바닐라 에센스를 조금씩 넣어주며 계속 잘 저어 섞는다. 스크레이퍼로 긁어 다시 한 번 뭉쳐준 다음 균일한 텍스처가 되면 짤주머니에 채워 넣고 상온에 둔다.

─────── 완성하기 MONTAGE

아몬드 크림을 짤주머니로 짜 타르트 시트에 반 정도 채운 뒤 냉장고에 1시간 넣어둔다. 휴지가 끝난 타르트를 180℃로 예열한 오븐에 넣어 약 25분간 굽는다. 살구를 씻어 씨를 제거한 뒤 큐브 모양과 길쭉한 등분 모양으로 썬다. 큐브 모양으로 썬 살구는 아몬드 크림 위에 놓고, 나머지 등분한 살구는 그 위에 보기 좋게 얹는다. 바닐라 라벤더 가나슈를 거품기로 휘핑한 다음 원형 깍지를 끼운 짤주머니에 넣는다. 타르트 곳곳에 동그란 방울 모양으로 가나슈를 짜 얹는다. 라벤더 꽃잎과 새싹 허브로 장식한다.

LEVEL

1

애플 타르트

TARTE AUX POMMES

6인분

작업 시간
30분

조리
35분

보관
냉장고에서 48시간까지

도구
파티스리용 밀대
지름 22cm 타르트 링
타르트 무늬 내기용 집게
주방용 붓

재료
파트 아 퐁세
밀가루 125g
버터(깍둑 썬다) 75g
소금 3g
설탕 6g
물 15g
달걀 25g

타르트 충전물
사과(Golden Delicious) 800g
사과 콩포트 300g
녹인 버터 쓰는 대로

완성하기
황금색 투명 나파주 쓰는 대로

파트 아 퐁세 PÂTE À FONCER
레시피의 분량대로 파트 아 퐁세를 만들어(p.64 테크닉 참조) 타르트 링에 앉힌다
(p.26 테크닉 참조). 파티스리 무늬 내기용 집게를 사용하여 타르트 반죽 가장자리
에 빙 둘러 일정한 간격으로 무늬를 내준다.

골덴 사과 POMMES GOLDEN
사과의 껍질을 벗기고 속을 제거한 뒤 두께 2~3mm로 얇게 저민다. 사과를 자르
고 난 자투리 살은 따로 두었다가 타르트 가운데에 넣어준다.

완성하기 MONTAGE
오븐을 180℃로 예열한다. 타르트 시트 위에 사과 콩포트를 깔아준다. 사과살 자
투리를 고루 펴 놓는다. 얇게 저민 사과를 타르트 전체에 꽃모양으로 빙 둘러 보기
좋게 얹어놓는다. 맨 가장자리부터 사과 슬라이스를 한 방향으로 겹쳐가며 나란
히 놓은 다음, 그 안쪽 줄은 반대 방향으로 정렬하는 식으로 반복하여 놓아준다.
사과 위에 녹인 버터를 붓으로 발라준 다음 오븐에 넣어 약 35분간 굽는다. 꺼내서
식힌 뒤, 사과 위에 따뜻하게 녹인 나파주를 붓으로 발라준다.

LEVEL

2

애플 타르트
TARTE AUX POMMES

6인분

작업 시간
1시간 30분

냉장
1시간 30분

조리
30분

휴지
24시간

보관
냉장고에서 48시간까지

도구
체
스크레이퍼
파티스리용 밀대
지름 22cm 타르트 링 2개
실리콘 패드
거품기
조리용 온도계
짤주머니 + 8mm, 15mm 깍지

재료
헤이즐넛 파트 쉬크레
버터 35g
슈거파우더 20g
헤이즐넛 가루 10g
달걀 13g
바닐라 가루 칼끝으로 아주 조금
밀가루 64g

헤이즐넛 크림
버터 30g
설탕 30g
헤이즐넛 가루 30g
달걀 25g
밀가루 5g

구운 사과
사과(Belchard Chanteclerc) 100g
버터 40g
바닐라 빈 1/2줄기
설탕 30g
물 40g

청사과 젤리
청사과(Granny Smith) 150g
설탕 25g
청사과 퓌레 75g
생강즙 15g
레몬즙 5g
판 젤라틴 4g

사과 마시멜로
판 젤라틴 35g
설탕 450g
전화당 340g
물 140g
청사과 퓌레 200g
바닐라 빈 1줄기
옥수수 전분 쓰는 대로
청사과 슬라이스
식용 금박

헤이즐넛 파트 쉬크레 PÂTE SUCRÉE NOISETTES
레시피의 재료대로 헤이즐넛 가루를 넣은 파트 쉬크레를 만들어(p.60 테크닉 참조), 냉장고에 30분간 넣어둔다. 오븐을 170℃로 예열한다. 반죽을 5mm 두께로 밀어 지름 22cm 타르트 링에 앉힌다. 실리콘 패드를 깐 베이킹 팬 위에 놓고 오븐에서 노릇한 색이 날 때까지 타르트 시트만 15분 정도 굽는다. 타르트 시트를 오븐에서 꺼낸 뒤 오븐 온도를 180℃로 올린다.

헤이즐넛 크림 CRÈME DE NOISETTE
레시피의 재료대로 아몬드 가루 대신 헤이즐넛 가루를 넣은 크림을 만든다. 아몬드 크림과 마찬가지 방법으로 만든다(p.208 테크닉 참조).

구운 사과 POMMES RÔTIES
사과의 껍질을 벗기고 속을 제거한 뒤 굵직하게 깍둑 썬다. 소스팬에 버터, 길게 갈라 긁은 바닐라 빈, 설탕을 넣고 가열해 캐러멜을 만든다. 타지 않도록 조심스럽게 물을 넣어 희석한 다음 사과를 넣고 잘 섞는다. 오븐용 용기에 덜어낸 다음 180℃ 오븐에서 15~20분간 굽는다.

청사과 젤리 GELÉE DE POMME VERTE
사과의 껍질을 벗기고 속을 제거한 뒤 균일한 크기의 큐브 모양으로 썬다. 소스팬에 설탕과 청사과 퓌레를 넣고 가열한다. 끓으면 썰어놓은 사과를 넣고 콩포트를 만들듯이 졸인다. 생강즙과 레몬즙을 넣고 3분간 더 끓인다. 찬물에 담가 불린 후 물기를 꼭 짠 젤라틴을 넣고 잘 녹도록 혼합한다. 지름 22cm 타르트 링에 혼합물을 붓고 냉장고에 40분 정도 넣어 굳힌다.

사과 마시멜로 GUIMAUVE DE POMME
젤라틴을 찬물에 담가 말랑하게 불린다. 소스팬에 설탕, 전화당 140g, 물을 넣고 110℃까지 가열해 시럽을 만든다. 전동 스탠드 믹서 볼에 나머지 전화당 200g과 사과 퓌레, 바닐라 빈을 넣고 거품기로 혼합한다. 시럽을 가늘게 넣어주며 계속 혼합한다. 물을 꼭 짠 젤라틴을 넣고 잘 녹이며 섞는다. 지름 8mm 깍지를 끼운 짤주머니에 채워 넣는다. 유산지 위에 길이 12~15cm로 가늘게 짜 놓는다. 고구마 전분을 솔솔 뿌리고 상온에서 24시간 휴지시킨 다음 하나하나 매듭을 지어둔다.

완성하기 MONTAGE
지름 22cm 타르트 링 안의 헤이즐넛 파트 쉬크레에 지름 15mm 깍지를 끼운 짤주머니로 헤이즐넛 크림을 짜 틀 높이의 3/4까지 채운다. 구운 사과를 얹어준다. 180℃ 오븐에 넣어 노릇한 구운 색이 날 때까지 굽는다. 꺼내서 식힌다. 원반형의 청사과 젤리를 얹는다. 마시멜로 매듭과 청사과 슬라이스를 군데군데 놓고 식용 금박을 조금 얹어 장식한다.

셰프의 팁

기호에 따라 선호하는 사과의 종류를 고른다.
Belchard 사과 대신 Golden Delicious를 사용해도 좋다.
특히 열에 잘 견디는 품종을 골라야 오래 익혀도 뭉그러지지 않는다.

애플 타르트 TARTE AUX POMMES

세드릭 그롤레 Cédric Grolet

2016 베스트 파티시에

6인분

작업 시간
3시간

냉장
24시간

조리
35분

보관
냉장고에서
24시간까지

도구
전동 스탠드 믹서
파이 롤러
파티스리용 밀대
지름 5cm x 높이 2cm
타르트 링
깍지 없는 짤주머니
만돌린 슬라이서

재료
파트 쉬크레
버터 150g
슈거파우더 95g
아몬드 가루 30g
소금(sel de Guérande) 1g
바닐라 가루 1g
달걀 58g
밀가루(T55) 250g

아몬드 크림
버터 150g
설탕 150g
아몬드 가루 150g
달걀 150g

사과 콩포트
사과(Granny Smith n° 1) 1kg
레몬즙 125g

완성하기
사과(Royale Gala) 3개
브라운 버터(beurre noisette) 100g

——————— 파트 쉬크레 PÂTE SUCRÉE

전동 스탠드 믹서 볼에 버터, 슈거파우더, 아몬드 가루, 소금, 바닐라 가루를 넣고 플랫비터를 돌려 섞는다. 달걀을 조금씩 넣으며 에멀전화 하듯이 잘 혼합한 뒤 밀가루를 넣어 반죽한다. 랩에 싸서 냉장고에 넣어 휴지시킨다. 압착 파이 롤러를 사용해 반죽을 1cm 두께로 밀어준다. 타르트 링 안쪽에 버터를 살짝 바른 다음 타르트 시트를 앉힌다. 냉장고에 하루 동안 넣어 표면이 꾸둑해지게 건조시킨다. 160℃ 오븐에 넣어 약 15분 정도 타르트 시트만 초벌로 구워낸다.

——————— 아몬드 크림 CRÈME D'AMANDE

전동 스탠드 믹서 볼에 버터와 설탕, 아몬드 가루를 넣고 플랫비터를 돌려 혼합한다. 달걀을 조금씩 넣어주며 잘 섞는다.

——————— 사과 콩포트 COMPOTÉE DE POMMES

그래니 스미스 청사과를 사방 3mm 크기의 작은 큐브로 썬다. 레몬즙을 뿌린 뒤 진공 비닐 팩에 넣는다. 100℃ 스팀 오븐에서 13분간 익힌다.

——————— 완성하기 MONTAGE

오븐을 180℃로 예열한다. 짤주머니에 아몬드 크림을 채워 넣고, 타르트 시트에 한 켜 짜 넣는다. 오븐에 넣어 10~15분간 굽는다. 그 위에 사과 콩포트를 얹는다. 만돌린 슬라이서를 사용해 사과를 껍질째 2mm 두께로 아주 얇게 저민다. 사과 슬라이스에 브라운 버터를 슬쩍 한 번 묻힌 다음 바깥쪽부터 안쪽으로 세워서 겹쳐가며 타르트 위에 꽃모양으로 촘촘히 얹어 완성한다.

LEVEL

1

부르달루 서양배 타르트

TARTE AUX POIRES BOURDALOUE

6인분

작업 시간
40분

조리
35분

냉장
2시간

보관
냉장고에서 48시간까지

도구
체
스크레이퍼
파티스리용 밀대
지름 22cm 타르트 링
거품기
주방용 붓

재료
시럽에 담근 서양배(하프) 6조각

파트 쉬크레
슈거파우더 75g
버터 50g
달걀 25g
물 5g
밀가루 125g

아몬드 크림
포마드 상태의 버터 50g
설탕 50g
달걀 40g
아몬드 가루 50g
밀가루 5g
럼 5g
바닐라 빈 1줄기

완성하기
아몬드 슬라이스 쓰는 대로
살구 나파주 쓰는 대로

파트 쉬크레 PÂTE SUCRÉE
레시피의 재료대로 파트 쉬크레를 만들어(p.60 테크닉 참조) 약 3mm 두께로 민 다음 타르트 링에 앉힌다(p.29 테크닉 참조). 포크로 시트 바닥을 군데군데 찔러준다.

아몬드 크림 CRÈME D'AMANDE
믹싱볼에 포마드 상태의 버터와 설탕을 넣고 부드러운 질감이 되도록 잘 혼합한다. 달걀을 넣어 섞은 다음 아몬드 가루를 넣고 균일한 크림이 되도록 실리콘 주걱으로 잘 혼합한다. 밀가루를 넣어 섞은 뒤 럼과 길게 갈라 긁어낸 바닐라 빈을 넣어 향을 더한다. 냉장고에 넣어둔다.

완성하기 MONTAGE
오븐을 180℃로 예열한다. 타르트 시트에 아몬드 크림을 채운다. 반쪽짜리 서양배를 가로로 얇게 슬라이스한다. 배 모양을 그대로 유지한 채 슬라이스를 타르트의 아몬드 크림 층 위에 별모양으로 가지런히 얹어 놓는다. 배를 아몬드 크림 속으로 살짝 눌러준 다음 오븐에 넣어 35분간 굽는다. 조심스럽게 타르트 링을 제거한 다음 식힘망 위에 올려둔다. 타르트가 식으면 붓으로 따뜻한 나파주를 바르고 아몬드 슬라이스를 뿌려 완성한다.

서양배 자몽 타르트

TARTE AUX POIRES-PAMPLEMOUSSES

6인분

작업 시간
1시간

냉장
30분

조리
40분

보관
냉장고에서 3일까지

도구
전동 스탠드 믹서
체
파티스리용 밀대
지름 22cm 타르트 링
주방용 붓

재료
핑크색 자몽 1개
시럽에 담근 서양배 4개

헤이즐넛 파트 쉬크레
포마드 상태의 버터 60g
슈거파우더 40g
달걀 30g
소금 1g
밀가루 100g
전분 20g
헤이즐넛 가루 20g

피스타치오 아몬드 크림
포마드 상태의 버터 50g
설탕 50g
달걀 40g
아몬드 가루 50g
밀가루 5g
피스타치오 페이스트 20g

완성하기
살구 나파주 쓰는 대로
굵게 다진 피스타치오 쓰는 대로

헤이즐넛 파트 쉬크레 PÂTE SUCRÉE NOISETTES
전동 스탠드 믹서 볼에 포마드 버터와 슈거파우더를 넣고 플랫비터를 돌려 부드러운 크림 질감이 될 때까지 균일하게 섞는다. 달걀과 소금을 넣는다. 이어서 미리 체에 친 밀가루와 전분, 헤이즐넛 가루를 넣고 골고루 섞이도록 반죽한다. 반죽을 둥글넓적하게 만든 다음 랩에 싸서 냉장고에 30분 정도 넣어둔다. 3mm 두께로 밀어 타르트 링에 앉힌다(p.29 테크닉 참조).

피스타치오 아몬드 크림 CRÈME D'AMANDE-PISTACHE
믹싱볼에 포마드 버터와 설탕을 넣고 크리미한 질감이 될 때까지 잘 혼합한다. 달걀을 넣어 섞은 다음 아몬드 가루를 넣고 균일한 크림이 되도록 다시 잘 혼합한다. 밀가루를 넣어 섞은 뒤 피스타치오 페이스트를 넣어 향을 더한다. 타르트 시트에 피스타치오 아몬드 크림을 채워 넣는다.

과일 FRUITS
자몽의 속껍질까지 칼로 한번에 잘라내 벗긴 다음 속껍질 사이사이의 과육 세그먼트만 도려낸다. 서양배는 길이로 얄팍하게 썬다.

완성하기 MONTAGE
오븐을 180℃로 예열한다. 타르트의 크림 층 위에 과일을 꽃모양으로 빙 둘러가며 교대로 하나씩 얹어놓는다. 오븐에 넣어 약 35분간 굽는다. 틀을 제거하고 식힘망 위에 올려둔다. 타르트가 식으면 붓으로 따뜻한 나파주를 발라준 다음 굵게 부순 피스타치오를 뿌려 완성한다.

셰프의 팁

자몽 과육을 타르트에 얹기 전에 키친타월에 놓아
물기를 제거해주면, 굽는 과정에서 수분이 너무 많이 생겨
타르트가 축축해지는 것을 막을 수 있다.

LEVEL

3

부르달루 서양배 타르트
BOURDALOUE

크리스텔 브뤼아 Christelle Brua

2009, 2014 베스트 파티시에

6인분

작업 시간
2시간 30분

냉장
1시간

조리
50분

보관
냉장고에서
24시간까지

도구
거품기
체
스크레이퍼
파티스리용 밀대
지름 22cm 타르트 링

재료
파트 쉬크레 300g(p.60 테크닉 참조)
밀가루 40g

아몬드 크림
포마드 상태의 버터 95g
슈거파우더 95g
달걀 100g
아몬드 가루 95g
밀가루 95g

타르트 충전물
서양배(poires Williams) 5개
물 1리터
설탕 750g
바닐라 빈 1줄기

──────── 파트 쉬크레 PÂTE SUCRÉE

오븐을 160℃로 예열한다. 작업대에 덧 밀가루를 뿌린 다음 파트 쉬크레를 2mm 두께로 밀어 타르트 링에 앉힌다. 가장자리를 살짝 밀어올리고 파티스리용 집게로 집어 무늬를 내준다. 타르트 바닥 군데군데를 포크로 가볍게 찔러준다. 냉장고에 1시간 넣어둔다. 오븐에 넣어 타르트 시트를 우선 8분간 굽는다. 오븐 온도를 170℃로 올린 뒤 구운 색이 진하게 날 때까지 10분간 더 굽는다. 꺼내서 식힌다.

──────── 아몬드 크림 CRÈME D'AMANDE

아몬드 크림을 만든다. 우선 상온의 버터를 부드럽게 풀어 포마드 상태로 만든 다음 볼에 담고 설탕과 잘 섞는다. 달걀을 풀어 넣고, 아몬드 가루, 이어서 밀가루를 순서대로 넣고 중간중간 잘 섞어준다.

──────── 타르트 충전물 GARNITURE

서양배를 씻어 껍질을 벗기고 반으로 잘라 속을 제거한다. 소스팬에 물 1리터와 설탕을 넣고 끓여 시럽을 만들고 길게 갈라 긁은 바닐라 빈을 넣어준다. 이 시럽에 배를 담가 약 15분간 약한 불에서 익힌다. 칼끝으로 찔러 익은 정도를 확인한다.

──────── 완성하기 MONTAGE

타르트 시트가 식으면 아몬드 크림을 채워 넣는다. 시럽에 익힌 배를 가로로 슬라이스한 다음 배 모양대로 조심스럽게 타르트 크림 층 위에 방사형으로 얹어준다. 160℃ 오븐에서 타르트가 구운 색이 날 때까지 30분 정도 굽는다. 망에 올려 식힌 뒤 나파주를 붓으로 바르고 즉시 서빙한다.

타르트 타탱
TARTE TATIN

4인분

작업 시간
3시간

냉장
2시간 30분

조리
2시간 20분

보관
냉장고에서 48시간까지

도구
체
스크레이퍼
파티스리용 밀대
지름 20cm 타르트 링
주방용 온도계
지름 18cm 타탱용 틀

재료
파트 푀유테
밀가루 170g
소금 3g
물 90g
버터 20g
푀유타주 밀어 접기용 버터 110g

홈메이드 크리미 캐러멜
설탕 100g
물 30g
글루코스 시럽 15g
액상 생크림(crème liquide 유지방 35%)
65g

황금색 캐러멜
설탕 200g
버터 40g

사과 충전물
사과(Golden Delicious) 10개
홈메이드 크리미 캐러멜 200g
휘핑용 생크림(crème fleurette 유지방
35%) 72g
설탕 20g
액상 바닐라 에센스 3g
녹인 버터 50g
뿌리는 용도의 설탕 약간

파트 푀유테 PÂTE FEUILLETÉE
레시피 분량으로 밀어 접기 5회를 하여 기본 파트 푀유테를 만든다(p.66 테크닉 참조). 오븐을 180℃로 예열한다. 파트 푀유테를 밀대로 밀어 타르트 링에 앉힌 다음 (p.29 테크닉 참조), 유산지를 한 장 덮고 그 위에 베이킹용 누름돌을 채워 넣는다. 오븐에 넣어 30분간 구워낸다.

홈메이드 크리미 캐러멜 CARAMEL MAISON
소스팬에 설탕, 물, 글루코스 시럽을 넣고 175℃까지 가열하여 캐러멜을 만든다. 불에서 내린 뒤 다른 소스팬에 뜨겁게 데운 크림을 조심스럽게 넣고 잘 섞어 완성한다. 뜨거운 캐러멜이 튈 염려가 있으니 오븐용 장갑을 끼어 보호하는 것이 안전하다.

황금색 캐러멜 CARAMEL BLOND
소스팬에 설탕을 넣고 녹여 165℃까지 가열한다. 버터를 조심스럽게 넣고 잘 섞어 캐러멜을 만든다. 뜨거운 캐러멜이 튈 염려가 있으니 오븐용 장갑을 끼어 보호하는 것이 안전하다.

사과 충전물 APPAREIL POUR LES POMMES
오븐을 180℃로 예열한다. 사과의 껍질을 벗기고 속을 제거한 뒤 8등분으로 자른다. 소스팬에 홈메이드 크리미 캐러멜, 생크림, 설탕, 바닐라 에센스, 녹인 버터를 넣고 뜨겁게 데운다. 불에서 내린 뒤 집게나 포크를 이용해 잘라 놓은 사과를 넣고 고루 코팅되게 한다. 약간 높은 테두리가 있는 베이킹 팬에 사과를 펼쳐 놓는다. 설탕을 솔솔 뿌리고 오븐에 넣어 35분간 익힌다. 꺼내서 식힌 뒤 냉장고에 30분간 넣어둔다.

완성하기 MONTAGE
오븐을 180℃로 예열한다. 황금색 캐러멜을 타르트 타탱 틀의 바닥에 붓는다. 미리 익혀둔 사과를 너무 두껍지 않게 반으로 잘라 타탱 틀에 빽빽하게 채워 넣는다. 오븐에 넣어 1시간 15분간 굽는다. 꺼내서 완전히 식힌다. 미리 구워둔 파트 푀유테 시트 위에 타탱 틀을 거꾸로 뒤집어 놓고 조심스럽게 틀을 제거한다.

셰프의 팁

타탱 틀에서 사과를 좀 더 쉽게 분리하기 위해서는
토치로 틀 바깥 면을 달궈주면 된다.
캐러멜이 녹아서 훨씬 쉽게 틀을 빼낼 수 있다.

타르트 타탱
TARTE TATIN

4인분

작업 시간
4시간

냉장
2시간

조리
2시간

보관
냉장고에서 48시간까지

도구
스크레이퍼
파티스리용 밀대
15cm x 8cm 직사각형 틀
만돌린 슬라이서
전동 스탠드 믹서
실리콘 패드
빵 칼
L자 스패츌러
주방용 붓

재료
사과 5개

퓌유타주 앵베르세
뵈르 마니에(beurre manié)
퓌유타주용 저수분 버터 200g
밀가루 100g
데트랑프(détrempe)
밀가루 150g
소금 5g
물 85g

구울 때 뿌리는 용도의 슈거파우더
약간

타탱 캐러멜
설탕 300g
글루코스 시럽 100g
물 50g

타탱 소스
물 250g
설탕 40g
레몬즙 25g
버터 15g
바닐라 빈 1줄기
소금(fleur de sel) 2.5g

아몬드 헤이즐넛 소보로
껍질째 로스팅한 헤이즐넛 가루 60g
껍질째 로스팅한 아몬드 가루 60g
비정제 황설탕 90g
소금(fleur de sel) 2g
밀가루(T55) 90g
버터 90g

완성하기
무색 나파주 쓰는 대로

퓌유타주 앵베르세 FEUILLETAGE INVERSÉ
레시피 분량대로 5번 밀어 접기 퓌유타주 앵베르세를 만든다(p.72 테크닉 참조). 오븐을 220℃로 예열한다. 반죽을 두께 3mm로 밀어 20cm x 15cm의 직사각형을 만든다. 슈거파우더를 솔솔 뿌린다. 유산지를 깐 베이킹 팬에 퓌유타주를 놓고 유산지로 덮는다. 그 위에 오븐용 그릴망을 얹어 고르게 부풀어 오르도록 한다. 오븐에서 15분 정도 구워 캐러멜라이즈한다.

타탱 캐러멜 CARAMEL TATIN
소스팬에 설탕, 글루코스 시럽, 물을 넣고 끓여 밝은 갈색의 캐러멜을 만든다. 버터를 살짝 바른 유산지로 직사각형 타탱 틀의 바닥과 옆면을 대준다. 캐러멜을 틀의 바닥에서 3mm 높이까지 부어 넣는다.

사과 준비하기 PRÉPARATION DES POMMES
사과를 씻어 껍질을 벗기고 속을 제거한 다음 만돌린 슬라이서를 사용해 두께 2mm로 아주 얇게 자른다. 캐러멜을 깔아 놓은 타탱 틀에 사과 슬라이스를 조금씩 겹쳐가며 켜켜이 촘촘하게 쌓아 끝까지 채운다.

타탱 시럽 JUS DE TATIN
소스팬에 물, 설탕, 레몬즙, 버터, 길게 갈라 긁은 바닐라 빈, 플뢰르 드 셀 소금을 넣고 따뜻하게 데워 잘 섞어 놓는다.

아몬드 헤이즐넛 소보로 STREUSEL AMANDES-NOISETTES
전동 스탠드 믹서 볼에 마른 재료를 모두 넣고 플랫비터로 섞는다. 버터를 넣고 모래와 같은 질감으로 부슬부슬하게 혼합한 다음 작업대에 놓고 손바닥으로 조금씩 누르며 밀어 끊어주듯이 반죽한다. 체에 내려 너무 큰 덩어리가 없도록 부숴준다. 실리콘 패드 위에 펼쳐 놓는다. 150℃ 컨벡션 오븐에 넣어 25~30분간 건조시킨다.

완성하기 MONTAGE
사과를 채운 틀에 타탱 시럽을 60g 정도 뿌려준다. 165℃로 예열한 오븐에서 35분간 구운 뒤 작은 L자 스패츌러로 사과를 납작하게 눌러준다. 다시 15분 정도 더 구운 뒤 꺼내서 식힌다. 틀이 완전히 식었을 때 150℃ 오븐에 몇 분간 넣어두면 쉽게 분리할 수 있다. 뒤집어 틀을 빼내고 유산지를 조심스럽게 제거한 다음 L자 스패츌러로 캐러멜라이즈된 사과를 들어 미리 구워둔 퓌유타주 시트 중앙에 스르륵 밀듯이 옮겨 놓는다. 퓌유타주 시트 가장자리에 소보로 조각을 빙 둘러 붙이고, 붓으로 나파주를 사과 위에 조심스럽게 발라 마무리한다.

타르트 타탱
TARTE TATIN REVISITÉE

필립 위라카 Philippe Urraca
1993 프랑스 제과 명장

6인분

작업 시간
3시간

냉장
4시간 30분

향 우려내기
30분

조리
2시간 25분

보관
냉장고에서
48시간까지

도구
파티스리용 밀대
지름 22cm 타르트 틀
(분리형)

재료
푀유타주 앵베르세
<u>뵈르 마니에(beurre manié)</u>
버터 255g
밀가루 100g
<u>데트랑프(détrempe)</u>
밀가루 230g
소금 6.5g
녹인 버터 75g
물 90g
흰 식초 9g

구울 때 뿌리는 용도의 슈거파우더 약간

타르트 충전물
가염 버터(beurre demi-sel) 80g
바닐라 빈 2줄기
사과(Golden Delicious) 1.2kg
비정제 황설탕 140g

샹티이 크림(선택)

──────── 푀유타주 앵베르세 FEUILLETAGE INVERSÉ

버터와 밀가루를 섞어 뵈르 마니에를 만든다. 랩으로 싸서 냉장고에 넣어둔다. 데트랑프 반죽을 만든 다음 랩으로 싸서 냉장고에 보관한다. 30분 정도 지난 뒤 뵈르 마니에를 꺼내 밀대로 길게 밀고 그 가운데에 절반 길이의 데트랑프를 놓는다. 뵈르 마니에의 양끝을 가운데로 접어 테트랑프 반죽을 완전히 감싸 잘 붙여 봉한다. 길게 밀어 3절 접기 한 번, 방향을 90도 돌려 4절 접기(pp. 69, 70, 71 테크닉 참조)를 한 번 해준 다음 랩에 싸서 냉장고에 넣어 약 1시간 동안 휴지시킨다. 꺼내서 다시 한 번 3절 접기와 4절 접기를 각각 한 차례씩 해준다. 반죽을 3mm 두께로 밀어 타르트 타탱 틀 사이즈로 잘라낸다. 냉장고에 넣어 2~3시간 동안 휴지시킨다. 오븐을 180℃로 예열한다. 유산지를 깐 베이킹 팬에 푀유타주 시트 반죽을 놓고 포크로 군데군데 찍어준 다음 다시 유산지로 덮는다. 그 위에 또 다른 베이킹 팬 한 장을 얹는다. 이렇게 눌러주면 푀유타주가 일정한 높이로 고르게 부풀어 납작하고 반듯하게 구워낼 수 있다. 오븐에 넣어 약 20분간 굽는다. 위에 덮어주었던 베이킹 팬을 들어내고 슈거파우더를 솔솔 뿌린 다음 220℃ 오븐에서 5분간 구워 표면을 캐러멜라이즈 시킨다.

──────── 타르트 충전물 GARNITURE

소스팬에 버터와 길게 갈라 긁은 바닐라 빈을 넣고 가열해 녹인다. 불을 끄고 30분 정도 바닐라 향을 우려낸다. 사과의 껍질을 벗기고 반으로 잘라 속을 제거한다. 살을 아주 얇게 저며 썬 다음 납작하게 눌러 놓는다. 타르트 타탱 틀에 바닐라 향이 우러난 녹인 버터를 조금 부어준 다음, 비정제 황설탕을 넉넉히 뿌린다. 얇게 저며 눌러 놓은 사과를 빽빽이 한 켜 깔아준다. 그 위에 다시 버터를 붓고 황설탕을 뿌린다. 170℃로 예열한 오븐에 넣어 20분 정도 굽는다. 다시 납작하게 누른 사과 슬라이스를 빽빽이 한 켜 깔고 버터를 넣은 다음 황설탕을 뿌린다. 다시 오븐에서 20분간 굽는다. 같은 과정을 4번 반복한다. 오븐에서 꺼낸 뒤 식힌다.

──────── 완성하기 MONTAGE

타탱 틀을 뒤집어 내용물을 꺼내 미리 구워둔 푀유타주 시트 위에 엎어 놓는다. 따뜻한 온도로 먹는 것이 좋다. 샹티이 크림을 곁들여 서빙해도 좋다.

초콜릿 타르트
TARTE AU CHOCOLAT

6인분

작업 시간
1시간

냉장
30분

조리
30분

식히기
약 1시간

보관
냉장고에서 48시간까지

도구
전동 스탠드 믹서
체
파티스리용 밀대
지름 22cm 타르트 링
주방용 온도계
핸드블렌더

재료
파트 쉬크레
밀가루 125g
슈거파우더 50g
버터(깍둑 썬다) 50g
달걀 30g
소금 2g
액상 바닐라 에센스 1/2티스푼

초콜릿 크림 필링
액상 생크림(crème liquide 유지방 35%) 70g
저지방 우유(lait demi-écrémé) 70g
설탕 25g
카카오 70% 다크 커버처 초콜릿 135g
달걀 50g(달걀 약 1개분)
달걀노른자 20g(달걀노른자 약 1개분)
액상 바닐라 에센스 1/2티스푼

글라사주
우유 25g
물 10g
설탕 10g
카카오 58% 다크 커버처 초콜릿(잘게 썬다) 25g
갈색 글라사주 페이스트 25g

파트 쉬크레 PÂTE SUCRÉE
미리 체에 친 밀가루와 슈거파우더를 전동 스탠드 믹서 볼에 넣고 플랫비터를 돌려 섞는다. 버터를 넣고 모래 질감이 되도록 부슬부슬하게 혼합한다. 다른 볼에 달걀, 바닐라 에센스, 소금을 넣고 섞은 뒤 믹싱볼 안의 반죽에 넣어 골고루 섞는다. 혼합물을 작업대에 덜어 놓고 끈기가 생기지 않도록 손바닥으로 눌러 밀며 끊듯이 잘 반죽한다. 랩에 싸서 냉장고에 30분간 넣어 휴지시킨다. 오븐을 170℃로 예열한다. 반죽을 얇게 밀어 타르트 링에 앉힌 뒤(p.29 테크닉 참조), 오븐에서 타르트 시트만 먼저 20분간 구워낸다.

초콜릿 크림 필링 APPAREIL À CRÈME PRISE
소스팬에 액상 생크림과 우유, 설탕을 넣고 60℃가 될 때까지 가열한다. 전자레인지를 사용하거나 중탕으로 미리 녹인 커버처 초콜릿을 넣고 섞는다. 달걀, 달걀노른자, 바닐라 에센스를 넣고 저어 섞는다. 달걀이 뜨거운 우유 혼합물에서 익지 않도록 주의한다. 핸드블렌더로 갈아 매끈한 크림을 만든다.

글라사주 GLAÇAGE DE FINITION
소스팬에 우유, 물, 설탕을 넣고 가열한다. 끓으면 바로 미리 잘게 잘라둔 커버처 초콜릿과 글라사주 페이스트를 넣는다. 핸드블렌더로 갈아 매끈하게 혼합한다.

완성하기 MONTAGE
구워 놓은 타르트 시트에 초콜릿 크림 필링을 채워 넣는다. 170℃로 예열한 오븐에 넣어 약 25분간 굽는다. 채워 넣은 크림의 가장자리가 살짝 부풀어 오르기 시작하면 다 구워진 것이다. 꺼내서 식힌다. 타르트가 식으면 35℃로 식힌 글라사주를 부어 덮어준다.

초콜릿 타르트

TARTE AU CHOCOLAT

6인분

작업 시간
1시간

냉장
1시간 10분

냉동
20분

조리
20~30분

보관
냉장고에서 48시간까지

도구
전동 스탠드 믹서
체
파티스리용 밀대
지름 22cm 타르트 링
핸드블렌더
지름 16cm 원형 커터
핸드블렌더
거품기
주방용 온도계
주방용 붓

재료
초콜릿 파트 사블레
밀가루 100g
아몬드 가루 15g
코코아 가루 10g
슈거파우더 40g
소금 1g
버터(깍둑 썬다) 60g
달걀 22g
액상 바닐라 에센스 1/2티스푼

달걀물
달걀 50g
달걀노른자 40g
우유 50g

프랄리네 푀이앙틴
밀크 커버처 초콜릿 10g
버터 5g
프랄리네* 45g
푀이앙틴** 25g

가나슈
액상 생크림(crème liquide 유지방 35%)
200g
전화당 15g
카카오 58% 다크 커버처 초콜릿 170g
포마드 상태의 버터 55g

시럽
물 15g
설탕 15g

초콜릿 글라사주
저지방 우유(lait demi-écrémé) 25g
카카오 58% 다크 커버처 초콜릿
(잘게 썬다) 30g
갈색 글라사주 페이스트(잘게 썬다) 30g

완성하기
카카오 58% 다크 커버처 초콜릿 150g
레드 초콜릿 벨벳 스프레이(spray
velours chocolat rouge)

* 프랄리네(praliné) : 로스팅한 아몬드나 헤이즐
넛을 끓는 설탕 시럽에 넣고 가열해 캐러멜라이즈
한 뒤 곱게 갈아 페이스트 상태로 만든 것.

** 푀이앙틴(feuillantine) : 레이스처럼 얇게 구운
바삭한 크레프 과자를 잘게 부순 것. 케이크나 타
르트 안에 한 층 깔거나 초콜릿 봉봉 등에 넣어
바삭한 식감을 더해주는 재료로 파티스리에서 많
이 쓰인다.

초콜릿 파트 사블레 PÂTE SABLÉE CHOCOLAT
모래와 같이 부슬부슬한 질감이 나도록 섞는 사블라주 방법으로 파트 사블레를
만든다. 우선 전동 스탠드 믹서 볼에 미리 체에 친 밀가루, 아몬드 가루, 코코아 가
루를 넣고 플랫비터를 돌려 잘 섞는다. 슈거파우더, 소금, 작게 썬 버터를 넣어 부슬
부슬하게 섞는다. 달걀을 풀어 액상 바닐라 에센스와 섞은 뒤 믹싱볼에 넣고 잘 혼
합해 균일한 반죽을 만든다. 냉장고에 30분 정도 넣어 휴지시킨다. 반죽을 얇게 밀
어 타르트 틀에 앉힌 다음(p.29 테크닉 참조), 냉장고에 20분간 넣어둔다. 170℃ 로
예열한 오븐에 타르트 시트를 넣어 20~30분간 구워낸다. 다 구워지기 5분 전에 꺼
내서 타르트 시트 안쪽 면에 붓으로 달걀물을 발라준 다음 다시 오븐에 넣고 3~5
분 정도 더 굽는다. 꺼내서 식힌다.

프랄리네 푀이앙틴 PRALINÉ FEUILLANTINE
커버처 초콜릿을 전자레인지에 돌려 녹인다. 버터와 프랄리네 페이스트, 푀이앙틴
을 넣고 섞는다. 두 장의 유산지 사이에 혼합물을 놓고 밀대로 민 다음 그대로 냉
동실에 20분간 넣어둔다. 타르트 크기의 커터로 찍어낸 다음 조심스럽게 옮겨 바로
타르트 시트 안에 놓는다. 완성 단계 전까지 냉장고에 넣어둔다.

가나슈 GANACHE
소스팬에 액상 생크림과 전화당을 넣고 가열한다. 끓으면 바로 커버처 초콜릿 위
에 붓고 핸드블렌더로 갈아 혼합한다. 혼합물의 온도가 35~40℃로 떨어지면 포마
드 상태의 버터를 넣고 거품기로 잘 섞는다. 타르트 시트 안에 붓고 냉장고에 20
분간 넣어 굳힌다.

시럽 SIROP
소스팬에 물과 설탕을 넣고 끓여 초콜릿 글라사주용 시럽을 만든다.

초콜릿 글라사주 GLAÇAGE CHOCOLAT
소스팬에 우유와 시럽을 넣고 가열한다. 끓으면 바로 잘게 썰어둔 커버처 초콜릿과
갈색 글라사주 페이스트 위에 붓고 핸드블렌더로 갈아 매끈하게 혼합한다.

완성하기 MONTAGE
글라사주의 온도가 35℃까지 식으면 차갑게 식은 타르트에 부어 씌워준다. 장식용
초콜릿을 만든다. 우선 템퍼링한 초콜릿(pp.570, 572 테크닉 참조)을 코르네(p.598 테
크닉 참조)로 유산지 위에 가늘게 짜서 타르트 사이즈에 맞도록 불규칙한 나선형 무
늬를 내준다. 식으면 냉동실에 넣어 굳힌 다음 레드 초콜릿 스프레이로 분사해 벨
벳과 같은 느낌의 붉은색을 입힌다. 타르트 위에 얹어 완성한다.

초콜릿 타르트 '랑데부'

TARTE AU CHOCOLAT «RENDEZ-VOUS»

장 폴 에뱅 Jean-Paul Hévin

1986 프랑스 제과 명장

**5인용 초콜릿 타르트
2개분**

작업 시간
35분

냉장
2시간

조리
20분

도구
파티스리용 밀대
지름 22cm 타르트 링
2개
주방용 온도계

재료

초콜릿 파트 쉬크레
카카오 68% 다크 초콜릿 40g
상온의 부드러운 버터 210g
슈거파우더 130g
아몬드 가루 44g
바닐라 가루 0.5g
소금 1자밤
달걀 70g
밀가루 350g

가나슈
카카오 63% 다크 초콜릿(origine Pérou)
340g
휘핑용 생크림(crème fleurette 유지방 35%)
500g
전화당 20g

완성하기
다크 커버처 초콜릿
물방울 모양의 프렌치 머랭 2개
식용 골드파우더

─────── 초콜릿 파트 쉬크레 PÂTE SUCRÉE AU CHOCOLAT
초콜릿을 중탕으로 녹인다. 믹싱볼에 버터와 슈거파우더, 아몬드 가루, 바닐라, 소금을 넣고 살살 혼합한다. 풀어놓은 달걀을 넣어 섞은 다음 밀가루, 녹인 초콜릿(템퍼링하여 시트 바닥에 발라 줄 만큼의 분량은 조금 남겨둔다)을 넣고 균일한 반죽이 되도록 혼합한다. 랩으로 싸서 냉장고에 2시간 넣어둔다. 오븐을 180℃로 예열한다. 반죽을 최대한 얇게 밀어 두 개의 원형을 만든 다음 각각 타르트 링 위에 앉힌다. 오븐에 넣어 약 20분간 구워낸다. 꺼내서 완전히 식힌 다음, 템퍼링한 뒤 약간 꾸덕해진 커버처 초콜릿을 붓으로 발라 타르트 시트 안쪽 면에 차단막을 만들어준다. 이것이 굳으면 초콜릿 필링을 넣었을 때 수분이 흡수되는 것을 막아주어 타르트 시트의 바삭함을 유지하는 데 도움을 준다.

─────── 가나슈 GANACHE CHOCOLAT
초콜릿을 다진 뒤 볼에 담는다. 소스팬에 생크림과 전화당을 넣고 가열해 끓으면 불에서 내린다. 세 번에 나누어 천천히 초콜릿에 붓고 저어가며 매끈하고 균일한 질감이 되도록 잘 섞는다.

─────── 완성하기 MONTAGE
타르트 시트 안에 가나슈를 채워 넣는다. 템퍼링한 초콜릿(pp. 570, 572 테크닉 참조)으로 길쭉한 시계 바늘 모양을 긴 것과 짧은 것 각각 두 개씩 만들어 굳힌다. 물방울 모양의 머랭을 템퍼링한 초콜릿에 담가 코팅한 뒤 완전히 굳으면 골드파우더를 입힌다. 두 개의 시계 바늘 모양 초콜릿과 골드 머랭을 타르트 위에 놓아 장식하여, '랑데부(프랑스어로 '만날 약속')' 라는 이름의 시계 모양 초콜릿 타르트를 완성한다.

1

호두 타르트

TARTE AUX NOIX

6인분

작업 시간
35분

냉장
2시간

냉동
20분

조리
30분

보관
냉장고에서 48시간까지

도구
전동 스탠드 믹서
체
파티스리용 밀대
지름 22cm 타르트 링

재료
파트 쉬크레
버터(깍둑 썬다) 50g
슈거파우더(체에 친다) 50g
달걀(상온) 30g
소금 1g
액상 바닐라 에센스 1g
밀가루 125g

호두 캐러멜 필링
반으로 자른 호두살 250g
글루코스 시럽 50g
설탕 250g
액상 생크림(crème liquide 유지방 35%)
175g

파트 쉬크레 **PÂTE SUCRÉE**
전동 스탠드 믹서 볼에 작게 썬 버터와 체에 친 슈거파우더를 넣고 플랫비터로 돌려 부드럽고 크리미한 질감이 되도록 잘 섞는다. 다른 볼에 달걀을 풀어 소금과 바닐라를 넣고 거품기로 저어 잘 녹인다. 이것을 믹싱볼에 조금씩 넣어가며 계속 플랫비터를 돌려 균일하게 혼합한다. 체에 친 밀가루를 넣고 느린 속도로 돌려 고루 섞일 정도로만 반죽한다. 균일하게 섞이면 믹싱을 멈추고 반죽을 작업대에 덜어낸다. 손바닥으로 조금씩 눌러 밀며 끊어주듯이 반죽한다(fraisage). 끈기가 생기지 않도록 반죽을 너무 오래 치대지 않는다. 둥글넓적하게 만든 다음 랩으로 싸서 냉장고에 1시간 넣어둔다. 오븐을 180℃로 예열한다. 휴지가 끝나면 반죽을 꺼내서 얇게 민 다음 타르트 링에 앉힌다(p.29 테크닉 참조). 냉동실에 20분간 넣어둔다. 오븐에 넣어 밝은 갈색이 날 때까지 15~20분간 구워낸다.

호두 캐러멜 필링 **CARAMEL AUX NOIX**
논스틱 베이킹 팬에 호두살을 펼쳐 놓은 뒤 140~150℃ 오븐에 넣어 10분간 로스팅한다. 소스팬에 글루코스 시럽을 넣고 따뜻하게 데운 다음 설탕을 넣고 끓여 갈색 캐러멜을 만든다. 뜨겁게 데운 생크림을 캐러멜에 조심스럽게 붓고 잘 섞어 캐러멜이 더 이상 끓는 것을 중단시킨다. 이때 뜨거운 캐러멜이 튈 위험이 있으니 오븐용 장갑을 착용하여 보호하는 것이 안전하다. 로스팅한 호두를 넣고 골고루 섞어준다.

완성하기 **MONTAGE**
타르트 시드가 완전히 식으면 호두 캐러멜 혼합물을 채워넣는다. 냉장고에 최소 1시간 이상 넣어 굳힌 다음 서빙한다.

LEVEL

2

호두 타르트
TARTE AUX NOIX

6인분

작업 시간
1시간

냉장
1시간

조리
30분

보관
냉장고에서 48시간까지

도구
전동 스탠드 믹서
체
파티스리용 밀대
짤주머니 + 14mm 톱니 모양 깍지
주방용 붓
지름 22cm 타르트 링

재료
로스팅한 호두살 200g

파트 쉬크레
버터 50g
슈거파우더 50g
달걀 30g
소금 1g
액상 바닐라 에센스 1g
밀가루 110g
호두가루 15g

호두 제누아즈 스펀지
달걀 90g
설탕 50g
다진 호두 25g
밀가루 40g
녹인 버터 25g

시럽
물 100g
설탕 50g
럼 15g

생 아몬드 페이스트 테두리
아몬드 페이스트(아몬드 50%) 175g
달걀흰자 25g

소프트 캐러멜
글루코스 시럽 15g
설탕 125g
액상 생크림(crème liquide 유지방 35%)
85g
바닐라 빈 1줄기

파트 쉬크레 PÂTE SUCRÉE
전동 스탠드 믹서 볼에 작게 썬 버터와 체에 친 슈거파우더를 넣고 플랫비터로 돌려 부드럽고 크리미한 상태가 되도록 잘 섞는다. 다른 볼에 상온에 둔 달걀을 풀어 소금과 바닐라를 넣고 거품기로 저어 잘 녹인다. 이것을 믹싱볼에 조금씩 넣어가며 계속 플랫비터로 균일하게 혼합한다. 밀가루와 호두가루를 섞어 체에 친 다음 혼합물에 넣고 고루 섞는다. 질감이 균일해지면 믹싱을 멈추고 반죽을 작업대에 덜어낸다. 손바닥으로 조금씩 눌러 밀며 끊어주듯이 반죽한다(fraisage). 끈기가 생기지 않도록 반죽을 너무 오래 치대지 않는다. 둥글넓적하게 만든 다음 랩으로 싸서 냉장고에 1시간 넣어둔다.

호두 제누아즈 스펀지 GÉNOISE AUX NOIX
오븐을 200℃로 예열한다. 전동 스탠드 믹서 볼에 달걀과 설탕을 넣고 거품기를 중간 속도로 돌려 섞는다. 혼합물을 주걱으로 떠올렸을 때 띠 모양으로 겹쳐지며 떨어지는 농도가 되도록 만든다. 다진 호두를 체에 친 밀가루와 섞은 뒤 혼합물에 넣고 실리콘 주걱으로 접듯이 돌려가며 살살 섞는다. 녹인 버터를 넣고 골고루 잘 섞어준다.

시럽 SIROP
소스팬에 물과 설탕을 넣고 끓여 시럽을 만든다. 끓으면 바로 불에서 내린 뒤 럼을 넣는다.

생 아몬드 페이스트 테두리 COURONNE EN PÂTE D'AMANDES CRUE
아몬드 페이스트에 달걀흰자를 넣고 개어준다. 잘 섞어 혼합물이 부드러워지면 요철 모양 깍지를 끼운 짤주머니에 채워 넣는다.

소프트 캐러멜 CARAMEL MOU
소스팬에 글루코스 시럽을 넣고 따뜻하게 데운 뒤 설탕을 넣고 끓여 갈색 캐러멜을 만든다. 뜨겁게 데운 생크림을 캐러멜에 조심스럽게 붓고 잘 섞어 캐러멜이 더 이상 끓는 것을 중단시킨다. 이때 뜨거운 캐러멜이 튈 위험이 있으니 오븐용 장갑을 착용하여 보호하는 것이 안전하다. 바닐라 빈을 길게 갈라 칼끝으로 가루를 긁어 넣고 잘 섞는다.

완성하기 MONTAGE
오븐을 200℃로 예열한다. 파트 쉬크레를 얇게 밀어 타르트 링에 앉힌 다음(p.29 테크닉 참조), 제누아즈 반죽을 타르트 높이의 반까지 채운다. 오븐에 넣어 밝은 갈색이 날 때까지 약 20분간 구워낸다. 제누아즈 스펀지 층이 어느 정도 단단하게 구워져야 아몬드 페이스트 테두리의 무게를 지탱할 수 있다. 오븐에서 꺼낸 뒤 식힌다. 오븐은 그대로 켜둔다. 타르트 가장자리에 빙 둘러 아몬드 페이스트를 짜 얹은 다음 다시 오븐에 넣어 10분정도 더 굽는다. 오븐에서 꺼낸 뒤 뜨거울 때 붓으로 제누아즈 위에 시럽을 발라 적신다. 타르트 시트의 제누아즈가 식으면 로스팅한 호두살을 보기 좋게 놓아 채우고 캐러멜을 뿌려 덮어준다.

LEVEL

3

호두 타르트 TARTE AUX NOIX

칼 마를레티 Carl Marletti

2009 프랑스 제과 명장

8인분

작업 시간
1시간

냉장
1시간 10분

조리
45분

도구
체
파티스리용 밀대
지름 24cm 타르트 링
핸드블렌더
고운 원뿔체
전동 스탠드 믹서

재료
호두 크림
포마드 상태의 버터 80g
설탕 80g
호두가루 80g
달걀 65g
럼 10g

호두 바닐라 파트 쉬크레
밀가루(T55) 130g
슈거파우더 52g
호두가루 15g
소금 1g
버터 75g
달걀 25g
액상 바닐라 에센스 10g

캐러멜라이즈한 호두
반으로 자른 호두살(껍데기를 갓 깐 것)
300g
시럽(보메 30°) 100g
골든 건포도(raisins golden) 125g

바닐라 샹티이
바닐라 빈 2줄기
마스카르포네 80g
휘핑용 생크림(crème fleurette) 160g
설탕 10g

──────── 호두 크림 CRÈME DE NOIX
상온의 버터를 저어 포마드처럼 부드럽고 크리미하게 만든 다음 설탕을 넣고 색이 연해질 때까지 거품기로 잘 저어준다. 호두가루를 넣고 섞은 다음 풀어놓은 달걀을 조금씩 넣어가며 매끈하고 균일하게 혼합한다. 럼을 넣고 거품기로 저어 가볍게 휘핑한다. 랩을 표면에 밀착시켜 덮은 다음 냉장고에 넣어둔다.

──────── 호두 바닐라 파트 쉬크레 PÂTE SUCRÉE AUX NOIX ET À LA VANILLE
가루 재료와 소금을 모두 체에 친다. 깍둑 썬 버터를 넣고 모래와 같이 부슬부슬한 질감이 되도록 비벼 섞는다. 풀어놓은 달걀과 액상 바닐라 에센스를 조금씩 넣어가며 혼합하여 매끈하고 균일한 반죽을 만든다. 랩으로 싸서 냉장고에 보관한다. 반죽을 2.5mm 두께로 밀어 미리 버터를 발라둔 원형 타르트 링에 앉힌다. 냉장고에 1시간 동안 넣어둔다. 오븐을 160℃로 예열한다. 타르트 시트에 호두 크림을 한 켜 짜 넣은 뒤 오븐에 넣어 약 25분간 굽는다. 완전히 식힌다.

──────── 바닐라 소프트 캐러멜 CARAMEL MOU À LA VANILLE
소스팬에 설탕과 글루코스 시럽을 넣고 가열해 캐러멜을 만든다. 다른 소스팬에 생크림을 넣고 뜨겁게 데운 뒤 길게 갈라 긁은 바닐라 빈을 넣고 20분 정도 향이 우러나게 둔다. 체에 거른 뒤 다시 뜨겁게 데운 생크림을 뜨거운 캐러멜에 조심스럽게 부으며 잘 섞는다. 꿀을 넣어준다. 혼합물이 약하게 끓기 시작하면 불에서 내리고 버터를 넣는다. 핸드블렌더로 갈아준 다음 고운 체에 걸러 따뜻한 온도로 식힌다.

──────── 캐러멜라이즈한 호두 NOIX CARAMÉLISÉES
오븐을 160℃로 예열한다. 호두살을 시럽과 골고루 섞는다. 호두를 건져 논스틱 베이킹 팬에 한 켜로 펼쳐 놓은 뒤 오븐에서 15~20분 정도 구워 캐러멜라이즈한다. 건포도를 넣어 섞는다. 마지막 데커레이션용으로 호두살과 골든 건포도를 따로 조금 남겨둔다.

──────── 바닐라 샹티이 CHANTILLY VANILLE
바닐라 빈 줄기를 길게 갈라 긁어내 마스카르포네, 생크림, 설탕과 섞는다. 혼합물을 거품기로 단단하게 휘핑하여 크렘 샹티이를 만든다.

──────── 완성하기 MONTAGE
타르트 시트에 캐러멜라이즈한 호두와 건포도 혼합물을 채워 넣는다. 바닐라 소프트 캐러멜을 부어 덮어준 다음 호두와 건포도를 군데군데 올려 장식한다. 냉장고에 10분간 넣어둔다. 스푼으로 크렘 샹티이 크넬을 만들어 올린 뒤 서빙한다.

브리오슈 반죽 Pâte à brioche

반죽 600g 분량

작업 시간
30분

1차 발효
30분

냉장
최소 2시간

2차 발효
1시간 30분

조리
반죽 덩어리 무게에 따라
170~220℃ 오븐에서
8~20분간 굽는다.

보관
냉장고에서 48시간까지

도구
전동 스탠드 믹서
스크레이퍼

재료
밀가루(farine gruau) 250g
달걀 125g
전유(lait entier) 25g
설탕 25g
고운 소금 5g
생이스트 8g
생크림(crème fraîche) 50g
상온의 버터(깍둑 썬다) 120g

1• 전동 스탠드 믹서 볼에 버터를 제외한 모든 재료를 넣고 손으로 비벼가며 부슬부슬하게 대충 섞는다. 이때 이스트가 소금이나 설탕과 직접 접촉하지 않도록 주의한다.

2 • 믹서에 도우훅을 장착하고 느린 속도로 5분, 이어서 중간 속도로 올리고 반죽이 믹싱볼 안쪽 벽에서 떨어지기 시작할 때까지 약 15분간 돌려 반죽한다. 스크레이퍼로 바닥을 긁어 반죽을 떼어내며 전체를 골고루 잘 혼합한다. 반죽에 끈기가 생겨야 한다.

3 • 상온에 두어 부드러워진 버터를 여러 차례에 나누어 조금씩 넣으며 반죽이 믹싱볼 안쪽 벽에 들러붙지 않을 때까지 5분간 더 반죽한다. 랩으로 덮고 실온에서 부풀도록 30분간 1차 발효(pointage)를 시킨다.

셰프의 팁

• 맨 처음 재료를 손으로 비벼 섞을 때(frasage),
생이스트와 소금, 설탕은 서로 직접 닿지 않게 분리해야 한다.

• 달걀과 우유는 냉장고에서 바로 꺼내 차가운 것을 사용해야 한다.

• 전동 스탠드 믹서의 용량에 맞추어 반죽의 양을 준비한다.

4 • 반죽을 여러 번 납작하게 접어가며 펀칭하여 최대한 공기를 빼준다. 이 과정을 거치면 반죽에 더 탄력이 생긴다. 냉장고에 최소 2시간 이상 넣어둔다. 선택한 틀의 크기에 맞춰 적당한 무게로 반죽을 소분한다. 반죽을 틀의 반 정도만 채워야 한다. 굽기 전에 약 1시간 반 정도 2차 발효를 한다.

브리오슈 파리지엔 (소) Petites brioches à tête

**작은 브리오슈 6개 또는
4인용 큰 브리오슈 1개 분량**

작업 시간
40분

1차 발효
30분

냉장
최소 2시간

2차 발효
1시간 30분

조리
작은 것은 8분, 큰 것은 20분 굽는다.

보관
냉장고에서 48시간까지

재료
차가운 브리오슈 반죽(p.130 테크닉
참조) 240~300g
(작은 사이즈 40g짜리 6개,
또는 큰 사이즈 300g짜리 1개)
틀에 바를 용도의 버터

달걀물
달걀 25g
달걀노른자 20g
전유(lait entier) 25g

도구
전동 스탠드 믹서
스크레이퍼
반죽 커터
주방용 붓
1인용 소형 브리오슈 틀(지름 6cm)
6개
또는 대형 브리오슈 틀(지름 16cm)
1개

1• 반죽을 작은 브리오슈용 6개로 소분해 둥글게 만든다. 성형하기 전에 냉장
고에 15분간 넣어 휴지시킨다.

3• 반죽의 머리 부분을 잡고 모양을 만든 다음, 살짝 버터를 발라둔 브리오슈
틀에 넣는다.

4• 손가락을 밀가루에 담갔다 뺀 다음 갈고리처럼 사용하여 머리 부분을 몸통
에서 떼어준다.

2 • 반죽을 길쭉하게 늘이며 굴린 다음, 2/3 되는 부분에 손을 세워 대고 마치 머리와 몸통을 분리하듯 누르며 굴려준다.

5 • 붓으로 조심스럽게 달걀물을 바른다. 26℃ 스팀 오븐에 넣어(또는 전원을 끈 오븐에 끓는 물이 담긴 용기를 함께 넣은 상태에서), 약 1시간 30분간 발효시킨다 (2차 발효).

6 • 오븐을 220℃로 예열한다. 베이킹 팬을 오븐에 넣어 뜨겁게 달군다. 브리오슈에 달걀물을 한 번 더 발라준다. 뜨거운 베이킹 팬에 브리오슈 틀 6개를 놓고 빵의 머리 부분이 부풀어 오르도록 예열된 오븐에서 8분간 굽는다. 오븐에서 꺼내면 즉시 뒤집어 틀을 제거한 뒤 망에 올려 김이 날아가게 한다.

브리오슈 파리지엔 (대) Grosse brioche à tête

1 • 큰 사이즈 브리오슈의 윗부분 작은 덩어리용으로 80g을 떼어 내고, 남은 반
죽을 아랫부분으로 사용한다. 각각 둥글게 만든 다음 냉장고에 15분간 넣
어 휴지시킨다.

2 • 둥그렇게 만든 큰 덩어리 반죽을 엄지손가락으로 눌러 가운데 구멍을 뚫는
다. 반죽을 늘이듯 잡아당기며 구멍을 크게 만든다. 버터를 살짝 발라둔 틀
안에 넣는다.

4 • 손가락을 밀가루에 담갔다 뺀 다음 갈고리처럼 사용하여 반죽을 벽 쪽으로
밀면서 머리 부분을 몸통에서 떼어준다.

5 • 붓으로 조심스럽게 달걀물을 바른다. 26℃ 스팀 오븐에 넣어(또는 전원을 끈
오븐에 끓는 물이 담긴 용기를 함께 넣은 상태에서), 약 1시간 30분간 발효시킨다
(2차 발효).

3 ▪ 윗부분용 작은 반죽은 한쪽 끝을 삐죽하게 서양배 모양으로 만든 뒤, 둥근 머리 부분을 잡고 아래 큰 반죽 가운데 끼워 바닥까지 닿게 밀어 넣는다.

6 ▪ 오븐을 180℃로 예열한다. 베이킹 팬을 오븐에 넣어 뜨겁게 달군다. 다시 한 번 달걀물을 바른다. 가위에 물을 묻힌 다음 브리오슈 테두리 4군데를 잘라 칼집을 내준다.

7 ▪ 뜨거운 베이킹 팬 위에 브리오슈를 놓고 오븐에서 5분간 구워 빵의 머리 부분이 부풀어 오르게 한다. 오븐 온도를 165℃로 낮춘 뒤 15분간 더 굽는다. 오븐에서 꺼내면 즉시 틀을 제거한 뒤 망에 올려 김이 날아가게 한다.

브리오슈 낭테르 Brioche Nanterre

6인분

작업 시간
45분

1차 발효
30분

냉장
최소 2시간

2차 발효
1시간 30분~2시간

조리
25분

보관
냉장고에서 48시간까지

재료
차가운 브리오슈 반죽
(p.130 테크닉 참조) 300g
틀에 바를 용도의 버터

달걀물
달걀 25g
달걀노른자 20g
전유(lait entier) 25g

완성하기
우박설탕(선택 사항)

도구
전동 스탠드 믹서
반죽 커터
주방용 붓
스크레이퍼
브리오슈 낭테르용 식빵틀
또는 파운드케이크용 틀
(20cm x 10cm x 6cm)

1 • 반죽을 동일한 크기로 6등분하여 동그랗게 굴린다.

셰프의 팁

• 빵이 틀에 붙지 않기를 원한다면 틀에 버터를 바른 뒤에라도
다시 유산지를 깔고 반죽을 넣는다.

• 오븐에 굽기 전 발효 시간은 경우에 따라 조금씩 달라질 수 있다.
반죽의 부피가 두 배로 부풀어야 한다.

3 • 붓으로 달걀물을 발라준다. 26℃ 스팀 오븐에 넣어(또는 전원을 끈 오븐에 끓
는 물이 담긴 용기를 함께 넣은 상태에서), 약 1시간 30분~2시간 동안 부풀도록
발효시킨다(2차 발효).

2 • 틀에 버터를 살짝 바른 다음 반죽을 하나씩 엇갈려 놓는다.

4 • 오븐을 175℃로 예열한다. 다시 한 번 달걀물을 발라준 다음 오븐에 넣어 25분간 굽는다. 오븐에 넣기 전에 굵은 입자의 우박설탕(펄슈거)을 표면에 뿌려주어도 좋다.

5 • 오븐에서 꺼내면 즉시 틀을 제거한 뒤 망에 올려 김이 날아가게 한다.

브리오슈 트레세 Brioche tressée

4~6인분

작업 시간
45분

1차 발효
30분

냉장
최소 2시간

2차 발효
2시간

조리
20~25분

보관
냉장고에서 48시간까지

재료
차가운 브리오슈 반죽
(p.130 테크닉 참조) 300g
틀에 바를 용도의 버터
우박설탕(선택 사항)

달걀물
달걀 25g
달걀노른자 20g
전유(lait entier) 25g

도구
전동 스탠드 믹서
스크레이퍼
반죽 커터
주방용 붓

1 • 반죽 커터를 사용하여 차가운 브리오슈 반죽을 동일한 양으로 3등분한다.

4 • 세 가닥의 반죽을 땋아 내린다.

5 • 땋은 반죽의 양끝 부분을 살짝 눌러 붙인 다음 안쪽으로 접어 넣는다.

2 • 반죽을 둥글게 만든 다음 길게 굴려 늘인다. 약 30cm 정도의 긴 반죽을 만들고, 겹쳐지는 이음새는 아래쪽으로 가도록 매끈하게 마무리한다.

3 • 반죽에 덧 밀가루를 살짝 뿌리고 세 줄을 나란히 놓는다.

6 • 달걀물을 바른 다음 26℃ 스팀 오븐에 넣어(또는 전원을 끈 오븐에 끓는 물이 담긴 용기를 함께 넣은 상태에서), 약 2시간 동안 부풀도록 발효시킨다(2차 발효). 반죽의 부피가 최소 두 배로 부풀어야 한다.

7 • 오븐을 170℃로 예열한다. 우박설탕을 표면에 뿌린 뒤 예열한 오븐에 넣어 20분간 굽는다. 오븐에서 꺼낸 후 즉시 식힘망에 올린다.

팽 오 레 Pains au lait

작은 크기의 브레드 롤 10개 분량
(또는 미니 핑거 롤 30개)

작업 시간
1시간

1차 발효
50분

2차 발효
1시간 30분

조리
6분

보관
24시간까지

도구
전동 스탠드 믹서
스크레이퍼
주방용 붓

재료
밀가루(farine de gruau) 250g
생이스트 10g
소금 5g
설탕 30g
달걀 65g
전유(lait entier) 75g
버터 65g

달걀물
달걀 25g
달걀노른자 20g
전유(lait entier) 25g

1• 버터를 제외한 모든 재료를 볼에 넣고 손으로 비벼 끊어 주듯이 대충 섞는 다(frasage). 전동 스탠드 믹서 도우 훅을 저속으로 돌려 반죽이 믹싱볼 벽에 더 이상 달라붙지 않을 때까지 약 10분간 반죽한다. 스크레이퍼로 바닥을 긁어 고루 섞어준 다음 버터를 넣고 혼합한다.

2• 반죽을 베이킹 팬에 놓고 랩을 씌우거나 축축한 행주를 덮어 실온(20℃)에서 45분~1시간 동안 1차 발효시킨다.

3• 반죽을 납작하게 누르며 펀칭해 공기를 빼준다.

141

셰프의 팁

• 성형 후 2차 발효할 때 반죽이 건조되는 것을 막기 위해 따뜻하고 습한 곳에 두어야 한다(25~30℃).

• 반죽을 하루 전에 만든 다음 잘 덮어 냉장고에 보관해두어도 된다. 반죽의 부피가 두 배로 부풀어야 한다.

4 • 원하는 빵의 크기에 따라 반죽 무게를 계량해 소분한다(작은 브레드 롤은 개당 50g, 미니 핑거롤은 개당 15g).

5 • 양끝이 뾰족한 타원형 모양(navettes)으로 성형한다.

6 • 논스틱 베이킹 팬에 성형한 반죽을 놓고 붓으로 달걀물을 바른다. 26℃ 스팀 오븐에 넣어(또는 전원을 끈 오븐에 끓는 물이 담긴 용기를 함께 넣은 상태에서), 약 1시간 30분 동안 부풀도록 발효시킨다(2차 발효). 부피가 두 배로 부풀어야 한다.

7 • 오븐을 220℃로 예열한다. 다시 한 번 달걀물을 바른 뒤, 끝이 뾰족한 가위로 길이를 따라 잘라 이삭 모양의 칼집 무늬를 내준다. 굵은 알갱이의 우박설탕을 뿌린다. 오븐에 넣어 노릇한 색이 나도록 6분간 굽는다.

쿠론 데 루아[*] Couronne des rois

6인분

작업 시간
40분

휴지
1시간 30분

1차 발효
1시간

냉장
2시간~하룻밤

2차 발효
2시간

조리
20~25분

보관
48시간까지

도구
전동 스탠드 믹서
스크레이퍼
주방용 붓

재료

필링
설타나 골든 건포도 50g
캔디드 오렌지 필(잘게 썬다) 50g
캔디드 딸기 또는 체리 50g
초콜릿 칩 25g
그랑 마르니에(오렌지 리큐어) 25g

풀리쉬 스타터 반죽
전유(lait entier) 50g
밀가루 90g
생이스트 15g

브리오슈 반죽
밀가루 250g
소금 6g
설탕 60g
오렌지 블러섬 워터 4g
달걀 110g
전유(lait entier) 45g
이스트 10g
버터 125g

달걀물
달걀 50g
달걀노른자 50g
전유(lait entier) 50g

완성하기
우박설탕(펄슈거)
견과류 및 당절임 과일

1 • 건포도와 당절임 과일, 초콜릿 칩에 그랑 마르니에를 부어 재운다.

2 • 풀리쉬 반죽을 만든다. 전동 스탠드 믹서 볼에 우유, 밀가루, 이스트를 넣고 혼합물이 매끈하고 균일해질 때까지 도우훅으로 최대 5분간 돌려 반죽한다. 꺼내서 랩으로 덮은 뒤 실온에서 1시간 30분간 휴지시킨다.

*프로방스식 주현절 왕관 브레드

쿠론 데 루아 (계속)

3 • 풀리쉬 반죽을 믹싱볼에 다시 넣고, 버터를 제외한 모든 브리오슈 반죽 재료를 넣는다. 도우훅을 저속으로 돌려 7분간 반죽한 다음 중간 속도로 올리고 10분 더 반죽한다. 작게 썰어둔 버터를 넣고 섞은 뒤 오렌지 리큐어에 재워둔 필링 재료를 넣고 가볍게 섞어준다.

4 • 반죽을 베이킹 시트에 덜어 놓고 랩으로 덮은 뒤 실온에서 1시간 발효시킨다. 반죽을 여러 번 접어가며 펀칭하여 공기를 빼준다. 다시 랩으로 덮은 뒤 최소 2시간에서 하룻밤 동안 냉장고에 넣어둔다. 반죽을 둥글게 뭉친다.

5 • 엄지손가락으로 반죽의 가운데를 눌러 구멍을 내준다.

6 • 구멍을 크게 늘여 당겨 왕관 모양으로 만든 다음 26℃ 스팀 오븐에 넣어(또는 전원을 끈 오븐에 끓는 물이 남긴 용기를 함께 넣은 상태에서), 2시간 동안 발효시킨다(2차 발효).

7 • 오븐을 140℃로 예열한다. 붓으로 달걀물을 바른 뒤 가위로 빙 둘러가며 잘 라 일정한 간격으로 칼집을 내준다.

8 • 우박설탕을 뿌린 다음 오븐에 넣어 20분간 굽는다. 꺼낸 뒤 망에 올려 식힌 다. 견과류와 당절임 과일류를 고루 얹어 장식한다.

쿠겔호프 Kougelhopf

4~6인분

작업 시간
1시간

1차 발효
1시간

냉장
30분

2차 발효
2시간

조리
45분~1시간

보관
3일까지

도구
전동 스탠드 믹서
토기로 된 전통 쿠겔호프 틀
(지름 20cm)
주방용 붓

재료
설타나 골든 건포도 100g
키르슈(체리 브랜디) 18g
밀가루 250g
생이스트 15g
소금 6g
달걀 50g
전유(lait entier) 75g
설탕 40g
르뱅(발효종) 75g(선택 사항)
버터(상온. 깍둑 썬다) 125g
아몬드 25g

키르슈 시럽
물 100g
설탕 80g
키르슈 10g

완성하기
녹인 버터
슈거파우더

1 • 건포도를 끓는 물에 담가 30분간 불린 뒤 건진다. 작은 볼에 담고 키르슈에 재워둔다.

셰프의 팁

• 아몬드를 끓는 물에 몇 초간 담갔다 사용하면
굽는 동안 타는 것을 막을 수 있다.
이 방법은 또한 아몬드를 쿠겔호프에 더 잘 붙게 해준다.

• 이스트는 혼합되기 전에 소금이나 설탕과 직접 닿으면
그 효력이 떨어져 제대로 반죽이 부풀지 않으니 주의한다.

• 키르슈 시럽 만들기 : 소스팬에 설탕과 물을 넣고 녹이며 가열한다.
이때 소스팬의 안쪽 벽에 시럽이 묻어 굳지 않도록
물에 적신 붓으로 계속 닦아준다.
시럽이 끓기 시작하면 바로 불에서 내려 식힌 후 키르슈를 넣는다.

4 • 반죽을 둥글게 뭉친 다음 표면이 마르지 않도록 랩으로 덮고 베이킹 팬에 놓는다. 실온에서 1시간 동안 발효시킨다. 반죽을 납작하게 눌러가며 펀칭해 1차 발효에서 부푸는 동안 생긴 공기를 빼준다. 다시 둥글게 만들어 랩을 덮고 냉장고에 30분간 넣어둔다.

2• 버터, 건포도, 아몬드를 제외한 모든 반죽 재료를 전동 스탠드 믹서 볼에 넣고 도우훅을 저속으로 돌려 혼합물이 믹싱볼 벽에 더 이상 달라붙지 않고 떨어질 때까지 반죽한다.

3• 버터를 넣고 잘 혼합한 다음 건포도를 건져 넣고 재빨리 섞는다.

5• 붓으로 쿠켈호프용 토기 틀 안에 녹인 버터를 두 번 발라준다.

6• 아몬드를 바닥의 파인 곳에 한 알씩 빙 둘러 박아 넣는다. 그대로 냉장고에 넣어 버터를 굳혀 아몬드가 잘 고정되도록 한다.

쿠겔호프 (계속)

7 • 반죽 600g을 계량한 뒤 둥글게 뭉친다. 엄지손가락으로 가운데를 눌러 구멍을 내준다.

8 • 조심스럽게 구멍을 크게 늘려 왕관 모양으로 만든다.

9 • 반죽을 틀에 넣고 26℃ 스팀오븐에 넣어(또는 전원을 끈 오븐에 끓는 물이 담긴 용기를 함께 넣은 상태에서), 2시간 동안 발효시킨다(2차 발효). 200℃로 예열한 오븐에 넣어 15분간 굽고, 오븐의 온도를 160℃로 낮춘 후 20분을 더 굽는다. 베이킹이 끝나갈 때 쯤 알루미늄 포일을 덮어 너무 진한 갈색이 나지 않도록 한다.

10 • 오븐에서 꺼낸 뒤 조심스럽게 틀을 뒤집어 빼낸다. 키르슈 시럽을 넉넉히 적셔준다. 녹인 버터를 붓으로 윤기 나게 바른 다음 슈거파우더를 뿌려 완성한다.

브리오슈 퍼유테 Brioche feuilletée

8인분

작업 시간
40분

냉동
30분

냉장
1시간

발효
1시간 30분

조리
20~30분

보관
랩으로 싼 뒤 냉장고에서 3일까지

재료
밀가루 250g
소금 5g
설탕 30g
차가운 달걀 60g
차가운 우유 60g
생이스트 10g
버터 20g
퍼유타주용 저수분 버터 150g

달걀물
달걀 25g
달걀노른자 20g
전유(lait entier) 25g

도구
전동 스탠드 믹서
스크레이퍼
파티스리용 밀대
지름 18cm 브리오슈 틀 2개
주방용 붓

1 • 레시피 분량대로(퍼유타주용 버터 제외) 브리오슈 반죽을 만든다(p.130 테크닉 참조). 반죽을 밀어 20cm x 40cm 크기의 직사각형을 만든 뒤 냉동실에 30분 넣어둔다.

2 • 그동안 퍼유타주용 버터를 밀대로 살살 두드려 부드럽게 해준다. 사방 20cm 크기의 납작한 정사각형을 만든다. 주방용 비닐 시트로 덮고 두드려주면 더 편리하다.

3 • 버터를 직사각형 반죽 중앙에 놓고 반죽의 긴 쪽 양끝을 가운데로 모아 서로 만나게 접는다. 반죽을 20cm x 80cm 크기로 길게 밀고 4절 접기를 한다 (p.68 테크닉 참조). 반죽을 오른쪽으로 90도 회전시킨 다음 3절 접기를 한다. 냉장고에 넣어 1시간 동안 휴지시킨다.

브리오슈 퓌유테 (계속)

4 • 반죽을 두께 4mm, 가로 세로 각각 10cm x 50cm 크기로 민다. 길이로 잘라 2등분한다.

5 • 반죽 한 개의 표면에 붓으로 물을 살짝 발라 적신다.

7 • 울퉁불퉁한 가장자리를 잘라내 매끈한 직선으로 다듬어준다. 짧은 쪽 윗면과 아랫면의 길이를 각각 3등분한 지점을 표시한 뒤 위쪽의 1/3 지점과 아래쪽의 2/3 지점을 대각선으로 연결해 잘라준다.

8 • 두 개의 반죽을 바깥쪽 직선에 맞추어 돌돌 만다. 버터를 칠한 브리오슈 틀에 넣고 26℃ 스팀 오븐에 넣어(또는 전원을 끈 오븐에 끓는 물이 담긴 용기를 함께 넣은 상태에서) 약 1시간 30분 동안 발효시킨다. 반죽의 부피가 두 배로 부풀어 올라야 한다.

6 • 길게 자른 두 번째 반죽을 첫 번째 반죽 위에 겹쳐 놓고 두 장을 함께 살짝 눌러준다.

9 • 오븐을 160℃로 예열한다. 브리오슈 윗면에 붓으로 달걀물을 바른 다음 오븐에 넣어 노릇한 갈색이 날 때까지 20~30분간 구워낸다.

크루아상 Croissants

크루아상 약 12개 분량

작업 시간
2시간

1차 발효
30분

냉동
40분

냉장
30분

2차 발효
2시간

조리
14~16분

보관
24시간까지

재료
생이스트 12g
전유(lait entier) 144g
밀가루(T55) 150g
밀가루(farine de gruau) 150g
고운 소금 6g
설탕 35g
꿀 9g
버터 60g
푀유타주용 저수분 버터 150g

달걀물
달걀 50g
달걀노른자 50g
전유(lait entier) 50g

도구
전동 스탠드 믹서
거품기
스크레이퍼
파티스리용 밀대
주방용 붓
자

1 • 전동 스탠드 믹서 볼에 우유와 생이스트를 넣고 거품기로 저어 개어준다.

4 • 반죽을 납작하게 눌러주며 펀칭하여 1차 발효 때 생긴 공기를 빼준다. 베이킹 팬에 놓고 30~40분간 냉동실에 넣어둔다. 푀유타주용 버터를 밀대로 두들겨 납작한 정사각형 모양을 만든 다음 반죽 위에 놓는다.

2 • 나머지 재료(푀유타주용 버터 제외)를 모두 넣고 도우훅을 장착한 다음 저속으로 4분, 중간 속도로 6분간 돌려 반죽한다.

3 • 혼합을 마쳤을 때 반죽에 탄력이 생겨야 한다. 반죽을 꺼내 둥글게 만든 다음 랩으로 덮어 실온에서 30분간 1차 발효시킨다.

5 • 반죽으로 버터를 덮어 싼 다음 가장자리를 잘 접어 붙인다.

6 • 반죽을 밀어 60cm x 25cm 크기의 긴 직사각형을 만든다. 4절 접기를 한 다음, 90도 회전해 3절 접기를 해준다(p.69, 과정 10, pp.70,71 과정 4~6 테크닉 참조). 냉장고에 넣어 30분간 휴지시킨다.

크루아상 (계속)

7 • 반죽을 4mm 두께로 밀어 50cm x 24cm 크기의 직사각형을 만든다. 칼끝으로 반죽 긴 면의 한쪽 가장자리에 8cm 간격으로 표시를 해둔다. 반대쪽 긴 면에도 4cm씩 엇갈리며 마찬가지로 8cm 간격 표시를 해준다.

8 • 표시해둔 지점을 연결하여 긴 삼각형 모양으로 자른다. 각 삼각형마다 밑면 중간 부분에 살짝 칼집을 내준다.

셰프의 팁

• 반죽 재료를 처음 섞을 때 생이스트가
소금, 설탕과 서로 직접 닿지 않도록 주의한다.

• 반죽이 충분히 되었는지 확인하기 위해서는
반죽 표면을 손가락으로 살짝 눌러본다.
원 상태로 회복될 정도로 탄력이 있어야 한다.

• 푀유타주용 저수분 버터가 없을 때에는
AOP(원산지 명칭 보호) 인증을 받은 우수한 품질의 버터로
대체해도 된다(유지방 함량이 84%에 최대한 가까운 것을 고른다).

10 • 삼각형 반죽을 밑면에서부터 뾰족한 끝을 향하여 너무 세게 누르지 않도록 주의하면서 돌돌 만다. 크루아상 반죽 한 개의 무게는 약 50~55g 정도이다.

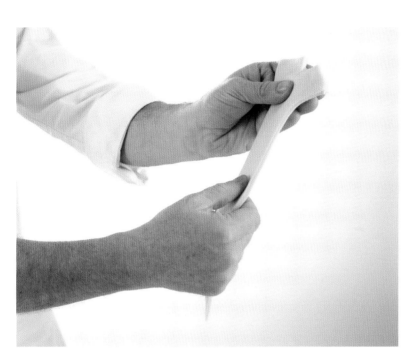

9 • 삼각형 반죽을 손으로 가볍게 잡아 늘린다.

11 • 크루아상 표면에 붓으로 골고루 달걀물을 바른다. 26℃ 스팀 오븐에 넣어(또는 전원을 끈 오븐에 끓는 물이 담긴 용기를 함께 넣은 상태에서) 2시간 동안 발효시킨다.

12 • 발효가 끝난 크루아상 반죽을 꺼내 15분간 휴지시킨 뒤 다시 한 번 달걀물을 발라준다. 170℃로 예열한 컨벡션 오븐에 넣고 약 14분간 굽는다.

팽 오 쇼콜라 Pains au chocolat

6개 분량

작업 시간
2시간

1차 발효
40분

냉동
40분

냉장
30분

2차 발효
2시간

조리
14~16분

보관
24시간까지

재료
크루아상 반죽(p.152 테크닉 참조)
400g
초콜릿 스틱 12개(팽 오 쇼콜라용
세미 스위트, 또는 다크 초콜릿 스틱을
사용한다)

달걀물
달걀 50g
달걀노른자 50g
전유(lait entier) 50g

도구
전동 스탠드 믹서
거품기
스크레이퍼
파티스리용 밀대
주방용 붓

1• 크루아상 반죽을 4mm 두께로 민 다음 9cm x 15cm 크기의 직사각형 6개로 자른다. 반죽의 짧은 면 한쪽 끝에 초콜릿 스틱 한 개를 놓는다.

셰프의 팁

• 반죽을 발효할 때 버터가 녹지 않도록 하기 위해서는
온도가 29~30℃를 초과하면 안 된다.

• 오븐에 넣기 전에 냉장고에 잠시 넣어
반죽을 굳게 하는 것이 좋다.

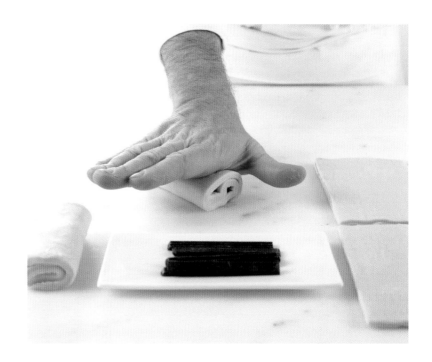

3• 끝까지 말아준 다음 손바닥으로 살짝 눌러 반죽 끝 접합 부분이 밑면 가운데로 오도록 고정시켜 잘 붙인다.

2 • 초콜릿을 감싸며 한 바퀴 말아준 다음 두 번째 초콜릿 스틱을 놓는다.

4 • 논스틱 베이킹 팬에 놓고 붓으로 달걀물을 고루 발라준다. 26℃ 스팀 오븐에 넣어(또는 전원을 끈 오븐에 끓는 물이 담긴 용기를 함께 넣은 상태에서) 약 2시간 동안 발효시킨다.

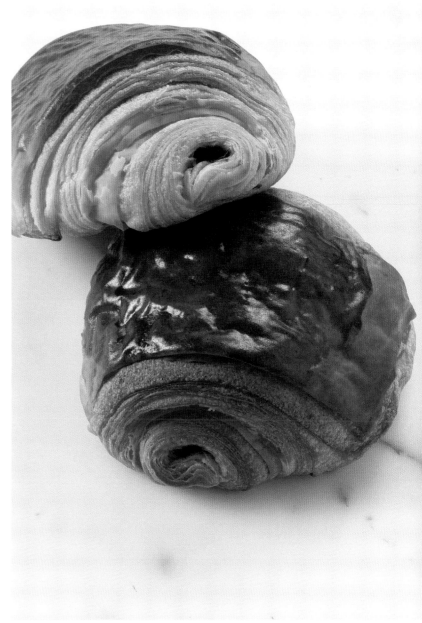

5 • 컨벡션 오븐을 165℃로 예열한다. 반죽의 부피가 두 배로 부풀면 달걀물을 조심스럽게 다시 한 번 발라준다. 예열한 오븐에 넣어 구운 갈색이 나고 잘 부풀어 오를 때까지 14~16분간 구워낸다.

팽 오 레쟁 Pains aux raisins

8~10개 분량

작업 시간
2시간 15분

1차 발효
40분

냉동
40분

냉장
30분

2차 발효
약 1시간

조리
12~14분

보관
24시간까지

재료
건포도 100g
크루아상 반죽(p.152 테크닉 참조)
500g
크렘 파티시에(p.196 테크닉 참조)
150g

달걀물
달걀 50g
달걀노른자 50g
전유(lait entier) 50g

선택 사항
럼, 또는 오렌지 필, 또는 계핏가루

도구
전동 스탠드 믹서
거품기
스크레이퍼
파티스리용 밀대
L자 스패츌러
주방용 붓

1 • 끓는 물에 건포도를 잠깐 담갔다 건진다. 기호에 따라 잘게 썬 오렌지 필과 계핏가루를 건포도와 함께 럼에 넣고 재운다. 차가운 크루아상 반죽을 20cm x 40cm 크기의 직사각형으로 길게 민 다음 크렘 파티시에를 고루 펴 바른다.

3 • 길이가 긴 쪽의 한 면부터 시작하여 반죽을 조심스럽게 돌돌 만다.

4 • 붓으로 달걀물을 바른다.

2 • 반죽 가장자리에 붓으로 달걀물을 발라 돌돌 말았을 때 잘 붙도록 해준다. 건포도와 오렌지 필을 건져서 물기를 털어낸 다음 크렘 파티시에 위에 골고루 뿌려 놓는다.

5 • 2~2.5cm 두께로 썰어 총 8~10개 정도의 균일한 크기의 롤을 만든 다음 논스틱 베이킹 팬에 납작하게 놓는다. 반죽의 접합 부분을 아래쪽으로 오게 고정시켜 굽는 도중에 말린 것이 분리되어 풀어지지 않도록 주의한다.

6 • 반죽을 최대 25℃의 따뜻하고 습한 곳에 두어 약 1시간 정도 발효시킨다(켜지 않은 오븐에 끓는 물이 담긴 볼을 넣고 그 위에 반죽이 담긴 팬을 넣어 발효시켜도 좋다). 180℃로 예열한 오븐에 넣어 12~14분간 굽는다.

퀸아망 Kouign amann

24개 분량

작업 시간
3시간

1차 발효
1시간

냉동
30분

냉장
30분

2차 발효
1시간 30분

조리
12~15분

보관
48시간까지

재료
밀가루 250g
생이스트 10g
설탕 40g
소금 5g
버터 20g
달걀 125g
가염 버터 150g
설탕 150g

달걀물
달걀 50g
달걀노른자 50g
전유(lait entier) 50g

완성하기
굵은 입자 설탕, 또는 우박설탕

도구
전동 스탠드 믹서
파티스리용 밀대
논스틱 틀 또는 판형 머핀틀
주방용 붓

1 • 전동 스탠드 믹서 볼에 도우훅을 장착하고 밀가루, 생이스트, 설탕 40g, 소금, 버터 20g, 달걀을 넣는다. 이때 이스트가 설탕이나 소금에 직접 닿지 않도록 주의한다. 저속으로 10분간 돌려 반죽한 다음 중간 속도로 올려 2분간 더 반죽한다. 랩으로 덮어 실온에서 1시간 동안 1차 발효시킨다.

3 • 반죽을 4mm 두께로 민 다음 재빨리 13cm x 4cm 크기의 띠 모양 24개로 자른다.

4 • 띠 모양의 반죽을 달팽이처럼 촘촘히 말아 논스틱 틀의 둥근 칸에 하나씩 넣는다. 켜지 않은 오븐에 넣어 1시간 30분 동안 2차 발효시킨다. 온도가 높으면 버터와 설탕이 녹을 우려가 있으니 온도가 최대 20°C를 넘지 않도록 주의한다.

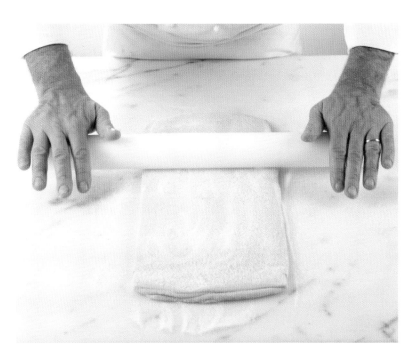

2• 반죽을 직사각형으로 납작하게 민 다음 냉동실에 30분간 넣어 차갑게 만든다. 가염 버터를 반죽 안에 넣어 덮고 길게 민 다음, 3절 접기(p.69 과정 10 테크닉 참조)를 2회 해준다. 냉장고에 넣어 30분간 차갑게 휴지시킨 다음 밀어서 설탕 150g을 고루 뿌리며 3절 접기를 한 차례 더 해준다(분량의 설탕을 모두 사용한다).

5• 붓으로 달걀물을 고루 바른 다음 굵은 입자의 설탕을 고루 뿌린다. 오븐을 180℃로 예열한다.

6• 예열한 오븐에 넣어 12~15분간 굽는다. 퀸아망을 틀 안에서 각각 뒤집어준 다음 다시 2분 정도 더 굽는다. 오븐에서 꺼낸 뒤 즉시 틀에서 분리하고, 망에 올려 식힌다.

슈 반죽 Pâte à choux

슈 15~22개 분량

작업 시간
30분

보관
슈 반죽은 만든 즉시 짜서 구운 다음
속을 채워 넣거나(이틀까지 보관),
구운 상태로 냉동 보관할 수 있다
(최대 1개월).

도구
체

재료
물 125g
전유(lait entier) 125g
소금 3g
설탕 5g(선택 사항)
버터 125g
밀가루 150g
달걀 250g

사용
를리지외즈, 에클레어, 파리
브레스트, 생토노레, 슈케트,
크로캉부슈, 살랑보, 구제르 등

1 · 소스팬에 물, 우유, 소금, 설탕, 깍둑 썬 버터를 넣고 가열한다. 버터가 완전히
녹으면 혼합물을 아주 잠깐 끓인다.

셰프의 팁

• 혼합물이 끓을 때 버터가 전부 완전히 녹아 있어야 한다.

• 달걀은 미리 냉장고에서 꺼내 두어 상온으로 사용한다.

4 · 반죽이 냄비 벽에 달라붙지 않을 때까지 10초 정도 더 섞어준 다음 볼에 덜
어내 더 이상 익는 것을 중단한다.

2 • 끓으면 불에서 내린 다음 체에 친 밀가루를 한 번에 넣고 주걱으로 세게 저어 고루 섞는다.

3 • 소스팬을 다시 약한 불에 올리고 혼합물(panade)을 계속 저어가며 수분을 날린다.

5 • 달걀을 조금씩 넣고 중간중간 주걱으로 잘 혼합하여 균일하고 매끈한 반죽을 만든다.

6 • 농도를 체크하려면 주걱으로 반죽 가운데를 갈라본다. 반죽이 서서히 제자리로 오므라들어 닫혀야 한다. 농도가 맞지 않을 경우에는 달걀을 조금 더 넣어 조절한다.

슈케트 Chouquettes

40~60개 분량

작업 시간
50분

조리
20~25분(크기에 따라 조절)

보관
즉시 소비하는 게 좋다.

도구
체
짤주머니 + 지름 10mm 원형 깍지
주방용 붓

재료
물 125g
전유(lait entier) 125g
소금 3g
설탕 5(선택 사항)
버터 125g
밀가루 150g
달걀 250g

달걀물
달걀 50g
달걀노른자 50g
전유(lait entier) 50g

1 • 베이킹 팬에 버터를 발라둔다(또는 논스틱 베이킹 팬 사용). 오븐을 210°C로 예열한다. 원형 깍지를 끼운 짤주머니에 슈 반죽을 채운 다음 베이킹 팬 위에 지름 3~4cm 크기의 동그란 슈를 짜 놓는다.

셰프의 팁

슈케트는 살짝 덜 익히는 것이 더 부드러운 식감을 준다.

4 • 우박설탕을 슈 위에 고루 뿌린다.

2 • 붓으로 슈 표면에 달걀물을 발라준다.

3 • 포크에 찬물을 묻힌 뒤 슈의 표면을 살짝 눌러 자국을 내준다.

5 • 베이킹 팬을 기울여 여분의 설탕을 덜어낸다. 예열한 오븐에 넣어 노릇한 색
이 날 때까지 20~25분간 굽는다.

에클레어용 슈 반죽 짜기와 굽기 Dresser un éclair

작업 시간
15분

조리
30~40분(크기에 따라 조절)

보관
밀폐 용기에 넣어 48시간까지

도구
짤주머니 + 지름 15mm 원형 깍지
길이 11cm의 반죽 커터
주방용 붓

재료
슈 반죽(p.162 테크닉 참조)

달걀물
달걀 50g
달걀노른자 50g
전유(lait entier) 50g

1 • 내용물이 빠져나오지 않게 반죽을 채워 넣으려면 우선 짤주머니의 끝 뾰족한 부분을 비틀어 깍지 안에 밀어 넣어두는 것이 좋다. 짤주머니를 계량컵 등의 용기에 세워 넣고 입구를 벌린 후 반죽을 넣으면 더 쉽다.

4 • 오븐을 190℃로 예열한다. 베이킹 팬에 버터를 바른다. 반죽 커터에 밀가루를 묻혀 에클레어 반죽 짜놓을 자리를 사선으로 엇갈려가며 표시해둔다.

5 • 표시된 선을 따라 12~14cm 길이의 에클레어를 짜준다. 붓으로 표면에 달걀물을 바른다.

셰프의 팁

• 굽는 중간에 오븐 문을 살짝 열어 나무 주걱을 끼워 놓은 상태로 증기를 빼준다. 구운 슈 반죽은 잘 부풀고 만졌을 때 건조해야 하며 밝은 갈색을 띠어야 한다.

• 좀 더 매끈한 슈 반죽을 원한다면, 달걀물을 바르고 포크로 자국 내는 대신 따뜻하게 녹인 버터를 붓으로 발라준다.

2 • 짤주머니에 슈 반죽을 채워 넣는다. 짤주머니를 손으로 잡기 쉽도록 윗부분 공간을 넉넉히 확보한다.

3 • 짤주머니 입구를 잡고 90도를 돌려 단단하게 막아준다. 짤주머니 안에 공기가 남아 있지 않도록 한다. 짤주머니 끝 부분을 깍지에서 살짝 빼 올려 반죽이 아래로 내려가도록 한다.

6 • 포크에 물을 묻힌 다음 에클레어 윗면에 길게 자국을 내준다. 190℃로 예열한 오븐에 넣어 30~40분간 굽는다.

에클레어용 크림 채우기 Garnir un éclair

작업 시간
15분

보관
밀폐 용기에 넣어 48시간까지

도구
끝이 뾰족한 긴 원뿔형의 메탈 깍지
짤주머니 + 지름 10mm 원형 깍지

재료
에클레어(p.166 테크닉 참조)
크렘 파티시에(p.196 테크닉 참조)

1• 구운 뒤 망에 올려 식힌 에클레어 밑면을 뾰족한 깍지 팁으로 찔러 3개의 구멍을 뚫어준다. 양끝과 가운데 구멍을 뚫어 놓으면 에클레어 슈 안에 크림이 고루 분포되도록 짜 넣을 수 있다.

셰프의 팁

• 슈에 크림을 채우기 위해 구멍을 뚫는 방법은
그 모양과 크기에 따라 달라진다.
예를 들어 를리지외즈의 경우는 머리와 몸통 부분에 해당하는
두 개의 슈 밑면에 각각 한 개씩의 구멍을 뚫어주면 된다.

• 슈에 채울 크림을 매끈하게 풀어 짤주머니에 넣기 전에,
기호에 따라 향료나 에센스 등을 첨가할 수 있다.

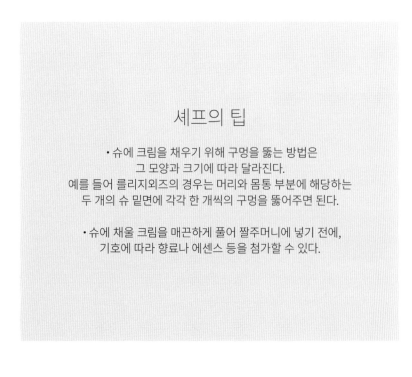

2• 거품기로 크림을 매끈하게 풀어 섞은 다음 짤주머니에 넣고 세 개의 구멍으로 짜 넣는다. 잡고 있는 손으로 크림이 채워져 묵직해지는 것을 느낄 수 있다. 글라사주(다음 페이지 참조)를 입히기 전까지 냉장고에 넣어둔다.

에클레어 글라사주 입히기 Glacer un éclair

작업 시간
15분

보관
냉장고에서 48시간까지

도구
주방용 온도계
식힘망

재료
크림을 채운 에클레어(p.168 테크닉 참조)
퐁당 아이싱 슈거
식용 향료(초콜릿, 바닐라, 커피 등)
식용 색소(기호에 따라 선택)

1 • 소스팬에 퐁당슈거를 넣고 약한 불로 가열해 녹인다. 35~37℃가 되면 불에서 내린 뒤 향과 색소를 넣어 혼합한다. 시럽이나 물로 농도를 조절한다.

2 • 크림을 채운 에클레어를 거꾸로 들고 윗면을 글라사주 혼합물에 살짝 담근다.

3 • 에클레어를 세로로 들고 너무 많이 묻은 글라사주를 흘러 떨어지도록 한다.

에클레어 글라사주 입히기 (계속)

4• 손가락으로 글라사주를 살짝 훑어 매끈하게 마무리한다.

5• 또는 작은 주걱을 이용하여 퐁당슈거를 띠처럼 흘려 얹으며 글라사주를 입혀준다. 너무 많이 묻은 글라사주는 손가락으로 훑어내려 매끈하게 마무리한다. 글라사주가 굳을 때까지 식힘망 위에 얹어둔다.

셰프의 팁

• 글라사주를 성공적으로 입히는 데 가장 중요한 요건은 퐁당의 온도이다.
제시된 온도를 반드시 정확하게 유지한다.

• 글라사주를 입힌 에클레어에 기호에 따라 다양한 장식을 더할 수 있다.
코르네를 이용해 짜 얹는 데코(p.598 테크닉 참조),
초콜릿 데코(p.592~596 테크닉 참조), 또는 견과류나 마른 과일,
생과일, 당절임 과일 등을 사용할 수 있다.
이때 주의할 것은 슈 안에 채운 크림의 향과 연장선상에 있거나
어울리는 재료를 선택하는 것이다.

• 글라스주를 입히는 동안 퐁당의 온도가 내려가면
다시 데워 농도를 최적화한 다음 사용한다.

LEVEL

1

커피 에클레어
ÉCLAIR AU CAFÉ

20개 분량

작업 시간
45분

조리
25~30분

보관
밀폐 용기에 넣어 냉장고에서
48시간까지

도구
체
스크레이퍼
짤주머니 + 15mm 원형 깍지
주방용 온도계
거품기

재료

슈 반죽
물 250g
소금 3g
설탕 5g
버터 100g
밀가루(체에 친다) 150g
달걀(상온) 250g
에클레어에 발라줄 정제 버터

커피 크렘 파티시에
전유(lait entier) 1리터
설탕 200g
바닐라빈 1줄기
달걀 200g(약 5개분)
또는 달걀노른자 160g(약 8개분)
옥수수 전분 50g
밀가루 50g
버터 100g
커피 엑스트랙트 15g

완성하기
커피향 퐁당슈거 글라사주 400g

슈 반죽, 파트 아 슈 PÂTE À CHOUX
소스팬에 물, 소금, 설탕, 작게 깍둑 썬 버터를 넣고 가열한다. 버터가 완전히 녹으면 끓인 뒤 바로 불에서 내리고, 체에 쳐둔 밀가루를 한번에 넣어준다. 주걱으로 세게 저으며 잘 섞어 파나드(panade) 반죽을 만든다. 약한 불에 올려 계속 주걱으로 저으면서 약 10초간 수분을 날린다. 반죽이 더 이상 소스팬 벽에 달라붙지 않을 정도가 되면 불에서 내리고 볼에 덜어내어 더 이상 익는 것을 중단한다. 미리 풀어둔 달걀을 조금씩 넣어주며 중간중간 잘 섞어 균일하고 매끄러운 반죽을 만든다. 주걱으로 반죽을 갈랐을 때 천천히 다시 제자리로 돌아오면 알맞은 농도가 된 것이다. 농도가 너무 되면 달걀을 조금 추가하여 조절한다.

에클레어 만들기 DRESSAGE DES ÉCLAIRS
오븐을 180℃로 예열한다. 베이킹 팬에 버터를 발라둔다. 15mm 원형 깍지를 끼운 짤주머니에 반죽을 넣고 길이 12cm의 에클레어를 베이킹 팬 위에 짜놓는다. 붓으로 정제 버터를 발라준 다음 오븐에 넣어 25~30분간 굽는다. 굽는 과정 중간쯤 되었을 때 오븐 문을 살짝 연 상태로 두어 오븐 속의 증기를 빼준다. 구워낸 에클레어는 즉시 망 위에 올려 식힌다.

커피 크렘 파티시에 CRÈME PÂTISSIÈRE AU CAFÉ
레시피 분량대로 크렘 파티시에를 만든다(p.196 테크닉 참조). 불에서 내린 뒤 마지막에 커피 엑스트랙트를 넣어 섞는다.

퐁당슈거 글라사주 FONDANT
소스팬에 퐁당슈거를 넣고 약한 불로 천천히 가열해 37℃로 만든다.

완성하기 MONTAGE
에클레어 슈 밑면에 총 3개의 작은 구멍을 뚫는다(양쪽 끝에 한 개씩, 가운데 한 개). 10mm 원형 깍지를 끼운 짤주머니로 조심스럽게 커피 크렘 파티시에를 짜 넣는다(p.168 테크닉 참조). 에클레어 윗면을 퐁당슈거에 살짝 담가 글라사주를 입힌다. 너무 많이 묻은 글라사주를 손가락으로 조심스럽게 훑어 매끈하게 마무리한다(p.169 테크닉 참조).

셰프의 팁

크렘 파티시에에 넣는 커피 엑스트랙트 대신
인스턴트 커피 가루를 사용해도 된다.
우유를 데울 때 넣어 녹인다(우유 1리터당 커피 15g).

레몬 크라클랭 에클레어

ÉCLAIR AU CITRON CRAQUELIN CROUSTILLANT

20개 분량

작업 시간
2시간

냉장
2시간

조리
40분

보관
냉장고에서 48시간까지

도구
전동 스탠드 믹서
파티스리용 밀대
체
짤주머니 2개 + 15mm, 10mm
원형 깍지
주방용 전자 온도계
고운 원뿔체
핸드블렌더

재료
크라클랭(크리스피 소보로)
밀가루 30g
버터 50g
아몬드 가루 20g
레몬 껍질 콩피 10g
비정제 황설탕 50g
레몬 제스트(곱게 간다) 1개분

슈 반죽
물 250g
버터(깍둑 썬다) 100g
소금 3g
설탕 5g
밀가루(체에 친다) 150g
달걀(상온) 250g

레몬 크레뫼
판 젤라틴 6g
달걀 200g
설탕 100g
레몬 제스트 30g
레몬즙 170g
버터 150g

레몬 퐁당슈거 글라사주
퐁당슈거 600g
레몬즙 50g
레몬 제스트 5g
식용 색소(노랑) 5g

크라클랭 CRAQUELIN
전동 스탠드 믹서 볼에 모든 재료를 넣고 플랫비터를 돌려 혼합한다. 반죽을 두 장의 유산지 사이에 놓고 3mm 두께로 민다. 그 상태로 냉동실에 넣어 굳힌다.

슈 반죽, 에클레어 만들기 PÂTE À CHOUX, ÉCLAIRS
레시피 분량대로 슈 반죽을 만든다(p.162 테크닉 참조). 오븐을 180℃로 예열한다. 베이킹 팬에 버터를 발라둔다. 15mm 원형 깍지를 끼운 짤주머니에 슈 반죽을 넣고 베이킹 팬 위에 길이 12cm의 에클레어를 짜 놓는다. 크라클랭 반죽을 냉동실에서 꺼내 10cm x 2cm 크기의 직사각형으로 자른 다음 에클레어 위에 하나씩 조심스럽게 얹어준다. 오븐에 넣어 30~40분간 굽는다.

레몬 크레뫼 CRÉMEUX CITRON
젤라틴을 찬물에 넣어 말랑하게 불린다. 소스팬에 달걀, 설탕, 레몬 제스트와 레몬즙을 넣고 잘 섞은 다음 설탕이 완전히 녹고 온도가 85℃가 될 때까지 가열한다. 고운 원뿔체에 거른 다음 물을 꼭 짠 젤라틴을 넣어 녹인다. 혼합물의 온도가 60℃로 떨어지면 버터를 넣고 핸드블렌더로 갈아 혼합한다. 냉장고에 최소 2시간 이상 넣어둔다.

레몬 퐁당슈거 글라사주 FONDANT AU CITRON
소스팬에 퐁당슈거를 넣고 약한 불로 천천히 가열해 37℃로 만든다. 레몬즙, 레몬 제스트, 노란색 식용 색소를 넣고 섞어 매끈하고 윤기 나는 글라사주를 만든다. 농도가 너무 되직하면 플레인 설탕 시럽을 조금 넣어 조절한다.

완성하기 MONTAGE
에클레어 슈 밑면에 총 3개의 작은 구멍을 뚫는다(양쪽 끝에 한 개씩, 가운데 한 개). 10mm 원형 깍지를 끼운 짤주머니로 조심스럽게 레몬 크레뫼를 짜 넣는다(p.168 테크닉 참조). 에클레어 윗면을 레몬 퐁당슈거에 살짝 담가 글라사주를 입힌다. 너무 많이 묻은 글라사주를 손가락으로 조심스럽게 훑어내려 매끈하게 마무리한다(p.169 테크닉 참조).

LEVEL

3

마스카르포네 커피 에클레어

ÉCLAIR CAFÉ MASCARPONE

크리스토프 아당 Christophe Adam

2014, 2015 베스트 파티시에

10개 분량

작업 시간
2시간

휴지
12시간

조리
40분

냉장
1시간

도구
주방용 전자 온도계
핸드블렌더
짤주머니 + 지름 2cm
별모양 깍지
짤주머니 + 지름 15mm
원형 깍지
철제 브러시

재료
마스카르포네 커피 크림
판 젤라틴 6장(12g)
설탕 70g
버터 45g
소금(플뢰르 드 셀) 2g
진한 에스프레소 커피 90g
마스카르포네 190g

슈 반죽
물 150g
전유(lait entier) 150g
버터(깍둑 썬다) 160g
소금(플뢰르 드 셀) 4g
설탕 5g
액상 바닐라 에센스 10g
밀가루 T55(체에 친다) 160g
달걀(상온) 280g

초콜릿 글라사주
둘세 초콜릿(Dulcey Valrhona®) 300g
다크 커버처 초콜릿 300g

——— 마스카르포네 커피 크림 CRÈME CAFÉ MASCARPONE

하루 전날 준비한다. 젤라틴을 찬물에 넣어 말랑하게 불린다. 소스팬에 설탕을 넣고 녹여 캐러멜 색이 날 때까지 가열한 다음 작게 썬 버터와 소금을 넣어 섞는다. 뜨거운 에스프레소 커피를 넣고 50℃까지 식으면, 물을 꼭 짠 젤라틴을 넣어 녹인다. 혼합물의 온도가 45℃가 되면 밑이 둥근 볼에 담아둔 마스카르포네와 섞는다. 핸드블렌더로 갈아 균일하고 부드러운 질감이 되도록 혼합한다. 냉장고에 12시간 동안 넣어둔다.

——— 슈 반죽, 에클레어 만들기 PÂTE À CHOUX, ÉCLAIRS

당일. 오븐을 180℃로 예열한다. 베이킹 팬에 버터를 발라둔다. 레시피 분량대로 슈 반죽을 만든다(p.162 테크닉 참조). 매끈하고 되직한 슈 반죽이 완성되면 지름 2cm 별모양 깍지를 끼운 짤주머니에 채워 넣는다. 미리 버터를 발라둔 베이킹 팬에 10개의 에클레어를 나란히 짜 놓는다. 구우면 부풀어 오르는 것을 감안하여 간격을 여유있게 둔다. 오븐에 넣고 온도를 175℃로 내린 뒤 40분간 굽는다. 슈가 부풀어 오르면 오븐 문을 1cm가량 살짝 열어 오븐 안의 증기가 빠지고 부푼 에클레어가 꺼지지 않도록 한다.

——— 완성하기 MONTAGE

둘세 초콜릿과 다크 초콜릿을 각각 템퍼링해둔다(pp.570, 572 테크닉 참조). 에클레어 슈 밑면에 2개의 작은 구멍을 뚫고, 원형 깍지를 끼운 짤주머니로 조심스럽게 크림을 짜 넣는다. 각각의 에클레어 윗면을 템퍼링한 다크 초콜릿에 살짝 담갔다 빼 글라사주를 입힌다. 냉장고에 몇 분간 넣어 초콜릿이 어느 정도 굳으면 꺼내서 같은 면을 둘세 초콜릿에 담가 또 한 번 글라사주를 입힌다. 1시간 동안 식힌다. 철제 브러시를 사용하여 굳은 둘세 초콜릿 표면을 길이로 살살 긁어 무늬를 내준다.

셰프의 팁

에클레어를 오븐에 구울 때 처음에는
오븐 문을 닫고 시작해야 슈가 무너지지 않고 잘 부풀어 오른다.
에클레어가 완전히 부풀어 오르면
그때 오븐 문을 살짝 열어두어 스팀을 빼준다.

초콜릿 를리지외즈
RELIGIEUSE AU CHOCOLAT

16개 분량

작업 시간
1시간

조리
30~45분

보관
냉장고에서 48시간까지

도구
체
짤주머니 2개 + 10mm, 15mm
원형 깍지
거품기
주방용 온도계

재료

슈 반죽
물 250g
소금 3g
설탕 5g
버터(깍둑 썬다) 100g
밀가루(체에 친다) 150g
달걀(상온) 250g
슈에 발라줄 정제 버터

초콜릿 크렘 파티시에
전유(lait entier) 1리터
설탕 200g
바닐라빈 1줄기
달걀노른자 160g
옥수수 전분 45g
밀가루 45g
버터 100g
카카오 50% 다크 초콜릿 90g

완성하기
초콜릿 퐁당슈거 글라사주 300g
카카오 50% 다크 초콜릿 50g

슈 반죽 PÂTE À CHOUX

소스팬에 물, 소금, 설탕, 작게 깍둑 썬 버터를 넣고 가열한다. 버터가 완전히 녹으면 끓인 뒤 바로 불에서 내리고, 체에 쳐둔 밀가루를 한 번에 넣어준다. 주걱으로 세게 저으며 잘 섞어 파나드(panade) 반죽을 만든다. 약한 불에 올려 계속 주걱으로 저으면서 약 10초간 수분을 날린다. 반죽이 더 이상 소스팬 벽에 달라붙지 않을 정도가 되면 불에서 내리고 볼에 덜어내어 더 이상 익는 것을 중단시킨다. 미리 풀어둔 달걀을 조금씩 넣어주며 중간중간 잘 섞어 균일하고 매끄러운 반죽을 만든다. 주걱으로 반죽을 갈랐을 때 천천히 다시 제자리로 돌아오면 알맞은 농도가 된 것이다. 반죽이 너무 뻑뻑하면 달걀을 조금 추가하여 조절한다.

를리지외즈 만들기 DRESSAGE DES RELIGIEUSES

오븐을 180℃로 예열한다. 베이킹 팬에 버터를 발라둔다. 15mm 원형 깍지를 끼운 짤주머니에 슈 반죽을 넣고 지름 5cm의 원형 슈 16개(를리지외즈 몸통 부분)와 지름 2.5cm 원형 슈 16개(머리 부분)를 베이킹 팬 위에 짜 놓는다. 녹인 정제 버터를 붓으로 발라준 다음 오븐에 넣어 35~40분간 굽는다. 굽는 과정 반쯤 지났을 때 슈가 충분히 부풀어 오르면 오븐 문을 살짝 연 상태로 두어 오븐 속의 증기를 빼준다. 슈가 다 구워지면 즉시 오븐에서 꺼내 망 위에 올려 식힌다.

초콜릿 크렘 파티시에 CRÈME PÂTISSIÈRE AU CHOCOLAT

레시피 분량대로(초콜릿 제외) 크렘 파티시에를 만든다(p.196 테크닉 참조). 불에서 내린 뒤 초콜릿을 넣고 녹을 때까지 잘 저어 섞는다.

초콜릿 퐁당슈거 글라사주 FONDANT AU CHOCOLAT

소스팬에 초콜릿 퐁당슈거를 넣고 약한 불로 천천히 가열해 37℃로 만든다.

초콜릿 스퀘어 CARRÉS DE CHOCOLAT

초콜릿을 템퍼링한다(p.570, 572 테크닉 참조). 대리석 판에 초콜릿을 붓고 스패출러로 아주 얇게 편 다음 굳힌다. 사방 3cm 정사각형 16개의 절단선을 표시한 다음 완전히 굳도록 둔다. 정사각형의 초콜릿을 조심스럽게 떼어낸다.

완성하기 MONTAGE

10mm 원형 깍지를 끼운 짤주머니를 사용해 슈 안에 초콜릿 크렘 파티시에를 조심스럽게 짜 넣는다(p.168 테크닉 참조). 를리지외즈 슈 윗면을 초콜릿 퐁당슈거에 살짝 담갔다 빼 글라사주를 입힌다. 너무 많이 묻은 글라사주는 손가락으로 매끈하게 훑어 마무리한다. 초콜릿 스퀘어 조각을 큰 슈 위에 얹고, 그 위에 작은 슈를 얹어 완성한다.

셰프의 팁

슈를 굽는 과정 중간쯤 되었을 때
오븐 문을 살짝 열어두어 증기가 빠지도록 해준다.

캐러멜 바닐라 를리지외즈

RELIGIEUSE CARAMEL VANILLE

12개 분량

작업 시간
2시간

조리
45분

보관
냉장고에서 48시간까지

도구
전동 스탠드 믹서
파티스리용 밀대
체
짤주머니 4개 + 10mm, 15mm 원형
깍지
주방용 전자 온도계
거품기

재료
크라클랭(크리스피 소보로)
밀가루 30g
버터 50g
아몬드 가루 20g
비정제 황설탕 50g

슈 반죽
물 250g
버터(깍둑 썬다) 100g
소금 3g
설탕 5g
밀가루(체에 친다) 150g
달걀(상온) 250g

기본 캐러멜
설탕 300g
액상 생크림(유지방 35%) 300g
가염 버터 180g

캐러멜 크레뫼
기본 캐러멜 350g
판 젤라틴 2g
차가운 물 10g
마스카르포네 250g

캐러멜 크렘 파티시에
저지방 우유(lait demi-écrémé) 350g
달걀노른자 50g
설탕 50g
밀가루 17g
커스터드 분말 17g
기본 캐러멜 350g

캐러멜 퐁당슈거
설탕 100g
글루코스 시럽 50g
액상 생크림(유지방 35%) 200g
가염 버터 15g
퐁당슈거 400g

바닐라 크렘 파티시에
저지방 우유(lait demi-écrémé) 260g
바닐라 빈 1줄기
달걀노른자 40g
설탕 35g
커스터드 분말 25g
판 젤라틴 1.5g
버터 25g
휘핑한 생크림 125g

완성하기
식용 금박
카카오 58% 다크 초콜릿 360g
(초콜릿 원형 주름장식 만들기 p.593
테크닉 참조)

크라클랭 CRAQUELIN
전동 스탠드 믹서 볼에 모든 재료를 넣고 플랫비터를 돌려 혼합한다. 반죽을 두 장의 유산지 사이에 놓고 3mm 두께로 민다. 그 상태로 냉동실에 넣어 굳힌다.

슈 반죽, 를리지외즈 만들기 PÂTE À CHOUX, RELIGIEUSES
레시피 분량대로 슈 반죽을 만든다(p.162 테크닉 참조). 오븐을 180℃로 예열한다. 베이킹 팬에 버터를 발라둔다. 15mm 원형 깍지를 끼운 짤주머니에 슈 반죽을 넣고 지름 5cm의 원형 슈 12개(를리지외즈 몸통 부분)와 지름 2.5cm 원형 슈 12개(머리 부분)를 베이킹 팬 위에 짜 놓는다. 크라클랭을 지름 5cm, 지름 2.5cm의 원형으로 각각 12개씩 잘라낸 다음 각 사이즈에 맞는 슈 위에 하나씩 얹고 오븐에 넣어 40분간 굽는다. 슈가 다 구워지면 즉시 오븐에서 꺼내 망 위에 올려 식힌다.

기본 캐러멜 CARAMEL DE BASE
두꺼운 소스팬에 설탕을 넣고 약간 진한 캐러멜 색이 날 때까지 약한 불로 가열한다. 다른 소스팬에 크림을 뜨겁게 데운다. 뜨거운 크림을 캐러멜에 조심스럽게 붓고 잘 섞는다. 이때 뜨거운 캐러멜이 튈 위험이 있으니 오븐용 장갑을 착용하여 손을 보호하는 것이 안전하다. 가염 버터를 넣어 섞는다. 완성된 캐러멜을 반으로 나누어 둔다(각각 캐러멜 크렘 파티시에용과 캐러멜 크레뫼용). 크레뫼에 사용할 분량을 50℃까지 식힌다.

캐러멜 크레뫼 CRÉMEUX AU CARAMEL
젤라틴을 찬물에 담가 말랑하게 불린다. 기본 캐러멜의 온도가 50℃가 되면 물기를 꼭 짠 젤라틴을 넣고 잘 섞어 녹인다. 이것을 마스카르포네에 넣고 거품기로 힘차게 저어주며 혼합한다.

캐러멜 크렘 파티시에 CRÈME PÂTISSIÈRE AU CARAMEL
레시피 분량대로 크렘 파티시에를 만든다(p.196 테크닉 참조). 불에서 내린 뒤 기본 캐러멜 350g을 넣고 잘 혼합한다.

캐러멜 퐁당슈거 글라사주 FONDANT AU CARAMEL
소스팬에 크림을 넣고 끓을 때까지 가열한다. 다른 소스팬에 설탕과 글루코스 시럽을 넣고 가열해 진한 캐러멜을 만든다. 캐러멜에 뜨거운 크림을 넣어 섞는다. 이때 뜨거운 캐러멜이 튈 위험이 있으니 오븐용 장갑을 착용하여 손을 보호하는 것이 안전하다. 이 혼합물을 109℃가 될 때까지 가열한다. 가염 버터를 넣어 섞는다. 이 캐러멜을 퐁당슈거에 넣고 잘 저어 매끈하게 혼합한 다음 식힌다.

바닐라 크렘 파티시에 CRÈME PÂTISSIÈRE VANILLE
레시피 분량대로 크렘 파티시에를 만든다(p.196 테크닉 참조).

완성하기 MONTAGE
10mm 원형 깍지를 끼운 짤주머니를 사용해 큰 사이즈 슈 안에 캐러멜 크레뫼를 조금 짜 넣고 이어서 캐러멜 크렘 파티시에를 채운다. 작은 슈 안에는 바닐라 크렘 파티시에를 짜 채워 넣는다. 모든 슈의 윗면을 캐러멜 퐁당슈거에 살짝 담갔다 빼 글라사주를 입힌다. 너무 많이 묻은 글라사주는 손가락으로 매끈하게 마무리한다(p.169 테크닉 참조). 글라사주가 굳기 전에 초콜릿 주름장식을(p.593 테크닉 참조) 몸통 슈 위에 동그랗게 얹고 그 위에 머리 부분 작은 슈를 얹어 붙인다. 금박 조각을 얹어 장식한다.

캐러멜 를리지외즈 RELIGIEUSE CARAMEL

크리스토프 미샬락 Christophe Michalak

2005 월드 파티스리 챔피언

15개 분량

작업 시간
2시간

냉동
30분

냉장
1시간

조리
25분

보관
냉장고에서 24시간까지

도구
주방용 온도계
전동 스탠드 믹서
푸드 프로세서
핸드블렌더
파티스리용 밀대
마이크로플레인 그레이터
원뿔체
초콜릿용 비닐판지
지름 7cm 원형 커터
줄무늬 홈이 팬 틀
짤주머니 3개 + 지름 6mm
별모양 깍지, 원형 깍지

재료
카카오 32% 둘세 초콜릿 30g

퍼지
메이플시럽 1.7g
황설탕(sucre vergeoise) 17.7g
밀가루(T55) 1g
생이스트 0.2g
버터 4.4g
고운 소금 0.1g
무가당 연유 8.2g

캐러멜 샹티이 크림
부르봉 바닐라 빈 0.6g
인퓨전용 바닐라 빈 가루 0.4g
차가운 물 1.6g
가루형 젤라틴 0.3g
액상 생크림(유지방 35%)
79.4g
글루코스 시럽 5.3g
통카 빈 0.1g

고운 소금 0.2g
설탕 13.2g

아몬드 페이스트 데커레이션
보메 16도 시럽 3.7g
수용성 식용 색소(골드 옐로) 0.01g
수용성 식용 색소(레몬 옐로) 0.01g
수용성 식용 색소(커피 브라운) 0.01g
흰색 아몬드 페이스트(아몬드 23%)
225.9g
카카오 버터 11.3g
트리몰린(전화당) 9.0g

슈 반죽
물 81.4g
저지방 우유(lait demi-écréme) 81.4g
설탕 3.6g
고운 소금 3.6g
버터 72.4g
밀가루(T55) 90.5g
달걀 167.3g
크라클랭(p.180 레시피 참조, 슈 크기에
맞춰 원형으로 잘라둔다)
덱스트로스(포도당)와 카카오 버터
(Mycryo®) 동량 혼합물

바닐라 페이스트
바닐라 믹스 0.8g(캐러멜 샹티이 크림
과정 설명 참조)
물 1.6g
위스키(Ballantine's) 0.1g
럼(Saint James) 0.1g
글루코스 시럽 0.1g

라이트 캐러멜 크레뫼
물 14.4g
가루형 젤라틴 2.4g
설탕 169.9g
저지방 우유(lait demi-écrémé)
492.6g
바닐라 페이스트 2.4g
달걀노른자 75g
설탕 25.5g
옥수수 전분 38.2g
고운 소금 2.4g
버터 273.5g
액상 생크림(유지방 35%) 984.8g
(휘핑한다)

——— 퍼지 FUDGE

소스팬에 재료를 모두 넣고 114℃가 될 때까지 가열한다. 전동 스탠드 믹서 볼에 덜어놓고 플랫비터를 돌려 10분 정도 섞으며 식힌다. 혼합물을 두 장의 유산지 사이에 놓고 1cm 두께로 민다. 사방 0.5cm 크기의 작은 큐브 모양으로 자른다.

——— 캐러멜 샹티이 크림 CRÈME CHANTILLY CARAMEL

바닐라 빈을 얼린 후 푸드 프로세서로 갈아 바닐라 믹스(mix vanille)를 만든다. 여기에 인퓨전용 바닐라 빈 가루를 넣는다. 젤라틴과 물을 섞어 냉장고에 넣어 굳힌 후 잘게 썬다. 생크림과 글루코스 시럽, 바닐라 믹스 0.2g(나머지는 레시피의 다른 혼합물에 사용한다), 소금, 그레이터에 곱게 간 통카 빈을 소스팬에 넣고 잘 섞는다. 가열하여 끓으면 불을 끄고 10분간 향을 우려낸다. 다른 소스팬에 설탕을 넣고 가열해 캐러멜을 만든 다음, 향이 우러난 뜨거운 크림을 조심스럽게 붓고 잘 섞는다. 이것을 다시 가열해 끓으면 잘게 잘라둔 젤라틴을 넣고 잘 섞어 녹인다. 고운 원뿔체에 거른 뒤 핸드블렌더로 갈아 혼합한다. 냉장고에 넣어둔다.

——— 아몬드 페이스트 데커레이션 DÉCOR EN PÂTE D'AMANDES

보메 16도 시럽에 식용 색소를 섞은 다음 전동 스탠드 믹서 볼에 아몬드 페이스트와 함께 넣고 도우훅을 돌려 섞는다. 전화당과 섞어 녹인 뜨거운 카카오 버터를 넣고 잘 혼합한다. 혼합물을 두 장의 초콜릿용 아세테이트 비닐 판지(feuilles guitare) 사이에 놓고 2mm 두께로 민다. 원형 커터로 자른 다음, 줄 무늬 홈이 있는 틀로 찍어 모양을 내준다.

——— 슈 반죽, 를리지외즈 만들기 PÂTE À CHOUX, RELIGIEUSES

오븐을 210℃로 예열한다. 레시피 분량대로 슈 반죽을 만든다(p.162 테크닉 참조). 원형 깍지를 끼운 짤주머니에 슈 반죽을 넣고 큰 사이즈의 원형 슈 15개(를리지외즈 몸통 부분)와 작은 사이즈의 슈 15개(머리 부분)를 베이킹 팬 위에 짜 놓는다. 큰 사이즈의 슈 위에는 크기에 맞춰 잘라 놓은 원형 크라클랭을 하나씩 얹는다. 작은 슈 위에는 덱스트로스와 카카오 버터를 동량으로 섞은 혼합물을 뿌린다. 오븐에 넣고 약 20분간 굽는다.

——— 바닐라 페이스트 PÂTE DE VANILLE

모든 재료와 나머지 바닐라 믹스를 한데 넣고 블렌더로 갈아 부드러운 페이스트를 만든다.

——— 라이트 캐러멜 크레뫼 CRÉMEUX CARAMEL ALLÉGÉ

젤라틴과 물을 섞어 냉장고에 넣어 굳힌 후 잘게 썬다. 소스팬에 설탕을 넣고 가열해 캐러멜을 만든다. 동시에 다른 소스팬에 우유와 바닐라 페이스트를 넣고 데운다. 뜨거운 우유를 체에 거른 뒤 캐러멜에 조심스럽게 붓고 잘 섞는다. 볼에 달걀노른자와 설탕, 전분을 넣고 색이 연해질 때까지 거품기로 저어 잘 섞는다. 캐러멜과 섞은 뜨거운 우유를 볼의 혼합물에 부어 재빨리 섞은 다음 다시 소스팬으로 모두 옮겨 담고 가열한다. 끓으면 불에서 내린 뒤 소금을, 이어서 젤라틴을 넣고 잘 섞어 녹인다. 마지막으로 버터를 넣고 혼합한다. 넓은 용기에 덜어 랩을 씌운 뒤 냉장고에 즉시 넣어 식힌다. 식은 캐러멜 크레뫼를 거품기로 풀어준 다음 미리 휘핑해둔 생크림을 넣고 접어 돌리듯이 살살 섞는다.

——— 완성하기 MONTAGE

큰 사이즈와 작은 사이즈 슈를 모두 180℃ 오븐에서 2분씩 살짝 구워낸 다음 망에 올려 식힌다. 원형 깍지를 끼운 짤주머니를 사용하여 라이트 캐러멜 크레뫼를 슈 안에 짜 채워준다. 아몬드 페이스트로 만든 원형판을 큰 슈 위에 얹고 모양을 잘 매만져 놓는다. 작은 슈의 동그란 윗부분을 조금 잘라내 평평하게 만든 다음 둘세 초콜릿을 조금 묻혀 큰 슈의 중앙에 뒤집어 붙인다. 캐러멜 샹티이 크림을 거품기로 단단하게 휘핑한 다음 별모양 깍지를 끼운 짤주머니로 를리지외즈 맨 꼭대기에 꽃모양으로 짜 얹는다. 퍼지 큐브를 한 조각 올려 완성한다.

파리 브레스트

PARIS-BREST

8인분

작업 시간
1시간 30분

조리
45분

보관
냉장고에서 48시간까지

도구
체
짤주머니 2개 + 지름 15mm 원형 깍지,
20mm 별모양 깍지
주방용 붓
거품기
핸드믹서

재료
아몬드 슬라이스 쓰는 대로

슈 반죽
물 250g
소금 3g
설탕 5g
버터(깍둑 썬다) 100g
밀가루(체에 친다) 150g
달걀(상온) 250g(약 5개분)

달걀물
달걀 50g
달걀노른자 50g

크렘 파티시에
전유(lait entier) 350g
달걀 60g
설탕 50g
커스터드 분말 35g

프랄리네 무슬린 크림
크렘 파티시에 500g
포마드 상태의 버터 150g
프랄리네 페이스트 150g
헤이즐넛 페이스트 25g

완성하기
슈거파우더

슈 반죽 PÂTE À CHOUX

레시피 분량대로 슈 반죽을 만든다(p.162 테크닉 참조). 오븐을 180℃로 예열한다. 지름 15mm 원형 깍지를 끼운 짤주머니에 슈 반죽을 채운 다음 논스틱 베이킹 팬 위에 지름 18cm 크기의 바깥쪽 링 모양을 짜 놓는다. 그 안에 두 번째 링 모양을 붙여서 짜놓은 다음 첫 번째와 두 번째 링이 만나는 부분에 세 번째 링을 짜 얹는다. 달걀물을 발라준 다음 아몬드 슬라이스를 뿌려 얹는다. 지름 16~17cm의 링을 따로 하나 짜놓는다. 이것은 마지막 조립 과정에서 안쪽의 지지대 역할을 하는 용도이다. 오븐에 넣어 약 45분간 굽는다. 꺼내서 망에 올려 식힌다.

크렘 파티시에 CRÈME PÂTISSIÈRE

레시피 분량대로 크렘 파티시에를 만든다(p.196 테크닉 참조). 랩을 깐 베이킹 팬에 크렘 파티시에를 펼쳐 놓고 다시 랩을 표면에 밀착시켜 덮은 뒤 식힌다.

프랄리네 무슬린 크림 CRÈME MOUSSELINE PRALINÉ

크렘 파티시에를 거품기로 저어 매끈하게 풀어준다. 버터에 헤이즐넛 페이스트와 프랄리네를 넣어 섞은 뒤 크렘 파티시에와 함께 볼에 넣고 핸드믹서로 잘 혼합한다.

완성하기 MONTAGE

왕관 모양의 슈를 가로로 자른다. 윗부분이 전체 두께의 1/3 정도 되도록 한다. 별모양 깍지를 끼운 짤주머니를 사용해 링의 아랫면에 무슬린 크림을 넉넉히 짜준다. 그 위에 한 줄로 짜 구운 지지대용 슈를 놓는다. 무슬린 크림을 횃불 모양으로 빙 둘러 짜 덮어준다. 슈의 윗부분 뚜껑을 덮고 슈거파우더를 뿌려 완성한다.

파리 브레스트

PARIS-BREST

20조각 분량

작업 시간
2시간

조리
3시간 15분

냉장
1시간

보관
냉장고에서 48시간까지

도구
핸드믹서
40cm x 60cm 사각 케이크 프레임 틀
주방용 온도계
핸드블렌더
실리콘패드
짤주머니 2개 + 10mm 원형 깍지,
별모양 깍지
체

재료
슈 반죽 스펀지
전유(lait entier) 140g
버터(깍둑 썬다) 100g
밀가루(체에 친다) 140g
달걀노른자 170g
달걀 100g
레몬 제스트 2개분
달걀흰자 250g
설탕 30g

프랄리네 크레뫼
전유(lait entier) 50g
아몬드 헤이즐넛 프랄리네 50g
달걀노른자 15g
설탕 50g
버터 64g

프랄리네 푀이앙틴
프랄리네 페이스트 100g
밀크 초콜릿 15g
푀이앙틴 20g

슈 반죽
물 125g
소금 1g
설탕 3g
버터 50g
밀가루 75g
달걀 125g
황설탕 쓰는 대로

프랄리네 무슬린 크림
크렘 파티시에 500g
버터 150g
프랄리네 페이스트 150g
헤이즐넛 페이스트 25g

레몬 머랭
달걀흰자 50g
설탕 100g
레몬 제스트 1개분

데커레이션
식용 금박

슈 반죽 스펀지 BISCUIT PÂTE À CHOUX
오븐을 170℃로 예열한다. 소스팬에 우유, 작게 깍둑 썬 버터를 넣고 가열한다. 버터가 완전히 녹고 끓으면 바로 불에서 내린 뒤, 체에 쳐 둔 밀가루, 달걀노른자, 달걀을 넣어준다. 약한 불에 올리고 주걱으로 저으며 잘 섞어 균일한 반죽을 만든다. 레몬제스트를 그레이터에 곱게 갈아 넣는다. 달걀흰자를 볼에 넣고 설탕을 넣어가며 핸드믹서로 거품을 낸다. 거품 올린 달걀흰자를 스펀지 혼합물에 넣고 주걱으로 접어 돌리듯이 살살 섞어준다. 직사각형 스텐 케이크 틀 안에 반죽을 얇게 깔아 편다. 오븐에 넣고 오븐 문을 살짝 열어둔 채로 구운 황금색이 날 때까지 약 30~35분간 구워낸다.

프랄리네 크레뫼 CRÉMEUX PRALINÉ
소스팬에 우유를 넣고 가열해 끓으면 프랄리네 페이스트를 넣고 섞는다. 볼에 달걀노른자와 설탕을 넣고 거품기로 저어 혼합한다. 여기에 끓는 우유 혼합물을 조금 부어 재빨리 섞은 다음 다시 소스팬으로 모두 옮겨 담는다. 약한 불에 올리고 크렘 앙글레즈를 만들듯이 저어주며 익힌다. 불에서 내린 뒤 온도가 40℃로 떨어지면 버터를 넣고 핸드블렌더로 갈아 매끄러운 질감을 만든다. 랩을 깔아 놓은 베이킹 팬에 프랄리네 크레뫼를 펼쳐 놓은 다음 다시 랩을 표면에 밀착시켜 덮어준다. 냉장고에 넣어 20~30분간 식힌다.

프랄리네 푀이앙틴 PRALINÉ FEUILLANTINE
밀크 초콜릿을 중탕으로 녹인 뒤 프랄리네 페이스트에 붓고 잘 섞는다. 여기에 바삭한 푀이앙틴을 넣고 살살 섞는다.

슈 반죽 PÂTE À CHOUX
오븐을 180℃로 예열한다. 레시피 분량대로 슈 반죽을 만든다(p.162 테크닉 참조). 베이킹 팬 위에 지름 1~2cm 크기의 작은 슈를 60개 짜 놓는다. 슈 위에 굵은 입자 황설탕을 조금씩 뿌린 후 오븐에 넣어 30~40분간 굽는다.

프랄리네 무슬린 크림 CRÈME MOUSSELINE PRALINÉ
상온의 버터에 프랄리네와 헤이즐넛 페이스트를 넣고 잘 혼합해 크리미한 포마드 상태로 만든다. 이것을 상온(18℃)의 크렘 파티시에와 섞은 뒤 거품기로 저어 매끈하게 혼합한다.

레몬 머랭 MERINGUE AU CITRON
레시피 분량대로 달걀흰자에 레몬 제스트를 갈아 넣고 프렌치 머랭을 만든다(p.234 테크닉 참조). 오븐을 100℃로 예열한다. 머랭을 짤주머니에 넣고 실리콘 패드 위에 약 30개 정도의 작은 물방울 모양을 짜 놓는다. 오븐에 넣어 약 2시간 굽는다.

완성하기 MONTAGE
슈 반죽 스펀지 위에 프랄리네 푀이앙틴을 아주 얇게 한 켜 펴 바른다. 레몬을 속껍질까지 벗기고 과육 세그먼트만 도려낸 다음 작은 큐브 모양으로 썰어 푀이앙틴 위에 고루 얹는다. 그 위에 프랄리네 무슬린 크림을 펴 바른 다음 스펀지를 지름 6cm로 돌돌 말아준다. 냉장고에 30분간 넣어둔다. 미니 슈에 프랄리네 크레뫼를 채워 넣은 뒤 크레뫼를 조금 묻혀 롤케이크 위에 얹어 붙인다. 롤케이크를 3cm 두께로 자른다. 미니 머랭과 식용 금박으로 장식한다.

피스타슈 PISTACHOUX

필립 콩티치니 Philippe Conticini

1991 베스트 파티시에

피스타슈 6개 분량

작업 시간
2시간

조리
1시간 15분

보관
냉장고에서 24시간까지

도구
거품기
핸드블렌더
반구형 실리콘 틀(슈
사이즈보다 작아야 한다)
감자 필러
거름체
전동 스탠드 믹서
파티스리용 밀대
체
짤주머니 + 지름 15mm
원형 깍지

재료
레몬 크림 인서트
무염 버터 300g
설탕 480g
달걀 600g
갓 짠 레몬즙 320g
라임 제스트 16g
젤라틴 매스* 36g

레몬 콩피
레몬 제스트 100g
레몬즙 250g
설탕 150g
레몬 버베나 잎 12g

코코아 소보로
밀가루(T55) 195g
무가당 코코아 가루 30g
구운 아몬드 가루 223g
비정제 황설탕 223g
소금(플뢰르 드 셀) 4g
버터(깍둑 썬다) 223g

크라클랭
포마드 상태의 버터 80g
비정제 황설탕 100g
밀가루 100g

슈 반죽
저지방 우유(lait demi-écrémé) 187g
물 187g
버터 165g
소금(플뢰르 드 셀) 3g
설탕 22g
밀가루(T55) 214g
달걀 375g

피스타치오 크렘 파티시에
저지방 우유(lait demi-écrémé) 336g
액상 생크림 60g
설탕 74g
달걀노른자 80g
옥수수 전분 36g
버터(깍둑 썬다) 186g
젤라틴 매스 50g
피스타치오 페이스트 214g

슈거파우더

* masse de gélatine : 가루 젤라틴을 5~6배의 물
과 섞어 불린 것. 예를 들어 젤라틴 매스 70g은 젤
라틴 가루 10g에 물 60g을 합한 총량이다.

--------- 레몬 크림 인서트 INSERT DE CRÈME CITRON

소스팬에 버터와 설탕을 넣고 데우며 잘 섞는다. 균일하게 혼합되면 달걀, 레몬즙, 그레이터에 곱게 간 라임 제스트를 넣어준다. 불에 올리고 거품기로 계속 저어주며 혼합물이 약하게 끓기 시작할 때까지 익힌다. 바로 불에서 내린 뒤 물에 불린 젤라틴을 넣고 핸드블렌더로 갈아준다. 슈의 크기보다 작은 반구형 실리콘 틀에 채워넣고 냉장고에 넣어 굳힌다.

--------- 레몬 콩피 CONFIT DE CITRON

레몬을 씻은 뒤 필러로 껍질을 얇게 저며낸다. 이때 쓴맛이 날 수 있는 껍질 안쪽 흰색 부분이 최대한 포함되지 않도록 주의한다. 작은 소스팬에 물을 반쯤 채우고 레몬 껍질을 넣은 다음 끓여 데친다. 즉시 체에 걸러 물을 버리고 이 과정을 두 번 더 반복해 레몬 껍질을 총 3번 끓여 데친다. 이렇게 함으로써 쓴맛을 제거하고 레몬의 향만 살릴 수 있다. 데친 레몬을 건져 소스팬에 넣고 레몬즙, 설탕을 넣은 다음 중불에서 40~50분간 졸인다. 레몬 버베나 잎을 넣고 뜨거울 때 분쇄기로 갈아준다. 이 레몬 콩피는 새콤한 맛이 강하고 레몬의 향이 농축된 것이므로 소량씩 사용한다. 레몬 크림 인서트 중앙에 아주 조금만 놓는다.

--------- 코코아 소보로 STREUSEL CACAO

오븐을 150℃로 예열한다. 마른 재료를 전부 섞은 다음 깍둑 썬 차가운 버터를 넣고 손으로 비벼가며 모래 질감이 나도록 부슬부슬하게 만든다. 유산지를 깐 베이킹 팬에 얇게 펼쳐 놓고 오븐에 넣어 20분간 굽는다.

--------- 크라클랭 CROUSTILLANTS

황설탕과 밀가루에 포마드 상태의 버터를 넣고 최대한 공기가 주입되지 않도록 휘젓지 않고 혼합한다. 혼합물을 두 장의 유산지 사이에 넣고 2mm 두께로 얇게 민다. 냉동실에 넣어 굳힌다. 슈의 크기에 맞춰 원형 커터로 잘라낸다. 사용하기 전까지 냉동실에 넣어둔다.

--------- 슈 반죽 PÂTE À CHOUX

오븐의 온도를 210℃로 올린다. 소스팬에 우유, 물, 버터, 소금, 설탕을 넣고 가열한다. 끓으면 불에서 내리고 체에 쳐둔 밀가루를 한 번에 넣고 주걱으로 섞는다. 불에 다시 올리고 주걱으로 1분 정도 세게 저어주며 수분을 날린다. 파나드 반죽이 완성되면 전동 스탠드 믹서 볼에 덜고 거품기를 중간 속도로 돌리며 식힌다. 김이 더 이상 나지 않을 정도로 식으면 달걀을 한 개씩 넣어주며 플랫비터를 돌려 중간중간 잘 혼합한다. 지름 15mm 원형 깍지를 끼운 짤주머니에 반죽을 채워 넣고, 4개의 동그란 슈가 길게 연결된 형태로 6줄을 짜 놓는다. 그 위에 동그랗게 잘라둔 크라클랭을 하나씩 얹는다. 오븐에 넣고 20~25분간 구워낸다.

--------- 피스타치오 크렘 파티시에 CRÈME PÂTISSIÈRE À LA PISTACHE

소스팬에 우유와 생크림을 넣고 끓을 때까지 가열한다. 볼에 설탕과 달걀노른자를 넣고 색이 연해질 때까지 거품기로 저어 혼합한 다음 체에 친 전분을 넣어 섞는다. 뜨거운 우유를 설탕 혼합물에 붓고 계속 저으며 익혀 크렘 파티시에를 만든다(p.196 테크닉 참조). 버터, 물에 불린 젤라틴, 피스타치오 페이스트를 넣고 잘 섞는다.

--------- 완성하기 MONTAGE

슈의 윗부분 1/3 되는 지점을 가로로 자른다. 슈의 맨 밑에 소보로를 작은 스푼으로 떠 넣고 피스타치오 크렘 파티시에를 한 켜 짜 넣는다. 반구형 틀에 굳힌 레몬 크림 인서트를 슈 중앙에 하나씩 놓고 나머지 피스타치오 크림을 짜 덮어준다. 그 위에 소보로를 조금 뿌린다. 슈의 뚜껑을 조심스럽게 얹어 덮어준 다음 슈거파우더를 뿌려 완성한다.

크림
CRÈMES

193 개요

---

196 크림 Crèmes

크림 LES CRÈMES

보관

샹티이 크림과 같이 휘핑한 크림은 다른 것보다 보존성이 떨어진다. 거품기로 저어 휘핑할 때 공기가 주입됨과 동시에 세균도 침입할 수 있으므로 비교적 쉽게 상한다. 열에 취약하므로 냉장고(4℃)에 보관할 것을 권장한다.

중요한 요소인 공기

휘핑하거나 혼합할 때 공기가 얼마나 주입되느냐 하는 것은 크림 결과물의 질감을 결정하는 데 큰 영향을 미친다. 샹티이 크림의 경우는 보통 거품기로 휘핑하는 동안 공기가 많이 주입되어야 가볍게 부피가 늘어나지만, 아몬드 크림 같은 종류는 혼합 시 공기 주입을 최소화해야 베이킹할 때 부풀지 않는다. 접듯이 돌려 살살 혼합하는 것과 거품기로 저어 휘핑하는 것은 큰 차이가 있다.

잘 익히기

모든 재료가 다 혼합되면 크림을 2~3분간 끓인다. 이는 크림을 멸균하는 효과가 있을 뿐 아니라 혼합물 속의 밀가루나 전분을 제대로 익게 해준다.

전분

옥수수 전분은 커스터드 분말이나 감자 녹말로 대체할 수 있다.

빠르게 식히기

랩을 깐 베이킹 팬에 크림을 펴놓고 다시 랩을 밀착시켜 덮은 상태로 두면 빠른 시간 내에 식힐 수 있다. 이 방법은 세균 번식을 차단해 보존성을 높일 수 있을 뿐 아니라 표면이 굳는 것을 막아 크림의 텍스처를 일정하게 유지할 수 있다는 장점이 있다.

냉동 보관

크림 종류는 그 지방 함량이 어느 수준 이상이라면 냉동 보관이 가능하다. 냉동 시에는 완전히 밀봉하여 잘 보관해야 한다. 그러나 그때그때 필요한 만큼 만들어 쓰는 것이 가장 바람직하다.

다양한 버터크림

버터크림을 만드는 방법은 다양하다. 118℃까지 끓인 설탕 시럽을 사용하는 방법도 있고, 이탈리안 머랭으로 만드는 경우도 있다. 한편, 미국에서의 버터크림 기본 레시피는 오로지 버터와 설탕, 약간의 우유만으로 만드는 것이다. 그러므로 레시피에 버터크림이라고 표시되어 있는 경우 어떤 유형의 것인지 반드시 확인하는 것이 중요하다.

술을 넣어 향내기

크림에 리큐어 등의 술을 넣어 향을 낼 경우, 크림의 온도가 70℃ 이하로 떨어진 이후 넣어준다. 차가운 크림의 경우에는 술을 상온으로 만든 다음 넣는다. 뜨거운 크림에 술을 넣으면 알코올은 증발하고 그 향은 그대로 남는다.

기본 크림

크렘 파티시에(p.196 테크닉 참조) CRÈME PÂTISSIÈRE	
사용	슈 페이스트리 필링(에클레어, 슈크림, 를리지외즈), 밀푀유, 프랑지판, 다양한 프티갸토, 팽 오 레쟁, 플랑 및 기타 다양한 크림의 베이스
보관	냉장고에서 24시간까지

프렌치 버터크림(p.202 테크닉 참조) CRÈME AU BEURRE	
사용	앙트르메(오페라, 모카 케이크), 프티푸르, 크리스마스 뷔슈 케이크, 파티스리의 데코용 (를리지외즈 마무리 장식 등)
보관	냉장고에서 5일까지

크렘 앙글레즈(p.204 테크닉 참조) CRÈME ANGLAISE	
사용	바바루아즈 크림, 앙트르메 곁들임 소스, 초콜릿 무스, 아이스크림 베이스...
보관	냉장고에서 24시간까지

샹티이 크림(p.201 테크닉 참조) CRÈME CHANTILLY	
사용	슈 필링, 밀푀유, 데커레이션, 아이스크림 곁들임, 프티갸토, 기타 혼합 크림...
보관	냉장고에서 24시간까지

아몬드 크림(p.208 테크닉 참조) CRÈME D'AMANDE	
사용	타르트, 부르달루 서양배 타르트, 피티비에, 갈레트 데 루아, 아몬드 크루아상...
보관	냉장고에서 48시간까지

혼합 크림

무슬린 버터크림(p.198 참조) CRÈME MOUSSELINE	
만드는 법	크렘 파티시에 + 버터
사용	프레지에, 프랑부아지에, 크로캉부슈...
보관	냉장고에서 48시간까지

디플로마트 크림(p.200 참조) CRÈME DIPLOMATE	
만드는 법	크렘 파티시에 + 휘핑한 크림 + 젤라틴
사용	앙트르메, 프티갸토, 타르트, 타르틀레트...
보관	냉장고에서 24시간까지

크렘 프린세스, 크렘 마담 CRÈME PRINCESSE, CRÈME MADAME	
만드는 법	크렘 파티시에 + 휘핑한 크림
사용	앙트르메, 프티갸토, 타르트, 타르틀레트...
보관	냉장고에서 24시간까지

시부스트 크림, 생토노레 크림(p.206 참조) CRÈME CHIBOUST, CRÈME À SAINT-HONORÉ	
만드는 법	크렘 파티시에 + 이탈리안 머랭
사용	생토노레, 슈크림, 밀푀유, 바바, 타르트, 다양한 프티갸토
보관	냉장고에서 24시간까지

프랑지판 FRANGIPANE	
만드는 법	크렘 파티시에 (1/3) + 아몬드 크림 (2/3)
사용	타르트, 부르달루 서양배 타르트, 피티비에, 갈레트 데 루아, 아몬드 크루아상...
보관	냉장고에서 48시간까지

크렘 파티시에 Crème pâtissière

800g 분량

작업 시간
15분

조리
끓는 상태로 2~3분

보관
냉장고에서 24시간까지

도구
거품기
체

사용
슈 페이스트리의 필링용, 밀푀유,
프랑지판, 다양한 프티갸토,
팽 오 레쟁

재료
전유(lait entier) 500g
설탕 100g
바닐라 빈 1줄기
달걀 100g
옥수수 전분 25g
밀가루 25g
버터 50g

향료
커피
커피 엑스트랙트 15~20g 또는
인스턴트 커피 15~20g 을 우유에
넣는다. 또는 원두커피 가루 70g을
따뜻한 우유에 넣어 향을 우린 뒤
체에 걸러 사용한다.

다양한 리큐어
차가운 크림 무게 기준 2~3%을 넣어
섞는다.

초콜릿
100% 퓨어 카카오 페이스트
40~50g을 뜨거운 크림에 넣는다.

1 • 소스팬에 우유, 설탕 분량의 반, 줄기를 길게 갈라 긁은 바닐라 빈을 넣고 끓
을 때까지 중불로 가열한다.

4 • 우유가 끓으면 바로 볼의 혼합물에 일부를 붓고 섞어 온도를 높인다.

5 • 혼합물을 소스팬으로 모두 옮겨 담고 다시 불에 올린다. 거품기로 세게 저어
섞으며 중불로 익힌다. 끓는 상태에서 2~3분간 잘 저으며 익힌다.

셰프의 팁

• 100% 퓨어 초콜릿 페이스트 대신 기호에 따라 선택한 초콜릿을 사용해도 좋다.
이 경우 설탕의 분량을 줄여 전체 당도를 맞춘다.

• 초콜릿 크렘 파티시에를 만들 경우에는 레시피의 밀가루 양을 10~20% 줄여야 크림 농도가 너무 되직해지지 않는다.

2• 볼에 나머지 설탕과 달걀을 넣고 색이 연해지고 농도가 걸쭉해지도록 거품
기로 저어 혼합한다.

3• 체에 친 전분과 밀가루를 넣고 거품기로 섞는다.

6• 불에서 내린 뒤 작게 잘라둔 상온의 버터를 마지막에 넣고 매끈하게 혼합
한다.

7• 크렘 파티시에를 빨리 식히려면 베이킹 팬에 랩을 깔고 그 위에 크림을 넓적
하게 펴놓은 다음 다시 한 번 랩으로 밀착시켜 덮어준다.

크렘 무슬린 Crème mousseline

900g 분량

작업 시간
30분

조리
2~3분

보관
냉장고에서 48시간까지

도구
거품기
체
전동 스탠드 믹서

재료
전유(lait entier) 500g
설탕 110g
바닐라 빈 1/2줄기
달걀노른자 80g
옥수수 진분 30g
밀가루 25g
버터(깍둑 썬다. 상온) 100g
포마드 상태의 버터 100g

사용
슈 페이스트리의 필링용, 밀푀유,
다양한 프티갸토, 앙트르메
(예: 프레지에)

1• 소스팬에 우유, 설탕 분량의 반, 줄기를 길게 갈라 긁은 바닐라 빈을 넣고 약
불로 끓을 때까지 가열한다.

4• 혼합물을 소스팬으로 모두 옮겨 담고 다시 약불에 올린다. 거품기로 세게 저
어 섞으며 가열한다. 끓기 시작하면 2~3분간 잘 저으며 익힌다.

5• 불에서 내린 뒤 작게 잘라둔 상온의 버터를 넣고 매끈하게 혼합한다. 크렘
파티시에를 빨리 식히려면 베이킹 팬에 랩을 깔고 그 위에 크림을 넓적하게
퍼놓은 다음 다시 한 번 랩으로 밀착시켜 덮어준다. 18~20℃까지 식힌다.

2• 볼에 나머지 설탕과 달걀을 넣고 색이 연해지고 농도가 걸쭉해지도록 거품기로 저어 혼합한다. 체에 친 전분과 밀가루를 넣고 섞는다.

3• 우유가 끓으면 바로 볼의 혼합물에 일부를 붓고 섞어 온도를 높인다.

6• 상온으로 식은 크림을 전동 스탠드 믹서 볼에 넣은 뒤 거품기를 돌려 풀어 준다. 포마드 상태의 버터를 넣고 고속으로 돌리며 완전히 혼합하여 부피를 늘린다.

셰프의 팁

• 포마드 상태의 버터를 넣을 때 크림이 차가우면 안 된다. 버터가 굳을 수 있고 크림이 분리될 우려가 있기 때문이다.

• 미리 살짝 데워둔 따뜻한 리큐어(크림 무게의 2~3%)를 차가운 크림에 넣어 향을 내거나, 기호에 따라 다양한 향료를 첨가할 수 있다.

• 이 크림은 냉동 상태로 한 달간 보관할 수 있다.

크렘 디플로마트 Crème diplomate

500g 분량

작업 시간
20분

조리
2~3분

보관
냉장고에서 48시간까지

도구
거품기

재료
전유(lait entier) 250g
설탕 50g
달걀 50g
커스터드 분말 15g
밀가루 10g
버터(상온) 25g
바닐라 빈 1줄기
차가운 액상 생크림(유지방 35%)
250g
판 젤라틴 3g(선택 사항)

사용
앙트르메, 프티갸토, 타르트,
타르틀레트

셰프의 팁

우유 250g당 3g의 젤라틴을 넣어주면 크림의 질감에 좀 더 힘이 생겨 형태를 잘 유지할 수 있다. 젤라틴을 찬물에 10분 정도 담가 말랑하게 불린 다음, 물을 꼭 짜서 뜨거운 크렘 파티시에에 넣고 잘 녹여 섞는다.

1 • 레시피 분량대로 바닐라를 넣은 크렘 파티시에를 만든다(p.196 테크닉 참조). 젤라틴을 사용할 경우에는 이때 넣어준다. 차갑게 식힌 크렘 파티시에를 주걱으로 저어 매끈하게 풀어준다.

2 • 차가운 생크림을 휘핑한 다음, 세 번에 나누어 크렘 파티시에에 넣고 거품기로 섞는다.

3 • 조심스럽게 혼합하여 균일한 크림을 만든다.

크렘 샹티이 Crème Chantilly

250g 분량

작업 시간
10분

보관
냉장고에서 24시간까지

도구
거품기
밑이 둥근 믹싱볼(냉장)

재료
액상 생크림(유지방 35%) 250g
슈거파우더 20g
바닐라 빈 1/2줄기
또는 바닐라 에센스 몇 방울

사용
슈 페이스트리 필링, 밀푀유,
데커레이션, 아이스크림 곁들임,
프티가토, 혼합 크림 등

셰프의 팁

제대로 된 샹티이 크림을 만들려면 휘핑하는
생크림의 유지방 함량이 매우 중요하다.
최소 35% 이상의 유지방 성분을 함유하고 있어야 한다.

1 • 밑이 둥근 차가운 믹싱볼에 전날 미리 냉장고에 넣어둔 차가운 생크림과 슈 거파우더, 반으로 길게 갈라 긁은 바닐라 빈을 넣는다.

2 • 거품기로 쳐서 크림이 형태를 갖출 때까지 휘핑한다.

3 • 너무 단단하게 휘핑하지 않는다. 너무 오래 휘핑하면 크림의 지방 성분이 응 결하면서 알갱이가 생길 수 있고 부드러운 질감을 잃을 수 있기 때문이다.

크렘 오 뵈르 (프렌치 버터크림) Crème au beurre

700g 분량

작업 시간
30분

조리
5~6분

보관
냉장고에서 5일까지

도구
전동 스탠드 믹서
주방용 온도계

재료
설탕 250g
차가운 물 90g
달걀(상온) 100g
상온의 버터 350g

향료
기호에 따라 커피, 초콜릿, 피스타치오
페이스트 등 다양한 향을 크림에
추가할 수 있다. 뿐만 아니라 그랑
마르니에, 키르슈 등의 리큐어,
바이올렛, 로즈 에센스 등을 넣기도
한다.

사용
다양한 앙트르메, 프티갸토,
를리지외즈 마무리 장식, 크리스마스
뷔슈 케이크 등

1 • 소스팬에 물과 설탕을 넣고 중불로 가열해 완전히 녹인 뒤 118℃가 될 때까지 끓여 시럽을 만든다.

셰프의 팁

• 뜨거운 설탕 시럽을 달걀에 넣으며 섞을 때는 주의해야 한다.
시럽이 온도에 달하면 즉시 불에서 내린 뒤
믹싱볼 가장자리로 아주 가늘게 흘려 넣으며 혼합한다.
거품기에는 직접 닿지 않도록 한다.

• 이 크림은 달걀노른자만으로 만들거나
또는 달걀노른자와 전란을 섞어서, 달걀흰자만으로,
크렘 앙글레즈와 이탈리안 머랭으로도 만들 수 있다.

2 • 전동 스탠드 믹서 볼에 달걀을 넣고 와이어 휩을 돌려 거품을 낸 뒤, 뜨거운 시럽을 가늘게 조금씩 부어주며 중간 속도로 계속 돌려준다.

3 • 와이어 휩을 중간 속도로 계속 돌려 섞으며 혼합물의 온도를 20~25℃까지 식힌다.

4 • 상온의 버터를 조금씩 넣어가며 크리미한 혼합물이 될 때까지 잘 섞는다. 향을 추가한다면 이때 넣어준다.

5 • 향이 고루 섞이도록 주걱으로 잘 섞어준다.

크렘 앙글레즈 Crème anglaise

700g 분량

작업 시간
20분

조리
5분

보관
냉장고에서 48시간까지

도구
거품기
주방용 온도계
원뿔체

사용
크렘 바바루아즈, 초콜릿 무스, 크렘 오 뵈르, 디저트에 곁들이는 소스

재료
전유(lait entier) 500g
설탕 100g
바닐라 빈 1줄기
달걀노른자 120g

향료
커피
커피 엑스트랙트 15~20g 또는 인스턴트 커피 10~15g을 우유에 넣는다.

또는 원두커피 가루 50g을 따뜻한 우유에 넣어 향을 우린 뒤 체에 걸러 사용한다.

다양한 리큐어
차가운 크림 무게 기준 1~2%을 넣어 섞는다.

초콜릿
100% 퓨어 카카오 페이스트 70g을 뜨거운 크림에 마지막으로 넣어 섞는다.

1 · 소스팬에 우유, 설탕 분량의 반, 줄기를 길게 갈라 긁은 바닐라 빈을 넣고 끓을 때까지 중불로 가열한다.

4 · 혼합물을 소스팬으로 모두 옮겨 담고 주걱으로 잘 저으며 다시 불에 올린다. 계속 잘 저으며 크림의 온도가 83~85℃가 될 때까지 가열해 익힌다.

5 · 주걱을 들어올려 손가락으로 가운데에 자국을 내었을 때 양옆이 흘러내리지 않고 그 흔적이 그대로 보일 정도의 농도가 되어야 한다(cuisson à la nappe).

2 • 볼에 달걀노른자와 나머지 설탕을 넣고 색이 연해지고 농도가 걸쭉해지도록 거품기로 저어 혼합한다.

3 • 우유가 끓으면 바로 볼의 혼합물에 일부를 붓고 거품기로 풀어 잘 섞어준다.

6 • 완성된 크림을 고운 체에 걸러준다.

7 • 얼음과 찬물을 채운 큰 볼 위에 놓고 표면이 굳지 않도록 중간중간 저어가며 식힌 후 사용한다.

크렘 시부스트 Crème Chiboust

800g 분량

작업 시간
20분

조리
2~3분

보관
냉장고에서 24시간까지

도구
거품기
전동 스탠드 믹서
설탕용 온도계

재료
우유 250g
설탕 50g
바닐라 빈 1줄기
달걀노른자 120g
커스터드 분말 25g
판 젤라틴 8g
차가운 물 50g

설탕량을 줄인 이탈리안 머랭
설탕 300g
물 90g
달걀흰자 400g

사용
타르트 필링용, 다양한 프티갸토

1• 소스팬에 젤라틴과 물을 제외한 나머지 재료 분량대로 크렘 파티시에를 만든
다(p.196 테크닉 참조). 그동안 젤라틴을 찬물에 담가 약 10분간 말랑하게 불린
다. 크렘 파티시에를 불에서 내린 뒤 젤라틴을 꼭 짜서 넣고 잘 녹이며 섞는다.

셰프의 팁

시부트트 크림에 커피, 초콜릿, 피스타치오 등을 넣어 향을 더할 수 있다.
또한 우유 대신 과일 퓌레를 사용해도 된다.

2 • 소스팬에 설탕과 물을 넣고 가열해 녹인 후 119~121℃까지 끓여 시럽을 만든다.

3 • 전동 스탠드 믹서 볼에 달걀흰자를 넣고 와이어 휩으로 돌려, 들어올렸을 때 형태를 그대로 유지할 정도로 단단하게 거품을 올린다. 뜨거운 시럽을 믹싱 볼의 가장자리로 가늘게 조금씩 넣어주며 계속 돌려 이탈리안 머랭을 만든다(p.232 과정 3. 테크닉 참조). 혼합물이 식을 때까지 휩을 돌리며 섞어준다.

4 • 머랭을 따뜻한(35~40℃) 크렘 파티시에 넣고 주걱으로 접어 돌리듯이 조심스럽게 섞는다.

5 • 균일한 크림이 되도록 잘 혼합한 뒤 즉시 사용한다.

크렘 다망드 (아몬드 크림) Crème d'amande

크림 200g 분량

작업 시간
20분

보관
냉장고에서 48시간까지

재료
버터(상온) 50g
설탕 50g
달걀(상온) 45~50g
아몬드 가루 50g
커스터드 분말 5g
럼(상온) 3g
바닐라 빈 1줄기

사용
타르트 시트 필링, 타르틀레트,
푀유타주 필링, 비에누아즈리,
아몬드 크루아상, 프랑지판

1 • 볼에 상온의 버터를 넣고 주걱으로 부드럽게 풀어준다.

4 • 아몬드 가루를 넣고 다시 잘 섞어 부드럽고 균일한 크림 상태를 만든다. 너무
세게 휘젓지 않도록 주의한다. 공기가 너무 많이 주입되면 오븐에 굽는 동안
크림이 부풀어 오를 우려가 있다.

2• 설탕을 넣어가며 주걱으로 섞어 크리미한 상태를 만든다.

3• 상온의 달걀을 조금씩 넣어주며 그때마다 주걱으로 잘 저어 완전히 혼합한다.

5• 커스터드 분말을 넣고 섞은 뒤 길게 갈라 긁은 바닐라 빈을 넣는다. 이어서 상온의 럼을 넣어 향을 더한다. 균일하게 섞은 뒤 크림을 넓적한 용기에 덜어 랩을 씌운 뒤 냉장고에 보관한다.

셰프의 팁

• 아몬드 크림은 이것을 채우거나 사용한 디저트를 구울 때 함께 익는 과정을 거친다(갈레트, 아몬드 크루아상, 타르트 시트 필링 등).

• 혼합할 때 너무 공기가 많이 주입되지 않도록 주의한다. 굽는 과정에서 아몬드 크림이 부풀 수 있기 때문이다.

비스퀴, 스펀지
BISCUITS

213 개요

214 비스퀴, 스펀지 Biscuits

비스퀴, 스펀지 LES BISCUITS

'비스퀴(biscuit)'의 어원은 '두 번 익혔다'는 뜻이다. 과거에는 오븐의 성능이 오늘날에 비해 많이 떨어져 이 스펀지 시트를 틀에서 분리한 후 한 번 더 구워내 더 단단한 질감을 만들어내곤 했다. 스펀지케이크라고도 불리는 비스퀴는 주로 각종 케이크나 디저트의 기본 시트 역할을 한다.

제누아즈를 제외하고 모든 비스퀴는,
- 재료를 준비하는 과정에서 가열을 필요로 하지 않는다.
- 달걀흰자가 많이 들어가 가볍고 폭신한 질감을 갖고 있다.

비스퀴를 성공적으로 만들려면

반드시 다음의 기본 수칙을 지킨다.
- 모든 재료는 상온으로 준비한다. 달걀의 경우 사용하기 2시간 전에 냉장고에서 미리 꺼내둔다.
- 달걀흰자는 충분히 거품을 올리되 너무 오래 휘핑하지 않는다. 거품기를 들어 올렸을 때 새의 부리 모양으로 꺾이는 정도, 혹은 셰이빙 무스 정도면 적당하다. 그래야 다른 재료와 쉽게 혼합되고, 구웠을 때도 잘 부풀 뿐 아니라 가볍고 부드럽고 촉촉한 스펀지의 질감을 갖게 된다.

비스퀴 퀴예르

스푼 또는 짤주머니?
- '비스퀴 퀴예르(biscuit cuillère, 스푼 비스퀴)'라는 이름은 반죽을 숟가락으로 떠서 모양을 만들었다는 역사적 배경을 갖고 있다. 짤주머니를 사용하기 시작한 것은 1820년에 이르러서이다.

색은 연하지만 잘 구워진 비스퀴
레이디핑거 비스퀴라고도 불리는 비스퀴 퀴예르는 슈거파우더를 표면에 뿌려 굽기 때문에 잘 구워졌는지 겉면만 보고 육안으로 확인하기가 쉽지 않다. 가장 좋은 방법은 유산지를 조심스럽게 살짝 들어 아랫면을 살펴보는 것인데, 구운 색이 제대로 나면 완성된 것이다. 너무 오래 구우면 부서지기 쉬우니 주의한다.

다쿠아즈

다쿠아즈, 비스퀴 다쿠아즈
다쿠아(Dacquois)는 프랑스 남서부 닥스(Dax) 지방 사람들을 뜻하며, 그 이름을 따서 케이크 이름을 지은 것이다. 다쿠아즈는 케이크의 받침이 되는 시트의 한 종류이기도 하지만, 케이크 자체의 이름이기도 하다. 이 케이크는 포(Pau)의 사람들이라는 뜻의 팔루아(palois)라고도 불리는데, 원반형의 다쿠아즈 비스퀴 위에 프렌치 버터크림을 짜 얹은 후 다시 한 장의 비스퀴를 얹고 슈거파우더를 뿌려 마무리한 것이다.

더욱 맛있는 다쿠아즈를 만드는 법
아몬드나 헤이즐넛 등의 견과류 가루를 로스팅한 다음 반죽에 섞으면 더 깊은 풍미를 더할 수 있다.

제누아즈

제누아즈를 굽는 방법
제누아즈 스펀지 반죽은 유산지를 깐 베이킹 팬 위에 얇게 펴놓고 굽거나 혹은 둘레가 높은 원형 케이크 팬(moule à manqué)에 구운 뒤 식혀 가로로 잘라서 사용한다. 특히 이 두 번째 방법은 제누아즈 반죽이 베이킹 팬에 펼쳐 놓기에 그 농도가 너무 묽은 경우에 효과적이다.

완전히 식히기
유산지를 깐 베이킹 팬에 제누아즈를 구운 경우, 오븐에서 꺼낸 즉시 조심스럽게 망 위로 밀어 옮긴 후 식혀야 한다. 스펀지를 다루기가 더 쉬울 뿐 아니라 밑면에 형성된 황금색 크러스트 부분을 손상하지 않고 유산지를 떼어 내기도 훨씬 수월하다.

유산지 고정시켜 붙이기

베이킹 팬에 깔아준 유산지가 오븐에서 굽는 동안 날아가거나 너풀거리는 것을 방지하려면 종이 아랫면 네 귀퉁이에 반죽을 조금씩 붙여 베이킹 팬에 고정시킨다. 반죽을 풀처럼 사용하면 식품 위생상으로도 안전할 뿐 아니라 오븐의 열에도 잘 견딘다.

비스퀴 종류	사용	보관	특징
레이디핑거 비스퀴	샤를로트, 티라미수, 프레지에	랩을 씌운 상태로 밀폐 용기(틴)에 넣어 이틀까지.	입안에서 녹는 식감. 시럽 등의 액체를 잘 흡수한다.
조콩드 스펀지	오페라, 앙트르메, 뷔슈 케이크	랩을 씌워 냉장고에서 이틀까지. 냉동 시 2주까지 가능.	다양한 장식 패턴을 입힐 수 있다.
다쿠아즈	앙트르메, 뷔슈 케이크	랩을 씌워 냉장고에서 2~3일까지. 냉동 시 2주까지 가능.	글루텐프리. 약간 바삭한 식감. 다양한 견과류 사용 가능(호두, 피스타치오 등)
제누아즈	롤케이크, 프레지에, 모카 케이크	랩을 씌워 냉장고에서 이틀까지. 냉동 시 2주까지 가능.	만들기 쉽다. 시럽으로 적시기 좋다.
밀가루를 넣지 않은 초콜릿 비스퀴	롤케이크, 뷔슈 케이크, 앙트르메	랩을 씌워 냉장고에서 이틀까지. 냉동 시 2주까지 가능.	글루텐프리

자허토르테 스펀지 Biscuit sacher

4인분

작업 시간
20분

조리
18분

보관
랩으로 밀봉한 뒤 냉장고에서
48시간까지
또는 냉동실에서 2주까지

도구
전동 스탠드 믹서
체
거품기
주방용 온도계
지름 18cm, 높이 4cm 원형 케이크
링(버터를 바르고 밀가루를 묻혀둔다)

재료
아몬드 페이스트 140g
달걀노른자 70g
달걀 50g
밀가루 30g
무가당 코코아가루 15g
다크 커버처 초콜릿 35g
버터 35g
달걀흰자 80g
설탕 45g

1• 오븐을 180℃로 예열한다. 볼에 아몬드 페이스트를 부수어 넣고 달걀노른자
를 넣는다. 주걱으로 골고루 으깨 풀어주며 균일한 질감으로 혼합한다.

셰프의 팁

아몬드 페이스트를 전자레인지에 약 20초간
돌려 데우면 손쉽게 부수어 으깰 수 있다.

2 • 달걀을 넣고 잘 섞는다. 혼합물을 들어 올렸을 때 띠 모양으로 흘러내리는 농도가 될 때까지 거품기로 잘 저어 섞는다.

3 • 밀가루와 코코아 가루를 함께 체에 친다. 커버처 초콜릿과 버터를 볼에 넣고 중탕으로 녹인다. 온도가 50~55℃가 되면 불에서 내린다.

4 • 달걀흰자에 설탕을 조금씩 넣어가며 거품을 올린다. 거품기를 들어 올렸을 때 새의 부리 끝 모양으로 휠 정도면 적당하다. 거품 낸 달걀흰자를 조금 덜어내 녹인 초콜릿과 섞는다.

5 • 초콜릿과 섞은 혼합물을 거품 올린 달걀흰자 볼에 넣고 접어 돌리듯이 살살 섞는다.

자허토르테 스펀지 (계속)

6 • 아몬드 페이스트 혼합물을 넣고 섞은 다음, 체에 쳐둔 가루 재료를 넣고 주걱으로 균일하게 혼합한다.

7 • 안쪽에 버터를 바르고 밀가루를 묻혀 둔 케이크 링을 유산지를 깐 베이킹 팬 위에 놓는다. 반죽 혼합물을 틀에 붓고 180℃로 예열한 오븐에 넣어 18분간 굽는다.

8 • 틀에서 쉽게 분리하려면 작은 칼날을 테두리에 넣고 한 바퀴 돌려준다.

조콩드 스펀지 Biscuit Joconde

350g 분량

작업 시간
30분

조리
8~10분

보관
랩으로 밀봉한 뒤 냉장고에서
48시간까지
또는 냉동실에서 2주까지

도구
전동 스탠드 믹서
L자 스패출러
실리콘 패드

재료
아몬드 가루 75g
슈거파우더 75g
달걀흰자 70g
설탕 10g
밀가루 20g
달걀 100g
녹인 버터 15g

1· 오븐을 230℃로 예열한다. 전동 스탠드 믹서 볼에 아몬드 가루와 슈거파우더를 동량으로 넣고 플랫비터를 돌려 혼합한다.

2· 밀가루를 넣어 섞는다. 미리 풀어놓은 달걀을 동량으로 세 번에 나누어 조금씩 넣어주며 중간 속도로 돌린다. 5분간 잘 섞어 균일하고 부드러우면서 가벼운 질감의 혼합물을 만든다.

조콩드 스펀지 (계속)

3 • 혼합물을 볼에 덜어낸다.

4 • 녹인 버터를 넣고 잘 섞는다.

7 • 베이킹 팬에 실리콘 패드를 깐 다음, L자 스패출러를 이용하여 조콩드 스펀지 반죽을 넓게 펴 놓는다.

8 • 손가락으로 실리콘 패드 가장자리를 훑어 깨끗하게 다듬는다. 예열한 오븐에 넣어 8~10분간 굽는다.

5 • 전동 스탠드 믹서 볼에 달걀흰자를 넣고 거품을 올린다. 설탕을 넣어가며 와이어 휩을 돌려 단단하게 거품을 올린다.

6 • 혼합물을 거품 올린 달걀흰자에 넣고 실리콘 주걱으로 조심스럽게 섞어 가볍고 균일한 질감을 만든다.

9 • 오븐에서 꺼낸 뒤 비스퀴를 뒤집어 놓고 식힘망을 이용하여 실리콘 패드를 조심스럽게 떼어 낸다.

셰프의 팁

• 조콩트 스펀지는 케이크를 둘러싸는 장식으로도 활용된다.
입체적인 무늬를 찍거나 전사지를 이용하여
색이 있는 프린트를 입히는 등 다양하게 꾸며 사용할 수 있다.

• 구워낸 베이킹 팬에서 재빨리 들어내야
조콩드 스펀지가 마르는 것을 방지할 수 있다.
뜨거운 베이킹 팬에 그대로 두면 그 열기로
계속 익을 수 있기 때문이다.

제누아즈 Génoise

4~6인분

작업 시간
40분

조리
20분

보관
랩으로 밀봉한 뒤 냉장고에서
48시간까지
또는 냉동실에서 2주까지

도구
주방용 붓
거품기
체
지름 18cm, 높이 4cm 원형 케이크
틀(버터를 바르고 밀가루를 묻혀둔다)
주방용 온도계

재료
정제 버터 20g
밀가루 90g
달걀 160g
설탕 95g
녹인 버터 식힌 것 20g

향료
커피 제누아즈
달걀을 푼 다음 인스턴트 커피 분말
12g을 넣어 섞는다.

초콜릿 제누아즈
레시피의 밀가루 분량 중 15~20g을
무가당 코코아 가루로 대체한다.

1 • 오븐을 180℃로 예열한다. 케이크 틀의 안쪽에 붓으로 선택 사항를 고루 바른다. 이때 바닥으로부터 벽의 위쪽으로 쓸어 올리듯이 붓질을 해준다. 식힌 다음 밀가루를 묻히고 여분은 털어낸다.

4 • 녹인 버터를 넣고 섞는다.

5 • 밀가루를 체에 쳐서 넣은 다음 실리콘 주걱으로 접어 돌리듯이 조심스럽게 섞는다.

셰프의 팁

• 베이킹 팬에 넓게 펴 구운 제누아즈는 필링을 넣고 말아 롤케이크를 만들거나, 케이크의 층층을 구성하는 시트로 사용된다. 또는 원하는 크기로 잘라 프티갸토를 만들기도 한다. 기호에 따라 시럽을 적셔 사용하면 더욱 촉촉하고 부드럽다.

• 원형 케이크 틀에 제누아즈를 구운 경우, 손으로 만졌을 때 탄력이 느껴지고 틀의 가장자리에서 잘 떨어지면 다 익은 것이다.

• 전동 핸드믹서를 사용해 반죽을 만들어도 좋다.

2• 볼에 달걀과 설탕을 넣고 중탕 냄비 위에 올린 다음 거품기로 저어가며 익힌다. 온도가 45℃를 넘지 않도록 볼을 불에서 내렸다 다시 올리는 식으로 조절한다.

3• 혼합물을 떠 올렸을 때 띠 모양으로 흘러내리는 농도가 될 때까지 거품기로 계속 저어가며 중탕으로 익힌다.

6• 제누아즈 혼합물을 준비해둔 틀에 붓고 예열한 오븐에 넣어 약 20분간 굽는다.

레이디핑거 비스퀴 Biscuit cuillère

20개 분량

작업 시간
30분

조리
6~8분

보관
밀폐 용기에 넣어 48시간까지

도구
거품기
짤주머니 + 지름 10mm 원형 깍지
작은 체

사용
샤를로트 등 레이어드 디저트 혹은 그
자체로 쿠키처럼 먹을 수 있다.

재료
달걀흰자 100g
설탕 100g
달걀노른자 73g
밀가루 45g
전분 45g
슈거파우더 쓰는 대로

향료
초콜릿 레이디핑거 비스퀴
레시피의 밀가루 분량 중 10g을
무가당 코코아 가루로 대체한다.

바닐라 레이디핑거 비스퀴
액상 바닐라 에센스 2.5g

커피 레이디핑거 비스퀴
인스턴트 커피 분말 10g

로즈 레이디핑거 비스퀴
천연 식용색소(빨강) 1g

1 • 오븐을 210℃로 예열한다. 볼에 달걀흰자를 넣고 설탕을 4~5번에 나누어 조
금씩 넣어가며 거품을 올려 윤기 나고 단단한 머랭을 만든다.

4 • 체에 친 밀가루와 전분을 넣고 혼합물이 꺼지지 않도록 조심하며 잘 섞는다.
향을 더한 비스퀴를 만들 경우, 코코아 가루는 밀가루와 함께 넣어준다. 바닐
라나 커피는 물을 조금 넣어 녹인 다음 넣고, 색소는 달걀흰자의 거품을 올
린 후 넣어 섞는다.

5 • 원형 깍지를 끼운 짤주머니에 반죽을 채워 넣는다. 유산지를 깐 베이킹 팬에
약 12cm 길이의 비스퀴를 짜 놓는다.

셰프의 팁

조금 더 단단한 질감의 비스퀴를 원하면 달걀흰자를 거품 내기 전에 달걀흰자 분말을 아주 소량 넣어준다.

2 • 달걀노른자에 거품 낸 흰자를 조금 넣고 실리콘 주걱으로 살살 섞어 균일한 혼합물을 만든다.

3 • 혼합물을 나머지 거품 낸 흰자에 붓고 접어 돌리듯이 살살 섞는다.

6 • 슈거파우더를 체로 쳐 아주 얇게 두 번 뿌려준 다음 바로 오븐에 넣어 6~8분 간 굽는다. 비스퀴가 마르지 않고 부드럽게 구워져야 한다.

호두 다쿠아즈 Dacquoises aux noix

12개 분량

작업 시간
30분

조리
20~25분

보관
밀폐 용기에 넣어 48시간까지
또는 냉동실에서 2주까지

도구
거품기
짤주머니 + 지름 10mm 원형 깍지
실리콘 패드

재료
달걀흰자 100g
설탕 8g
슈거파우더 80g
아몬드 가루 80g
곱게 다진 호두 40g

셰프의 팁

이 비스퀴 혼합물을 지름 18cm, 높이 1.5cm 크기의
타르트 링 2개에 채운 다음 180℃ 오븐에서
25~30분간 구워내도 좋다.

1• 오븐을 180℃로 예열한다. 볼에 달걀흰자와 설탕을 넣고 거품을 낸다.

4• 반죽을 짤주머니에 채워 넣는다.

5• 실리콘 패드를 깐 베이킹 팬 위에 짤주머니로 안에서부터 바깥쪽으로 나선을 그리며 12개의 다쿠아즈를 짜 놓는다. 또는 실리콘 틀에 채워 넣어도 된다.

2 • 다른 볼에 슈거파우더와 아몬드 가루를 동량으로 섞어 탕 푸르 탕(tant pour tant)을 만든다.

3 • 슈거파우더와 아몬드 가루 동량 혼합물과 곱게 다진 호두를 거품 올린 달걀흰자에 넣는다. 실리콘 주걱으로 살살 섞어 균일한 혼합물을 만든다.

6 • 오븐에 넣기 바로 직전에 슈거파우더를 골고루 뿌린다. 예열한 오븐에 넣고 20~25분간 굽는다.

밀가루를 넣지 않은 초콜릿 스펀지 Biscuit sans farine au chocolat

350g 분량

작업 시간
20분

조리
7~8분

보관
랩으로 밀봉한 뒤 냉장고에서
48시간까지
또는 냉동실에서 2주까지

도구
실리콘 패드
거품기
L자 스패츌러
주방용 온도계

재료
카카오 50% 다크 커버처 초콜릿
(잘게 다진다) 100g
버터(깍둑 썬다) 30g
아몬드 페이스트(아몬드 50%) 50g
달걀노른자 25g
달걀흰자 125g
설탕 45g

1• 오븐을 180℃로 예열한다. 초콜릿과 버터를 중탕으로 녹인다. 온도가 50~55℃
에 이르면 불에서 내린다.

4• 밑이 둥근 믹싱볼에 달걀흰자를 넣고 설탕을 조금씩 넣어가며 거품을 단단하
게 올린다. 이것을 혼합물에 넣고 실리콘 주걱으로 접어 돌리듯 살살 섞는다.

5• 실리콘 패드를 깐 베이킹 팬 위에 혼합물을 붓고 L자 스패츌러로 밀어 고르
게 펴준다.

• 전동 핸드 믹서를 사용해 달걀흰자의 거품을 올려도 좋다.

• 아몬드 페이스트와 달걀노른자를 섞을 때
알갱이 덩어리가 남지 않도록 달걀을 조금씩 넣어가며 꼼꼼히 개어준다.

2 • 아몬드 페이스트를 전자레인지에 20초간 데워 부드럽게 만든 뒤 잘게 부순다. 달걀노른자를 조금씩 넣어가며 주걱으로 잘 개어 섞어준다.

3 • 매끈하게 섞인 혼합물에 녹인 초콜릿을 붓고 잘 섞는다.

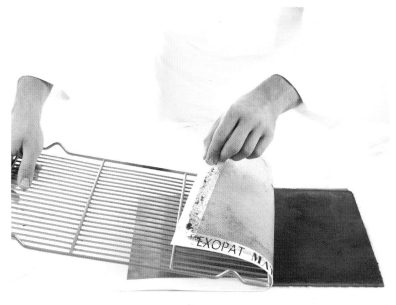

6 • 손가락으로 가장자리를 훑어내 깨끗하게 다듬어준다. 예열한 오븐에 넣고 7~8분간 굽는다.

7 • 오븐에서 꺼낸 뒤 스펀지를 뒤집어 놓고 식힘망을 이용하여 실리콘 패드를 조심스럽게 떼어낸다.

머랭

MERINGUES

머랭 LES MERINGUES

머랭을 만드는 두 가지 기본 재료는 달걀흰자와 설탕이다. 머랭의 종류는 만드는 테크닉, 재료에 열을 가하느냐의 여부 등에 따라 프렌치, 이탈리안, 스위스 머랭으로 나뉜다. 또한 어떤 디저트에 사용하느냐에 따라 머랭의 선택도 달라진다.

기름기는 금물

기름기가 아주 조금만 있어도 달걀흰자는 거품을 내기가 어렵다. 그러므로 달걀흰자를 분리할 때 노른자가 조금이라도 흘러 들어가지 않고 깔끔히 나뉘어지도록 주의해야 한다. 믹싱볼이나 거품기도 전혀 기름기나 물기 없이 깨끗하게 준비한다.

달걀은 상온으로

냉장고에서 바로 꺼낸 차가운 달걀을 사용하는 것보다 상온의 달걀이 훨씬 더 거품 올리기가 쉽다. 사용하기 최소 1시간 전에 달걀을 냉장고에서 미리 꺼내둔다.

어떤 설탕이 좋을까?

달걀흰자를 거품 낼 때는 항상 일반 정백당을 사용한다. 슈거파우더에는 전분이 함유되어 있어 제대로 거품을 올리기 어렵고, 굵은 입자의 크리스털 설탕도 달걀흰자와 섞을 때 잘 녹지 않기 때문에 적합하지 않다.

프렌치 머랭에 식초나 주석산을 넣는 이유

머랭에 흰색 식초나 레몬즙을 몇 방울 넣거나 주석산을 한 자밤 넣으면 더욱 균일하고 부드러운 질감을 만들 수 있고 달걀흰자가 알갱이로 뭉치는 것을 막을 수 있다. 특히 대용량의 머랭을 만들거나 큰 사이즈의 머랭을 만들 때 효과적이다.

즉시 사용

달걀흰자를 거품기로 저어 머랭을 완성하면 지체하지 말고 즉시 모양으로 짠 다음 구워야 한다.

머랭의 용도와 보관(머랭을 굽고 난 이후)

머랭 종류	사용	보관
프렌치 머랭	아이스 케이크 등의 시트, 프티갸토, 프티푸르 등	밀폐 용기에 넣어 건조하고 서늘한 곳에서 몇 주간
이탈리안 머랭	앙트르메 데커레이션, 프티갸토, 폴로네즈 브리오슈, 무스, 베이크드 알래스카	랩으로 밀봉해 냉장고에서 24시간 급속냉동 후 냉동실에서 몇 주간
스위스 머랭	프티갸토, 데커레이션	랩으로 밀봉해 건조하고 서늘한 곳에서 몇 주간

머랭의 간략한 역사
프랑스어로 머랭을 뜻하는 '므랭그(meringue)'라는 단어의 흔적은 17세기 말에 처음 등장한다. 요리사 프랑수아 마시알로(François Massialot)가 쓴 『잼, 리큐어와 과일을 위한 새 요리 지침서(Nouvelle Instruction pour les confitures, les liqueurs et les fruits)』에는 마카롱과 머랭이 한 챕터로 묶여 소개되었고, 여기서 머랭이 처음 언급되었다. 머랭이 처음 스위스에서, 더 정확히 말하자면 마이링겐(Meiringen)이라는 도시에서 처음 탄생한 것이라고 주장하는 설이 있는가 하면, 어떤 이들은 이탈리안 비스퀴에서 그 유래를 찾는다. 아주 낮은 온도의 오븐에서 구워내는 이탈리안 비스퀴는 이미 17세기 초 파티스리 교본에도 등장한다. 특히 마리 앙투아네트 왕비는 머랭을 매우 좋아한 나머지 베르사유 영내의 개인 별궁인 프티 트리아농에서 이를 직접 만드는 데 참여하기까지 했다고 전해진다. 앙토냉 카렘이 짤주머니를 처음 사용하기 전까지 스푼으로 떠 모양을 만들어 굽던 머랭은 그 자체로 과자처럼 즐기거나 크림을 넣어 샌드처럼 만들어 먹기도 하며 타르트의 데커레이션(레몬 머랭 타르트), 또는 케이크의 베이스(파블로바, 몽블랑) 등으로 사용된다.

이탈리안 머랭 Meringue italienne

300g 분량

작업 시간
15분

보관
랩으로 밀봉한 뒤 냉장고에서
24시간까지
또는 급속냉동 후 냉동실에서
몇 주간

도구
설탕용 온도계
전동 스탠드 믹서

재료
설탕 200g
물 80g
달걀흰자 100g

사용
앙트르메 케이크 데커레이션
프티가토(폴로네즈 브리오슈, 베이크드
알래스카)
다양한 향의 무스 혼합용

1 • 소스팬에 물과 설탕을 넣고 가열해 녹인 다음 원하는 머랭의 질감에 따라 116~121℃가 될 때까지 끓인다. 시럽을 끓일 때
주의 사항을 잘 준수한다(p.515 참조).

셰프의 팁

• 이 레시피의 이탈리안 머랭은 뜨거운 시럽과 혼합되면서 익게 되며,
오븐에서 몇 분간 굽는 과정을 거쳐 구운 색을 내게 된다.

2• 시럽의 온도가 110℃에 도달했을 때, 와이어 휩을 장착한 전동 스탠드 믹서를 빠른 속도로 돌리기 시작하여 달걀흰자의 거품을 올린다.

3• 시럽이 원하는 온도에 이르면 3/4 정도 거품 올린 달걀흰자에 가늘게 재빨리 넣어준다. 이때 뜨거운 시럽이 거품기에 직접 닿지 않도록 주의하며 믹싱볼 가장자리로 조심스럽게 흘려넣는다. 2분정도 거품기를 돌린 후 속도를 줄인다.

셰프의 팁

• 매끈하고 윤기 나는 머랭을 만들려면
달걀흰자가 가벼운 거품이 날 정도까지 휘핑을 해야 한다.

• 무스에 이탈리안 머랭을 넣어 혼합할 경우
그 온도는 무스의 경도와 재료에 따라 달라진다.
초콜릿 무스의 경우 45~50℃,
과일 무스의 경우 35~40℃가 적당하다.

• 가벼운 텍스처의 크림을 만들려면 온도 25℃의 머랭을
넣어 혼합하는 것이 적당하다. 특히 크림에 버터가 함유된 경우는
이 온도를 권장한다(예: 프랄리네 버터크림).

4• 머랭이 완전히 식을 때까지 계속 거품기로 돌린다.

프렌치 머랭 Meringue française

300g 분량

작업 시간
15분

조리
머랭 사이즈에 따라 2~4시간

보관
밀폐 용기에 넣어 건조하고 서늘한
곳에서 몇 주간 보관가능

도구
전동 스탠드 믹서
체
짤주머니 + 깍지
실리콘 패드

재료
달걀흰자 100g
흰색 식초 1티스푼
소금 1자밤
설탕 175g
슈거파우더 25g

사용
아이스 케이크류의 시트
프티갸토, 프티푸르

1 • 오븐을 100℃로 예열한다. 전동 스탠드 믹서 볼에 달걀흰자와 식초, 소금을 넣고 와이어 휩을 돌려 거품을 올린다. 달걀흰자에 거품이 일고 어느 정도 형태를 갖출 때까지 빠른 속도로 돌린다. 설탕을 여러 차례에 나누어 넣어주면서 계속 거품을 올려 점점 단단한 머랭을 만든다.

셰프의 팁

• 날달걀흰자는 두 종류의 질감을 지니고 있다. 노른자 주변의
두툼하고 되직한 부분과 바깥 쪽의 묽고 투명한 부분이다. 거품을 올리기 전
달걀흰자의 서로 다른 두 텍스처가 고루 섞이도록 저어 놓는다.

• '마법의' 소금 한 자밤은
달걀흰자가 균일하게 섞이도록 하는 효과가 있어
쉽게 거품을 올릴 수 있게 해준다.

2 • 투입한 설탕이 달걀흰자에 완전히 녹을 때까지 거품기를 돌려 윤기 나는 머랭을 만든 뒤 작동을 멈춘다. 거품기를 들어 올렸을 때 머랭 끝이 새의 부리 모양으로 살짝 휘면 완성된 것이다.

3 • 체에 친 슈거파우더를 넣고 실리콘 주걱을 사용하여 접어 돌리는 듯한 동작으로 살살 섞는다. 달걀흰자 거품이 꺼지지 않도록 재빨리 섞어준다.

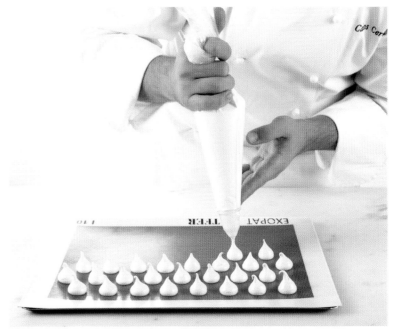

4 • 원하는 모양의 깍지를 끼운 짤주머니에 머랭을 채워 넣는다(p.30 테크닉 참조).

5 • 베이킹 팬 위에 실리콘 패드를 깔아준다. 실리콘 패드 위에 원하는 모양으로 머랭을 짜 놓은 다음 예열한 오븐에 넣어 머랭 크기에 따라 2~4시간 동안 굽는다.

스위스 머랭 Meringue suisse

300g 분량

작업 시간
15분

조리
1시간 ~ 1시간 30분

보관
랩으로 밀봉해 밀폐 용기에 넣어
건조한 곳에서 몇 주간 보관 가능

도구
전동 스탠드 믹서
거품기
주방용 온도계
짤주머니 + 깍지
실리콘 패드
작은 체

재료
달걀흰자 100g
설탕 200g
슈거파우더

사용
작은 사이즈의 머랭 디저트
데커레이션

1 • 오븐을 80℃로 예열한다. 전동 스탠드 믹서 볼에 달걀흰자를 넣고 물이 끓는 중탕 냄비 위에 올린다. 설탕을 넣고 달걀흰자가 익어 굳지 않도록 거품기로 세게 저으며 중탕으로 가열한다. 온도가 45~50℃까지 올라가면 중탕 냄비에서 내린다.

2 • 믹싱볼을 전동 스탠드에 장착하고 빠른 속도로 거품기를 돌려 단단한 머랭을 만든다.

3 • 원하는 모양의 깍지를 끼운 짤주머니를 사용해(p.30 테크닉 참조), 실리콘 패드를 깐 베이킹 팬 위에 머랭을 짜 놓는다.

셰프의 팁

• 머랭을 굽는 온도에 따라 결과물은 달라진다.
오븐 온도를 낮게 설정할수록 (최저 50℃)
머랭은 더 단단하고 흰색을 띠게 된다.

• 이 스위스 머랭은 낮은 온도의 오븐에서 굽거나
건조기(étuve sèche)에 넣어 건조시킨다.

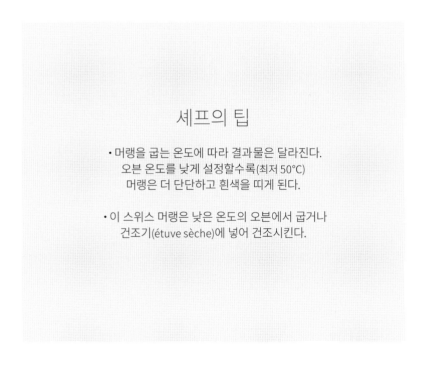

4 • 슈거파우더를 솔솔 뿌린 다음 오븐에 넣고 머랭 크기에 따라 1시간~1시간 30분 동안 굽는다.

마카롱
MACARONS

마카롱 LES MACARONS

다양한 종류의 마카롱 코크

마카롱의 껍데기에 해당하는 코크(coques)를 만드는 방법은 매우 다양하지만 대부분의 레시피는 프렌치 머랭이나 이탈리안 머랭을 사용한다. 이 둘의 차이는 머랭을 만드는 방법이다. 프렌치 머랭은 달걀흰자에 설탕을 직접 넣으며 거품을 내므로 열을 가하는 과정이 없는 방법(à froid)인 반면, 이탈리안 머랭은 설탕을 끓인 뜨거운 시럽을 넣어 거품을 올리는 방법(à chaud) 으로 달걀흰자가 익는 과정을 거치게 되고 이로써 머랭의 질감을 더 안정적으로 만들어준다. 최근에는 이탈리안 머랭 방식이 가장 많이 쓰인다.

왜 이탈리안 머랭 베이스의 레시피를 선호할까?

프렌치 머랭으로 만든 마카롱 코크는 바삭하게 부서지며 입에서 사르르 녹는 매력이 있지만 습기에 취약하고 그 때문에 굽는 과정에서 갈라질 우려가 있다. 반면 설탕을 끓인 시럽을 넣어 만드는 이탈리안 머랭은 잘 부서지지 않는다.

완벽한 달걀흰자

마카롱을 성공적으로 만들기 위해서는 달걀흰자를 4~5일 전 미리 노른자와 분리해 냉장고에 넣어두는 것이 좋다. 만들기 직전에 신선한 달걀을 바로 깨서 노른자와 분리하여 사용할 경우 처음에는 거품을 잘 올릴 수 있지만 시간이 지날수록 알갱이가 생기고 분리되는 경향이 있다. 뿐만 아니라 오븐에 구울 때 깨지기 쉬우며 부풀다가 꺼질 우려도 있다. 분리한 달걀흰자를 냉장고나 냉동실에 차갑게 보관해두면 더 묽고 매끄러워지며, 마카롱 코크를 오븐에 구울 때도 퍼지지 않고 매끈하게 그 형태를 잘 유지할 수 있다. 마카롱을 만들기 전 달걀흰자를 냉장고에서 미리 꺼내 상온으로 만든 다음 사용해야 한다.

굽기 전에 반드시 휴지시켜야 할까?

날씨나 작업 공간의 온도와 습도 등의 환경 요인에 따라 마카롱을 베이킹 팬 위에 짜 놓은 이후 1시간 또는 그 이상 휴지시키는 과정이 필요할 수 있다. 휴지시켜 말리면 마카롱의 겉면이 굳어 얇은 크러스트가 형성되고, 가장자리 프릴('피에'라고도 한다) 도 보기 좋게 만들어진다.

다양한 필링

마카롱 사이에 채워 넣는 필링의 종류는 매우 다양하다. 한 가지 기억할 것은 필링에 따라 보존 기간이 달라진다는 점이다. 가장 많이 사용되는 것으로는 버터크림(p.202 테크닉 참조), 가나슈, 잼(p.552~562 테크닉 참조), 버터를 넣고 휘핑한 아몬드 페이스트, 젤화한 과일 퓌레, 크레뮈 등이 있다. 또한 과일 퓌레를 한 켜 바르고 가나슈를 한 켜 채워 넣는 등 두 가지 이상의 필링을 함께 사용하는 응용 방식도 가능하다. 마카롱 코크와 최상의 균형을 이루려면 개당 약 15g의 필링을 넣는 것이 적당하다.

숙성과 보관

필링을 채운 마카롱은 냉장고에 넣어 숙성하면 맛이 더 좋아진다. 그릴 망 위에 마카롱을 놓고 뚜껑 없이 그대로 냉장고에 넣어 최소 2시간 이상 숙성한 다음, 밀폐 용기에 가지런히 담아 냉장고에 넣어둔다. 3~4일간 보관 가능하다.

냉동 보관하기

필링을 채운 마카롱은 냉동실에 보관할 수 있다. 우선 아무것도 씌우지 않은 상태로 냉장고에 2시간 동안 넣어 숙성시킨 다음 밀폐 용기에 가지런히 담는다. 랩으로 용기를 단단히 싼 다음 냉동실(-18℃)에 넣어두면 최대 한 달간 보관 가능하다. 먹기 6시간 전에 냉장실로 옮겨 해동한다.

그 무엇보다도 컬러!

마카롱이 오늘날 큰 사랑을 받는 큰 이유 중 하나는 아주 다양한 색으로 만들 수 있다는 점이다. 코크의 은은한 색, 밝고 화려한 색을 내기 위해 식용 색소를 사용하고 기호에 따라 색의 명암도 조절할 수 있다. 마카롱 사이에 채우는 필링도 비슷한 색을 선택해 톤온톤으로 구성하거나, 코크의 색을 보완하는 다채로운 색상 배합을 하는 등 그 조합은 무궁무진하다. 파티시에들은 또한 계절성이나 트렌드를 반영해 개성을 살린 마카롱을 만들 수 있으며, 이 과자를 뷔페 형식이나 특별한 행사용으로 준비할 수도 있다. 그중 한 예로 마카롱으로 피라미드 모양의 탑을 쌓는 데커레이션은 마치 크로캉부슈(croquembouche)처럼 각종 행사에서 널리 사용되고 있다.

페랑디 파리의 컬러 팔레트

예외적으로, 이 마카롱 챕터에서는 레시피를 난이도에 따라 레벨 1, 2, 3으로 구분하지 않았다. 마카롱이라는 파티스리의 특징을 살려 색상별로 구분하였고, 각각의 맛과 색을 잘 경험해볼 수 있는 레시피를 소개했다. 페랑디가 선택한 컬러로 클래식 레시피와 독창적인 레시피, 두 종류의 서로 다른 마카롱을 만들어볼 수 있을 것이다.

마카롱 코크 Coques de macarons

코크 24개 분량(마카롱 12개)

작업 시간
1시간

조리
15분

보관
상온에서 10일까지

도구
거품기
푸드 프로세서
전동 스탠드 믹서
설탕용 온도계
핸드블렌더
짤주머니 + 지름 10mm 원형 깍지
실리콘 패드

재료
아몬드 가루 100g
슈거파우더 100g
달걀흰자 40g
수용성 식용 색소 분말(선택 사항)

이탈리안 머랭
물 30g
설탕 100g
달걀흰자 40g

1• 볼에 아몬드 가루와 슈거파우더를 동량으로 넣고 거품기로 잘 섞는다(tant pour tant). 오븐을 150℃로 예열한다.

2• 1의 혼합물을 푸드 프로세서에 넣고 밀가루처럼 곱게 간다. 너무 오래 돌려 재료의 온도가 높아지지 않도록 주의하면서 짧게 끊어가며 갈아준다.

3• 달걀흰자 40g을 핸드블렌더로 갈아준다. 색소를 사용하는 경우 함께 넣어 준다.

마카롱 코크 (계속)

4 • 색소가 완전히 섞일 때까지 잘 갈아 혼합한다. 달걀흰자에 공기를 주입해 거품을 올리지 않도록 주의한다.

5 • 레시피 분량대로 이탈리안 머랭을 만든다(p.232 테크닉 참조). 머랭의 온도가 50℃가 될 때까지 식으면 아몬드 가루와 슈거파우더 혼합물을 넣고 실리콘 주걱으로 잘 섞는다.

8 • 혼합물의 공기가 빠져 부피가 약간 줄고, 균일하고 매끄러운 질감이 될 때까지 계속 접어 돌리며 마카로나주한다. 주걱으로 들어 올렸을 때 끊어지지 않고 되직한 리본 띠처럼 접히며 흘러내리는 농도가 적당하다.

9 • 깍지를 끼운 짤주머니에 혼합물을 넣고 실리콘 패드를 깐 상온의 베이킹 팬 위에 지름 약 2.5cm의 동그란 마카롱 코크를 짜준다.

• 상온의 달걀흰자를 사용한다.
• 혼합물 안의 공기를 빼주며 섞는 마카로나주 과정을 거치면 마카롱을 짤주머니로 짰을 때 매끄러운 표면을 갖게 된다.

6• 색소를 섞은 달걀흰자를 넣어준다.

7• 실리콘 주걱으로 접어 돌리듯이 조심스럽게 섞기 시작한다.

10• 베이킹 팬을 바닥에서 살짝 들었다 놓아 마카롱 표면을 매끈하게 해준다.
예열한 오븐에 넣고 15분간 굽는다.

바닐라 마카롱

MACARONS VANILLE

마카롱 12개 분량

작업 시간
2시간

냉장
3시간

보관
냉장고에서 3~4일

도구
핸드블렌더
전동 핸드믹서
주방용 온도계
짤주머니 + 지름 8mm 또는 10mm
원형 깍지

완성하기
마카롱 코크 24개(p.243 테크닉 참조)

휩드 가나슈
우유 75g
바닐라 빈 1/2줄기
판 젤라틴 2g
화이트 초콜릿 65g
액상 생크림(유지방 35% crème liquide)
100g

마카롱 코크 COQUES DE MACARONS

마카롱 코크를 만든다(p.243 테크닉 참조).

휩드 가나슈 GANACHE MONTÉE

판 젤라틴을 찬물에 담가 말랑하게 불린다. 소스팬에 우유, 길게 갈라 긁은 바닐라 빈과 줄기를 넣고 중불로 가열한다. 끓으면 불에서 내린 뒤 바닐라 빈 줄기를 건져낸다. 불린 젤라틴의 물을 꼭 짠 다음 뜨거운 우유에 넣고 잘 섞어 녹인다. 화이트 초콜릿을 잘게 잘라 볼에 넣고 뜨거운 우유를 붓는다. 핸드블렌더로 갈아 매끈한 가나슈를 만든다. 60℃까지 식힌 다음 생크림을 넣어 섞는다. 랩을 깐 베이킹 팬에 가나슈를 펼쳐 놓고 다시 랩으로 밀착되게 덮어준 다음 냉장고에 최소 1시간 이상 넣어둔다. 차갑게 식힌 가나슈를 사용하기 전에 핸드믹서로 가볍게 휘핑해준다.

마카롱 조립하기 MONTAGE

지름 8mm 또는 10mm 원형 깍지를 끼운 짤주머니에 가볍게 휘핑한 가나슈를 채운 다음 마카롱 코크 한쪽에 짜 얹는다. 나머지 한 개의 코크를 얹고 크림이 가장자리까지 오도록 살짝 눌러 마카롱을 완성한 다음 서빙하기 전까지 냉장고에 최소 2시간 이상 넣어둔다.

셰프의 팁

• 하루 전날 바닐라 빈을 우유에 넣고 향을 우려내면 더 진한 바닐라 향을 낼 수 있다.

• 가나슈를 사용하기 전 가볍게 휘핑하면 질감이 부드러워져 짤주머니로 짜기 쉽다.

코코넛 모카 마카롱

MACARONS CAFÉ-NOIX DE COCO

마카롱 코크 COQUES DE MACARONS

마카롱 코크를 만든 다음(p.243 테크닉 참조), 굽기 전에 가늘게 간 코코넛 과육을 솔솔 뿌린다.

코코넛 모카 크레뫼 CRÉMEUX CAFÉ-COCO

소스팬에 우유를 넣고 커피 원두 알갱이를 넣어 최소 20분간 향을 우려낸다. 혹은 전날 미리 커피를 넣고 냉장고에 보관해 향을 우린다. 판 젤라틴을 찬물에 담가 말랑하게 불린다. 향이 우러난 우유를 체에 거른 다음 코코넛 퓌레 분량의 반을 넣고 끓을 때까지 중불로 가열한다. 볼에 달걀노른자와 달걀, 설탕을 넣고 색이 연해지고 걸쭉해질 때까지 거품기로 잘 저어 섞는다. 여기에 나머지 코코넛 퓌레를 넣고 섞은 뒤 뜨거운 우유를 붓고 섞어준다. 혼합물을 다시 소스팬으로 옮긴 뒤 불에 올린다. 거품기로 계속 저으며 82℃까지 크렘 앙글레즈처럼 익힌다. 불린 젤라틴의 물을 꼭 짠 다음 여기에 넣고 잘 녹인다. 혼합물이 35~40℃까지 식으면 잘게 잘라둔 버터를 넣는다. 핸드블렌더로 갈아 균일하고 매끈하게 혼합한다. 크레뫼 표면에 랩을 밀착시켜 덮은 후 짤주머니에 넣기 좋은 상태가 될 때까지 냉장고에 넣어 보관한다.

마카롱 조립하기 MONTAGE

지름 8mm 또는 10mm 원형 깍지를 끼운 짤주머니에 코코넛 모카 크레뫼를 채운 다음 마카롱 코크 한쪽에 짜 얹는다. 나머지 한 개의 코크를 얹고 필링이 가장자리까지 오도록 살짝 눌러 마카롱을 완성한 다음 서빙하기 전까지 냉장고에 최소 2시간 이상 넣어둔다.

셰프의 팁

• 향을 우려낸 우유에서 커피 원두 알갱이를 체로 걸러낸 다음 다시 정확하게 계량한다. 모자라는 분량만큼 우유를 추가로 넣어준다. 커피 알갱이가 약간의 우유를 흡수할 수 있기 때문이다.

• 향이 더 잘 우러나게 하려면 커피 원두 알갱이를 잘게 부수어 우유에 넣어준다.

마카롱 12개 분량

작업 시간
1시간 45분

향 우려내기
20분~하룻밤

냉장
3시간

보관
냉장고에서 3~4일

도구
주방용 온도계
핸드블렌더
짤주머니 + 지름 8mm 또는 10mm
원형 깍지

재료
마카롱 코크 24개(p.243 테크닉 참조)
코코넛 과육 슈레드 쓰는 대로

코코넛 모카 크레뫼
우유 20g
곱게 부순 커피 원두 5g
판 젤라틴 2g
코코넛 퓌레 80g
달걀 50g
달걀노른자 30g
설탕 35g
저수분 버터(상온) 60g

LEVEL

1

오렌지 마카롱
MACARONS ORANGE

마카롱 12개 분량

작업 시간
1시간 45분

냉장
3시간

보관
냉장고에서 3~4일

도구
푸드 프로세서 또는 블렌더
핸드블렌더
주방용 온도계
거품기
짤주머니 + 지름 8mm 또는 10mm
원형 깍지

재료
마카롱 코크 24개(p.243 테크닉 참조)
수용성 식용 색소 분말(오렌지) 0.6g

오렌지 콩피
오렌지 220g
설탕 18g
펙틴(pectine NH) 5g

마카롱 코크 COQUES DE MACARONS
오렌지색 색소를 넣은 마카롱 코크를 만든다(p.243 테크닉 참조).

오렌지 콩피 CONFIT D'ORANGES
오렌지를 깨끗이 씻은 뒤 큰 소스팬에 넣고 찬물을 붓는다. 물이 끓으면 그 상태로 30초간 데친 다음 물을 버린다. 이 과정을 2~3회 더 반복한다. 데친 오렌지를 세로로 등분해 씨를 뺀 뒤 푸드 프로세서나 블렌더에 넣고 과육과 껍질을 모두 갈아준다. 이 퓌레를 소스팬에 넣고 45℃까지 약불로 천천히 가열한다. 설탕과 펙틴 가루를 섞은 뒤 오렌지 퓌레에 조금씩 넣고 거품기로 잘 저으며 섞는다. 계속 가열해 혼합물이 걸쭉해질 때까지 몇 분간 저어주며 끓인다. 랩을 깐 베이킹 팬에 오렌지 콩피를 넓게 쏟아 놓은 다음 랩으로 다시 밀착시켜 덮어준다. 냉장고에 최소 1시간 이상 넣어둔다.

마카롱 조립하기 MONTAGE
냉장고에 넣어두었던 오렌지 콩피를 볼에 옮겨 담고 핸드믹서로 갈아 풀어준 다음 지름 8mm 또는 10mm 원형 깍지를 끼운 짤주머니에 채운다. 마카롱 코크 한쪽에 오렌지 콩피 필링을 짜 얹는다. 나머지 한 개의 코크를 얹고 필링이 가장자리까지 오도록 살짝 눌러 마카롱을 완성한 다음 서빙하기 전까지 냉장고에 최소 2시간 이상 넣어둔다.

망고 패션프루트 마카롱

MACARONS MANGUE-PASSION

마카롱 코크 COQUES DE MACARONS

오렌지색 색소를 넣은 마카롱 코크를 만든 다음(p.243 테크
닉 참조) 구워낸다. 코크가 식은 뒤 스프레이 건을 사용하여
녹색 색소를 분사시켜 표면에 부분적으로 은은한 음영을 표
현한다.

망고 패션프루트 가나슈 GANACHE MANGUE-PASSION

볼에 잘게 썬 화이트 초콜릿을 넣고 중탕으로 가열해 35~40℃
가 될 때까지 녹인다. 소스팬에 생크림과 두 종류의 과일 퓌
레를 넣고 40℃까지 가열한다. 이것을 녹인 초콜릿에 조금씩
부어주며 주걱으로 잘 저어 섞는다. 레몬즙을 넣고 핸드블렌
더로 갈아 혼합한 다음 고운 원뿔체에 거른다. 랩을 깐 베이
킹 팬에 가나슈를 넓게 쏟아 놓은 다음 랩으로 다시 밀착시켜
덮어준다. 냉장고에 최소 1시간 이상 넣어둔다.

마카롱 조립하기 MONTAGE

지름 8mm 또는 10mm 원형 깍지를 끼운 짤주머니에 망고
패션프루트 가나슈를 채운 다음 마카롱 코크 한쪽에 짜 얹
는다. 나머지 한 개의 코크를 얹고 필링이 가장자리까지 오도
록 살짝 눌러 마카롱을 완성한 다음 서빙하기 전까지 냉장고
에 최소 2시간 이상 넣어둔다.

마카롱 12개 분량

작업 시간
1시간 45분

냉장
3시간

조리
10~15분

보관
냉장고에서 3~4일

도구
파티스리용 스프레이 건
주방용 온도계
핸드블렌더
원뿔체
짤주머니 + 지름 8mm 또는 10mm
원형 깍지

재료
마카롱 코크 24개(p.243 테크닉 참조)
수용성 식용 색소 분말(오렌지) 0.8g
수용성 식용 색소 분말(녹색) 0.6g
(소량의 키르슈에 풀어 스프레이 건으로
분사)

망고 패션프루트 가나슈
화이트 초콜릿 140g
액상 생크림(유지방 35%) 75g
망고 퓌레 25g
패션프루트 퓌레 25g
레몬즙 2g

라즈베리 마카롱

MACARONS FRAMBOISE

마카롱 12개 분량

작업 시간
1시간 45분

냉장
3시간

보관
냉장고에서 3~4일

도구
주방용 온도계
거품기
핸드블렌더
짤주머니 + 지름 8mm 또는 10mm
원형 깍지

재료
마카롱 코크 24개(p.243 테크닉 참조)
수용성 식용 색소 분말(분홍) 0.6g

라즈베리 콩피
라즈베리 퓌레 250g
설탕 100g
펙틴(pectine NH) 5g

마카롱 코크 COQUES DE MACARONS
분홍색 색소를 넣은 마카롱 코크를 만든다(p.243 테크닉 참조).

라즈베리 콩피 CONFIT DE FRAMBOISES
소스팬에 라즈베리 퓌레를 넣고 45℃까지 약불로 천천히 가열한다. 설탕과 펙틴 가루를 섞은 뒤 라즈베리 퓌레에 조금씩 넣고 거품기로 잘 저으며 섞는다. 계속 가열해 혼합물이 걸쭉해질 때까지 몇 분간 저어주며 끓인다. 랩을 깐 베이킹 팬에 라즈베리 콩피를 넓게 쏟아 놓은 다음 랩으로 다시 밀착시켜 덮어준다. 냉장고에 최소 1시간 이상 넣어둔다.

마카롱 조립하기 MONTAGE
냉장고에 넣어두었던 라즈베리 콩피를 볼에 옮겨 담고 핸드믹서로 갈아 풀어준 다음 지름 8mm 또는 10mm 원형 깍지를 끼운 짤주머니에 채운다. 마카롱 코크 한쪽에 라즈베리 콩피 필링을 짜 얹는다. 나머지 한 개의 코크를 얹고 필링이 가장자리까지 오도록 살짝 눌러 마카롱을 완성한 다음 서빙하기 전까지 냉장고에 최소 2시간 이상 넣어둔다.

장미 리치 마카롱

MACARONS ROSE-LITCHI

LEVEL

2

마카롱 코크 COQUES DE MACARONS
장미색 색소를 넣은 마카롱 코크를 만든다(p.243 테크닉 참조).

장미 리치 마시멜로 GUIMAUVE ROSE-LITCHI
젤라틴을 찬물에 넣고 말랑하게 불린다. 소스팬에 설탕, 전화당 45g, 물을 넣고 중불에서 완전히 녹이고 110℃까지 가열해 시럽을 만든다. 젤라틴을 건져 물을 꼭 짠 뒤 중탕으로 녹인다. 전동 스탠드 믹서 볼에 나머지 전화당 65g을 넣고 뜨거운 시럽을 조심스럽게 붓는다. 녹인 젤라틴도 넣은 다음 무스 같이 거품이 이는 질감이 될 때까지 거품기를 돌려 섞는다. 마시멜로 혼합물이 따뜻한 온도까지 식으면 리치 퓌레와 로즈워터를 넣고 실리콘 주걱으로 접어 돌리듯이 살살 섞는다.

마카롱 조립하기 MONTAGE
지름 8mm 또는 10mm 원형 깍지를 끼운 짤주머니에 장미 리치 마시멜로를 채운 다음 마카롱 코크 한쪽에 짜 얹는다. 나머지 한 개의 코크를 얹고 필링이 가장자리까지 오도록 살짝 눌러 마카롱을 완성한 다음 장미 꽃잎을 한 장씩 얹어준다. 서빙하기 전까지 냉장고에 최소 2시간 이상 넣어둔다.

셰프의 팁

• 하루 전에 마카롱을 만들어 놓고 상온에 보관해둔다.

• 따뜻한 상태의 마시멜로를 마카롱 필링으로 짜 넣어주면 너무 빨리 굳는 것을 막을 수 있다.

마카롱 12개 분량

작업 시간
1시간 45분

냉장
3시간

보관
냉장고에서 3~4일

도구
주방용 온도계
전동 스탠드 믹서
핸드블렌더
짤주머니 + 지름 8mm 또는 10mm
원형 깍지

재료
마카롱 코크 24개(p.243 테크닉 참조)
수용성 식용 색소 분말(장미색) 0.8g

장미 리치 마시멜로
판 젤라틴 12g
설탕 130g
전화당 110g
물 50g
리치 퓌레 55g
로즈 워터 2g

데커레이션
무농약 장미 꽃잎 12장

딸기 마카롱

MACARONS FRAISE

마카롱 12개 분량

작업 시간
1시간 45분

냉장
3시간

보관
냉장고에서 3~4일

도구
주방용 온도계
짤주머니 + 지름 8mm 또는 10mm
원형 깍지

재료
마카롱 코크 24개(p.243 테크닉 참조)
수용성 식용 색소 분말(빨강) 0.6g

딸기 가나슈
액상 생크림(유지방 35%) 70g
딸기 퓌레 65g
화이트 초콜릿 130g

마카롱 코크 COQUES DE MACARONS
붉은색 색소를 넣은 마카롱 코크를 만든다(p.243 테크닉 참조).

딸기 가나슈 GANACHE À LA FRAISE
소스팬에 생크림과 딸기 퓌레를 넣고 35℃까지 중불로 가열한다. 그동안 잘게 썬 화이트 초콜릿을 중탕으로 35℃까지 가열해 녹여둔다. 생크림과 딸기 퓌레 혼합물을 초콜릿에 천천히 붓고 실리콘 주걱으로 조심스럽게 섞어 매끈하고 크리미한 가나슈를 만든다. 랩을 깐 베이킹 팬에 딸기 가나슈를 넓게 펼쳐 놓고 다시 랩으로 밀착되게 덮어준 다음 냉장고에 최소 1시간 이상 넣어둔다.

마카롱 조립하기 MONTAGE
지름 8mm 또는 10mm 원형 깍지를 끼운 짤주머니에 딸기 가나슈를 채운 다음 마카롱 코크 한쪽에 짜 얹는다. 나머지 한 개의 코크를 얹고 크림이 가장자리까지 오도록 살짝 눌러 마카롱을 완성한 다음 서빙하기 전까지 냉장고에 최소 2시간 이상 넣어둔다.

셰프의 팁

• 딸기 가나슈에 후추를 한 자밤 넣어주면 딸기 마카롱에 스파이시한 킥을 줄 수 있다.

• 향이 진하고 잘 익은 딸기(예 : mara des bois)를 사용할 것을 권장한다. 또한 품종이 서로 다른 딸기를 섞어서 사용하는 것도 좋은 방법이다.

붉은 피망, 라즈베리, 초콜릿 마카롱

MACARONS POIVRON, FRAMBOISE ET CHOCOLAT

마카롱 코크 COQUES DE MACARONS
붉은색 색소를 넣은 마카롱 코크를 만든다(p.243 테크닉 참조).

벨벳 스프레이 혼합물 APPAREIL À PISTOLET
구워낸 마카롱 코크가 식으면 벨벳 스프레이용 혼합물을 만든다. 카카오 버터와 화이트 초콜릿을 각각 중탕으로 35℃까지 녹인 다음 혼합한다. 붉은색 지용성 색소를 조금씩 넣어 원하는 색을 만든 다음 핸드블렌더로 갈아 균일하게 섞는다. 다시 중탕 냄비 위에 올려 50℃까지 데운 다음 고운 체에 거르고, 스프레이 건에 채워 넣는다. 마카롱 코크 윗면에 스프레이 건으로 색소를 분사해 벨벳과 같은 질감으로 코팅한다.

크레뫼 CRÉMEUX
소스팬에 라즈베리와 붉은 피망 퓌레를 넣고 약불로 60℃까지 데운다. 그동안 다크 초콜릿을 중탕으로 녹인다. 글루코스와 소르비톨을 퓌레에 넣고 섞은 다음 녹인 초콜릿에 붓고 실리콘 주걱으로 조심스럽게 섞는다. 혼합물의 온도가 35~40℃까지 떨어지면 작게 잘라둔 버터를 넣고 섞는다. 핸드블렌더로 갈아 매끈한 혼합물을 만든다. 크레뫼 표면에 랩을 밀착시켜 덮은 뒤 짤주머니에 넣기 좋은 상태가 될 때까지 냉장고에 30~40분 정도 넣어 식힌다.

마카롱 조립하기 MONTAGE
지름 8mm 또는 10mm 원형 깍지를 끼운 짤주머니에 크레뫼를 채운 다음 마카롱 코크 한쪽에 짜 얹는다. 나머지 한 개의 코크를 얹고 필링이 가장자리까지 오도록 살짝 눌러 마카롱을 완성한 다음 서빙하기 전까지 냉장고에 최소 2시간 이상 넣어둔다.

셰프의 팁
피망 퓌레를 직접 만들 경우, 표면을 그슬려 구워 껍질을 벗긴 후 살만 블렌더에 갈아준다.

마카롱 12개 분량

작업 시간
1시간 45분

냉장
3시간

보관
냉장고에서 3~4일

도구
주방용 온도계
핸드블렌더
원뿔체
파티스리용 스프레이 건
짤주머니 + 지름 8mm 또는 10mm
원형 깍지

재료
마카롱 코크 24개(p.243 테크닉 참조)
수용성 식용 색소 분말(빨강) 0.6g

벨벳 스프레이 혼합물
지용성 식용 색소(빨강) 8g
카카오 버터 50g
화이트 초콜릿 50g

크레뫼
라즈베리 퓌레 50g
붉은 피망 퓌레 20g
소르비톨 가루 7g
글루코스 시럽 16g
다크 초콜릿(카카오 60%) 160g
버터(상온) 45g

블랙커런트 마카롱

MACARONS CASSIS

마카롱 12개 분량

작업 시간
1시간 45분

냉장
3시간

보관
냉장고에서 3~4일

도구
주방용 온도계
거품기
핸드블렌더
짤주머니 + 지름 8mm 또는 10mm
원형 깍지

재료
마카롱 코크 24개(p.243 테크닉 참조)
수용성 식용 색소 분말(보라색) 0.6g

블랙커런트 콩피
블랙커런트 퓌레 200g
배즙 50g
설탕 80g
펙틴(pectine NH) 5g

마카롱 코크 COQUES DE MACARONS
보라색 색소를 넣은 마카롱 코크를 만든다(p.243 테크닉 참조).

블랙커런트 콩피 CONFIT DE CASSIS
소스팬에 블랙커런트 퓌레와 배즙을 넣고 45℃가 될 때까지
약불로 천천히 가열한다. 설탕과 펙틴 가루를 섞은 뒤 블랙
커런트 퓌레에 조금씩 넣고 거품기로 잘 저으며 섞는다. 계속
가열해 혼합물이 걸쭉해질 때까지 몇 분간 저어주며 끓인다.
랩을 깐 베이킹 팬에 블랙커런트 콩피를 넓게 쏟아 놓은 다
음 랩으로 다시 밀착시켜 덮어준다. 냉장고에 최소 1시간 이
상 넣어둔다.

마카롱 조립하기 MONTAGE
냉장고에 넣어두었던 블랙커런트 콩피를 볼에 옮겨 담고 핸드
믹서로 갈아 풀어준 다음 지름 8mm 또는 10mm 원형 깍지
를 끼운 짤주머니에 채운다. 마카롱 코크 한쪽에 블랙커런트
콩피 필링을 짜 얹는다. 나머지 한 개의 코크를 얹고 필링이
가장자리까지 오도록 살짝 눌러 마카롱을 완성한 다음 서빙
하기 전까지 냉장고에 최소 2시간 이상 넣어둔다.

바이올렛 마카롱

MACARONS À LA VIOLETTE

마카롱 코크 COQUES DE MACARONS
보라색 색소를 넣은 마카롱 코크를 만든다(p.243 테크닉 참조).

바이올렛 가나슈 GANACHE À LA VIOLETTE
소스팬에 생크림을 넣고 35℃가 될 때까지 중불로 가열한다.
그동안 잘게 썬 화이트 초콜릿을 중탕으로 35℃까지 가열해
녹여둔다. 녹인 초콜릿에 생크림을 천천히 붓고 실리콘 주걱
으로 조심스럽게 섞은 다음 바이올렛 에센스를 넣어준다. 랩
을 깐 베이킹 팬에 바이올렛 가나슈를 넓게 펼쳐 놓고 다시
랩으로 밀착되게 덮어준 다음 짤주머니에 넣기 좋은 상태가
될 때까지 냉장고에 넣어둔다.

마카롱 조립하기 MONTAGE
지름 8mm 또는 10mm 원형 깍지를 끼운 짤주머니에 바이
올렛 가나슈를 채운 다음 마카롱 코크 한쪽에 짜 얹는다. 나
머지 한 개의 코크를 얹고 필링이 가장자리까지 오도록 살짝
눌러 마카롱을 완성한 다음 서빙하기 전까지 냉장고에 최소
2시간 이상 넣어둔다.

마카롱 12개 분량

작업 시간
1시간 45분

냉장
3시간

보관
냉장고에서 3~4일

도구
주방용 온도계
짤주머니 + 지름 8mm 또는 10mm
원형 깍지

재료
마카롱 코크 24개(p.243 테크닉 참조)
수용성 식용 색소 분말(보라색) 0.8g

바이올렛 가나슈
액상 생크림(유지방 35%) 115g
화이트 초콜릿 115g
천연 바이올렛 에센스 4방울

블루베리 마카롱

MACARONS MYRTILLE

마카롱 12개 분량

작업 시간
2시간

냉장
3시간

보관
냉장고에서 3~4일

도구
주방용 온도계
거품기
핸드블렌더
짤주머니 + 지름 8mm 또는 10mm
원형 깍지

재료
마카롱 코크 24개(p.243 테크닉 참조)
수용성 식용 색소 분말(파랑) 0.6g

블루베리 콩피
블루베리 퓌레 200g
설탕 16g
펙틴(pectine NH) 4g

마카롱 코크 COQUES DE MACARONS
파란색 색소를 넣은 마카롱 코크를 만든다(p.243 테크닉 참조).

블루베리 콩피 CONFIT DE MYRTILLES
소스팬에 블루베리 퓌레를 넣고 45℃가 될 때까지 약불로 천천히 가열한다. 설탕과 펙틴 가루를 섞은 뒤 블루베리 퓌레에 조금씩 넣고 거품기로 잘 저으며 섞는다. 계속 가열해 혼합물이 걸쭉해질 때까지 몇 분간 저어주며 끓인다. 랩을 깐 베이킹팬에 블루베리 콩피를 넓게 쏟아 놓은 다음 랩으로 다시 밀착시켜 덮어준다. 냉장고에 최소 1시간 이상 넣어둔다.

마카롱 조립하기 MONTAGE
냉장고에 넣어두었던 블루베리 콩피를 볼에 옮겨 담고 핸드믹서로 갈아 풀어준 다음 지름 8mm 또는 10mm 원형 깍지를 끼운 짤주머니에 채운다. 마카롱 코크 한쪽에 블루베리 콩피 필링을 짜 얹는다. 나머지 한 개의 코크를 얹고 필링이 가장자리까지 오도록 살짝 눌러 마카롱을 완성한 다음 서빙하기 전까지 냉장고에 최소 2시간 이상 넣어둔다.

셰프의 팁

블루베리 콩피 대신 블루베리 잼이나 블랙베리 잼을 필링으로 사용해도 좋다.

블랙베리 아몬드 마카롱

MACARONS MÛRE-AMANDE

마카롱 코크 COQUES DE MACARONS
파란색 색소를 넣은 마카롱 코크를 만든다(p.243 테크닉 참조).

블랙베리 아몬드 필링 PÂTE D'AMANDES LÉGÈRE À LA MÛRE
소스팬에 블랙베리 퓌레와 레몬즙을 넣고 45℃까지 약불로
가열한다. 그동안 카카오 버터를 중탕으로 45~50℃까지 녹
인다. 볼에 아몬드 페이스트를 넣고 핸드믹서로 잘 풀어준 다
음 블랙베리 퓌레를 조금씩 넣으며 잘 섞어 페이스트 질감을
만든다. 녹인 카카오 버터를 조금씩 넣어가며 섞는다. 균일한
혼합물이 되도록 잘 섞은 뒤 냉장고에 2~3시간 넣어둔다. 핸
드믹서나 거품기로 휘핑해 짤주머니에 넣어 짜기 좋은 가벼
운 텍스처로 만든다.

마카롱 조립하기 MONTAGE
지름 8mm 또는 10mm 원형 깍지를 끼운 짤주머니에 가볍
게 휘핑한 블랙베리 아몬드 필링을 채운 다음 마카롱 코크
한쪽에 짜 얹는다. 나머지 한 개의 코크를 얹고 필링이 가장
자리까지 오도록 살짝 눌러 마카롱을 완성한 뒤 상온에서
(15~20℃) 24시간 동안 숙성한다.

셰프의 팁

• 아몬드 함량이 높은 좋은 품질의 아몬드 페이스트를
사용하면 너무 달지 않으면서도 아몬드 고유의
진한 풍미를 더욱 잘 살릴 수 있다.

• 아몬드 페이스트를 전자레인지에 살짝 데워 부드럽게
만든 다음 사용하면 다른 재료와 혼합하기 편리하다.

마카롱 12개 분량

작업 시간
2시간

냉장
3시간

숙성
24시간

보관
냉장고에서 3~4일

도구
주방용 온도계
거품기
짤주머니 + 지름 8mm 또는 10mm
원형 깍지

재료
마카롱 코크 24개(p.243 테크닉 참조)
수용성 식용 색소 분말(파란색) 0.8g

블랙베리 아몬드 필링
블랙베리 퓌레 40g
레몬즙 5g
아몬드 페이스트(아몬드 55%) 250g
카카오 버터 25g

1

피스타치오 마카롱

MACARONS PISTACHE

마카롱 12개 분량

작업 시간
1시간 45분

냉장
3시간

보관
냉장고에서 3~4일

도구
주방용 온도계
핸드블렌더
짤주머니 + 지름 8mm 또는 10mm
원형 깍지

재료
마카롱 코크 24개(p.243 테크닉 참조)
수용성 식용 색소 분말(피스타치오 그린)
0.6g

피스타치오 가나슈
액상 생크림(유지방 35%) 115g
피스타치오 페이스트 20g
화이트 초콜릿 115g

마카롱 코크 COQUES DE MACARONS
피스타치오 그린색 색소를 넣은 마카롱 코크를 만든다(p.243
테크닉 참조).

피스타치오 가나슈 GANACHE PISTACHE
소스팬에 생크림과 피스타치오 페이스트를 넣고 35℃가 될
때까지 잘 저으며 가열한다. 그동안 잘게 썬 화이트 초콜릿을
볼에 넣고 중탕으로 35℃까지 녹인다. 생크림 피스타치오 페
이스트 혼합물을 녹인 초콜릿에 부어가며 실리콘 주걱으로
조심스럽게 섞어 매끈하고 크리미한 가나슈를 만든다. 랩을
깐 베이킹 팬에 가나슈를 넓게 펼쳐 놓고 다시 랩으로 밀착되
게 덮어준 다음 냉장고에 넣어 완전히 식힌다.

마카롱 조립하기 MONTAGE
냉장고에 넣어두었던 피스타치오 가나슈를 볼에 옮겨 담고
핸드블렌더로 갈아 풀어준 다음 지름 8mm 또는 10mm 원
형 깍지를 끼운 짤주머니에 채운다. 마카롱 코크 한쪽에 가
나슈를 짜 얹는다. 나머지 한 개의 코크를 얹고 필링이 가장
자리까지 오도록 살짝 눌러 마카롱을 완성한 다음 서빙하기
전까지 냉장고에 최소 2시간 이상 넣어둔다.

셰프의 팁

오렌지 블러섬 워터는 피스타치오와 아주 잘 어울린다.
가나슈에 몇 방울 넣으면 마카롱에 향을 더해줄 수 있다.

아보카도 블랙베리 마카롱

MACARONS AVOCAT-MÛRE

마카롱 코크 COQUES DE MACARONS

녹색 색소를 넣은 마카롱 코크를 만든다(p.243 테크닉 참조).

그린 코팅 혼합물 APPAREIL VERT

카카오 버터와 잘게 썬 화이트 초콜릿을 각각 볼에 담고 중탕으로 35℃가 될 때까지 녹인 다음 혼합한다. 색소를 조금씩 넣어가며 섞어 원하는 톤의 색을 만든 다음 핸드블렌더로 균일하게 갈아준다. 구워낸 뒤 식힌 마카롱 코크의 표면을 혼합물에 살짝 담가 코팅을 입힌다.

아보카도 크림 CRÈME D'AVOCAT

소스팬에 우유를 넣고 중불로 가열해 끓으면 아보카도 살과 레몬즙을 넣고 핸드블렌더로 균일하게 갈아준다. 다른 볼에 달걀노른자와 커스터드 분말을 넣고 색이 연해지고 걸쭉해질 때까지 핸드믹서를 돌려 혼합한다. 뜨거운 우유 아보카도 혼합물을 달걀노른자에 천천히 부어주며 거품기로 잘 섞는다. 혼합물을 모두 소스팬에 다시 옮겨 담고 중불로 가열해 크렘 파티시에를 만들듯이 계속 저어가며 익힌다. 끓으면 불에서 내리고 35~40℃까지 식힌 뒤 잘게 썬 버터를 넣어 잘 섞고 블렌더로 갈아 균일한 크림을 만든다. 랩을 깐 베이킹 팬에 크림을 넓게 펼쳐놓고 다시 랩으로 밀착되게 덮어준 다음 냉장고에 1시간 정도 넣어두어 완전히 식힌다.

블랙베리 즐레 GELÉE DE MÛRE

소스팬에 블랙베리 퓌레를 넣고 45℃가 될 때까지 약불로 가열한다. 설탕과 펙틴 가루를 섞은 뒤 블랙베리 퓌레에 조금씩 넣어가며 거품기로 잘 섞는다. 계속 가열해 혼합물이 걸쭉해질 때까지 계속 저어주며 몇 분간 끓인다. 랩을 깐 베이킹 팬에 블랙베리 즐레를 넓게 쏟아 놓은 다음 랩으로 다시 밀착시켜 덮어준다. 냉장고에 최소 1시간 이상 넣어둔다.

마카롱 조립하기 MONTAGE

냉장고에 넣어두었던 블랙베리 즐레를 볼에 옮겨 담고 핸드믹서로 갈아 풀어준 다음 지름 8mm 또는 10mm 원형 깍지를 끼운 짤주머니에 채운다. 지름 6mm 원형 깍지를 끼운 다른 짤주머니에 아보카도 크림을 채운다. 마카롱 코크 한쪽에 우선 아보카도 크림을 가장자리에 빙 둘러 링 모양으로 짜준 다음, 가운데 블랙베리 즐레를 짜 넣는다. 나머지 한 개의 코크를 얹고 필링이 가장자리까지 오도록 살짝 눌러 마카롱을 완성한 다음 서빙하기 전까지 냉장고에 최소 2시간 이상 넣어둔다.

마카롱 12개 분량

작업 시간
2시간

냉장
4시간

보관
냉장고에서 3~4일

도구
주방용 온도계
핸드블렌더
전동 핸드믹서
거품기
짤주머니 2개 + 지름 6mm 원형 깍지,
지름 8mm 또는 10mm 원형 깍지

재료
마카롱 코크 24개(p.243 테크닉 참조)
수용성 식용 색소 분말(피스타치오 그린)
0.6g

그린 코팅 혼합물
지용성 식용 색소(녹색) 8g
카카오 버터 50g
화이트 초콜릿 50g

아보카도 크림
아보카도 살 110g
레몬즙 5g
우유 30g
달걀노른자 20g
커스터드 분말 3g
버터 75g

블랙베리 즐레
블랙베리 퓌레 100g
설탕 8g
펙틴(pectine NH) 2g

레몬 마카롱

MACARONS CITRON

마카롱 12개 분량

작업 시간
1시간 45분

향 우려내기
20분 이상

냉장
3시간

보관
냉장고에서 3~4일

도구
원뿔체
주방용 온도계
핸드블렌더
짤주머니 + 지름 8mm 또는 10mm
원형 깍지

재료
마카롱 코크 24개(p.243 테크닉 참조)
수용성 식용 색소 분말(노랑) 0.6g

레몬 크림
액상 생크림(유지방 35%) 60g
레몬 제스트(필러로 얇게 저며 벗긴다)
1개분
물 20g
레몬즙 25g
설탕 40g
달걀 75g
판 젤라틴 2g

마카롱 코크 COQUES DE MACARONS
노란색 색소를 넣은 마카롱 코크를 만든다(p.243 테크닉 참조).

레몬 크림 CRÈME CITRON JAUNE
소스팬에 생크림과 레몬 제스트를 넣고 데운 뒤 불에서 내리
고 향을 우려낸다. 다른 소스팬에 물과 레몬즙을 넣고 살짝
끓을 때까지 가열한다. 달걀과 설탕을 볼에 넣고 색이 연해지
고 걸쭉해질 때까지 거품기로 저어 섞은 뒤 뜨거운 레몬 물을
천천히 부으며 잘 저어준다. 레몬향이 우러난 생크림을 체에
걸러 혼합물에 넣고 계속 저어준다. 판 젤라틴을 찬물에 담가
말랑하게 불린다. 크림 혼합물을 소스팬으로 모두 옮겨 담고
다시 불에 올려 83℃까지 잘 저으며 익힌다. 불에서 내린 다
음 물을 꼭 짠 젤라틴을 넣고 잘 저어 녹인다. 랩을 깐 베이킹
팬에 레몬 크림을 펼쳐 놓고 다시 랩으로 밀착되게 덮어준 다
음 냉장고에 최소 1시간 이상 넣어둔다.

마카롱 조립하기 MONTAGE
냉장고에 넣어두었던 레몬 크림을 볼에 옮겨 담고 핸드믹서로
갈아 부드럽게 풀어준 다음, 지름 8mm 또는 10mm 원형 깍
지를 끼운 짤주머니에 채워 마카롱 코크 한쪽에 짜 얹는다.
나머지 한 개의 코크를 얹고 필링이 가장자리까지 오도록 살
짝 눌러 마카롱을 완성한 다음 서빙하기 전까지 냉장고에 최
소 2시간 이상 넣어둔다.

허니 티 마카롱

MACARONS THÉ AU MIEL

마카롱 코크 COQUES DE MACARONS

노란색 색소를 넣은 마카롱 코크를 만든다(p.243 테크닉 참조). 오븐에 굽기 전에 코크 위에 얼그레이 찻잎을 솔솔 뿌린다.

화이트 티 인퓨전 INFUSION THÉ BLANC

소스팬에 생크림을 넣고 약불로 데운다. 불에서 내린 뒤 찻잎을 넣어준 다음 식으면 24시간 동안 냉장고에 넣고 향을 우려낸다. 다음 날 차 향이 우러난 생크림을 50℃가 될 때까지 중불로 가열한다. 체에 거른 뒤 다시 계량해 모자라는 부분 만큼 생크림을 더 넣어 150g을 만든다. 향을 우려내는 동안 소량의 크림이 찻잎에 흡수되기 때문이다.

허니 티 가나슈 GANACHE THÉ MIEL

카카오 버터와 잘게 썬 화이트 초콜릿을 각각 따로 볼에 담고 중탕으로 35℃까지 녹인 다음 섞어준다. 소스팬에 꿀과 차 향을 우린 생크림을 넣고 뜨겁게 가열한 다음, 초콜릿과 카카오 버터 혼합물에 붓는다. 실리콘 주걱으로 잘 저어 윤기 나는 가나슈를 만든다. 가나슈의 온도가 35℃까지 식으면 깍둑 썰어둔 버터를 넣고 섞는다. 핸드블렌더로 갈아 매끈하게 혼합한다. 냉장고에 최소한 1시간 이상 넣어둔다.

셰프의 팁

블랙 티는 마카롱에 스모키한 훈연의 맛을 줄 수 있으므로 일부러 그 맛을 원하는 경우가 아니라면 피하는 것이 좋다. 얼그레이 티가 가장 좋은 선택이다.

마카롱 조립하기 MONTAGE

지름 8mm 또는 10mm 원형 깍지를 끼운 짤주머니에 허니 티 가나슈를 채운 다음 마카롱 코크 한쪽에 짜 얹는다. 나머지 한 개의 코크를 얹고 필링이 가장자리까지 오도록 살짝 눌러 마카롱을 완성한 다음 서빙하기 전까지 냉장고에 몇 시간 동안, 가장 이상적으로는 24시간 동안 넣어둔다.

마카롱 12개 분량

작업 시간
2시간

향 우려내기
24시간

냉장
3시간

보관
냉장고에서 3~4일

도구
주방용 온도계
원뿔체
핸드블렌더
짤주머니 + 지름 8mm 또는 10mm 원형 깍지

재료
마카롱 코크 24개(p.243 테크닉 참조)
수용성 식용 색소 분말(노랑) 0.6g
얼그레이 티

화이트 티 인퓨전
액상 생크림(유지방 35%) 150g
화이트 티 10g

허니 티 가나슈
화이트 초콜릿 340g
카카오 버터 25g
화이트 티 인퓨전 150g
꿀 25g
버터(상온) 85g

솔티드 캐러멜 마카롱

MACARONS CARAMEL BEURRE SALÉ

마카롱 12개 분량

작업 시간
1시간 45분

냉장
3시간

보관
냉장고에서 3~4일

도구
주방용 온도계
핸드블렌더
짤주머니 + 지름 8mm 또는 10mm
원형 깍지

재료
마카롱 코크 24개(p.243 테크닉 참조)
수용성 식용 색소 분말(브라운) 0.6g

솔티드 버터 캐러멜
설탕 50g
글루코스 시럽 40g
액상 생크림(유지방 35%) 55g
무가당 연유 28g
버터 75g
소금(플뢰르 드 셀) 0.5g

마카롱 코크 COQUES DE MACARONS
브라운 색소를 넣은 마카롱 코크를 만든다(p.243 테크닉 참조).

솔티드 버터 캐러멜 CARAMEL BEURRE SALÉ
소스팬에 글루코스 시럽과 설탕을 넣고 중불로 가열한다. 설탕이 완전히 녹고 시럽이 진한 캐러멜 색을 띠게 되면 불에서 내린다. 다른 소스팬에 생크림과 연유를 넣고 끓인 뒤 조심스럽게 캐러멜에 넣고 잘 섞는다. 혼합물을 계량한 뒤 부족한 양 만큼의 물을 더해 총량 140g을 만든다. 캐러멜이 35~40℃까지 식으면 깍둑 썰어둔 상온의 버터와 플뢰르 드 셀(소금)을 넣은 다음 핸드블렌더로 갈아 균일하게 혼합한다. 랩을 깐 베이킹 팬에 캐러멜을 펼쳐 놓고 다시 랩으로 밀착되게 덮은 다음 냉장고에 최소 1시간 이상 넣어둔다.

마카롱 조립하기 MONTAGE
지름 8mm 또는 10mm 원형 깍지를 끼운 짤주머니에 솔티드 캐러멜을 채운 다음 마카롱 코크 한쪽에 짜 얹는다. 나머지 한 개의 코크를 얹고 크림이 가장자리까지 오도록 살짝 눌러 마카롱을 완성한 다음 서빙하기 전까지 냉장고에 최소 2시간 이상 넣어둔다.

셰프의 팁

• 하루 전날 만들어 상온에 두었다 먹는 것이 좋다.

• 캐러멜을 만들 때 설탕을 좀 더 오래 가열해 색도 진해지고 캐러멜 맛이 강하게 나도록 한다. 단, 쓴맛이 날 정도로 오래 두어서는 안 된다.

• 버터는 반드시 캐러멜 혼합물의 온도가 35~40℃인 상태일 때 넣어야 한다. 최종 혼합물에서 버터가 안정적인 상태를 유지하는 최적의 조건이다.

캐러멜 마카다미아 바나나 마카롱

MACARONS CARAMEL, NOIX DE MACADAMIA ET BANANE

마카롱 코크 COQUES DE MACARONS

브라운 색소를 넣은 마카롱 코크를 만든다(p.243 테크닉 참조).

마블링 코팅 MARBRAGE

두 종류의 초콜릿을 각각 따로 볼에 담고 화이트 초콜릿은 35℃, 밀크 초콜릿은 40℃가 될 때까지 중탕으로 녹인다. 화이트 초콜릿에 밀크 초콜릿을 조금 넣고 마블링 효과를 낼 정도로만 칼끝으로 살짝 섞어준다. 구워낸 뒤 식힌 마카롱 코크의 윗면을 이 마블링 초콜릿에 살짝 담근 다음 가볍게 돌려주며 나선형 무늬의 코팅을 입힌다.

솔티드 캐러멜 CARAMEL

소스팬에 글루코스 시럽과 설탕을 넣고 중불로 가열한다. 설탕이 완전히 녹고 시럽이 진한 캐러멜 색을 띠게 되면 불에서 내린다. 다른 소스팬에 생크림과 연유를 넣고 끓인 뒤 조심스럽게 캐러멜에 넣고 잘 섞는다. 혼합물을 계량한 뒤 부족한 양 만큼의 물을 더해 총량 140g을 만든다. 캐러멜이 35~40℃까지 식으면 깍둑 썰어둔 상온의 버터와 플뢰르 드 셀(소금)을 넣은 다음 핸드블렌더로 갈아 균일하게 혼합한다. 랩을 깐 베이킹 팬에 캐러멜을 펼쳐 놓고 다시 랩으로 밀착되게 덮은 다음 냉장고에 최소 1시간 이상 넣어둔다.

구운 마카다미아 너트 ÉCLATS DE NOIX DE MACADAMIA TORRÉFIÉES

오븐을 170℃로 예열한다. 마카다미아 너트를 잘게 썬 다음 유산지를 깐 베이킹 팬에 펼쳐 놓는다. 오븐에 넣고 황금빛 구운 색이 날 때까지 로스팅한다. 금방 탈 수 있으니 주의하며 자주 구운 상태를 체크한다. 꺼내 식힌다.

바나나 크레뫼 CRÉMEUX BANANE

젤라틴을 찬물에 담가 말랑하게 불린다. 소스팬에 바나나 퓌레 분량의 반을 넣고 잘 저어주며 끓인다. 볼에 달걀노른자, 달걀, 설탕을 넣고 색이 연해지고 걸쭉해질 때까지 거품기로 잘 저어 섞는다. 여기에 나머지 바나나 퓌레와 뜨거운 바나나 퓌레를 조금 넣어 잘 풀어준 다음 다시 바나나 퓌레를 끓인 소스팬으로 모두 옮겨 담는다. 거품기로 계속 저어가며 82℃까지 가열한 다음 물을 꼭 짠 젤라틴을 넣고 잘 섞어 녹인다. 혼합물이 35℃까지 식으면 깍둑 썰어둔 버터를 넣는다. 핸드블렌더로 갈아 균일하게 혼합한다. 크레뫼 표면에 랩을 밀착시켜 덮은 다음 냉장고에 최소 1시간 동안 넣어둔다.

마카롱 조립하기 MONTAGE

지름 6mm 원형 깍지를 끼운 짤주머니에 바나나 크레뫼를 채운 다음 마카롱 코크 한쪽 가장자리에 빙 둘러 짜 얹는다. 중앙에 구운 마카다미아 너트를 몇 알갱이 넣어준 다음 캐러멜을 채워 넣는다. 나머지 한 개의 코크를 얹고 필링이 가장자리까지 오도록 살짝 눌러 마카롱을 완성한 다음 서빙하기 전까지 냉장고에 최소 2시간 이상 넣어둔다.

마카롱 12개 분량

작업 시간
1시간 45분

냉장
4시간

보관
냉장고에서 3~4일

도구
주방용 온도계
핸드블렌더
짤주머니 + 지름 6mm 원형 깍지

재료
마카롱 코크 24개(p.243 테크닉 참조)
수용성 식용 색소 분말(브라운) 0.6g

마블링 코팅
화이트 초콜릿 쓰는 대로
밀크 초콜릿 쓰는 대로

솔티드 캐러멜
설탕 50g
글루코스 시럽 40g
액상 생크림(유지방 35%) 55g
무가당 연유 28g
버터 75g
소금(플뢰르 드 셀) 0.5g

구운 마카다미아 너트
마카다미아 너트 60g

바나나 크레뫼
바나나 퓌레 100g
달걀노른자 30g
달걀 50g
설탕 30g
판 젤라틴 2g
버터 60g

LEVEL
1

밀크 초콜릿 마카롱

MACARONS CHOCOLAT AU LAIT

마카롱 12개 분량

작업 시간
1시간 45분

냉장
3시간

보관
냉장고에서 3~4일

도구
주방용 온도계
짤주머니 + 지름 8mm 또는 10mm
원형 깍지

재료
마카롱 코크 24개(p.243 테크닉 참조)
수용성 식용 색소 분말(브라운) 0.8g
크리스피 푀이앙틴

밀크 초콜릿 가나슈
액상 생크림(유지방 35%) 90g
글루코스 시럽 15g
밀크 커버처 초콜릿(카카오 35%) 140g

마카롱 코크 COQUES DE MACARONS

브라운 색소를 넣은 마카롱 코크를 만든다(p.243 테크닉 참조).
오븐에 넣어 굽기 전에 잘게 부순 푀이앙틴을 코크 위에 뿌
려준다.

밀크 초콜릿 가나슈 GANACHE CHOCOLAT AU LAIT

소스팬에 생크림과 글루코스 시럽을 넣고 35℃가 될 때까
지 중불로 가열한다. 그동안 잘게 썬 밀크 초콜릿을 볼에 담
고 중탕으로 35℃까지 녹인다. 뜨거운 크림을 밀크 초콜릿
에 붓고 실리콘 주걱으로 살살 섞어 매끈하고 크리미한 가
나슈를 만든다. 랩을 깐 베이킹 팬에 가나슈를 펼쳐 놓고 다
시 랩으로 밀착되게 덮어준 다음 냉장고에 최소 1시간 이상
넣어둔다.

마카롱 조립하기 MONTAGE

지름 8mm 또는 10mm 원형 깍지를 끼운 짤주머니에 가나
슈를 채운 다음 마카롱 코크 한쪽에 짜 얹는다. 나머지 한 개
의 코크를 얹고 크림이 가장자리까지 오도록 살짝 눌러 마카
롱을 완성한 다음 서빙하기 전까지 냉장고에 최소 2시간 이
상 넣어둔다.

밤 만다린 귤 마카롱

MACARONS MARRON MANDARINE

마카롱 코크 COQUES DE MACARONS

브라운 색소를 넣은 마카롱 코크를 만든다 (p.243 테크닉 참조).

밤 크림 CRÈME DE MARRON

소스팬에 우유를 넣고 중불로 가열해 끓으면 밤 크림 스프레드를 넣고 잘 젓는다. 달걀노른자와 커스터드 분말을 볼에 넣고 색이 연해지고 걸쭉해질 때까지 전동 핸드믹서로 잘 혼합한다. 뜨거운 우유 혼합물을 달걀 혼합물에 붓고 잘 섞은 뒤 다시 소스팬으로 모두 옮겨 담고 계속 잘 저으며 가열한다. 끓기 바로 전에 불에서 내리고, 혼합물이 35~40℃까지 식으면 깍뚝 썬 버터를 넣어 균일하게 섞는다. 랩을 깐 베이킹 팬에 가나슈를 펼쳐 놓고 다시 랩으로 밀착되게 덮어준 다음 냉장고에 최소 1시간 이상 넣어둔다.

만다린 귤 콩피 CONFIT DE MANDARINES

소스팬에 만다린 귤 과육 퓌레를 넣고 45℃까지 약불로 가열한다. 설탕과 펙틴을 섞은 뒤 귤 퓌레에 조금씩 넣으며 가열한다. 거품기로 계속 저으며 혼합물이 걸쭉해질 때까지 몇 분간 끓인다. 랩을 깐 베이킹 팬에 귤 콩피를 펼쳐 놓고 다시 랩으로 밀착되게 덮어준 다음 냉장고에 최소 1시간 이상 넣어둔다.

초콜릿 코인 PALETS EN CHOCOLAT

밀크 초콜릿을 템퍼링한다 (p.570, 572 테크닉 참조). 실리콘 패드 위에 스텐실 매트 (chablon stencil mat)를 놓는다. 초콜릿의 온도가 30℃가 되면 스텐실 매트 위에 부어 원형 칸을 채워준다. 스패출러로 밀어 남은 초콜릿을 훑어낸 다음 5분간 굳도록 둔다.

마카롱 조립하기 MONTAGE

만다린 귤 콩피를 핸드블렌더로 갈아 부드럽게 풀어준 다음 지름 8mm 또는 10mm 원형 깍지를 끼운 짤주머니에 채운다. 지름 6mm 원형 깍지를 끼운 다른 짤주머니에 밤 크림을 채운다. 마카롱 코크 한쪽 가장자리에 빙 둘러 밤 크림을 짜얹는다. 중앙에 만다린 귤 콩피를 채운 뒤 나머지 한 개의 코크를 얹고 필링이 가장자리까지 오도록 살짝 눌러 마카롱을 완성한다. 얇은 원형 초콜릿 코인에 녹인 초콜릿을 살짝 묻혀 마카롱 위에 하나씩 붙여 얹어준다. 서빙하기 전까지 냉장고에 최소 2시간 이상 넣어둔다.

셰프의 팁

템퍼링한 밀크 초콜릿에 마카롱 코크 윗면을
살짝 담가 코팅해도 좋다.

마카롱 12개 분량

작업 시간
2시간 20분

초콜릿 굳히기
5분

냉장
3시간

보관
냉장고에서 3~4일

도구
전동 핸드믹서
주방용 온도계
거품기
원형 초콜릿용 스텐실 매트 (지름 4cm)
실리콘 패드
스패출러
짤주머니 2개 + 지름 6mm 원형 깍지,
지름 8mm 또는 10mm 원형 깍지

재료
마카롱 코크 24개 (p.243 테크닉 참조)
수용성 식용 색소 분말 (브라운) 0.6g

밤 크림
우유 30g
밤 크림 스프레드 110g
달걀노른자 20g
커스터드 분말 3g
버터 75g

만다린 귤 콩피
만다린 귤 과육 퓌레 100g
설탕 8g
펙틴 (pectine NH) 2g

초콜릿 코인
밀크 커버처 초콜릿 250g

다크 초콜릿 마카롱

MACARONS CHOCOLAT NOIR

마카롱 12개 분량

작업 시간
2시간 10분

초콜릿 굳히기
5분

냉장
3시간

보관
냉장고에서 3~4일

도구
주방용 온도계
원형 초콜릿용 스텐실 매트(지름 4cm)
실리콘 패드
스패츌러
짤주머니 + 지름 8mm 또는 10mm
원형 깍지

재료
마카롱 코크 24개(p.243 테크닉 참조)
수용성 식용 색소 분말(브라운) 0.6g

다크 초콜릿 가나슈
액상 생크림(유지방 35%) 115g
꿀 12g
다크 커버처 초콜릿(카카오 65%) 115g

초콜릿 코인
다크 커버처 초콜릿(카카오 65%) 250g

마카롱 코크 COQUES DE MACARONS
브라운 색소를 넣은 마카롱 코크를 만든다(p.243 테크닉 참조).

다크 초콜릿 가나슈 GANACHE CHOCOLAT NOIR
소스팬에 생크림과 꿀을 넣고 35℃가 될 때까지 가열한다. 그동안 잘게 썬 다크 초콜릿을 볼에 넣고 중탕으로 35℃까지 녹인다. 생크림을 초콜릿에 붓고 실리콘 주걱으로 살살 섞어 매끈하고 크리미한 가나슈를 만든다. 랩을 깐 베이킹 팬에 가나슈를 놓고 다시 랩으로 밀착되게 덮어준 다음 냉장고에 30~40분 정도 넣어둔다.

초콜릿 코인 PALETS EN CHOCOLAT
다크 초콜릿을 템퍼링한다(p.570, 572 테크닉 참조). 실리콘 패드 위에 스텐실 매트 (chablon stencil mat) 를 놓는다. 초콜릿의 온도가 30℃가 되면 스텐실 매트위에 부어 원형 칸을 메워준다. 스패츌러로 밀어 남은 초콜릿을 훑어낸 다음 5분간 굳도록 둔다.

마카롱 조립하기 MONTAGE
지름 8mm 또는 10mm 원형 깍지를 끼운 짤주머니에 가나슈를 채운 다음 마카롱 코크 한쪽에 짜 얹는다. 나머지 한 개의 코크를 얹고 필링이 가장자리까지 오도록 살짝 눌러 마카롱을 완성한다. 얇은 원형 초콜릿 코인에 녹인 초콜릿을 살짝 묻혀 마카롱 위에 하나씩 붙여 얹어준다. 서빙하기 전까지 냉장고에 최소 2시간 이상 넣어둔다.

초콜릿 프랄리네, 복숭아 마카롱

MACARONS PRALINÉ, PÊCHE ET CHOCOLAT

마카롱 코크 COQUES DE MACARONS
브라운 색소를 넣은 마카롱 코크를 만든다(p.243 테크닉 참조).

복숭아 콩피 CONFIT DE PÊCHES
소스팬에 복숭아 과육 퓌레를 넣고 45℃가 될 때까지 약불로 가열한다. 설탕과 펙틴을 섞은 뒤 복숭아 퓌레에 조금씩 넣으며 가열한다. 거품기로 계속 저으며 혼합물이 걸쭉해질 때까지 몇 분간 끓인다. 랩을 깐 베이킹 팬에 복숭아 콩피를 펼쳐 놓고 다시 랩으로 밀착되게 덮어준 다음 냉장고에 최소 1시간 이상 넣어둔다.

초콜릿 프랄리네 가나슈 GANACHE PRALINÉ
소스팬에 생크림과 프랄리네 페이스트를 넣고 35℃가 될 때까지 중간중간 저어주며 중불로 가열한다. 그동안 잘게 썬 화이트 초콜릿을 볼에 넣고 중탕으로 35℃까지 녹인다. 프랄리네 생크림을 초콜릿에 붓고 실리콘 주걱으로 살살 섞어 매끈하고 크리미한 가나슈를 만든다. 랩을 깐 베이킹 팬에 가나슈를 펼쳐 놓고 다시 랩으로 밀착되게 덮어준 다음 냉장고에 최소 1시간 이상 넣어둔다.

마카롱 조립하기 MONTAGE
지름 8mm 또는 10mm 원형 깍지를 끼운 짤주머니에 초콜릿 프랄리네 가나슈를 채운다. 마카롱 코크 한쪽 가장자리에 빙 둘러 가나슈를 짜 얹는다. 중앙에 복숭아 콩피를 채운 뒤 나머지 한 개의 코크를 얹고 필링이 가장자리까지 오도록 살짝 눌러 마카롱을 완성한다. 코코아 가루를 체에 치며 솔솔 뿌린다. 서빙하기 전까지 냉장고에 최소 2시간 이상 넣어둔다.

마카롱 12개 분량

작업 시간
1시간 45분

냉장
4시간

보관
냉장고에서 3~4일

도구
거품기
주방용 온도계
짤주머니 + 지름 8mm 또는 10mm 원형 깍지
작은 체
핸드블렌더

재료
마카롱 코크 24개(p.243 테크닉 참조)
수용성 식용 색소 분말(브라운) 0.8g

복숭아 콩피
복숭아 과육 퓌레 200g
설탕 16g
펙틴(pectine NH) 4g

초콜릿 프랄리네 가나슈
액상 생크림(유지방 35%) 115g
프랄리네 페이스트 40g
화이트 초콜릿 100g

데커레이션
코코아 가루

LEVEL

LEVEL

1

감초 마카롱

MACARONS RÉGLISSE

마카롱 12개 분량

작업 시간
1시간 45분

냉장
3시간

보관
냉장고에서 3~4일

도구
가는 붓
주방용 온도계
짤주머니 + 지름 8mm 또는 10mm
원형 깍지

재료
마카롱 코크 24개(p.243 테크닉 참조)
수용성 식용 색소 분말(검정) 0.6g

감초 크레뫼
액상 생크림(유지방 35%) 115g
감초 페이스트 20g
화이트 초콜릿 115g

코크 데커레이션
수용성 식용 색소 분말(검정) 0.6g
키르슈(체리 브랜디) 100g

마카롱 코크 COQUES DE MACARONS
검은색 색소를 넣은 마카롱 코크를 만든다(p.243 테크닉 참조).
키르슈에 검정색 색소를 섞어둔다. 구워낸 코크가 식은 뒤, 색
소를 넣은 키르슈를 마카롱 코크 윗면에 붓으로 슬쩍 칠해
줄무늬를 내준다.

감초 크레뫼 CRÉMEUX RÉGLISSE
소스팬에 생크림과 감초 페이스트를 넣고 35℃가 될 때까지
중불로 가열한다. 그동안 잘게 썬 화이트 초콜릿을 볼에 넣고
중탕으로 35℃까지 녹인다. 감초 생크림을 녹인 초콜릿에 붓
고 실리콘 주걱으로 살살 섞어 균일한 혼합물을 만든다. 랩을
표면에 밀착시켜 덮은 뒤 혼합물이 짤주머니에 채워 넣기 좋
은 상태가 될 때까지 냉장고에 넣어둔다.

마카롱 조립하기 MONTAGE
지름 8mm 또는 10mm 원형 깍지를 끼운 짤주머니에 크레
뫼를 채운 다음 마카롱 코크 한쪽에 짜 얹는다. 나머지 한 개
의 코크를 얹고 크림이 가장자리까지 오도록 살짝 눌러 마카
롱을 완성한 다음 서빙하기 전까지 냉장고에 최소 2시간 이
상 넣어둔다.

셰프의 팁

감초 페이스트 대신 감초 분말을 사용해도 좋다.

블랙 트러플 마카롱

MACARONS TRUFFE NOIRE

마카롱 코크 COQUES DE MACARONS
검은색 색소를 넣은 마카롱 코크를 만든다(p.243 테크닉 참조).

벨벳 스프레이 혼합물 APPAREIL À PISTOLET
키르슈에 색소를 넣어 섞은 다음 스프레이 건에 채운다. 구워
낸 코크를 식힌 뒤 스프레이 건으로 분사해 벨벳과 같은 질
감의 코팅을 입힌다.

트러플 샹티이 크림 CHANTILLY À LA TRUFFE
하루 전날 준비하는 게 좋다. 생크림에 잘게 다진 트러플을
넣고 랩을 씌워 냉장고에서 하룻밤 향을 우려낸다. 고운 체에
거른다. 걸러낸 트러플은 보관한다. 향이 우러난 크림을 마스
카르포네에 넣고 잘 풀어준 다음 전동 핸드믹서로 휘핑해 샹
티이 크림을 만든다. 잘게 다진 트러플을 넣고, 휘핑한 크림이
꺼지지 않도록 실리콘 주걱으로 살살 섞어준다.

마카롱 조립하기 MONTAGE
지름 8mm 또는 10mm 원형 깍지를 끼운 짤주머니에 트러
플 샹티이 크림을 채운 다음 마카롱 코크 한쪽에 짜 얹는다.
나머지 한 개의 코크를 얹고 필링이 가장자리까지 오도록 살
짝 눌러 마카롱을 완성한 다음 서빙하기 전까지 냉장고에 최
소 2시간 이상 넣어둔다. 식용 금박을 조금씩 올려 장식한다.

셰프의 팁

• 샹티이 크림에 트러플 오일을 조금 넣어주면
더욱 깊은 트러플 풍미를 낼 수 있다.

• 마카롱을 만드는 데 쓰일 달걀을 일주일 전부터
트러플과 함께 밀폐 용기에 넣어두면
달걀에 향이 배어든다.

마카롱 12개 분량

작업 시간
1시간 45분

냉장
2시간

보관
냉장고에서 3~4일

도구
파티스리용 스프레이 건
원뿔체
전동 핸드믹서
짤주머니 + 지름 8mm 또는 10mm
원형 깍지

재료
마카롱 코크 24개(p.243 테크닉 참조)
수용성 식용 색소 분말(검정) 0.6g

스프레이 분사코팅 혼합물
수용성 액상 식용 색소(검정) 54g
키르슈 10g

트러플 샹티이 크림
액상 생크림(유지방 35%) 100g
마스카르포네 30g
생 블랙 트러플(검은 송로버섯) 10g

데커레이션
식용 금박

간단한 디저트

DESSERTS SIMPLES

갸토 드 부아야주, 구움과자류, 손쉽게 만드는 디저트

GÂTEAUX DE VOYAGE, FOURS SECS ET DESSERTS RAPIDES

오후의 간식 또는 가족 식사가 끝난 뒤 후식으로 먹는 이 일상의 디저트들은 쉽게 만들 수 있는 것들이지만 성공적으로 만들기 위해서는 나름의 정확성과 세심함을 필요로 한다.

갸토 드 부아야주, 간단한 디저트 GÂTEAUX DE VOYAGE & DESSERTS RAPIDES

'갸토 드 부아야주'라는 이름은 어디서 왔을까?
일반적으로 크림을 넣은 케이크류는 들고 이동하기에도 불편할 뿐 아니라 보관도 차갑게 해야 한다. 그래서 탄생한 것이 갸토 드 부아야주, 이름 그대로 여행용 케이크이며, 상온에서 보존이 가능하고 휴대하고 다니기 쉬운 케이크 종류를 통칭한다. 1890년 파티시에 란(Lasne)에 의해 처음 선보인 피낭시에가 그 첫 주자였으며, 그 외에도 각종 파운드케이크, 마들렌, 팽 데피스, 마블 케이크 등이 이에 속한다.

달걀은 상온으로

이 수칙은 아무리 강조해도 지나치지 않다. 제과제빵에서는 냉장고에서 바로 꺼낸 차가운 달걀을 사용하지 않는다. 사용하기 최소 2시간 전에 달걀을 냉장고에서 꺼내 놓는 습관을 갖도록 하자. 갸토 드 부아야주를 만들 때 상온의 달걀을 풀어 사용해야 버터를 굳게 하거나 반죽을 분리시키지 않으면서 혼합물에 잘 섞인다. 무스나 다른 간단 디저트 등 달걀흰자를 거품 내어 사용하는 경우에도 상온의 것을 사용해야 거품도 잘 올릴 수 있고 설탕을 넣었을 때도 잘 녹는다.

거품기로 제대로 치기

제대로 부푼 가벼운 질감의 케이크를 만들기 위해서는 버터와 설탕을 올바로 혼합하는 것이 가장 중요하다. 버터와 설탕 결정 입자와의 마찰을 통해 공기가 주입됨으로써 가벼운 혼합물이 만들어지는 것이다. 재료를 거품기와 계속 접촉시키며 약 3~4분 정도 치면 최적의 텍스처를 얻을 수 있다. 중간중간에 거품기 돌리는 것을 멈추고 주걱으로 볼의 바닥을 긁어내 골고루 섞어주어야 균일한 혼합물이 된다는 것도 잊지 말아야 한다.

체에 치는 이유

가루로 된 재료를 미리 섞어 체에 치면 밀가루 안에서 이스트나 베이킹파우더 등의 팽창제가 고루 분포되고 쉽게 섞이기 때문에 너무 오래 반죽을 하지 않아도 된다. 결과적으로 글루텐의 활성화를 제한할 수 있으며 반죽 안의 공기도 잘 보존된다. 부드러운 케이크를 만드는 데 있어, 작지만 아주 중요한 요건이다.

지체하지 말고 바로 오븐으로

베이킹파우더가 들어간 케이크 반죽은 지체 없이 바로 오븐에 넣어 구워야 한다. 반죽에 섞이는 즉시 팽창 기능이 활성화를 시작하여 탄산가스를 분출하기 때문이다. 이렇게 부푸는 효과를 최대로 활용하기 위해서는 반죽을 마치자마자 바로 굽는 것이 좋다.

구운 색이 고르게 나도록

파운드케이크나 원형 케이크 틀에 버터를 꼼꼼히 발라주는 것이 중요하다. 정제 버터를 사용한다면 더욱 좋다. 이 경우 버터가 탈 염려가 없고, 가장자리 끝부분의 색깔만 더 진하게 구워지는 일 없이 고른 색을 낼 수 있다.

살짝 태운 듯한 브라운 버터로 향을 더하기

피낭시에나 마들렌 같은 구움과자를 만들 때는 녹인 버터를 넣는다. 이들 과자 반죽에 약간의 향을 더하고 싶다면 버터를 녹이는 시간을 좀 더 늘려 살짝 갈색이 나는 뵈르 누아제트(beurre noisette, 브라운 버터)로 만들어 사용한다. 체에 한 번 거른 다음 레시피대로 반죽에 넣어주면 고소한 너티 향을 낼 수 있다.

갸토 드 부아야주에는 왜 전화당을 사용할까

전화당은 케이크 안의 수분을 지키는 역할을 하여 보존성을 향상시킨다. 레시피에 제시된 설탕 분량의 아주 적은 양만 전화당으로 대체해 넣어도 이 효과를 얻을 수 있다. 꿀이나 메이플시럽도 질감을 부드럽고 촉촉하게 해주는 효과가 있어 케이크가 빨리 건조해지는 것을 막아준다.

잘 부풀려 굽기

파운드케이크를 고루 잘 부풀게 하려면 굽기 시작한 지 10분쯤 지났을 때 칼날에 버터를 발라 케이크 중앙에 길게 칼집을 내주는 것이 좋다. 또한 오븐에 넣기 전에 종이로 만든 코르네를 사용하여 상온의 크리미한 버터를 케이크 위에 한 줄로 짜 얹어주는 것도 좋다. 하지만 재료의 계량이 정확히 되었다면(특히 베이킹파우더를 너무 많이 넣지 않도록 주의한다!) 구우면서 부풀어 저절로 표면에 균열이 생긴다.

촉촉하거나 바삭하게

케이크를 촉촉하게 유지하려면 뜨거울 때 랩으로 감싸준다. 수분이 날아가는 것을 막아 부드럽고 촉촉함을 오래 유지할 수 있다. 케이크의 겉이 바삭한 상태를 좋아한다면 틀을 제거하고 망에 올려 완전히 식힌 다음 랩으로 싼다.

보관

파운드케이크나 갸토 드 부아야주 종류는 잘 마르는 경향이 있다. 촉촉한 상태로 보존하려면 랩으로 잘 싸놓는 것을 잊지 말자.

냉동

파운드케이크 반죽은 얼리지 않는다. 하지만 구워낸 파운드케이크는 슬라이스한 다음 랩으로 꼼꼼히 싸서 냉동실에 최대 2개월간 보관할 수 있다. 냉장실로 옮겨 6~8시간 해동한 다음 상온으로 먹는다.

구움과자, 쿠키류 FOURS SECS

왜 베이킹파우더를 사용할까

사블레 포슈나 사블레 낭테, 초코칩 쿠키 등 몇몇 종류의 사블레 과자류는 베이킹파우더를 넣어 만드는데, 이는 반죽을 부풀리는 목적 때문이 아니라 과자의 텍스처를 개선해주기 때문이다. 굽는 동안 반죽이 잘 퍼지고 설탕이 캐러멜화하는 것을 도와준다. 결국 더 노릇하게 구워지고 캐러멜라이즈된 맛이 부각되는 풍미를 지닌 과자를 만들 수 있는 것이다.

설탕에 따라 달라지는 텍스처

어떤 종류의 설탕을 사용하느냐에 따라 과자의 질감은 달라진다. 정백당은 굽는 과정에서 녹지만 금방 다시 굳는 성질이 있어 과자를 바삭하게 해준다. 반면, 카소나드(cassonade, 비정제 황설탕)와 같이 당밀을 함유한 갈색류의 설탕은 약간의 수분을 갖고 있어 과자를 구울 때 더 잘 퍼져 내리게 할 뿐 아니라 촉촉하고 쫀득한 식감을 유지하게 해준다. 여러 종류의 설탕을 섞어 사용해 각기 다른 식감의 과자를 만들어보는 것도 좋다.

잘 보관하기

바삭한 과자류의 제일 큰 적은 이들을 눅눅하게 만드는 습기다. 본래의 바삭한 식감을 보존하려면 완전히 식힌 다음 완전히 밀폐되는 틴 케이스에 넣어 보관하는 것이 좋다. 켜마다 유산지를 깔아 분리해 넣는다.

반죽 냉동하기

초코칩 쿠키나 사블레 디아망 등의 과자는 굽기 전 반죽을 냉동 보관할 수 있다. 반죽을 긴 원통형으로 만들어 놓은 상태에서 랩으로 잘 밀봉해 싼 뒤 냉동실에 넣어 최대 2개월 동안 보관 가능하다. 냉장실로 옮겨 6~8시간 해동한 뒤 슬라이스해서 오븐에 굽는다.

'프티푸르 (petits-fours)'란 무엇일까?
나무 장작으로 불을 때는 오븐을 사용하던 시절, 빵이나 큰 사이즈의 케이크를 굽고 난 뒤 남은 여열로 이 작은 과자들을 구웠다는 데서 유래한 표현이다.
'프티푸르'는 프랑스어로 '작은 오븐'이라는 뜻이다.

피낭시에 Financiers

10인분

작업 시간
20분

냉장
2시간

조리
15~20분(4~8cm 사이즈 피낭시에)

보관
반죽 상태로 냉장고에서 48시간까지
구운 뒤 랩으로 밀봉해 냉장고에서
48시간까지
냉동실에서 3개월까지

도구
원뿔체
주방용 온도계
거품기
짤주머니 + 원형 깍지
피낭시에 틀

재료
버터 100g
소금 2g
꿀 50g
달걀흰자 160g
슈거파우더 70g
곱게 간 오렌지 제스트 1개분
아몬드 가루 50g
밀가루(T55) 50g

사용
작은 사이즈의 1인용 구움과자
앙트르메의 베이스 시트

1• 소스팬에 버터를 넣고 가열해 살짝 갈색이 날 때까지 녹여 브라운 버터(beurre noisette)를 만든다. 소금을 한 자밤 넣은 다음 고운 체에 거른다.

셰프의 팁

• 피낭시에를 너무 오래 굽지 않도록 한다.
오래 보존할 수 없기 때문이다.

• 달걀흰자를 꼭 거품 낼 필요는 없지만,
피낭시에의 식감을 좀 더 가볍게 하는 데 도움이 된다.

• 오렌지 제스트 대신 바닐라 에센스를 넣어 향을 더해도 좋다.

• 피스타치오 피낭시에를 만들려면 맨 처음 마른 재료를 혼합하는
과정에서 피스타치오 페이스트를 해당 재료의 5%만큼 넣어 섞어준다.
또는 아몬드 가루 분량의 반을 피스타치오 가루로 대체해도 된다.

• 초콜릿 피낭시에를 만들려면 반죽의 10%에 해당하는 분량의
카카오 페이스트를 녹여 넣어준 다음 마지막에 잘게 썬
초콜릿 조각을 흩뿌려 얹는다. 또는 밀가루 분량 중
10g을 무가당 코코아 가루로 대체해도 된다.

2 • 꿀을 넣고 잘 섞어 버터의 온도가 더 올라가는 것을 중단시킨다. 35~40℃까지 식힌다.

3 • 달걀흰자의 거품을 올린 다음 슈거파우더를 넣고 주걱으로 돌리듯이 살살 섞는다.

4 • 3에 곱게 간 오렌지 제스트, 아몬드 가루, 밀가루를 넣고 이어서 브라운 버터를 넣은 뒤 살살 섞어준다. 짤주머니에 넣기 좋은 상태가 될 때까지 냉장고에 2시간 정도 넣어둔다.

5 • 오븐을 220℃로 예열한다. 짤주머니에 반죽을 넣고 피낭시에 틀 안에 짜 넣는다. 오븐에 넣어 15~16분 우선 구운 다음 온도를 200℃, 이어서 190℃로 낮춰가며 피낭시에 가장자리가 구운 색이 날 때까지 구워낸다.

파운드케이크 Quatre-quarts

8인분

작업 시간
30분

조리
45분 ~ 1시간(4~8cm 사이즈 피낭시에)

보관
구운 뒤 랩으로 밀봉해 건조한 곳에서
1주일까지
냉동실에서 3개월까지

도구
거품기
체
짤주머니
파운드케이크 틀 2개
(14cm x 7.3cm x 높이 7cm)
유산지로 만든 코르네(p.598 테크닉
참조)

재료
포마드 상태의 버터 150g
슈거파우더 137g
전화당 12g
달걀 150g
바닐라 에센스 2g
소금 한 자밤
밀가루(T55) 150g
베이킹파우더 4g
포마드 상태의 버터 2g(케이크 위에
줄로 짜 얹는 용도)

사용
큰 사이즈를 슬라이스해서
서빙하거나 1인용 작은 사이즈로
만들어 먹는다.

1• 오븐을 190℃로 예열한다. 파운드케이크 틀에 버터를 바르고 밀가루를 묻혀
둔다. 볼에 포마드 상태의 부드러운 버터, 슈거파우더, 전화당을 넣고 거품기
로 잘 섞는다. 상온의 달걀, 바닐라, 소금을 넣고 균일하게 혼합한다.

셰프의 팁

• 파운드케이크 위에 포마드 버터를 가늘게 한 줄 짜 얹어주면
고르게 부풀 뿐 아니라 구우면서 저절로 갈라져 균열이 생긴다.

• 파운드케이크의 촉촉함을 오래 유지하려면 오븐에서 꺼낸 뒤
바로 틀을 제거하고 아직 뜨거운 상태일 때 랩으로 잘 싸둔다.

3• 깍지를 끼우지 않은 짤주머니에 반죽을 넣고 틀 안에 3/4 정도 짜 채워 넣는다.

2• 밀가루와 베이킹파우더를 한데 섞어 체에 친 다음 혼합물에 넣고 실리콘 주걱
으로 접어 돌리듯이 잘 섞어준다.

4• 유산지로 코르네를 만들어(p.598 테크닉 참조) 포마드 상태의 비터를 채워 넣
고 파운드케이크 반죽 위 중앙에 길고 가늘게 한 줄 짜 얹는다. 오븐에 넣어
20분간 구운 다음 온도를 180℃로 낮추고 40분간 더 굽는다. 다 구워졌는지
확인해 보려면 칼끝을 중심부에 찔러 넣어본다. 칼날에 반죽이 묻지 않고 나
오면 다 익은 것이다.

프루츠 파운드케이크 Cake aux fruits confits

4~6인분

작업 시간
30분

조리
45분(500g짜리 파운드케이크 기준)
1시간(750g짜리 파운드케이크 기준)

보관
구운 뒤 랩으로 밀봉해 건조한 곳에서
1주일까지
냉동실에서 3개월까지

도구
거품기
체
짤주머니
파운드케이크 틀 2개
(14cm x 7.3cm x 높이 7cm)
유산지로 만든 코르네(p.598 테크닉 참조)
주방용 붓

재료
캔디드 프루츠 믹스 50g
캔디드 체리 20g
건포도 20g
럼 5g
포마드 상태의 버터 85g
설탕 85g
꿀 5g
달걀 85g
액상 바닐라 에센스 1g
소금 1g
밀가루 95g
베이킹파우더 3g
아몬드 슬라이스 쓰는 대로
포마드 상태의 버터 2g(케이크 위에
줄로 짜 얹는 용도)
시럽 15g

사용
슬라이스해서 서빙하거나 1인용 작은
사이즈로 만들어 먹는다.

1 • 오븐을 180℃로 예열한다. 파운드케이크 틀에 버터를 바르고 밀가루를 묻혀 둔다. 캔디드 프루츠를 흐르는 물에 헹군 뒤 럼을 부어 재운다. 건포도는 끓는 물을 조금 넣어 불린다.

셰프의 팁

• 과일 재료에 밀가루를 묻혀 넣어주면 굽는 동안 과일이
바닥으로 전부 흘러내려 몰리는 것을 막을 수 있다.

4 • 밀가루 분량 중 20g을 덜어내어 과일 재료에 고루 묻힌다. 나머지 밀가루와 베이킹파우더를 한데 섞어 체에 친 다음 2의 혼합물에 넣어 섞는다.

2 • 볼에 포마드 상태의 부드러운 버터와 설탕, 꿀을 넣고 거품기로 잘 섞는다. 상온의 달걀을 풀어 조금씩 넣으며 섞는다. 바닐라 에센스와 소금을 넣고 잘 섞어 균일한 혼합물을 만든다.

3 • 럼에 재운 과일과 물에 불린 건포도를 체에 건진다. 럼은 따로 보관했다가 마지막에 케이크를 적시는 용도로 사용한다.

5 • 밀가루를 묻힌 과일 재료를 넣고 주걱으로 고루 섞어준다.

6 • 틀 바닥과 옆면에 아몬드 슬라이스를 고루 깔고 붙여준다. 짤주머니에 반죽을 넣고 틀의 3/4 정도까지 짜 채워 넣는다.

프루츠 파운드케이크 (계속)

7 • 유산지로 코르네를 만들어(p.598 테크닉 참조) 포마드 상태의 버터를 채워 넣고 파운드케이크 반죽 위 중앙에 길고 가늘게 한 줄 짜 얹는다. 이렇게 하면 케이크가 고르게 부풀고 구울 때 자연스럽게 갈라져 균열이 생긴다.

8 • 아몬드 슬라이스를 표면에 고루 뿌린 다음 예열한 오븐에 넣어 약 45분간 굽는다. 다 구워졌는지 확인해 보려면 칼끝을 중심부에 찔러 넣어본다. 칼날에 반죽이 묻지 않고 나오면 다 익은 것이다.

9 • 오븐에서 꺼내자마자 틀을 제거한 뒤 시럽과 럼을 붓으로 발라 적신다. 망에 올려 식힌다.

팽 데피스 *Pain d'épice*

4~6인분

작업 시간
1시간

냉장
15분

조리
30~40분

보관
구운 뒤 랩으로 밀봉해 건조한 곳에서
6일까지

도구
체
거품기
파운드케이크 틀
(14cm x 7.3cm x 높이 7cm)
유산지로 만든 코르네(p.598 테크닉 참조)

재료
오렌지 블러섬 꿀 100g
전유(lait entier) 30g
계핏가루 1g
넛멕(육두구) 가루 1g
아니스 가루 1g
액상 바닐라 에센스 1g
레몬 제스트 2g
오렌지 제스트 2g
호밀가루(T130) 70g
밀가루(T45) 30g
베이킹파우더 7g
설탕 20g
달걀 70g
포마드 상태의 버터 2g(케이크 위에
줄로 짜 얹는 용도)

1• 파운드케이크 틀에 버터를 바르고 밀가루를 묻혀둔다. 꿀 병의 뚜껑을 열고
뜨거운 물이 담긴 냄비에 중탕으로 넣어 녹인다.

셰프의 팁

• 팽 데피스를 구운 뒤 최소 하루 동안 두었다 먹으면
스파이스의 향이 더 잘 배어 맛있다.

• 팽 데피스 위에 잼을 붓으로 바르고 계피 스틱, 팔각, 바닐라 빈 줄기,
당절임한 과일, 말린 오렌지 슬라이스 등을 얹어 장식하면 좋다.

• 팽 데피스를 오븐에서 꺼낸 즉시 오렌지 제스트로 향을 낸
맑은 시럽을 스푼으로 끼얹어 적셔주어도 좋다.

2• 소스팬에 우유를 넣고 각종 향신료 가루와 바닐라 에센스, 그레이터에 곱게
간 레몬 제스트와 오렌지 제스트를 넣어 향을 우려낸다.

팽 데피스 (계속)

3 • 소스팬을 랩으로 덮은 뒤 냉장고에 15분간 넣어둔다.

4 • 오븐을 150℃로 예열한다. 두 종류의 밀가루와 베이킹파우더를 한데 섞어 체에 친다.

6 • 향이 우러난 우유, 따뜻하게 녹은 꿀을 넣고 이어서 가루 재료를 모두 넣은 다음 실리콘 주걱으로 잘 저어 섞어 균일한 혼합물을 만든다.

7 • 파운드케이크 틀에 3/4 정도 채워 붓는다.

5 • 볼에 설탕과 달걀을 넣고 색이 연해지고 걸쭉해질 때까지 거품기로 잘 저어 섞는다.

8 • 유산지로 코르네를 만들어(p.598 테크닉 참조) 포마드 상태의 버터를 채워 넣고 파운드케이크 반죽 위 중앙에 길고 가늘게 한 줄 짜 얹는다. 예열한 오븐에 넣고 30~40분간 굽는다. 다 구워졌는지 확인해 보려면 칼끝을 중심부에 찔러 넣어본다. 칼날에 반죽이 묻지 않고 나오면 다 익은 것이다.

마블 파운드케이크 Cake marbré

8인분

작업 시간
1시간

조리
35~40분

보관
구운 뒤 랩으로 밀봉해 건조한 곳에서
1주일까지
냉동실에서 2개월까지

도구
전동 스탠드 믹서
체
일회용 짤주머니
파운드케이크 틀
(14cm x 7.3cm x 높이 7cm)

재료
포마드 상태의 버터 80g
슈거파우더 90g
전화당 8g
달걀 100g
액상 바닐라 에센스 1g
소금 한 자밤
밀가루 100g
베이킹파우더 1g
코코아 가루 8g

1• 전동 스탠드 믹서 볼에 포마드 상태의 부드러운 버터와 슈거파우더, 전화당을 넣고 플랫비터를 돌려 잘 섞는다. 상온의 달걀, 바닐라 에센스, 소금을 넣고 균일한 혼합물이 될 때까지 잘 섞어준다.

3• 반죽을 두 개의 볼에 나누어 담는다. 체에 친 코코아 가루를 둘 중 하나의 볼에 넣고 실리콘 주걱으로 잘 섞어준다.

4• 파운드케이크 틀 안에 유산지를 대준다. 두 종류의 반죽을 각각 짤주머니에 넣은 다음 교대로 번갈아 짜 넣으며 틀의 3/4까지 채워준다.

2 • 밀가루와 베이킹파우더를 한데 섞어 체에 친 다음 혼합물에 넣고 섞는다. 오븐을 200℃로 예열한다.

5 • 나무 꼬챙이나 칼끝을 이용하여 지그재그로 모양을 내 마블링 효과를 준다. 예열한 오븐에 넣어 15분간 굽는다. 오븐 온도를 160℃로 낮춘 다음 다시 20~25분간 구워낸다.

레몬 파운드케이크 Cake au citron

8인분

작업 시간
15분

조리
30분

보관
구운 뒤 랩으로 밀봉해 건조한 곳에서
5일까지

도구
전동 스탠드 믹서
체
파운드케이크 틀 2개
(14cm x 7.3cm x 높이 7cm)

재료
얼그레이 티 13g
물 25g
설탕 55g
아몬드 페이스트(아몬드 50%) 45g
레몬 1/2개
라임 1/2개
아카시아 꿀 33g
달걀 135g
밀가루(T55) 100g
베이킹파우더 3g
따뜻한 버터 110g

1 • 오븐을 160℃로 예열한다. 얼그레이 티를 뜨거운 물에 넣어 우려낸다.

3 • 전동 스탠드 믹서의 핀을 와이어 휩으로 교체한 다음 꿀, 향이 우러난 얼그레이 티, 풀어 놓은 달걀을 조금씩 넣어주며 균일하고 크리미한 질감이 될 때까지 혼합한다.

4 • 밀가루와 베이킹파우더를 한데 섞어 체에 친 다음 혼합물에 넣고 따뜻하게 녹인 버터를 넣어준다. 매끈하고 균일한 반죽이 될 때까지 혼합한다.

2 • 그동안 전동 스탠드 믹서 볼에 설탕, 부드럽게 만들어 부순 아몬드 페이스트, 그레이터에 곱게 간 레몬과 라임 제스트를 넣고 플랫비터를 돌려 섞는다.

5 • 파운드케이크 틀에 버터를 바르고 밀가루를 묻혀둔다. 반죽을 틀에 부어 채운 다음 오븐에 넣어 약 30분간 굽는다. 식힌 다음 틀을 제거하고 망 위에 얹는다.

초콜릿 파운드케이크 Cake au chocolat

6~8인분

작업 시간
15분

조리
35분

보관
구운 뒤 랩으로 밀봉해 건조한 곳에서
3일까지

도구
전동 스탠드 믹서
체
파운드케이크 틀
(14cm x 7.3cm x 높이 7cm)
유산지로 만든 코르네(p.598 테크닉 참조)

재료
아몬드 페이스트(아몬드 50%) 70g
설탕 85g
달걀 100g
밀가루(T55) 90g
무가당 코코아 가루 15g
베이킹파우더 3g
전유(lait entier) 75g
따뜻하게 녹인 버터 85g
포마드 상태의 버터 2g(케이크 위에
줄로 짜 얹는 용도)

필링용 부재료
무염 피스타치오 25g
헤이즐넛 50g
캔디드 오렌지 필 25g

1• 아몬드 페이스트를 주걱으로 잘 으깨 부드럽게 만든다. 파운드케이크 틀에 버터를 바르고 밀가루를 묻혀둔다.

4• 밀가루와 코코아 가루, 베이킹파우더를 체에 친다.

5• 전동 스탠드 믹서 볼의 혼합물에 우유를 넣는다. 이어서 체에 친 가루의 반을 넣고 실리콘 주걱으로 접어 돌리듯이 잘 섞는다. 오븐을 150℃로 예열한다.

2 • 전동 스탠드 믹서 볼에 아몬드 페이스트와 설탕을 넣고 거품기로 잘 섞는다. 달걀을 한 개씩 넣어주며 계속 거품기로 돌려 혼합한다.

3 • 실리콘 주걱으로 10분간 잘 섞으며 공기를 불어넣어 가벼운 질감의 혼합물을 만든다.

6 • 베이킹 팬에 헤이즐넛을 펼쳐 놓고 예열한 오븐에 넣어 15분간 로스팅한다. 식힌 다음 굵직하게 다진다. 오븐의 온도를 200℃로 올린다.

7 • 피스타치오를 굵게 다진다. 오렌지 필을 작게 깍둑 썬다.

초콜릿 파운드케이크 (계속)

8 • 체에 쳐둔 나머지 가루 혼합물에 필링용 재료를 골고루 버무린 다음 반죽에 넣는다.

9 • 반죽 혼합물에 녹인 버터를 넣으며 주걱으로 잘 섞는다. 파운드케이크 틀에 반죽을 3/4까지 채워 넣는다.

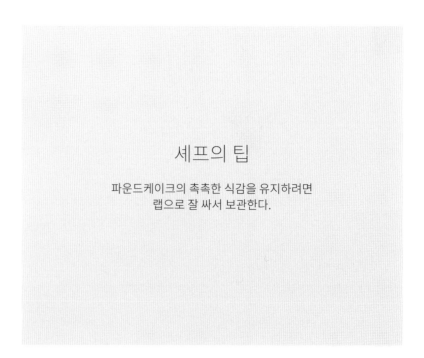

셰프의 팁

파운드케이크의 촉촉한 식감을 유지하려면
랩으로 잘 싸서 보관한다.

10 • 유산지로 코르네를 만들어(p.598 테크닉 참조) 포마드 상태의 버터를 채워 넣고 파운드케이크 반죽 위 중앙에 길고 가늘게 한 줄 짜 얹는다. 200℃로 예열한 오븐에 넣고 온도를 160℃로 낮춘 뒤 30~35분간 굽는다. 식힌 다음 틀을 제거하고 망 위에 놓는다.

피스타치오 라즈베리 파운드케이크 Cake à la pistache et framboise

6인분

작업 시간
30분

조리
30~40분

보관
구운 뒤 랩으로 밀봉해 건조한 곳에서
3일까지

도구
거품기
체
파운드케이크 틀
(14cm x 7.3cm x 높이 7cm)
유산지로 만든 코르네(p.598 테크닉 참조)

재료
라즈베리 농축 퓌레
라즈베리 250g

파운드케이크
달걀노른자 80g
설탕 120g
생크림(유지방 35% crème fraîche)
60g
밀가루 95g
베이킹파우더 2g
라임 제스트 2g
녹인 버터 40g
피스타치오 페이스트 15g
포마드 상태의 버터 2g(케이크 위에
줄로 짜 얹는 용도)

1 • 소스팬에 라즈베리를 넣고 약불로 졸여 100g의 농축 퓌레를 만든다. 파운드
케이크 틀 안쪽에 유산지를 대준다.

4 • 두 가지 색의 반죽을 번갈아 넣으며 틀을 3/4까지 채운다. 오븐을 155℃로 예
열한다.

5 • 칼끝 또는 나무 꼬챙이를 이용하여 지그재그로 모양을 내 마블링 효과를 내
준다.

2 • 볼에 달걀노른자와 설탕을 넣고 색이 연해지고 걸쭉해질 때까지 거품기로 저어 섞는다. 생크림을 넣고 이어서 체에 친 밀가루와 베이킹파우더, 그레이터에 곱게 간 라임 제스트, 마지막으로 녹인 버터를 넣고 잘 저어 혼합한다.

3 • 반죽을 두 개의 볼에 각각 1/3, 2/3씩 나눠 놓는다. 1/3을 넣은 볼에 라즈베리 농축 퓌레를 넣고 섞어 색을 낸다. 2/3를 넣은 볼에는 피스타치오 페이스트를 넣어 섞는다.

6 • 유산지로 코르네를 만들어(p.598 테크닉 참조) 포마드 상태의 버터를 채워 넣고 파운드케이크 반죽 위 중앙에 길고 가늘게 한 줄 짜 얹는다. 이렇게 하면 케이크가 고르게 부풀고 구울 때 자연스럽게 갈라져 균열이 생긴다. 예열한 오븐에서 약 15분간 구운 다음 온도를 145℃로 낮추고 25~30분간 더 굽는다.

밤 파운드케이크 Cake aux marrons

8인분

작업 시간
15분

조리
30~40분

보관
구운 뒤 랩으로 밀봉해 건조한 곳에서
2주까지(데커레이션 하기 전)
냉장고에서 2일까지(데커레이션 후)

도구
전동 스탠드 믹서
체
파운드케이크 틀 2개
(14cm x 7.3cm x 높이 7cm)
실리콘 패드(큰 것 1장, 또는 작은 것 2장)
거품기
짤주머니 2개 + 10mm 원형 깍지,
몽블랑용 국수 모양 깍지
작은 체

재료
파운드케이크 반죽
달걀흰자 120g
슈거파우더 75g
아몬드 가루 55g
밀가루 50g
브라운 버터 50g(갈색이 날 때까지
녹여 가열한 뒤 식힌다)
설탕 15g
레드커런트 40g
밤 콩피 조각 40g

레드커런트 크림
레드커런트 퓌레 100g
달걀 90g
설탕 80g
버터 40g
가루형 젤라틴 4g
물 24g

밤 크림
밤 크림 스프레드 85g
전유(lait entier) 25g
달걀노른자 20g
커스터드 분말 3g
럼 3g
포마드 상태의 버터 60g

데커레이션
밤 콩피 조각 쓰는 대로
슈거파우더 쓰는 대로
레드커런트

1 • 파운드케이크 틀 안쪽에 버터를 발라둔다. 전동 스탠드 믹서 볼에 달걀흰자 60g, 미리 한데 체에 친 슈거파우더, 아몬드 가루, 밀가루를 넣고 플랫비터를 돌려 섞는다. 어느 정도 섞이면 식힌 브라운 버터(beurre noisette)를 넣고 혼합한 다음 볼에 덜어놓는다.

4 • 파운드케이크 틀에 혼합물을 채운다. 베이킹 팬에 실리콘 패드를 깔고 케이크 틀을 놓은 다음 다시 실리콘 패드로 덮고 또 한 장의 베이킹 팬을 얹는다. 오븐에 넣어 30~40분간 굽는다.

2 • 전동 스탠드 믹서 볼에 나머지 분량의 달걀흰자 60g과 설탕을 넣고 단단하게 거품을 올린다. 혼합물에 넣고 거품이 꺼지지 않도록 살살 섞어준다.

3 • 레드커런트와 잘게 부순 밤 콩피 조각을 넣고 주걱으로 살살 섞어준다. 오븐 을 160℃로 예열한다.

5 • 레드커런트 크림을 만든다. 소스팬에 레드커런트 퓌레를 넣고 끓을 때까지 가 열한다. 볼에 달걀과 설탕을 넣고 색이 연해지고 걸쭉해질 때까지 거품기로 저 어 섞는다. 젤라틴을 찬물에 적셔 불린다.

6 • 달걀 설탕 혼합물에 뜨거운 레드커런트 퓌레를 조금 부어 잘 개어 섞은 다음 다시 소스팬으로 전부 옮긴다. 계속 저어주며 끓을 때까지 가열한다.

밤 파운드케이크 (계속)

7 • 6의 소스팬에 버터와 젤라틴을 넣고 잘 저어 섞는다. 용기에 덜어낸 다음 냉장고에 넣어 식힌다.

8 • 소스팬에 밤 크림 스프레드와 우유를 넣고 데운다. 볼에 달걀노른자와 커스터드 분말을 넣고 거품기로 잘 섞는다. 여기에 뜨거운 밤 크림 우유 혼합물을 조금 넣고 거품기로 잘 풀어준 다음 다시 전부 소스팬으로 옮겨 붓는다.

11 • 구워낸 파운드케이크가 식으면 원형 깍지를 끼운 짤주머니로 레드커런트 크림을 짜 얹는다.

12 • 작은 구멍이 뚫린 몽블랑용 깍지를 끼운 짤주머니에 밤 크림을 채워 넣는다. 레드커런트 크림 위에 밤 크림을 가는 국수 모양으로 넉넉히 짜 올린다.

9 • 크렘 파시티에를 만드는 방법(p.196 테크닉 참조)과 동일하게 크림을 만든다. 마지막에 럼을 넣고 잘 섞는다. 볼에 덜어낸 다음 20분 정도 식힌다.

10 • 9의 볼에 포마드 상태의 부드러운 버터를 넣고 실리콘 주걱으로 잘 섞는다.

13 • 슈거파우더를 솔솔 뿌린 다음 잘게 부순 밤 콩피와 레드커런트를 얹어 장식한다.

마들렌 Madeleines

12개 분량

작업 시간
15분

냉장
1시간 30분

조리
10~12분

보관
구운 뒤 랩으로 밀봉해 건조한 곳에서
1주일까지
냉동실에서 3개월까지

도구
거품기
주방용 온도계
체
마이크로플레인 그레이터
짤주머니 + 지름 10mm 원형 깍지
마들렌 틀

재료
달걀 100g
설탕 115g
꿀 15g
따뜻한 우유 80g
밀가루 180g
베이킹파우더 6g
녹인 버터 250g
바닐라 에센스 1티스푼
레몬 제스트 1/3개분

1• 볼에 달걀, 설탕, 꿀을 넣고 거품기로 섞는다.

셰프의 팁

• 마들렌 반죽 혼합물을 틀에 짜 넣기 전에 냉장고에 넣어 차갑게 휴지시킨다.
이렇게 하면 밀가루에 수분이 충분히 흡수되고 반죽이 걸쭉해져서
구웠을 때 더욱 봉긋하게 솟아오른 모양을 갖게 된다.

• 반죽을 냉장고에 차갑게 넣어두는 대신 마들렌 틀에 혼합물을 짜
채운 다음 살짝 굳도록 잠깐 냉동실에 넣어두는 방법도 구웠을 때
더욱 봉긋하게 잘 부푸는 데 도움을 준다.

• 마들렌 틀에 포마드 상태의 부드러운 버터를 바른 다음 밀가루를
얇게 묻힌다. 또는 옥수수 전분을 솔솔 뿌려주어도 된다.

3• 레몬 제스트를 그레이터에 곱게 갈아 넣고 섞은 다음 냉장고(4℃)에 1시간 30
분간 넣어둔다. 마들렌 틀에 버터를 바르고 밀가루를 얇게 뿌려둔다. 오븐을
190℃로 예열한다.

2 • 20℃의 미지근한 우유를 넣은 다음, 밀가루와 베이킹파우더를 함께 체에 쳐 넣고 거품기로 잘 섞는다. 녹인 버터와 바닐라 에센스를 넣고 혼합한다.

4 • 원형 깍지를 끼운 짤주머니에 혼합물을 넣고 마들렌 틀에 각각 2/3 높이까지 짜 채워준다. 오븐에 넣어 10~12분간 굽는다. 오븐에서 꺼낸 뒤 바로 마들렌을 틀에서 분리하고 랩으로 잘 싸둔다.

팽 드 젠 Pain de Gênes

4~6인분

작업 시간
1시간

조리
40분

보관
구운 뒤 랩으로 밀봉해 건조한 곳에서
3~4일

도구
전동 스탠드 믹서
체
지름 20cm 원형 케이크 틀

재료
아몬드 페이스트(아몬드 50%) 150g
달걀노른자 40g
달걀 150g
바닐라 에센스 2g
베이킹파우더 2.5g
옥수수 전분 30g
버터(녹여서 식힌다) 50g
아몬드 슬라이스 30g

1 • 아몬드 페이스트를 전자레인지에 약 20초간 데워 부서지기 쉽게 만든다. 전동 스탠드 믹서 볼에 아몬드 페이스트와 달걀노른자를 넣고 플랫비터를 돌려 섞는다.

셰프의 팁

오븐에서 꺼낸 뒤 케이크 틀에서 분리하기 바로 전에
오렌지 제스트로 향을 낸 맑은 시럽을 케이크 표면에
스푼으로 뿌려 적셔주어도 좋다.
케이크가 아직 따뜻할 때 랩으로 싸두면
촉촉함을 오래 유지할 수 있다.

4 • 케이크 틀에 버터를 바르고 아몬드 슬라이스를 바닥과 옆면에 고르게 정렬해 붙인다. 오븐을 200℃로 예열한다.

2 • 전동 믹서의 핀을 거품기로 교체한 다음 달걀과 바닐라 에센스를 넣고 중간 속도로 10분간 돌린다. 옥수수 전분과 베이킹파우더를 체에 쳐서 넣은 다음 실리콘 주걱으로 접어 돌리듯이 살살 섞어준다.

3 • 녹인 버터를 조금씩 넣으며 주걱으로 조심스럽게 섞어준다.

5 • 반죽 혼합물을 조심스럽게 틀에 부어 채운 다음 오븐에 넣는다. 오븐 온도를 바로 180℃로 낮추고 35~40분간 굽는다.

카늘레 Canelés

12개 분량

작업 시간
15분

냉장
24시간

조리
45분

보관
24시간

도구
체
주방용 붓
거품기
주방용 온도계
지름 5.5cm 구리 카늘레 틀

재료
전유(lait entier) 500g
바닐라 빈 1줄기
슈거파우더 250g
밀가루 100g
버터 50g
식물성 왁스 또는 밀랍
달걀 100g
달걀노른자 40g
럼 40g(선택 사항)

1• 소스팬에 우유 분량의 3/4, 길게 갈라 긁은 바닐라 빈과 줄기를 함께 넣고 끓을 때까지 가열한다. 버터를 넣고 잘 저어 녹인다.

4• 슈거파우더와 밀가루를 체에 친 다음 볼에 담는다. 남은 분량의 차가운 우유를 넣고 거품기로 잘 섞은 다음 바닐라 향이 우러난 뜨거운 우유를 붓고 섞는다.

5• 달걀과 달걀노른자를 풀어 혼합물에 넣어준다. 럼을 넣는다. 거품기로 계속 잘 저어 멍울이 없는 매끈한 혼합물을 만든다. 랩을 표면에 밀착시켜 덮은 뒤 냉장고에 24시간 동안 넣어둔다.

셰프의 팁

우유의 온도는 카늘레 반죽을 만들 때 결정적으로 중요한 요소다. 절대 80℃를 넘지 않아야 한다.
재료에 우유를 부어 섞기 전에 반드시 온도계로 온도를 측정한다.

2 • 불에서 내린 뒤 랩을 덮고 80℃ 이하가 될 때까지 식힌다. 바닐라 빈 줄기를 건져낸다.

3 • 카늘레 틀 안쪽 면에 녹인 밀랍이나 식물성 왁스를 붓으로 얇게 발라준다.

6 • 오븐을 220~230℃로 예열한다. 냉장고에서 꺼낸 차가운 혼합물을 거품기로 저어 풀어준 다음 준비해 둔 틀에 채워넣는다. 틀의 높이에서 5mm 정도 남긴 선까지 채운다. 오븐에 넣어 약 45분간 굽는다. 오븐에서 꺼낸 즉시 틀에서 분리해 식힘망 위에 올린다.

브라우니 Brownies

4인분

작업 시간
30분

냉장
25~30분

보관
구운 뒤 랩으로 밀봉해 건조한 곳에서
3~4일

도구
전동 스탠드 믹서
주방용 온도계
체
가로 세로 18cm 정사각형 틀

재료
버터 100g
다크 초콜릿 120g
달걀 100g
설탕 60g
밀가루 40g
호두살 30g

1 • 오븐을 160℃로 예열한다. 정사각형 틀에 버터를 바르고 밀가루를 묻혀둔다.
볼에 버터와 잘게 썬 초콜릿을 넣고 중탕으로 녹인다.

3 • 버터와 초콜릿이 완전히 녹아 온도가 45℃에 이르면 달걀 혼합물에 세 번에
나누어 넣어주며 중간 속도로 계속 돌려 섞는다. 혼합물의 부피가 꺼지지 않
고 그대로 유지되도록 주의한다.

4 • 체에 친 밀가루와 호두를 조금씩 넣어주며 실리콘 주걱으로 잘 섞는다.

셰프의 팁

크렘 앙글레즈, 크렘 샹티이 또는 바닐라 아이스크림을 브라우니에 곁들이면 좋다.
호두 대신 피칸이나 마카다미아너트를 넣어도 좋고, 작은 조각으로 자른 화이트 초콜릿이나 밀크 초콜릿을 추가로 더 넣으면 더욱 진한 초콜릿 풍미를 낼 수 있다.

2 • 전동 스탠드 믹서 볼에 달걀과 설탕을 넣고 거품기를 최소 7분 이상 돌려 색이
연해지고 걸쭉해질 때까지 섞는다.

5 • 혼합물을 틀에 넣고 오븐에서 25~30분간 굽는다.

6 • 식힌 뒤에 정사각형으로 자른다.

갸토 바스크 Gâteau basque

6~8인분

작업 시간
30분

냉장
15분

조리
45분

보관
구운 뒤 랩으로 밀봉해 건조한 곳에서
3일

도구
스크레이퍼
파티스리용 밀대
거품기
체
짤주머니 + 지름 15mm 원형 깍지
주방용 붓
지름 18cm 케이크 링

재료
갸토 바스크
밀가루 200g
베이킹파우더 12g
설탕 130g
버터 140g
달걀노른자 70g
소금 1g
레몬 제스트 1/2개분

크렘 파티시에
전유(lait entier) 250g
달걀노른자 80g
설탕 40g
밀가루 10g
전분 15g
바닐라 빈 1/2줄기
버터 20g

달걀물
달걀 50g
달걀노른자 50g
우유 50g

1 • 밀가루와 베이킹파우더를 체에 쳐 작업대 바닥에 놓고 중앙을 우묵하게 만든다. 중앙에 설탕과 버터를 넣는다.

4 • 스크레이퍼를 사용하여 재료를 모두 잘 섞어준다.

2 • 재료를 손가락으로 비벼 섞어 모래와 같이 부슬부슬한 질감을 만든다.

3 • 다시 가운데를 우묵하게 만든 다음 달걀노른자, 소금, 그레이터로 곱게 간 레몬 제스트를 넣어준다.

5 • 손바닥으로 끊어 밀듯이 눌러주며 균일한 반죽을 만든 다음 랩으로 싸서 냉장고에 15분간 넣어둔다.

6 • 반죽을 밀어 두께 6mm, 지름 20cm 사이즈의 원반형 두 장을 만든 다음 한 장을 논스틱 베이킹 팬 위에 놓는다.

갸토 바스크 (계속)

7 • 레시피의 재료 분량대로 크렘 파티시에를 만든다(p.196 테크닉 참조). 약 350g 정도의 크렘 파티시에를 짤주머니에 넣고 원형 반죽의 중심으로부터 시작하여 바깥쪽을 향해 달팽이 모양으로 크림을 짜 얹는다. 반죽 시트의 가장자리로부터 2cm 정도를 남겨놓는다.

8 • 반죽 시트 가장자리에 붓으로 달걀물을 발라준다. 오븐을 180℃로 예열한다.

9 • 다른 한 장의 원형 반죽을 위에 덮고 케이크 링으로 눌러 가장자리의 잉여분 반죽을 깔끔하게 잘라낸다. 이렇게 하면 두 장의 반죽은 붙게 된다. 케이크 링은 그 자리에 그대로 둔다.

10 • 케이크 윗면에 달걀물을 발라준다. 포크에 물을 묻힌 뒤 케이크 가장자리에 줄무늬를 내준다. 구운 황금색이 날 때까지 오븐에서 약 45분간 굽는다.

아몬드 튀일 Tuiles aux amandes

약 50개 분량

작업 시간
30분

냉장
20분

조리
12분

보관
밀폐 용기에 담아 2주까지

도구
거품기
체
튀일 모양용 틀 또는 밀대
주방용 붓

재료
달걀흰자 210g
설탕 170g
버터 85g
밀가루 40g
아몬드 슬라이스 50g

1· 오븐을 180℃로 예열한다. 볼에 달걀흰자와 설탕을 넣고 거품기로 가볍게 풀어주며 섞는다.

3· 논스틱 베이킹 팬(또는 미리 버터를 발라둔 베이킹 팬)에 혼합물을 조금씩 떠놓고 포크의 뒷면으로 얇게 펼쳐놓는다. 오븐에 넣어 노릇한 색이 날 때까지 약 12분간 굽는다.

4· 오븐에서 꺼낸 뜨거운 튀일을 바로 베이킹 팬에서 떼어내 반원형의 틀에 넣고 기와 모양을 만든다.

2 • 녹인 뒤 식힌 버터를 넣어준다. 체에 친 밀가루와 아몬드 슬라이스를 넣고 고루 혼합될 때까지 주걱으로 섞는다. 냉장고에 20분간 넣어 휴지시킨다.

5 • 또는 밀대 위에 튀일을 얹어 모양을 만들고 그대로 식힌다.

시가레트 쿠키 Cigarettes

약 50개 분량

작업 시간
30분

조리
8분

보관
밀폐 용기에 담아 2주까지

도구
거품기
체
짤주머니 + 지름 10mm 원형 깍지
막대형 철제 칼갈이

재료
포마드 상태의 버터 80g
슈거파우더 80g
달걀흰자 80g
밀가루 80g

1· 오븐을 180℃로 예열한다. 베이킹 팬에 버터를 발라둔다. 볼에 포마드 버터와 슈거파우더를 넣고 섞은 다음 달걀흰자 분량의 반을 넣고 주걱으로 잘 저어 균일한 혼합물을 만든다.

3· 혼합물을 짤주머니에 넣고 베이킹 팬에 동그랗게 짜 놓는다.

4· 베이킹 팬의 아래쪽을 가볍게 탁탁 쳐서 반죽이 고루 퍼지게 한다. 오븐에 넣어 가장자리가 노릇한 구운 색이 날 때까지 약 8분간 굽는다.

시가레트의 반죽을 너무 오래 치대지 않는다.

2 • 체에 친 밀가루와 나머지 달걀흰자 반을 넣고 거품기로 균일하게 잘 섞는다.

5 • 오븐에서 꺼낸 즉시 막대형 철제 칼갈이로 과자를 돌돌 말아 시가레트 모양
을 만든다.

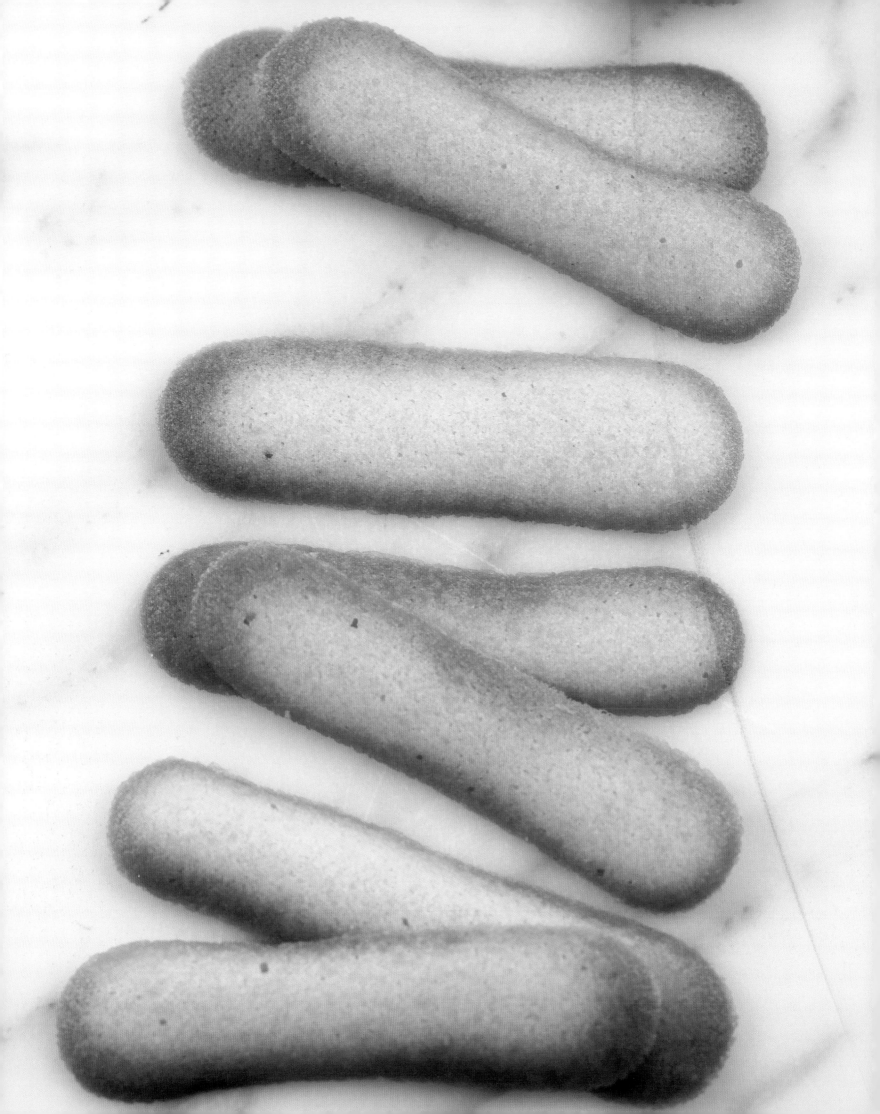

랑그 드 샤 Langues de chat

약 50개 분량

작업 시간
30분

조리
10분

보관
밀폐 용기에 담아 2주까지

도구
체
짤주머니 + 지름 8mm 원형 깍지

재료
포마드 상태의 버터 60g
슈거파우더 60g
달걀흰자 60g
밀가루 75g

셰프의 팁

상온의 달걀흰자를 사용해야 혼합물에서 버터와 분리되지 않는다.

1 • 오븐을 180℃로 예열한다. 베이킹 팬에 버터를 발라둔다. 볼에 포마드 버터와 슈거파우더를 넣고 섞은 다음 달걀흰자를 넣는다. 주걱으로 골고루 섞일 정도로만 저어 혼합한다.

2 • 체에 친 밀가루를 넣고 주걱으로 접어 돌리듯이 균일하게 섞는다.

3 • 반죽을 짤주머니에 넣고 베이킹 팬 위에 막대 모양으로 짜 놓는다. 오븐에 넣고 노릇해질 때까지 8~10분간 구워낸다.

사블레 디아망 Sablés diamant

약 50개 분량

작업 시간
30분

냉장
최소 2시간

조리
15분

보관
밀폐 용기에 담아 2주까지

도구
체
스크레이퍼
실리콘 패드

재료
포마드 상태의 버터 190g
슈거파우더 90g
달걀노른자 20g
바닐라 빈 1줄기
밀가루 275g
굵은 입자의 크리스털 설탕 250g

셰프의 팁

과자 반죽을 자르기 전에 냉장고에 충분히 넣어두어 차갑게 굳힌다.

1 · 볼에 포마드 상태의 버터와 슈거파우더를 넣고 실리콘 주걱으로 섞는다. 달걀노른자와 줄기를 길게 갈라 긁어낸 바닐라 빈 가루를 넣고 잘 혼합한다.

3 · 반죽을 약 280g씩 반으로 나누어 길이 30cm의 긴 원통형 2개를 만든다. 랩으로 싸서 냉장고에 최소 2시간 동안 넣어둔다.

4 · 오븐을 180℃로 예열한다. 원통형 반죽을 입자가 굵은 설탕에 굴려준 다음 1cm 두께로 자른다.

2 • 체에 친 밀가루를 넣고 잘 섞어 균일한 혼합물을 만든다.

5 • 실리콘 패드를 깐 베이킹 팬에 과자 반죽을 얹고 오븐에 넣어 12~15분간 굽는다. 망에 올려 식힌다.

사블레 포슈 Sablés poche

15개 분량

작업 시간
30분

휴지
2~3시간

조리
10분

보관
밀폐 용기에 담아 2주까지

도구
체
짤주머니 + 지름 18mm 별모양 깍지
실리콘 패드

재료
상온의 버터 125g
슈거파우더 100g
달걀 50g
바닐라 빈 1/2줄기
라임 제스트 1/2개분
밀가루 250g
베이킹파우더 5g
껍질을 벗긴 아몬드 15알

1· 볼에 상온의 버터를 넣고 실리콘 주걱으로 저어 부드럽고 크리미한 포마드 상태를 만든다.

3· 그레이터에 곱게 간 라임 제스트, 체에 친 밀가루와 베이킹파우더를 넣어준다. 공기가 주입되지 않도록 주의하면서 살살 섞는다.

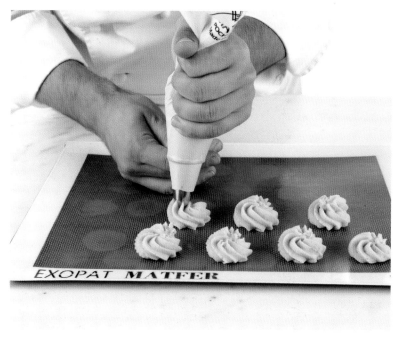

4· 실리콘 패드를 깐 베이킹 팬에 짤주머니로 지름 3cm 크기의 꽃모양을 짜 놓는다.

이 쿠키 반죽은 되직하여 비교적 단단하므로, 가능하면 일회용 짤주머니보다는 나일론 소재로 된 일반 짤주머니를 사용하는 것이 편리하다.

2 • 슈거파우더를 넣고 섞은 다음 달걀과 줄기를 길게 갈라 긁은 바닐라 빈 가루를 넣어준다. 균일한 혼합물이 되도록 잘 섞는다.

5 • 아몬드를 한 개씩 얹은 다음 서늘한 실온에서 2~3시간 동안 휴지시켜 겉면을 굳힌다. 220℃로 예열한 오븐에 넣어 노릇한 구운 색이 날 때까지 약 10분간 구워낸다. 망에 올려 식힌다.

사블레 낭테 Sablés nantais

12개 분량

작업 시간
20분

휴지
1시간

조리
12~15분

보관
밀폐 용기에 담아 2주까지

도구
체
파티스리용 밀대
지름 8cm 원형 쿠키 커터
주방용 붓

재료
버터 125g
슈거파우더 125g
소금 2g
달걀 50g
바닐라 빈 1줄기
밀가루 250g
베이킹파우더 5g

달걀물
달걀 30g
커피 엑스트렉트 5g

사용
뤼네트 쿠키*, 프티푸르용 과자

* lunettes : 두 장의 쿠키 사이에 잼 등을 채워 넣은 샌드 과자. 윗면의 과자에 안경 모양으로 두 개의 구멍을 뚫려 있어 안의 내용물이 보인다.

1 • 볼에 버터와 슈거파우더를 넣고 실리콘 주걱으로 섞어 균일하고 크리미한 질감을 만든다.

4 • 혼합물을 작업대에 놓고 손바닥으로 밀어 끊듯이 눌러가며 반죽한다. 랩으로 잘 싼 뒤 냉장고에 1시간 동안 넣어둔다.

5 • 오븐을 180℃로 예열한다. 베이킹 팬에 버터를 발라둔다. 반죽을 4mm 두께로 민 다음 원형 쿠키 커터로 잘라낸다.

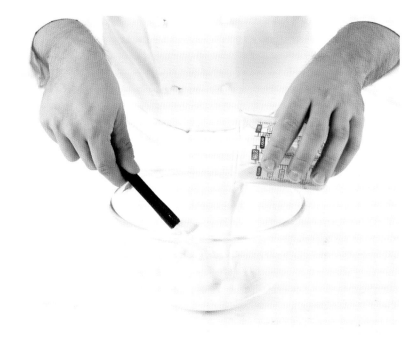

2 • 달걀을 푼 다음 소금을 넣어 녹인다. 줄기를 길게 갈라 긁은 바닐라 빈 가루를 넣어준다.

3 • 달걀을 버터 설탕 혼합물에 조금씩 넣어주며 주걱으로 균일하게 섞는다. 체에 친 밀가루와 베이킹파우더를 넣고 고루 섞는다.

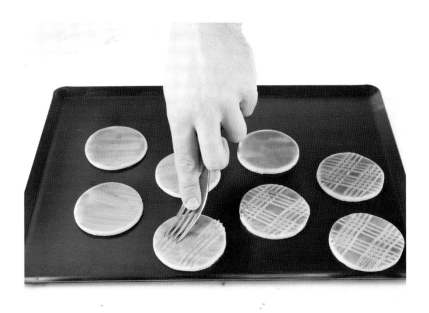

6 • 베이킹 팬에 간격을 넉넉히 두고 원형으로 자른 쿠키 반죽을 놓는다. 붓으로 달걀물을 바른 다음 포크로 체크 줄무늬를 내 준다. 오븐에 넣어 노릇한 구운 색이 날 때까지 12~15분간 굽는다.

사블레 세레알 Sablés céréales

12개 분량

작업 시간
1시간

조리
10~12분

보관
밀폐 용기에 담아 3일까지

도구
체
주방용 붓

재료
밀가루 180g
메밀가루 50g
베이킹파우더 6g
버터 150g
비정제 황설탕 85g
소금(플뢰르 드 셀) 2g
아마씨 40g

달걀물
달걀 50g
달걀노른자 50g
우유 50g

1・ 오븐을 160℃로 예열한다. 밀가루와 베이킹파우더를 한데 섞어 체에 친 다음 작업대에 놓는다. 상온의 버터를 넣고 대충 섞는다.

4・ 아마씨를 넣어 섞는다.

5・ 손바닥으로 누르며 끊듯이 밀어 반죽한다.

2 • 황설탕과 소금을 넣는다.

3 • 양손으로 비비듯이 섞어 모래 질감처럼 부슬부슬하게 만든다.

6 • 18cm 길이의 원통형으로 만든 다음 1.5cm 두께로 자른다. 유산지를 깐 베이
킹 팬에 놓은 다음 달걀물을 바른다. 오븐에 넣고 가장자리가 단단해질 때까
지 약 12분간 굽는다.

코코넛 로셰 Rochers coco

6개 분량

작업 시간
20분

조리
8분

보관
밀폐 용기에 담아 3~4일

도구
짤주머니 + 별모양 깍지
실리콘 패드

재료
달걀흰자 30g
설탕 60g
코코넛 과육 슈레드   60g
사과 콩포트 8g

셰프의 팁

구워낸 로셰를 식힌 뒤, 윗부분 반 정도를
녹인 다크 초콜릿에 담가 코팅해도 좋다.

1 • 오븐을 240℃로 예열한다. 볼에 모든 재료를 넣고 실리콘 주걱으로 혼합한다.

2 • 별모양 깍지를 끼운 짤주머니에 반죽을 넣는다. 실리콘 패드를 깐 베이킹 팬에
균일한 크기로 로셰를 짜 놓는다.

3 • 손가락에 물을 묻히고 위가 뾰족한 피라미드 모양의 로셰를 만든다. 오븐에
넣어 로셰의 겉면이 노릇한 색을 낼 때까지 약 8분간 구워낸다.

비아리츠 Biarritz

약 35개 분량

작업 시간
45분

조리
10~12분

보관
밀폐 용기에 담아 3~4일

도구
체
마이크로플레인 그레이터
전동 핸드믹서
짤주머니 2개 + 지름 10mm
원형 깍지
실리콘 패드
주방용 온도계

재료
헤이즐넛 가루 175g
슈거파우더 125g
밀가루 70g
오렌지 제스트 1개분
우유 100g
달걀흰자 150g
버터 80g
다크 커버처 초콜릿(카카오 68%)
300g

1 • 오븐을 180℃로 예열한다. 모든 가루 재료를 한데 섞어 체에 친다.

4 • 버터를 녹인다. 혼합물을 조금 덜어 버터에 넣고 잘 개어 섞은 다음, 다시 전부 혼합물에 넣어 섞는다.

5 • 두 개의 베이킹 팬에 각각 실리콘 패드를 깔아준다. 원형 깍지를 낀 짤주머니를 사용하여 반죽을 약간 납작한 슈 모양으로 짜 놓는다. 오븐에 넣어 10~12분 굽는다. 망에 올려 식힌다.

2• 체에 친 가루를 볼에 담고 그레이터에 곱게 간 오렌지 제스트와 우유를 넣는다. 실리콘 주걱으로 잘 섞어 반죽을 만든다.

3• 달걀흰자를 가벼운 거품이 날 때까지 거품기로 저은 뒤 반죽 혼합물에 먼저 조금 넣고 풀어준다. 나머지 달걀흰자를 모두 넣고 섞는다.

6• 다크 초콜릿을 템퍼링한(p.570, 572 테크닉 참조) 다음 깍지 없는 짤주머니에 채운다. 유산지 위에 초콜릿을 조금씩 동그랗게 짜 놓은 다음 비아리츠 과자의 평평한 밑면을 붙여 얹는다. 식혀 굳힌 다음 떼어낸다.

더블 초코칩 쿠키 Cookies

약 25개분

작업 시간
30분

냉장
30분

조리
12~15분

보관
밀폐 용기에 담아 2주까지

도구
체

재료
포마드 상태의 버터 160g
비정제 황설탕 160g
달걀 50g
바닐라 빈 1줄기
밀가루 250g
베이킹파우더 3g
다크 초콜릿 칩 40g
화이트 초콜릿 칩 120g
아몬드 슬라이스 25g

1• 볼에 포마드 상태의 부드러운 버터와 황설탕을 넣고 실리콘 주걱으로 섞는다. 상온의 달걀과 길게 갈라 긁은 바닐라 빈을 넣고 잘 섞는다.

3• 반죽을 길이 15cm, 지름 5cm 크기의 긴 원통형으로 만든다.

4• 랩으로 잘 싼 뒤 냉장고에 30분 정도 넣어둔다. 오븐을 180℃로 예열한다.

2 • 체에 친 밀가루와 베이킹파우더를 넣고 섞는다. 두 종류의 초콜릿 칩과 아몬드 슬라이스를 넣고 고루 섞는다.

5 • 랩을 벗기고 반죽을 1cm 두께로 자른다. 유산지를 깐 베이킹 팬 위에 쿠키 반죽을 놓는다. 굽는 동안 반죽이 넓게 퍼질 것을 감안하여 간격을 넉넉히 떼어 놓는다. 오븐에 넣고 12~15분간 굽는다.

다미에 (사블레 올랑데) Damiers (sablés hollandais)

약 20개 분량

작업 시간
45분

냉장
1시간

조리
12분

보관
밀폐 용기에 담아 5일까지

도구
체
파티스리용 밀대
주방용 붓

재료
바닐라 파트 사블레
버터 60g
슈거파우더 40g

바닐라 에센스 2.5g
소금 1g
달걀 20g
아몬드 가루 20g
밀가루 100g

초콜릿 파트 사블레
버터 60g
슈거파우더 40g
바닐라 에센스 2.5g
소금 1g
달걀 20g
아몬드 가루 20g
밀가루 100g
무가당 코코아 가루 10g

달걀물
달걀 50g
달걀노른자 50g
우유 50g

1 • 깍둑 썬 버터와 슈거파우더를 손으로 비벼가며 모래의 질감같이 부슬부슬하게 섞는다.

4 • 초콜릿 파트 사블레 반죽도 마찬가지 방법으로 만든다. 단, 과정 2단계에서 코코아 가루를 추가로 넣는다.

5 • 바닐라와 초콜릿 반죽을 각각 두께 7mm로 밀어 20cm x 8cm 크기의 직사각형을 만든다.

셰프의 팁

반죽을 냉장고에 넣어 차갑게 만든 다음 오븐에 넣어야 구웠을 때 두 반죽 색의 격자무늬가 균일하게 또렷하다.

2 • 바닐라 에센스, 소금, 달걀, 아몬드 가루를 넣고 섞는다. 이어서 체에 친 밀가루를 넣고 고루 섞어준다.

3 • 반죽을 둥글게 뭉친 뒤 랩으로 싸서 냉장고에 20분 정도 넣어둔다.

6 • 폭 1cm의 긴 띠 모양으로 자른다. 바닐라 5줄, 초콜릿 4줄을 잘라둔다.

7 • 두 줄의 바닐라 반죽 사이에 초콜릿 반죽 한 줄을 나란히 놓고 달걀물을 발라 붙인다.

다미에 (계속)

8 • 마찬가지로 색이 교대로 인접하도록 만들어 격자무늬를 만든 후 달걀물로 붙인다. 냉장고에 30분간 넣어둔다.

9 • 나머지 초콜릿 반죽을 두께 3mm로 밀어 20cm x 8cm의 직사각형을 만든다. 한 면에 달걀물을 발라준다.

10 • 냉장고에서 꺼낸 쿠키 반죽을 얇은 초콜릿 반죽 직사각형으로 단단히 감아 싼다. 끝을 잘 붙인다.

11 • 오븐을 200°C로 예열한다. 쿠키 반죽을 5~7mm 두께로 자른 다음 유산지를 간 베이킹 팬 위에 놓는다. 오븐에 넣고 바닐라 반죽 부분의 구운 색이 너무 진해지지 않도록 체크하며 10~12분간 굽는다.

크레프 Crêpes

10장 분량

작업 시간
45분

휴지
2시간

조리
3분

보관
즉시 서빙

도구
거품기
체
마이크로플레인 그레이터
크레프용 팬
국자

재료
달걀 100g
설탕 30g
밀가루(T45) 170g
우유 500g
버터 50g
오렌지 제스트 1개분
브랜디 또는 기호에 따라 고른 리큐어 30g
식용유 30g

1 · 볼에 달걀, 설탕, 밀가루를 넣고 우유를 조금 부은 다음 거품기로 잘 저어 섞는다. 처음에는 우유를 아주 조금만 넣어 되직하고 멍울이 없도록 섞어준다.

4 · 기름을 얇게 발라 달군 팬에 작은 국자로 반죽을 붓고 얇게 고루 편다.

5 · 바닥이 노릇한 색이 나면 뒤집어 양면이 고루 익게 한다.

셰프의 팁

• 크레프 반죽을 하루 전에 만들어 냉장고에 넣어두면 더욱 좋다.

• 크레프를 굽기 전에 팬을 길들이는 것이 좋다. 기름을 높이 5mm 이하로 붓고 팬을 뜨겁게 달군 다음 기름을 따라낸다. 이 과정을 거치면 마르지 않고 보기 좋은 색이 나는 크레프를 구울 수 있다.

2 • 나머지 우유를 여러 번에 나누어 부어주며 거품기로 잘 섞는다.

3 • 그레이터에 곱게 간 오렌지 제스트 10g, 녹인 버터, 그리고 리큐어를 넣고 거품기로 잘 섞어 매끈한 혼합물을 만든다. 최소 2시간 동안 냉장고에 넣어 휴지시킨다.

6 • 구워낸 크레프를 접시에 겹쳐 담고 랩을 씌워둔다.

와플 Gaufres

8~10개 분량

작업 시간
35분

휴지
1시간

조리
각 3분

보관
즉시 서빙

도구
거품기
국자
전기 와플메이커

재료
설탕 15g
소금 1g
밀가루 250g
전유 400g
녹인 버터 75g
바닐라 에센스 1g
달걀흰자 90g
슈거파우더

1 • 볼에 설탕, 소금, 밀가루, 우유, 버터를 모두 넣고 거품기로 잘 섞는다. 바닐라 에센스를 넣는다. 냉장고에 1시간 동안 넣어 휴지시킨다.

3 • 거품 올린 달걀흰자를 혼합물에 넣고 실리콘 주걱으로 접어 돌리듯이 살살 섞는다.

4 • 전기 와플팬의 온도를 220℃로 맞춘 다음 작은 국자로 반죽을 가득 부어준다. 팬 뚜껑을 닫고 3분간 굽는다.

더욱 부드럽고 폭신한 와플을 만들기 위해서 우유는 전유를 사용하는 것이 좋다.
또한 바닐라 슈거를 사용하면 와플에 향을 더할 수 있다.

2 • 다른 볼에 달걀흰자의 거품을 낸다.

5 • 와플을 기계에서 떼어 꺼낸다.

6 • 슈거파우더를 뿌린 다음 즉시 서빙한다.

과일 튀김 Pâte à frire

20개 분량

작업 시간
20분

조리
각 2분

보관
즉시 서빙

도구
체
거품기
튀김용 팬
건지개

재료
튀김 반죽
밀가루 200g
베이킹파우더 6g
설탕 20g
달걀노른자 40g
저지방 우유 200g
달걀흰자 100g

기호에 따라 선택한 과일
슈거파우더
튀김용 기름

1 • 밀가루와 베이킹파우더를 한데 섞어 체에 친 다음 볼에 담는다. 설탕을 넣고 저어준 다음 가운데 달걀노른자를 넣고 거품기로 고루 섞는다.

4 • 준비한 과일의 물기를 털어 제거하거나 잘 닦아준다. 포크로 담가 반죽옷을 입힌다.

5 • 170℃의 튀김 기름에 조심스럽게 넣고 각 면을 약 40초씩 튀긴다.

셰프의 팁

- 사과와 같이 살이 비교적 단단한 과일을 고르는 것이 좋다.

- 튀김용 기름으로는 포도씨유와 같이 향이 거의 없는 것을 사용한다.

2 • 우유를 넣고 균일한 혼합물이 되도록 거품기로 잘 섞는다.

3 • 다른 볼에 달걀흰자의 거품을 올린 다음 반죽에 넣고 실리콘 주걱으로 접어 돌리듯이 살살 섞는다.

6 • 건지개로 튀김을 건져낸 다음 키친타월에 놓고 기름을 빼준다.

7 • 슈거파우더를 솔솔 뿌린 뒤 즉시 서빙한다.

프렌치 토스트 Pain perdu

6인분

작업 시간
30분

조리
15분

보관
즉시 서빙

도구
빵 칼
실리콘 패드

재료
빵 슬라이스(두께 1.5cm) 6쪽
달걀 60g
전유 200g
버터 20g
설탕 30g

1• 오븐을 170℃로 예열한다. 빵 슬라이스를 우선 우유에 담가 적신 다음 풀어 놓은 달걀에 넣어 적신다.

3• 설탕을 골고루 뿌린다.

4• 설탕이 캐러멜라이즈될 때까지 굽는다.

셰프의 팁

· 빵을 적시는 우유에 바닐라 빈이나 바닐라 에센스를 넣어
향을 더해주어도 좋다. 또한 바닐라나 다른 향을 더한
크렘 앙글레즈에 빵을 담가 적셔 오븐에 구워도 좋다.

· 일반 빵 대신 브리오슈나 팽 데피스를 사용해도 좋다. 단 이때 빵에
설탕이 이미 함유된 것을 감안하여, 레시피의 설탕량을 조절해준다.

· 빵을 미리 토스터에 구운 뒤 프렌치 토스트를 만들어도 좋다.

2· 넓은 팬에 버터를 녹인 뒤 거품이 일기 시작하면 우유와 달걀에 적신 빵을 놓
고 지진다.

5· 실리콘 패드를 깐 베이킹 팬에 뜨거운 빵을 놓고 오븐에 넣어 6~8분 정도 구
워낸다.

카카오 70% 다크 초콜릿 무스 Mousse au chocolat noir à 70%

4인분

작업 시간
30분

조리
10분

냉장
6시간

보관
냉장고에서 24시간까지

도구
거품기
주방용 온도계
짤주머니 + 지름 10mm 별모양 깍지
작은 유리볼 4개

재료
카카오 70% 다크 초콜릿 150g
액상 생크림(유지방 35%) 75g
달걀흰자 100g
설탕 20g
달걀노른자 25g

1 • 볼에 초콜릿을 넣고 중탕으로 녹인다.

4 • 녹인 초콜릿에 뜨거운 크림을 조금씩 넣으며 섞는다. 주걱을 중앙에서 바깥 방향으로 잘 저어주며 고루 섞어 균일하고 윤기 나는 혼합물을 만든다.

5 • 달걀노른자를 넣고 주걱으로 잘 섞어준다.

• 혼합물의 적정 온도를 잘 지켜야
무스에 초콜릿 알갱이가 생기는 것을 막을 수 있다.

• 달걀흰자의 거품을 올릴 때 처음엔 저속으로 시작해 점점 속도를
높여 주어야 멍울이 생기는 것을 방지할 수 있다.

• 무스는 최소 6시간 이상 냉장고에 넣어 굳힌다.

2 • 소스팬에 크림을 넣고 끓을 때까지 가열한다.

3 • 볼에 달걀흰자를 넣고 너무 단단하지 않게 거품을 올린다.

6 • 혼합물의 온도가 45~50℃까지 떨어지면 거품 올린 달걀흰자를 조금씩 넣으며 혼합물의 부피가 꺼지지 않도록 주걱으로 접어 돌리듯이 살살 섞는다.

7 • 짤주머니를 이용하여 작은 유리볼에 짜 놓는다. 냉장고에 6시간 동안 넣어둔다. 꺼내서 상온으로 서빙한다.

화이트 초콜릿 무스 Mousse au chocolat blanc

4인분

작업 시간
30분

조리
10분

냉장
6시간

보관
냉장고에서 24시간까지

도구
거품기
주방용 온도계
짤주머니 + 지름 10mm 별모양 깍지
서빙용 용기 4개

재료
판 젤라틴 3g
화이트 초콜릿 195g
액상 생크림(유지방 35%) 75g
달걀흰자 100g
설탕 20g
달걀노른자 25g
데코용 초콜릿 펄(선택 사항)

1 • 젤라틴을 찬물에 담가 말랑하게 불린다. 볼에 화이트 초콜릿을 넣고 중탕으로 녹인다.

4 • 녹인 화이트 초콜릿에 뜨거운 크림을 조금씩 넣으며 섞는다. 주걱을 중앙에서 바깥 방향으로 잘 저어주며 고루 섞어 균일하고 윤기나는 혼합물을 만든다.

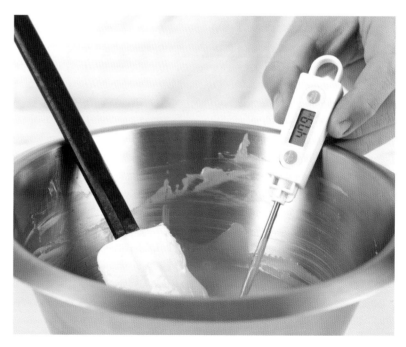

5 • 달걀노른자를 넣고 잘 저어 섞으며 혼합물을 45~50℃까지 식힌다.

2 • 소스팬에 생크림을 넣고 끓을 때까지 가열한다. 물을 꼭 짠 젤라틴을 넣고 잘 저어 녹인다.

3 • 달걀흰자에 설탕을 넣고 가볍게 거품을 올린다.

6 • 거품 올린 달걀흰자를 조금씩 넣으며 혼합물의 부피가 꺼지지 않도록 주걱으로 접어 돌리듯이 살살 섞는다.

7 • 짤주머니를 이용하여 서빙용 용기에 짜 놓는다. 냉장고에 6시간 동안 넣어둔다. 꺼내서 상온으로 서빙한다. 초콜릿 펄을 올려 장식해도 좋다.

크렘 카라멜 Crème au caramel

6인분

작업 시간
20분

조리
35분

보관
냉장고에서 48시간까지

도구
거품기
고운 원뿔체
지름 9cm 라므킨 용기(ramequin)
6개

재료
캐러멜
물 10g
설탕 100g

크림
전유 500g
바닐라 빈 1/2줄기
달걀 150g
설탕 100g

1• 오븐을 140℃로 예열한다. 소스팬에 물과 설탕을 넣고 가열한다. 설탕이 완전히 녹으면 끓인 뒤 약간 진한 캐러멜 색이 나기 시작하면 바로 불에서 내린다.

3• 소스팬에 우유를 넣고 가열하여 끓으면 길게 갈라 긁은 바닐라 빈을 줄기와 함께 넣어준다. 몇 분간 향을 우린 뒤 불에서 내리고 따뜻해질 때까지 식힌다.

4• 볼에 달걀과 설탕을 넣고 색이 연해지고 걸쭉해질 때까지 거품기로 저어 섞는다. 따뜻한 온도로 식은 우유를 고운 체에 거르며 볼에 조금씩 부어준다. 거품기로 잘 저어 섞는다.

• 캐러멜의 색이 너무 진해질 때까지 끓이면 쓴 맛이 날 수 있으니 주의한다.

• 크렘 카라멜이나 크렘 브륄레에 곱게 간 시트러스 과일 제스트를 넣어 향을 더해도 좋다.

2 • 뜨거운 캐러멜을 바로 개인용 라므킨에 조금씩 부어 바닥에 고르게 깔아 준다.

5 • 캐러멜을 바닥에 깐 용기에 크림 혼합물을 채운다. 뜨거운 물을 채운 넓은 용 기에 라므킨을 넣고 오븐에 넣어 중탕으로 약 30분간 익힌다. 식힌 뒤 접시에 뒤집어 서빙한다.

크렘 브륄레 *Crème brûlée*

4인분

작업 시간
1시간

조리
50분

냉동
20분

보관
냉장고에서 3일까지

도구
거품기
체
고운 원뿔체
주방용 온도계
주방용 토치
지름 12cm 납작한 라므킨 4개

재료
액상 생크림(유지방 35%) 250g
달걀노른자 50g
설탕 40g
전유 분말 25g
비정제 황설탕 쓰는 대로

1• 오븐을 100℃로 예열한다. 레시피 분량대로 크렘 앙글레즈를 만든다(p.204 테크닉 참조). 크림을 개인용 라므킨에 채워 넣고 오븐에 넣어 50분간 익힌다.

2• 냉동실에 20분간 넣어 차갑게 한다. 캐러멜라이즈할 때 크림은 차가운 상태를 유지해야 한다. 황설탕을 솔솔 뿌린다.

3• 토치로 그슬러 설탕을 캐러멜라이즈한다.

셰프의 팁

크렘 브륄레를 오븐에서 익히고 차갑게 식힌 뒤 정백당이나 황설탕을 뿌려 캐러멜화한다.
다시 냉장고에 넣어 캐러멜라이즈된 설탕막이 굳고 안의 크림은 부드럽고 차가운 상태로 서빙한다.

라이스 푸딩 Riz au lait

6인분

작업 시간
40분

조리
40분

보관
냉장고에서 6일까지(달걀이 들어간
경우는 3일까지)

도구
거름망
개인용 서빙볼 6개

재료
낱알이 둥근 쌀 200g
물 500g
전유(lait entier) 1리터
바닐라 빈 2줄기
설탕 120g
소금 1g

셰프의 팁

그레이터로 곱게 간 시트러스 과일 제스트나
인스턴트 커피 알갱이를 우유에 넣어 향을 내도 좋다.
우유 1리터당 인스턴트 커피 80g을 넣는다.

1 • 소스팬에 물을 끓인 다음 쌀을 넣고 몇 초간 끓여 낱알이 터지게 한 다음 망에 건진다.

2 • 다른 소스팬에 우유와 길게 갈라 긁은 바닐라 빈, 설탕을 넣고 가열해 끓인다.

3 • 우유가 끓으면 건져둔 쌀과 소금을 넣고 잘 저어주며 약한 불로 끓인다. 우유가 쌀에 완전히 흡수되어 익으면 개인용 라므킨 용기에 나누어 담고 냉장고에 차갑게 보관했다가 서빙한다.

셰프의 팁

- 쌀이 다 익었을 때 달걀노른자 2개와 생크림 100g를 섞어 넣어주면
  더욱 부드럽고 크리미한 진한 맛의 라이스 푸딩을 만들 수 있다.

- 라이스 푸딩을 180℃ 오븐에 넣어 20분간 익혀도 좋다.

- 라이스 푸딩에 홈메이드 캐러멜 소스나 과일 쿨리,
  또는 샹티이 크림을 곁들여 서빙하면 더욱 좋다.

치즈 케이크 Cheesecake

6~8인분

작업 시간
20분

냉장
2시간

조리
35분

보관
냉장고에서 3일까지

도구
거품기
체
스크레이퍼
지름 18cm, 높이 4cm의 케이크 링
파티스리용 밀대
푸드프로세서
주방용 붓

재료
파트 쉬크레
버터 96g
슈거파우더 80g
아몬드 가루 40g
달걀 32g
바닐라 에센스 2g
밀가루(T65) 160g

크림치즈 혼합물
필라델피아 크림치즈 500g
설탕 75g
달걀노른자 150g
소금 1.5g
바닐라 빈 1줄기
생크림(crème fraîche) 180g
액상 생크림(유지방 35% crème liquide) 125g
레몬즙 1.5g

달걀물
달걀 50g

1 • 레시피 분량의 재료를 사용하여 크레마주 방식으로 파트 쉬크레를 만든다 (p.60 테크닉 참조). 반죽을 1~2mm 두께로, 케이크 링보다 약 13cm 정도 크게 민다(p.26~28 테크닉 참조).

4 • 푸드프로세서에 크림치즈와 설탕, 달걀노른자, 소금, 길게 갈라 긁은 바닐라 빈 가루를 넣고 분쇄기를 돌려 혼합한다.

5 • 두 종류의 크림과 레몬즙을 넣고 다시 분쇄기를 돌려 혼합한다.

2 • 반죽을 틀에 놓고 바닥까지 내려 깔아준 다음 가장자리를 손가락으로 눌러 가며 옆면까지 꼼꼼히 붙인다.

3 • 틀 위로 밀대를 굴려 가장자리 여유분의 반죽을 잘라낸다. 포크로 시트 바닥 을 군데군데 찔러준 다음 냉장고에 20분간 넣어둔다. 180℃로 예열한 오븐에 넣고 15분간 시트만 초벌로 굽는다.

6 • 미리 구워 놓은 시트에 크림치즈 혼합물을 끝까지 채워 넣는다. 달걀물을 바른 뒤 180℃로 예열한 오븐에 넣고 15~20분간 굽는다. 식힌 뒤 틀을 제 거한다.

티라미수 Tiramisu

8인분

작업 시간
1시간

냉장
1시간

조리
8분

보관
냉장고에서 3일까지

도구
거품기
서빙용 유리컵과 같은 사이즈의 원형
커터
주방용 온도계
전동 스탠드 믹서
짤주머니
작은 유리컵(베린) 8개
작은 체

재료
레이디핑거 스펀지 시트
150g(biscuit cuillère)

커피 시럽
설탕 50g
럼 5g
커피 리큐어 2.5g
진한 블랙 커피 100g

티라미수 크림 혼합물
시럽 70g(설탕 70g과 물 30g를 110℃
까지 끓여 만든다)
달걀노른자 40g
판 젤라틴 4g
마스카르포네 125g
아마레토 리큐어 25g
액상 생크림(유지방 35%) 150g

완성하기
무가당 코코아 가루 50g

1 • 레이디핑거 비스퀴를 베이킹 팬에 구워 스펀지 시트를 만든다(p.222 테크닉 참조). 원형 커터를 사용하여 비스퀴 16개를 잘라놓는다.

4 • 전동 스탠드 믹서에 거품기를 장착한 다음 파트 아 봉브가 거품이 나는 무스 질감으로 완전히 식을 때까지 돌려 섞어준다. 혼합물의 온도가 40℃가 되었을 때 불린 젤라틴을 꼭 짜서 넣고 거품기를 계속 돌려 녹인다.

2• 소스팬에 커피 시럽 재료를 모두 넣고 설탕이 완전히 녹을 때까지 가열한다. 식힌 다음 비스퀴를 담가 적시고 망에 올려 여분의 시럽이 흘러내리도록 둔 다. 젤라틴을 찬물에 담가 말랑하게 불린다.

3• 전동 스탠드 믹서 볼에 달걀노른자를 풀어 놓고, 110℃까지 끓인 설탕 시럽 을 가늘게 흘려 넣으며 거품기로 섞어 파트 아 봉브(pâte à bombe)를 만든다.

5• 볼에 생크림과 마스카르포네를 넣고 휘핑한다. 아마레토를 넣고 섞는다.

6• 거품기로 돌린 파트 아 봉브가 20℃까지 식으면 크림에 넣고 거품기로 잘 섞 는다. 짤주머니에 넣는다.

티라미수 (계속)

7 • 서빙 유리컵에 티라미수 크림 혼합물을 1/4 높이까지 짜 넣는다.

8 • 커피 시럽에 적신 비스퀴를 그 위에 한 장 얹고 공기가 빠지도록 살짝 눌러준다. 이 과정을 다시 한 번 반복해 유리컵을 채워 넣고 맨 윗층은 크림 혼합물로 마무리한다.

9 • 냉장고에 1시간 동안 넣어둔다. 서빙하기 15분 전에 냉장고에서 꺼낸 뒤 코코아 가루를 체에 치며 솔솔 뿌려 마무리한다.

셰프의 팁

붉은 베리류 과일을 켜마다 넣어주면
더욱 상큼한 맛의 티라미수를 만들 수 있다.

퐁당 쇼콜라 Moelleux au chocolat

6~8인분

작업 시간
15분

냉동
1시간

조리
7~10분

보관
즉시 서빙

도구
거품기
짤주머니
지름 7cm 소형 링

재료
카카오 65% 다크 초콜릿 100g
포마드 상태의 버터 100g
달걀 240g
달걀노른자 130g
설탕 55g
밀가루 75g

1• 소형 링 안쪽에 버터를 바른 뒤 냉장고에 넣어둔다. 볼에 잘게 썬 초콜릿을 넣고 중탕으로 녹인다.

3• 다른 볼에 달걀과 달걀노른자, 설탕을 넣고 주걱으로 잘 섞는다. 달걀 혼합물을 초콜릿 버터 혼합물에 조금씩 넣으며 주걱으로 잘 저어 섞는다.

4• 밀가루를 넣고 거품기로 잘 섞는다. 짤주머니에 채운다.

셰프의 팁

• 이 반죽 혼합물은 냉동실에 넣어 보관하기 아주 좋다.
• 굽기 전에 초콜릿 한 조각을 중간에 박아 넣어도 좋다.

2 • 불에서 내린 뒤 상온의 부드러운(녹으면 안 된다) 포마드 버터를 넣고 잘 저어
섞는다.

5 • 냉장고에 넣어둔 소형 링을 꺼내 실리콘 패드를 깐 베이킹 팬에 놓고 짤주머니
로 혼합물을 짜 넣는다. 냉동실에 1시간 동안 넣어둔다. 오븐을 200℃로 예열
한다. 언 상태로 오븐에 넣고 윗면이 굳을 때까지 7~10분간 굽는다. 오븐에서
꺼낸 뒤 따뜻한 온도로 식으면 틀을 빼낸 뒤 서빙한다.

체리 클라푸티 Clafoutis aux cerises

6인분

작업 시간
30분

냉장
1시간

조리
1시간

보관
냉장고에서 3일까지

도구
거품기
스크레이퍼
체
파티스리용 밀대
지름 22cm 타르트 링
누름용 쌀, 또는 베이킹용 누름돌

재료
파트 사블레 또는 쓰고 남은 파트
푀유테 250g
(p.62 또는 66 테크닉 참조)

클라푸티 혼합물
달걀 75g
달걀노른자 20g
설탕 62g
밀가루 10g
저지방 우유 125g
생크림 125g
씨를 뺀 체리 300g

완성하기
슈거파우더

1 • 반죽을 밀어 타르트 링에 앉히고(p.26 테크닉 참조) 안쪽 벽을 손으로 밀어 올려 가장자리에 1cm 높이의 테두리를 만든다. 냉장고에 1시간 넣어둔다. 오븐을 170℃로 예열한다. 반죽 위에 오븐 사용이 가능한 내열 랩이나 유산지를 깔고 쌀이나 베이킹용 누름돌을 채워 넣은 다음 오븐에 넣어 15~20분간 굽는다.

셰프의 팁

타르트 크러스트만 먼저 블라인드 베이킹할 때
쌀 대신 과일 씨 또는 콩 등으로 눌러주어도 좋다.
이렇게 누름 재료를 채워주면 굽는 동안 크러스트의 모양을
그대로 잘 유지할 수 있다.

3 • 초벌구이를 한 타르트 크러스트 안에 씨를 뺀 체리를 한 켜 놓는다.

2 • 오븐 온도를 180℃로 올린다. 볼에 달걀, 달걀노른자, 설탕을 넣고 거품기로 잘 섞는다. 밀가루를 넣어 섞은 다음 우유, 이어서 생크림을 넣고 거품기로 잘 섞는다.

4 • 그 위로 클라푸티 혼합물을 붓고 오븐에 넣어 40분간 굽는다. 조심스럽게 링을 제거한 뒤 따뜻한 상태로 또는 완전히 식힌 뒤 슈거파우더를 뿌려 서빙한다.

플랑 Flan

6인분

작업 시간
2시간 20분

냉장
2시간

냉동
10분

조리
30분

보관
냉장고에서 24시간까지

도구
체
스크레이퍼
파티스리용 밀대
펀칭롤러
지름 18cm, 높이 3cm 타르트 링
또는 틀
거품기
주방용 붓

재료
파트 푀유테 250g(p.66 테크닉 참조)

플랑 혼합물
전유(lait entier) 500g
설탕 100g
바닐라 빈 1줄기
달걀 100g
커스터드 분말 50g
버터(상온) 50g

달걀물
달걀 50g

1 • 파트 푀유테 반죽을 타르트 틀보다 큰 원형(두께 1.5cm)으로 밀어준다. 펀칭 롤러를 밀어 구멍을 고루 내준다.

4 • 가장자리를 손으로 만져 테두리를 위로 올려 다듬는다. 플랑 필링 혼합물을 만드는 동안 냉동실에 넣어둔다.

2 • 타르트 링에 반죽 시트를 앉히고(p.26~29 테크닉 참조) 손가락으로 안쪽 벽을 빙 둘러가며 눌러 올려 약 5mm 정도 폭의 테두리를 만들어준다.

3 • 틀 위로 밀대를 굴려 가장자리 여유분의 반죽을 깔끔히 잘라낸다.

5 • 크렘 파티시에를 만드는 것과 마찬가지로(p.196 테크닉 참조), 소스팬에 우유와 설탕 분량의 반, 길게 갈라 긁은 바닐라 빈 가루를 넣고 가열한다. 볼에 달걀과 나머지 설탕을 넣고 색이 연해지고 걸쭉해질 때까지 거품기로 잘 저어 섞는다.

6 • 뜨거운 우유를 달걀 설탕 혼합물에 조금 부어 잘 개어 섞은 다음, 모두 소스 팬으로 옮겨 담고 다시 불에 올린다.

플랑 (계속)

7 • 커스터드 분말을 넣고 계속 저어준다. 혼합물이 끓지 않도록 주의하면서 걸쭉한 상태가 될 때까지 잘 저으며 익힌다. 불에서 내린 뒤 깍둑 썬 버터를 넣고 균일하게 섞는다.

8 • 오븐을 190℃로 예열한다. 냉동실에서 꺼낸 크러스트에 필링 혼합물을 부어 채운다.

9 • 혼합물 위에 붓으로 달걀물을 발라준 다음 오븐에 넣고 30분간 굽는다.

파블로바 Pavlova

4인분

작업 시간
2시간

냉장
1시간

조리
1시간 30분

보관
24시간까지

도구
전동 스탠드 믹서
짤주머니 + 원형 깍지, 별모양 깍지,
기타 장식용 깍지
작은 체
주방용 온도계
거품기

재료

스위스 머랭
달걀흰자 50g
설탕 75g
전분 2g
흰색 식초 1g
슈거파우더

라즈베리 소스
라즈베리 퓌레 100g
설탕 70g
펙틴(pectine NH) 8g
레몬즙 8g

마스카르포네 샹티이 크림
액상 생크림(유지방 35%) 125g
마스카르포네 25g
설탕 20g
바닐라 빈 1줄기

데커레이션
붉은 베리류 과일

1 • 베이킹 팬에 유산지를 깔아 고정시킨 다음 지름 18cm의 링을 놓고 원을 그린다.

2 • 전동 스탠드 믹서 볼에 달걀흰자와 설탕 60g을 넣고, 뜨거운 물이 끓고 있는 냄비 위에 올린 다음 중탕으로 거품을 올린다. 온도가 45℃까지 올라가면 믹싱볼을 스탠드 믹서에 장착하고 머랭이 완전히 식을 때까지 빠른 속도로 거품기를 돌린다.

3 • 나머지 설탕 15g을 전분과 섞은 다음 머랭에 넣는다. 이어서 식초를 넣어준다. 실리콘 주걱으로 접어 돌리듯이 살살 섞는다.

파블로바 (계속)

4 • 오븐을 110℃로 예열한다. 원형 깍지를 끼운 짤주머니에 머랭 분량의 반을 채워 넣고 유산지 위에 가운데부터 달팽이 모양으로 원의 크기에 맞게 짜준다.

5 • 별모양 깍지를 끼운 짤주머니에 나머지 머랭을 채워 넣고 가장자리를 꽃모양으로 빙 둘러 짜준다. 슈거파우더를 솔솔 뿌린 다음 오븐에서 1시간 30분간 굽는다. 건조한 곳에 보관한다.

8 • 깍지를 끼우지 않은 짤주머니를 사용하여 머랭 위에 라즈베리 소스를 얇게 한 켜 짜 얹는다.

9 • 장식용 깍지를 끼운 짤주머니로 마스카르포네 샹티이 크림을 보기좋게 짜 얹는다.

셰프의 팁

베이킹 팬 위에 깐 유산지가 오븐 안에서 펄럭거리지 않도록 네 귀퉁이를
조그만 자석 등으로 눌러 고정시키거나 종이 뒤에 머랭 반죽을 조금씩 묻혀 베이킹 팬에 붙인다.

6 • 소스팬에 라즈베리 퓌레를 넣고 40℃까지 데운 다음 미리 펙틴과 섞어둔 설탕을 넣는다. 계속 가열하여 끓인 다음 레몬즙을 넣고 식힌다.

7 • 전동 스탠드 믹서 볼에 아주 차가운 생크림과 마스카르포네, 설탕, 길게 갈라 긁은 바닐라 빈 가루를 넣고 거품기를 저속으로 돌려 섞는다. 거품기를 중간 속도로 돌려주며 계속 휘핑하여 단단한 샹티이 크림을 만든다.

10 • 붉은 베리류 과일을 골고루 얹어 장식한다. 슈거파우더를 뿌린다.

수플레 Soufflé

8인분

작업 시간
45분

조리
20~25분

보관
즉시 서빙

도구
지름 9cm, 높이 4.5cm 개인용
수플레 용기(ramequins) 8개
거품기
체
주방용 온도계
전동 스탠드 믹서
작은 체

재료
수플레 혼합물
크렘 파티시에 650g(p.196 테크닉 참조)
액상 바닐라 에센스 5g
달걀흰자 300g
설탕 100g
슈거파우더 쓰는 대로

향 내기 재료
커피
커피 엑스트랙트 20g
또는 인스턴트 커피 20g(우유에 녹인다)
또는 원두 커피 가루 100g(따뜻한 우유에 넣어 향을 우린 뒤 거른다)

리큐어
크렘 파티시에 무게의 2~3% 정도 넣는다.

초콜릿
뜨거운 크렘 파티시에에 카카오 페이스트 80~100g을 녹인다.

1 • 오븐을 200℃로 예열한다. 개인용 수플레 용기에 상온의 부드러운 상태의 버터(너무 많이 녹으면 안 된다)를 바르고 설탕을 골고루 뿌려 씌운다.

4 • 머랭을 크렘 파티시에에 조금씩 넣으면서 실리콘 주걱으로 살살 접어 돌리며 완전히 섞어준다. 머랭의 덩어리가 그대로 남아 있으면 수플레가 고르게 부풀지 않는다. 단, 섞을 때 머랭의 부피가 꺼지지 않도록 유의한다.

5 • 수플레 용기에 혼합물을 채우고 윗면을 매끈하게 해준다. 슈거파우더를 작은 체로 치면서 솔솔 뿌린다.

• 수플레가 너무 빨리 부풀어 오르면 마지막에 오븐 온도를
조금 낮추어 달걀흰자가 잘 익도록 한다.

• 수플레 용기가 작을수록 오븐의 온도는 높게 설정한다. 큰 사이즈의 수플레
용기를 사용할 경우 오븐을 180℃로 설정한 뒤 20~25분간 굽는다.

• 단맛의 리큐어를 넣어 향을 낼 경우, 설탕의 양을 조금 줄여도 된다.

2 • 크렘 파티시에를 35~40℃로 따뜻하게 데운 뒤 거품기로 저어 가볍게 풀어준
다. 액상 바닐라를 넣고 섞는다.

3 • 전동 스탠드 믹서를 사용하거나 또는 손거품기를 사용하여 달걀흰자의 거품
을 올린다. 설탕을 조금씩 넣어가며 거품을 올려 윤기 나는 머랭을 만든다.

6 • 손가락으로 용기 가장자리를 한 바퀴 훑어 너무 많이 묻은 혼합물을 깔끔하
게 제거한다. 오븐에 넣고 수플레가 잘 부풀어 오를 때까지 20~25분간 익힌
다. 오븐 안의 수증기를 그대로 유지하도록 오븐 문을 중간에 열어서는 안 된
다. 오븐에서 꺼낸 즉시 서빙한다.

파르 브르통 Far breton

10인분

작업 시간
20분

조리
15~20분

보관
냉장고에서 48시간까지

도구
거품기
체
지름 20cm 파이틀, 또는 내열 용기

재료
달걀 250g
설탕 150g
버터 150g
밀가루 120g
전유(lait entier) 500g
바닐라 빈 1줄기
럼 50g
씨를 뺀 프룬(건자두) 200g

1• 볼에 달걀과 설탕을 넣고 색이 연해지고 걸쭉해질 때까지 거품기로 잘 저어 섞는다. 미리 녹인 따뜻한 온도의 버터를 넣고 섞는다.

셰프의 팁

• 달걀 분량의 일부분을 달걀노른자로 대체해도 된다.
단, 이 경우에는 밀가루의 양을 조금 줄인다.

• 건자두를 차 또는 리큐어에 담가 재웠다 사용해도 좋다.

• 가염 버터를 사용해도 좋다.

3• 파이 틀이나 내열 용기 바닥에 씨를 뺀 건자두를 고르게 정렬해 놓는다.

2 • 체에 친 밀가루를 넣고 균일하게 혼합한다. 바닐라를 길게 갈라 긁어 넣고 향을 우려낸 따뜻한 우유를 부으며 거품기로 계속 저어 섞는다. 럼을 넣고 잘섞는다.

4 • 오븐을 200~220℃로 예열한다. 혼합물을 건자두 위에 부어준 다음 오븐에 넣고 표면이 구운 황금색이 날 때까지 15~20분간 굽는다.

일 플로탕트 Île flottante(또는 œufs à la neige)

10~12인분

작업 시간
30분

조리
각 2~3분

보관
냉장고에서 48시간까지

도구
거품기
주방용 온도계
원뿔체
전동 스탠드 믹서
짤주머니 + 지름 8mm 원형 깍지
국자 (기름을 살짝 발라둔다)
망뜨개

재료
크렘 앙글레즈
우유 500g
설탕 100g
바닐라 빈 1줄기
달걀노른자 120g

머랭
달걀흰자 180g
소금 1자밤
설탕 90g

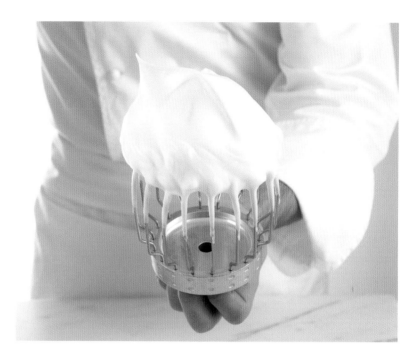

1 • 레시피 분량대로 크렘 앙글레즈를 만든다 (p.204 테크닉 참조). 냉장고에 넣어 차갑게 보관한다. 전동 스탠드 믹서 볼에 달걀흰자와 소금 한 자밤을 넣고 가볍게 거품을 올린다. 설탕을 조금씩 넣어가며 계속 거품기를 돌려 단단하고 윤기 나는 머랭을 만든다.

4 • 망뜨개로 머랭을 건진 다음 키친타월에 놓고 물기를 뺀다. 나머지 머랭도 같은 방법으로 모두 데쳐낸다. 랩을 씌워 냉장고에 보관한다.

5 • 차가운 크렘 앙글레즈를 개인용 서빙볼에 넣고 머랭을 한 개씩 올린다.

2 • 큰 소스팬에 우유 또는 물을 넣고 아주 약하게 끓인다. 거품 올린 머랭을 짤주머니에 넣고 작은 국자에 동그랗게 짜 넣는다.

3 • 아주 약하게 끓는 상태의 우유나 물에 머랭을 조심스럽게 밀어 넣고 1분간 데친다. 뒤집은 다음 다시 1분간 데친다.

6 • 솔티드 캐러멜 스프레드를 가늘게 짜 얹어 서빙해도 좋다(p.524 테크닉 참조).

셰프의 팁

· 머랭을 우유에 데치면 더 불투명한 흰색과 진한 맛을 낼 수 있다.
그러나 데치는 과정은 세심한 기술을 요한다.
머랭을 우유에 먼저 데쳐내고 난 후
그 우유로 크렘 앙글레즈를 만들어도 된다.

· 데친 머랭에 캐러멜을 뿌려 서빙하거나
크렘 앙글레즈나 달걀흰자에 향을 첨가해도 좋다.

· 머랭을 액체에 데치는 대신 전자레인지에 익혀도 된다.
머랭을 기름 바른 유산지 위, 또는 기름을 살짝 바른 개인용 라므킨에
짜 넣은 뒤 전자레인지에 넣어 익힌다. 또한 기름을 살짝 바른
수플레 용기에 넣고 140℃ 컨벡션 모드 오븐에서 10분간 구워도 된다.

폴로네즈 Polonaise

12개 분량

작업 시간
3시간

1차 발효
30분

냉장
2시간

냉동
1시간

조리
40분

보관
48시간까지

도구
전동 스탠드 믹서
스크레이퍼
작은 브리오슈 틀 6개
거품기
체
파티스리용 밀대
지름 7cm 타르틀레트 틀 6개
주방용 온도계
짤주머니
작은 체

재료
브리오슈
밀가루(T45) 250g
소금 5g
설탕 30g
생 이스트 15g
달걀 150g
버터 130g

파트 쉬크레
밀가루 250g
버터 100g
슈거파우더 100g
소금 2g
달걀 60g

시럽
물 1리터
설탕 500g
오렌지 제스트
키르슈 100g

크렘 파티시에
우유 250g
달걀 50g
설탕 50g
밀가루 12.5g
커스터드 분말 12.5g

이탈리안 머랭
달걀흰자 100g
설탕 시럽 200g

필링과 데커레이션
캔디드 프루츠 또는
럼에 절인 건포도 50g
아몬드 슬라이스 쓰는 대로
슈거파우더 쓰 는대로

1 • 레시피 분량대로 브리오슈를 만든다(p.130 테크닉 참조). 210℃ 오븐에서 15분
간 구워낸다. 완전히 식힌 뒤 가로로 4등분한다.

4 • 레시피 분량대로 크렘 파티시에를 만든다(p.196 테크닉 참조). 완전히 식힌 다
음 짤주머니에 넣고 미리 구워둔 타르틀레트 시트에 채워 넣는다.

2 • 레시피 분량대로 파트 브리제를 만든다(p.62 테크닉 참조). 반죽을 3mm 두께로 민 다음 지름 8cm의 원형으로 잘라낸다. 타르틀레트 틀에 반죽 시트를 앉힌 다음 180℃로 예열한 오븐에 넣어 20분간 초벌로 굽는다.

3 • 소스팬에 물과 설탕, 오렌지 제스트를 넣고 끓여 시럽을 만든다. 불에서 내린 뒤 키르슈를 넣고 잘 저어준다. 시럽이 60℃까지 식으면 잘라둔 브리오슈를 살짝 담가 적신 다음 망에 올려 여분의 시럽이 흘러내리도록 둔다.

5 • 캔디드 프루츠나 미리 럼에 재웠다 건진 건포도를 크림 위에 골고루 얹어 놓는다.

6 • 시럽에 적신 브리오슈를 한 장 놓고 다시 크렘 파티시에를 짜 얹는다.

폴로네즈 (계속)

7 • 그 위에 다시 건포도를 놓고 같은 방법으로 한 켜 더 쌓아 올린다. 맨 위에는 브리오슈의 뚜껑을 덮어 마무리한다. 냉동실에 1시간 동안 넣어둔다.

8 • 레시피 분량대로 이탈리안 머랭을 만든다(p.232 테크닉 참조). 타르틀레트 바닥 부분을 칼끝으로 찌른 다음 거꾸로 들어 위에 얹어 쌓은 브리오슈 부분을 머랭에 담근다.

9 • 머랭을 고루 충분히 묻혀 씌운다. 단, 아래쪽 타르틀레트 부분은 머랭으로 덮이지 않도록 주의한다.

10 • 머랭 겉면에 아몬드 슬라이스를 고루 뿌려 붙인다.

럼에 절인 건포도나 캔디드 프루츠 대신
오렌지 과육 세그먼트를 사용해도 좋다.

11 • 오븐을 240℃로 예열한다. 슈거파우더를 뿌린 다음 오븐의 브로일러 아래에
넣고 살짝 그슬린 색이 날 때까지 몇 분간 구워낸다.

레몬 라임 요거트 크림 Yaourts

6인분

작업 시간
15분

조리
6~8분

보관
냉장고에서 48시간까지

도구
주방용 온도계
고운 체
서빙용 유리볼 6개

재료
휘핑용 생크림(유지방 35% crème fleurette) 250g
설탕 20g
라임 제스트 3g
레몬즙 20g

1 • 소스팬에 생크림, 설탕, 라임 제스트를 넣고 80℃까지 데운다.

3 • 즉시 서빙용 유리볼에 담고 완전히 굳으면 바로 냉장고에 넣어둔다.

2 • 고운 체에 걸러 라임 제스트를 제거하고 바로 레몬즙을 넣어 섞는다.

4 • 과일 쿨리와 생과일을 얹어 서빙한다.

앙트르메
케이크
ENTREMETS

앙트르메 케이크 LES ENTREMETS

앙트르메는 여럿이 나누어 먹을 수 있는 홀 사이즈의 프렌치 클래식 케이크 종류를 통칭한다. 이 케이크의 성공 비결은 여러 레이어를 이루는 기본 구성 재료(스펀지 시트나 크림 등의 필링)를 잘 만드는 것이다. 맛과 텍스처가 조화를 이루는 완성도 높은 앙트르메를 만들려면 정확한 준비와 진행과정 및 특별한 조립 테크닉이 필요하다.

인원수에 맞는 케이크 틀 크기

프랑스에서 일반적으로 많이 사용하는 앙트르메 케이크 틀은 높이 4.5cm의 링(cercle, 세르클)이다. 기본 사이즈 기준으로 2인분이 추가될 때마다 지름 크기가 2cm씩 큰 틀을 선택한다.

인원 수	4~6인	8인	10인
케이크 링 지름 사이즈	14cm 또는 16cm	18cm	20cm

냉동실 공간 확보하기

케이크의 종류에 따라 그 안에 넣는 인서트 또는 레이어 부분을 조립이 쉽도록 매끈하게 굳히기 위해 냉동실에 얼려야 할 경우가 있다. 작업을 시작하기 전에 미리 냉동실의 공간을 확보하여 냉동이 필요한 구성 재료들을 올바로 놓을 수 있도록 준비한다.

빵 나이프 활용하기

제누아즈나 레이디핑거 스펀지 등의 케이크 시트를 가로로 여러 켜로 자르거나(예 : 프레지에), 조립을 완성한 케이크의 가장자리를 부스러짐 없이 말끔하게 자를 때는 빵 나이프를 사용하는 것이 효과적이다.

과일과 젤라틴

케이크 사이에 채워 넣을 과일 베이스의 혼합물(무스, 젤리 등)을 굳히려면 만드는 과정에서 일반적으로 젤라틴을 넣어준다. 단, 단백질 가수분해 효소 함량이 높은 과일들은 주의해야 한다. 이 성분은 젤라틴에 많이 함유된 단백질에 반응하여, 재료가 굳는 작용을 방해하기 때문이다. 파인애플, 키위, 파파야, 구아바, 백년초, 무화과, 허니듀 멜론 등이 여기에 해당하며, 이들은 젤라틴과 함께 사용할 수 없다. 이 경우에는 젤라틴 대신 한천을 사용하거나 과일 과육 펄프를 끓여 사용한다.

가나슈 에멀전화하기

케이크 사이에 채워 넣는 필링으로 또는 데커레이션용으로 자주 사용되는 초콜릿 가나슈는 잘게 다진 초콜릿에 뜨겁게 데운 크림을 부어 섞어 만든다. 크림의 뜨거운 열기로 인해 초콜릿이 녹으면서 잘 혼합된다. 이 두 재료를 균일하고 매끈하게 유화하려면 마치 마요네즈를 만드는 것처럼 가운데서부터 바깥쪽으로 원을 그리며 힘껏 잘 저어주어야 한다.

푀유타주 시트를 골고루 찔러 구멍 내기

밀푀유에 사용하는 파트 푀유테(파이 반죽)가 고르게 부풀도록 하려면 오븐에 넣기 전에 시트를 골고루 찔러주는 것을 잊지 말자. 전문 베이킹 도구인 펀칭 롤러를 사용하여 밀어주면 고른 간격으로 찔러줄 수 있다. 이 도구가 없을 때에는 두 개의 포크로 군데군데 찔러준다.

케이크 시트의 형태를 유지하기

오페라 케이크 등에 사용되는 비스퀴 시트처럼 시럽이나 리큐어를 적신 베이스가 그 모양을 제대로 유지할 수 있도록, 녹인 초콜릿을 붓으로 발라 얇은 막을 만들어준다. 이는 아삭하게 부서지는 식감을 더해주기도 하고, 시트 레이어의 촉촉함을 유지하면서도 자를 때 무너지지 않게 형태를 지탱해주는 역할을 한다. 이를 샤블로나주(chablonnage)라고 부른다.

안전하게 틀 제거하기

어떤 케이크들은 틀 안에 아세테이트 투명 띠지를 둘러주면 훨씬 더 쉽고 깔끔하게 틀을 제거하는 데 도움이 된다. 손쉽게 제거하려면 띠지의 폭을 케이크 높이보다 적어도 2cm는 더 넉넉하게 만들어야 한다. 케이크가 냉동된 상태에서 띠지를 떼어내면 더 깔끔하게 제거할 수 있다.

시럽을 만드는 순서

스펀지를 적실 용도의 시럽을 만들 때, 소스팬에 반드시 물을 먼저 넣은 다음 설탕을 넣어준다. 그래야 설탕이 더 잘 녹을 뿐 아니라, 바닥에서 캐러멜라이즈 되는 것을 막을 수 있다.

아몬드 페이스트를 부드럽게 만들기

아몬드 페이스트를 스펀지 반죽에 넣어 혼합하거나 케이크 데커레이션으로 사용할 때 너무 단단한 상태로 뭉쳐 있으면 쓰기 불편하다. 이럴 때는 미리 전자레인지에 넣고 10~20초간 살짝 돌려 부드럽게 만든 다음 사용한다. 아몬드 함량이 높은 좋은 품질의 아몬드 페이스트를 사용할 것을 권장한다.

아몬드 페이스트의 종류

보통 아몬드 페이스트는 아몬드 함량이 높을수록 우수한 품질로 친다. 일반 아몬드 페이스트는 동량의 아몬드 가루와 설탕으로 이루어진 반면, 슈페리어급 고급 제품은 아몬드 함량이 65~67%에 이른다. 즉 덜 달고, 질감도 크럼블처럼 부서지는 느낌이 강하다. 마지판(marzipan)은 일반 아몬드 페이스트와는 달리, 동량의 아몬드와 설탕에 약간의 콘 시럽, 경우에 따라서는 달걀 흰자를 넣어 만든다. 더 달고 부드러우며 반죽하기 쉽다. 케이크 데커레이션용으로 모양을 만들 때 많이 쓰이며, 당과류나 캔디로 만들어 먹기도 한다.

분류	아몬드 함량	설탕 함량
고급(supérieure)	66%	34%
일반(extra)	50%	50%
당과류용(confiseur)	33%	67%

좀 더 쉬운 글라사주를 위한 캐러멜

아삭한 식감의 생토노레 슈는 겉면에 캐러멜을 입혀 글레이즈한 것이다. 설탕과 물로 만드는 시럽에 글루코스 시럽을 더해주면 캐러멜이 수분을 흡수하는 것도 제한하고 캐러멜라이즈 되었을 때 설탕이 다시 딱딱하게 굳는 것을 막는 효과가 있다.

아몬드 페이스트로 케이크 코팅하기

아몬드 페이스트를 사용하면 앙트르메 케이크를 빠르게 원하는 색으로 데커레이션하여 마무리할 수 있다. 아몬드 페이스트 혼합물을 두 장의 투명 전사지 사이에 넣고 케이크 틀 보다 약간 큰 사이즈로 밀어 펴준다. 윗면의 전사지를 조심스럽게 들어낸 다음 아몬드 페이스트를 뒤집어 아직 틀 안에 있는 케이크 크림 층에 붙여 덮어준다. 나머지 한 장의 전사지를 떼어낸 다음 틀 위로 밀대를 굴려 아몬드 페이스트의 가장자리를 틀 크기에 맞춰 잘라낸다. 딱 맞는 크기의 아몬드 페이스트로 덮인 상태에서 케이크 링을 제거한다.

LEVEL

1

오페라
OPÉRA

6~8인분

작업 시간
2시간

조리
8분

냉장
1시간

보관
냉장고에서 3일까지

도구
전동 스탠드 믹서
주방용 온도계
핸드블렌더
사방 12cm, 높이 2.5cm 정사각형
베이킹 프레임
주방용 붓

재료
조콩드 스펀지
달걀 150g
슈거파우더 115g
아몬드 가루 115g
밀가루 30g
녹인 버터 45g
달걀흰자 105g
설탕 15g

버터크림
설탕 100g
물 100g
달걀흰자 125g
버터 325g
커피 향 쓰는 대로

가나슈
전유(lait entier) 160g
액상 생크림(유지방 35%) 35g
카카오 64% 다크 초콜릿 125g
버터 65g

커피 향 시럽
인스턴트 에스프레소 커피 그래뉼 62g
물 750g
설탕 62g

글라사주
갈색 글라사주 페이스트 100g
포도씨유 50g
카카오 58% 다크 초콜릿 100g

조콩드 스펀지 BISCUIT JOCONDE
오븐을 220℃로 예열한다. 전동 스탠드 믹서 볼에 달걀, 슈거파우더, 아몬드 가루, 녹인 버터, 밀가루를 넣고 거품기를 빠른 속도로 돌려 5분간 혼합한다. 혼합물을 볼에 덜어낸다. 믹싱볼을 깨끗이 씻고 물기를 제거한 다음 달걀흰자를 넣고 거품을 올린다. 설탕을 조금씩 넣어주며 거품기로 돌려 단단하고 윤기 나는 머랭을 만든다. 첫 번째 혼합물을 머랭에 넣고 실리콘 주걱으로 접어 돌리듯이 살살 섞는다. 베이킹 팬에 넓게 펴 깔아준 다음 오븐에 넣어 5~8분간 굽는다.

버터크림 CRÈME AU BEURRE
소스팬에 물을 붓고 설탕을 넣어 녹인 다음 117℃까지 가열해 시럽을 만든다. 전동 스탠드 믹서 볼에 달걀흰자를 넣고 거품을 올리면서 뜨거운 시럽을 가늘게 넣어준다. 혼합물의 온도가 20~25℃로 떨어질 때까지 거품기를 중간 속도로 계속 돌린다. 상온의 버터를 넣고 거품기로 잘 섞어 크리미한 혼합물을 만든 다음 커피 향을 넣어준다. 냉장고에 넣어둔다.

가나슈 GANACHE
소스팬에 우유와 크림을 넣고 가열한다. 끓으면 잘게 잘라놓은 초콜릿에 붓고 실리콘 주걱으로 잘 섞으며 녹인다. 깍둑 썬 상온의 버터를 넣고 핸드블렌더로 갈아 매끈한 가나슈를 만든다.

커피 향 시럽 SIROP D'IMBIBAGE
소스팬에 물을 넣고 설탕을 넣어 녹인 다음 뜨겁게 가열한다. 끓으면 불에서 내린 뒤 인스턴트 커피를 넣고 잘 저어 식힌다.

완성하기 MONTAGE
사방 12cm 크기의 정사각형 스펀지 3장을 잘라낸다. 그중 한 장의 스펀지 아랫면에 녹인 초콜릿을 조금 바른 뒤 케이크 받침에 놓고 굳힌다. 이 스펀지에 붓으로 시럽을 발라 적신 다음 버터크림을 고르게 한 켜 발라준다. 두 번째 스펀지의 양면에 모두 시럽을 발라 적신 다음 올려놓고 가나슈를 발라 덮는다. 마지막 세 번째 스펀지도 마찬가지로 시럽을 적신 뒤 맨 위에 놓는다. 버터크림으로 덮고 매끈하게 해준다. 냉장고에 1시간 동안 넣어 굳힌다. 볼에 글라사주 페이스트와 초콜릿을 넣고 중탕, 또는 전자레인지로 녹인다. 포도씨유를 넣고 섞어준다. 냉장고에서 굳은 오페라 케이크 위에 글라사주를 씌운다.

오페라
OPÉRA

8인분

작업 시간
1시간

조리
8~10분

냉장
1시간

보관
냉장고에서 24시간까지

도구
주방용 온도계
전동 핸드믹서
짤주머니 3개 + 지름 10mm 원형 깍지
핸드블렌더
지름 4cm, 높이 10cm의 서빙용 유리컵
(베린) 8개

재료
밀가루를 넣지 않은 스펀지
버터 15g
코코아 70% 다크 초콜릿 52g
아몬드 가루 15g
달걀노른자 15g
설탕 52g
달걀흰자 62g

가나슈
전유 200g
액상 생크림(유지방 35%) 200g
카카오 50% 초콜릿 400g
버터 100g

커피 무스
액상 생크림(유지방 35%) 100g
인스턴트 커피 그래뉼 7g
밀크 초콜릿 200g
휘핑한 생크림(유지방 35%) 300g

폼 토핑(선택사항)
카카오 70% 다크 초콜릿 100g
우유 100g

밀가루를 넣지 않은 스펀지 BISCUIT SANS FARINE
오븐을 210℃로 예열한다. 볼에 버터와 초콜릿을 넣고 중탕으로 50℃까지 가열하여 녹인다. 다른 볼에 아몬드 가루와 달걀노른자, 설탕 40g을 넣고 공기가 주입되지 않도록 주의하며 가볍게 섞는다. 달걀흰자에 나머지 설탕을 넣어가며 전동 핸드믹서로 단단한 거품을 올린다. 녹인 초콜릿과 버터를 달걀노른자 설탕 혼합물에 넣고 잘 섞는다. 여기에 거품 올린 달걀흰자를 넣고 실리콘 주걱으로 접어 돌리듯이 살살 섞어준다. 짤주머니에 넣고 유산지를 깐 베이킹 팬 위에 지름 4cm 크기의 원형으로 짜준다(베린 1개당 4개 정도). 오븐에 넣어 8~10분간 굽는다.

가나슈 GANACHE
소스팬에 우유와 생크림을 넣고 가열한다. 끓으면 잘게 잘라놓은 초콜릿에 붓고 주걱으로 잘 섞으며 녹여 균일하고 매끈한 가나슈를 만든다. 가나슈가 따뜻한 온도로 식으면 깍둑 썬 상온의 버터를 넣고 섞는다. 식힌다.

커피 무스 MOUSSE AU CAFÉ
소스팬에 생크림(100g)과 커피를 넣고 가열한다. 끓으면 잘게 잘라놓은 밀크 초콜릿에 붓고 실리콘 주걱으로 잘 저어 매끈한 가나슈를 만든다. 나머지 생크림(300g)을 전동 핸드믹서로 너무 단단하지 않게 휘핑한 다음 가나슈에 넣고 주걱으로 접어 돌리듯이 조심스럽게 섞어준다.

폼 토핑 NUAGE DE GLAÇAGE
소스팬에 초콜릿과 우유를 넣고 녹인 다음 냉장고에 1시간 동안 넣어둔다. 서빙하기 바로 전에 핸드블렌더로 거품을 낸다.

완성하기 MONTAGE
원형으로 구워낸 초콜릿 스펀지를 베린 바닥에 놓고 짤주머니로 커피 무스를 1cm 두께로 짜 얹는다. 냉장고에 몇 분간 넣어 굳힌 뒤, 다른 짤주머니로 가나슈를 1cm 정도 짜준다. 이와 같은 순서대로 반복해 유리컵을 채운 다음 맨 윗면은 스펀지로 마무리한다. 거품낸 토핑을 스푼으로 맨 위에 얹어 서빙한다. 식용 금박으로 장식한다.

셰프의 팁

하루 전에 만들어 냉장고에 넣어두었다가 먹으면 더욱 좋다.
단, 폼 토핑은 먹기 직전에 올린다.

LEVEL

3

오페라 IL ÉTAIT UNE FOIS L'OPÉRA

앙젤로 뮈자 Angelo Musa

2007 프랑스 제과 명장

오페라 프티갸토 약 10개분

작업 시간
2시간 30분

향 우려내기
24시간

조리
15분

냉장
3시간

보관
냉장고에서 24시간까지

도구
전동 스탠드 믹서
체
실리콘 패드
지름 7cm 원형 쿠키 커터
주방용 온도계
투명 무지 전사지
핸드블렌더
거품기
지름 7cm, 8cm, 높이 3cm
케이크 링
짤주머니

재료
커피 인퓨전(스펀지용)
물 440g
갓 갈아낸 원두커피 가루 65g

헤이즐넛 스펀지
달걀 160g
달걀노른자 50g
슈거파우더 155g
구운 헤이즐넛 가루 155g
달걀흰자 140g
황설탕 20g
헤이즐넛 페이스트 25g
포도씨유 25g
밀가루 35g
전분 8g

모카 프랄리네 크리스피
밀크 커버처 초콜릿 25g
아몬드 프랄리네 240g

커피 페이스트 40g
푀이앙틴 플레이크 20g
소금(플뢰르 드 셀) 2.5g
캐러멜라이즈드 아몬드 130g

오페라 가나슈
생크림(유지방 35%) 85g
덱스트로스(포도당) 25g
소르비톨 분말 5g
카카오 62% 다크 커버처 초콜릿
90g

모카 버터크림
우유 150g
에티오피아 시다모 커피가루 45g
달걀 50g
달걀노른자 30g
설탕 60g
버터 295g
커피 페이스트 6g

버터크림용 머랭
전화당 30g
글루코스 시럽 30g
달걀흰자 40g

밀크 무스
우유 30g
크림 팽창제(Louis François
Gallimousse) 4g
휘핑크림 안정제(Louis François
Chantifix) 0.25g

글라사주
카카오 70% 다크 커버처 초콜릿
600g
카카오 40% 밀크 커버처 초콜릿
70g
포도씨유 80g

커피 젤리
물 500g
커피 원두 알갱이 115g
가루 젤라틴 17.5g
물 3.5g
설탕 16g

완성하기
구운 헤이즐넛
식용 금박

커피 인퓨전 준비하기 SIROP MOKA
갓 갈아낸 원두커피 가루를 차가운 물에 넣고 하루 동안 향을 우려낸다(스펀지에 적셔줄 용도의 커피 인퓨전). 차가운 우유에 커피를 넣고 24시간 향을 우려낸다(모카 버터크림용). 커피 원두 알갱이를 논 스틱 베이킹 팬에 펼쳐 놓고 230℃ 오븐에 넣어 10분간 로스팅한다. 꺼내서 차가운 물에 담근 뒤 24 시간 향을 우려낸다(커피 젤리용).

헤이즐넛 스펀지 BISCUIT NOISETTE
오븐을 180℃로 예열한다. 밑이 둥근 볼에 달걀, 달걀노른자, 슈거파우더, 헤이즐넛 가루를 넣고 전동 믹서 거품기를 돌려 혼합한다. 다른 볼에 달걀흰자를 넣고 설탕을 넣어가며 거품을 올린다. 첫 번째 달걀 혼합물에 헤이즐넛 페이스트와 포도씨유를 넣고 잘 저어 섞은 다음, 거품 올린 흰자를 넣고 실리콘 주걱으로 접어 돌리듯이 살살 섞는다. 마지막으로 체에 친 밀가루와 전분을 넣고 섞어준다. 실리콘 패드를 깐 베이킹 팬에 약 700g의 반죽을 부어 펼쳐놓은 뒤 오븐에 넣어 8~10분간 굽는다. 오븐에서 꺼낸 뒤 식힌다. 지름 7cm 쿠키 커터로 30개의 동그란 스펀지를 잘라낸다. 향이 우러난 커피 인퓨전을 체에 거른 뒤 스펀지에 적셔준다(원형 스펀지 한 개당 약 8g).

모카 프랄리네 크리스피 CROUSTILLANT PRALINÉ MOKA
볼에 초콜릿을 담고 중탕으로 40℃까지 데워 녹인다. 다른 재료를 모두 섞은 다음, 녹인 밀크 초콜릿을 넣고 잘 저어 혼합한다. 잘 섞은 다음 바로 초콜릿용 투명 전사지를 깐 베이킹 팬 위에 펼쳐 놓는다. 굳으면 쿠키 커터를 사용해 지름 7cm 원반형 10개를 잘라낸다.

오페라 가나슈 GANACHE OPÉRA
소스팬에 생크림과 덱스트로스, 소르비톨을 넣고 가열한다. 살짝 녹인 초콜릿에 뜨겁게 데운 생크림을 붓고 핸드블렌더로 갈아 균일하고 매끈한 가나슈를 만든다.

모카 버터크림 CRÈME AU BEURRE MOKA
24시간 동안 냉장고에 넣어 커피를 우려낸 우유를 체에 거른 뒤 75g을 계량해 끓을 때까지 가열한다. 볼에 달걀, 달걀노른자, 설탕을 넣고 색이 연해지고 걸쭉해질 때까지 전동 핸드믹서 거품기로 혼합한다. 크렘 앙글레즈 만드는 방법과 마찬가지로 여기에 뜨거운 커피 인퓨전 우유를 넣고 잘 섞는다. 거품기를 계속 돌려 혼합물이 40℃까지 식으면 버터를 넣고 잘 섞어준다. 완전히 혼합되면 마지막으로 커피 페이스트를 넣고 섞는다.

모카 버터크림용 머랭 MERINGUE À FROID
소스팬에 전화당, 글루코스 시럽을 넣고 뜨겁게 데운다. 전동 스탠드 믹서 볼에 달걀흰자를 넣고 거품기를 돌린다. 뜨거운 시럽을 가늘게 넣어주며 계속 거품기를 돌려 단단한 머랭을 만든다. 머랭이 완전히 식으면 모카 버터크림에 넣고 접어 돌리듯이 살살 섞는다.

밀크 무스 MOUSSE DE LAIT
볼에 재료를 모두 넣고 거품기로 가볍게 휘핑한다. 밀크 무스를 모카 버터크림에 넣고 접어 돌리듯이 조심스럽게 섞어준다.

글라사주 GLAÇAGE
볼에 재료를 모두 넣고 중탕으로 녹인다.

커피 젤리 GELÉE CAFÉ
24시간 향을 우려낸 원두커피 인퓨전을 체에 걸러 200g을 계량한다. 젤라틴 가루를 차가운 물에 적셔 불린다. 계량한 커피 인퓨전의 1/3을 뜨겁게 데운 다음 젤라틴과 설탕을 넣고 잘 저어 녹인다. 불에서 내린 뒤 나머지 커피 인퓨전(2/3)을 모두 넣어 섞고 지름 7cm 타르트 링에 채운다. 냉장고에 넣어 굳힌다. 작은 큐브 모양으로 잘라둔다.

완성하기 MONTAGE
지름 8cm 링에 모카 버터크림을 20g씩 짜 넣고 커피 인퓨전을 적셔둔 헤이즐넛 스펀지를 하나씩 얹는다. 그 위에 가나슈를 짜 얹고 두 번째 스펀지를 놓는다. 그 위에 모카 버터크림 10g을 짜 얹은 다음, 스펀지와 붙인 프랄리네 크리스피를 덮어 마무리한다. 냉장고에 넣어 굳힌다. 링을 제거한 뒤 40℃로 맞춰 놓은 글라사주를 부어 전체를 코팅한다. 굵게 썬 헤이즐넛을 고루 붙인다. 커피 젤리를 두세 개 얹어준 다음 식용 금박으로 장식한다.

LEVEL 1

포레 누아르 (블랙 포리스트 케이크)
FORÊT NOIRE

6~8인분

작업 시간
1시간 30분

조리
20분

냉장
30분

보관
냉장고에서 24시간까지

도구
거품기
주방용 온도계
지름 18cm 케이크 틀
전동 스탠드 믹서
짤주머니 + 지름 15mm 원형 깍지
주방용 붓
스패출러
L자 스패출러
셰프 나이프

재료
그리요틴 체리 150g
(griottines: 체리 리큐어인 키르슈에 담가 재운 모렐로 체리)

초콜릿 제누아즈
달걀 100g
설탕 62g
밀가루 50g
옥수수 전분 6g
무가당 코코아 가루 6g

체리 향 시럽
물 50g
설탕 50g
그리요틴 체리 시럽 50g
광천수 25g

휩드 가나슈
액상 생크림(유지방 35%) 92g
전화당 8g
카카오 58% 다크 초콜릿 30g

바닐라 샹티이 크림
액상 생크림(유지방 35%) 300g
슈거파우더 30g
바닐라 에센스 2g

데커레이션
초콜릿 셰이빙 쓰는 대로

초콜릿 제누아즈 스펀지 GÉNOISE AU CHOCOLAT
오븐을 180℃로 예열한다. 레시피 분량대로 제누아즈 반죽을 만든다(p.220 테크닉 참조). 제누아즈 반죽 혼합물을 지름 18cm 케이크 틀에 붓고 오븐에 넣어 20분간 굽는다.

시럽 SIROP D'IMBIBAGE
소스팬에 모든 재료를 넣고 가열해 설탕이 완전히 녹으면 끓여 시럽을 만든다. 식혀둔다.

휩드 가나슈 GANACHE MONTÉE
소스팬에 생크림 30g과 전화당을 넣고 끓을 때까지 가열한다. 잘게 썬 다크 커버처 초콜릿을 넣고 잘 섞어 가나슈를 만든다. 완전히 식힌다. 전동 스탠드 믹서 볼에 식은 초콜릿 가나슈와 나머지 분량의 차가운 생크림을 넣고 균일하고 부드러운 질감이 될 때까지 거품기를 돌려 휘핑한다.

바닐라 샹티이 크림 CHANTILLY À LA VANILLE
다른 믹싱볼에 재료를 모두 넣고 거품기로 휘핑해 가볍고 크리미한 샹티이 크림을 만든다.

완성하기 MONTAGE
제누아즈 스펀지를 가로로 3등분한다. 맨 아래 스펀지에 붓으로 시럽을 적신 다음 가나슈를 스패출러로 펴 바르고 그리요틴 체리를 고루 얹어준다. 그 위에 두 번째 스펀지를 얹은 다음 시럽을 적시고 샹티이 크림을 한 켜 펴 바른다. 마지막 세 번째 제누아즈 스펀지를 얹고 시럽으로 적신 다음 샹티이 크림으로 전체를 덮어준다. 냉장고에 30분간 넣어둔다. 초콜릿 셰이빙(p.594 테크닉 참조)으로 장식하여 완성한다.

포레 블랑슈 (화이트 포리스트 케이크)
FORÊT BLANCHE

6~8인분

작업 시간
2시간

조리
10분

냉장
2시간

보관
냉장고에서 24시간까지

도구
전동 스탠드 믹서
짤주머니 3개 + 지름 6mm 원형 깍지
거품기
주방용 온도계
아세테이트 투명 띠지
튀일 모양 틀 또는 밀대
지름 16cm, 높이 3.5cm 케이크 링
주방용 붓
스패출러

재료
그리요틴 체리 100g
(griottines: 체리 리큐어인 키르슈에 담가 재운 모렐로 체리)

초콜릿 레이디핑거 스펀지
달걀흰자 75g
설탕 75g
달걀노른자 55g
밀가루 36g
옥수수 전분 36g
무가당 코코아 가루 4g

키르슈 마라스키노 시럽
기본 시럽(sirop 1260°D. 물과 설탕을 동량으로 넣고 끓여 만든다)
키르슈(체리 리큐어) 25g
마라스키노(체리 브랜디) 25g
물 25g

라이트 바닐라 크림
판 젤라틴 3g
전유(lait entier) 75g
액상 생크림(유지방 35%) 12g
달걀노른자 24g
설탕 14g
바닐라 빈 1줄기
휘핑한 생크림 250g

휩드 가나슈
액상 생크림(유지방 35%) 92g
전화당 8g
카카오 58% 다크 커버처 초콜릿 30g

바닐라 샹티이 크림
액상 생크림(유지방 35%) 250g
설탕 20g
바닐라 에센스 3g

데커레이션
화이트 커버처 초콜릿 150g

초콜릿 레이디핑거 스펀지 BISCUIT CUILLÈRE CHOCOLAT
오븐을 200℃로 예열한다. 전동 스탠드 믹서 볼에 달걀흰자와 설탕을 넣고 거품을 올린 다음 달걀노른자를 넣고 플랫비터를 돌려 섞는다. 밀가루, 옥수수 전분, 코코아 가루를 넣고 균일하게 섞는다. 지름 6mm 원형 깍지를 끼운 짤주머니에 반죽을 채워 넣고, 유산지를 깐 베이킹 팬 위에 지름 16cm, 두께 16mm의 원반 모양 2개를 짜 놓는다. 오븐에 넣어 8분간 구워낸 뒤 망에 올려 식힌다.

키르슈 마라스키노 시럽 SIROP D'IMBIBAGE KIRSCH-MARASQUIN
시럽에 키르슈, 마라스키노 리큐어와 물을 넣고 혼합한다.

라이트 바닐라 크림 SUPRÊME VANILLE
판 젤라틴을 찬물에 담가 말랑하게 불린다. 소스팬에 우유와 생크림을 넣고 가열한다. 볼에 달걀노른자와 설탕, 길게 갈라 긁은 바닐라 빈 가루를 넣고 색이 연해질 때까지 거품기로 저어 섞는다. 우유가 약하게 끓기 시작하면 달걀노른자 혼합물에 조금 붓고 거품기로 개어 섞어준 다음 다시 전부 우유가 끓고 있는 소스팬으로 옮긴다. 잘 저으며 계속 가열하여 혼합물이 주걱에 묻을 정도의 농도가 되면 물을 꼭 짠 젤라틴을 넣고 잘 저어 녹인다. 불에서 내려 식힌 다음, 휘핑한 생크림을 넣고 실리콘 주걱으로 접어 돌리듯이 살살 섞는다. 냉장고에 넣어둔다.

휩드 가나슈 GANACHE MONTÉE
소스팬에 생크림 30g과 전화당을 넣고 끓을 때까지 가열한다. 잘게 썬 다크 커버처 초콜릿을 넣고 균일하게 섞어 가나슈를 만든다. 완전히 식힌다. 전동 스탠드 믹서 볼에 식은 초콜릿 가나슈와 나머지 분량의 차가운 생크림을 넣고 균일하고 크리미한 질감이 될 때까지 거품기를 돌려 휘핑한다.

바닐라 샹티이 크림 CHANTILLY À LA VANILLE
다른 믹싱볼에 재료를 모두 넣고 거품기로 휘핑해 가볍고 크리미한 샹티이 크림을 만든다.

화이트 초콜릿 꽃잎 만들기 PÉTALES EN CHOCOLAT
화이트 초콜릿을 템퍼링한다(p.570, 572 테크닉 참조). 짤주머니에 채워 넣은 다음 투명 띠지 위에 여유 있게 간격을 두고 초콜릿을 조금씩 짜 놓는다. 그 위에 띠지를 한 장 더 덮고 살짝 눌러 초콜릿이 넓적하게 퍼지도록 한다. 위에 얹은 띠지를 조심스럽게 떼어낸 다음 초콜릿이 붙어 있는 아래쪽 띠지를 반원통형 틀에 넣거나 밀대에 얹어 휘어진 모양을 만든다. 그대로 몇 분간 굳힌 후 꽃잎 모양의 초콜릿을 조심스럽게 떼어낸다.

완성하기 MONTAGE
케이크 링에 레이디핑거 스펀지를 놓고 붓으로 키르슈 마라스키노 시럽을 발라 적신다. 그 위에 바닐라 크림을 한 켜 짜준 다음 그리요틴 체리를 고루 얹는다. 두 번째 레이디핑거 스펀지를 얹고 시럽을 적신다. 휘핑한 가나슈를 펴 바르고 링 가장자리까지 덮어준다. 냉장고에 1시간 30분간 넣어둔다. 링을 조심스럽게 제거한 다음 바닐라 샹티이 크림으로 케이크 전체를 덮고 스패출러로 매끈하게 다듬는다. 케이크 윗면에 꽃잎 모양 화이트 초콜릿을 보기 좋게 얹어 장식한다.

뷔슈 포레 누아르 BÛCHE FORÊT NOIRE

니콜라 부생 Nicolas Boussin

2000 프랑스 제과 명장

6개 분량

작업 시간
2시간

조리
30분

체리 절이기
하룻밤

보관
냉장고에서 24시간까지

도구
전동 스탠드 믹서
체
36cm x 56cm 직사각형 케이크 프레임
주방용 온도계
거품기
핸드블렌더
초콜릿용 투명 무지 전사지
크리스마스 트리 모양 쿠키 커터
초콜릿 무늬 매트(feuille structure)
짤주머니 + 원형 깍지
57cm x 7cm, 높이 5cm
뷔슈 케이크 틀 6개
스프레이 건

재료
그리요트 체리 절이기
냉동 그리요트 체리 1.3kg
설탕 215g
그리요트 체리 퓌레 150g
키르슈 150g(선택사항)

자허 초콜릿 스펀지
아몬드 페이스트 (아몬드 50%) 230g
설탕 235g
달걀 160g
달걀노른자 185g
밀가루 110g
무가당 코코아 가루 75g
베이킹파우더 10g
녹인 버터 75g
달걀흰자 290g

그리요트 체리 콩포트
그리요트 체리 절임 시럽 900g
(위의 재료 참조)
가루 젤라틴 22g
젤라틴 적시는 용도의 물 132g
펙틴(pectine NH) 21g
설탕 120g
구연산 액 4.5g

다크 초콜릿 크레뫼
우유 300g
카카오 63% 다크 커버처 초콜릿 390g
글루코스 시럽 15g
가루형 젤라틴 8g
젤라틴 적시는 용도의 물 48g
액상 생크림(유지방 35%) 600g

바닐라 크림
액상 생크림(유지방 35%) 1,080g
바닐라 빈 3줄기
글루코스 시럽 110g
카카오 33% 화이트 초콜릿 740g
가루 젤라틴 27g(겔 강도 200 블룸)
젤라틴 적시는 용도의 물 162g
키르슈 110g
휘핑한 생크림(유지방 35%) 1,750g

크렘 쉬블림
마스카르포네 크렘 쉬블림 500g
(Elle & Vire Professionel 마스카르포네 30% + 휘핑용 생크림 70%)
설탕 40g
바닐라 빈 1/2줄기
키르슈 10g

데커레이션
템퍼링한 다크 커버처 초콜릿
레드벨벳 스프레이용 초콜릿 혼합물
레드 나파주

─────── 그리요트 체리 절이기 GRIOTTES MACÉRÉES

하루 전날 준비하기. 냉동 그리요트 체리를 해동한 다음 즙을 따라내 소스팬에 설탕, 그리요트 퓌레와 함께 넣고 뜨겁게 데운다. 키르슈를 넣은 다음 체리를 담가 하룻밤 절인다.

─────── 자허 초콜릿 스펀지 BISCUIT SACHER CHOCOLAT

오븐을 200℃로 예열한다. 전동 스탠드 믹서 볼에 아몬드 페이스트와 설탕 50g을 넣고 플랫비터를 돌려 혼합한 뒤 달걀과 달걀노른자를 조금씩 넣어 섞는다. 그동안 다른 볼에 달걀흰자와 나머지 설탕 180g을 넣고 거품을 올린다. 체에 친 가루 재료(밀가루, 코코아 가루, 베이킹파우더)를 혼합물에 넣어 섞은 다음 녹인 버터를 넣는다. 이어서 거품 올린 달걀흰자를 넣고 살살 섞는다. 직사각형 프레임 틀에 붓고 오븐에 넣어 25분간 굽는다.

─────── 그리요트 체리 콩포트 COMPOTÉE DE GRIOTTES

젤라틴 가루에 물을 적셔 불린다. 절여둔 체리를 모두 건진 다음 그 즙을 소스팬에 넣고 40℃가 될 때까지 가열한다. 설탕 60g에 펙틴을 섞어 넣고 잘 저으며 가열해 끓인다. 나머지 설탕을 넣고 구연산 액, 물에 적셔둔 젤라틴을 넣어준다. 건져둔 체리를 넣는다.

─────── 다크 초콜릿 크레뫼 CRÉMEUX CHOCOLAT NOIR

소스팬에 우유를 넣고 끓인다. 글루코스 시럽과 함께 녹인 초콜릿에 뜨거운 우유를 붓고 잘 섞는다. 물에 적신 젤라틴과 생크림을 넣고 핸드블렌더로 갈아 균일하게 혼합한다.

─────── 바닐라 크림 CRÈME VANILLE

바닐라 빈을 길게 갈라 긁어 생크림에 넣고 향을 우려낸다. 글루코스 시럽을 넣고 가열해 끓인다. 화이트 초콜릿에 부어준다. 물에 적신 젤라틴과 키르슈를 넣고 잘 섞는다. 핸드블렌더로 갈아 혼합한다. 온도가 28℃까지 떨어지면 휘핑한 크림을 넣고 살살 섞는다.

─────── 크렘 쉬블림 CRÈME SUBLIME

재료를 모두 넣고 거품기로 단단하게 휘핑한다.

─────── 초콜릿 데커레이션 DÉCORS EN CHOCOLAT

템퍼링한 초콜릿을 투명 전사지에 붓고 다른 한 장으로 덮어준다. 초콜릿이 굳은 뒤 윗면의 전사지를 조심스럽게 떼어내고 크리스마스 트리 모양의 커터로 초콜릿을 찍어낸다. 템퍼링한 다크 초콜릿을 무늬 매트에 붓고 굳힌다. 6cm x 4cm 크기의 직사각형 12개를 잘라낸다.

─────── 완성하기 MONTAGE

자허 초콜릿 스펀지에 녹인 다크 커버처 초콜릿을 발라 씌워준 다음 뒤집어 놓는다. 그리요트 체리 콩포트를 스펀지 위에 펴 바른 다음 굳혀 식힌다. 그 위에 다크 초콜릿 크레뫼를 한 켜 펴 바르고 냉동실에 넣어둔다. 굳으면 냉동실에서 꺼내 6cm 폭의 띠 모양으로 잘라 인서트를 만든다. 뷔슈 케이크 틀을 준비하고 위부터 거꾸로 조립한다. 우선 짤주머니를 사용하여 바닐라 크림 600g을 뷔슈 케이크 틀 안에 짜 넣고 평평하게 다듬은 다음 그 위에 인서트를 놓는다. 냉동실에 넣어둔다. 얼어 단단해지면 꺼내서 틀을 제거한다. 스프레이 건에 레드 초콜릿 혼합물을 채워 넣고 뷔슈 케이크 위에 분사해 벨벳 질감으로 코팅한다. 원형 깍지를 끼운 짤주머니로 휘핑한 크렘 쉬블림을 작고 뾰족하게 짜 얹은 다음 나무 모양의 초콜릿을 올린다. 붉은색의 나파주를 몇 방울 올려 장식한다. 직사각형 모양의 얇은 초콜릿을 뷔슈 양쪽 끝에 붙여 완성한다.

LEVEL

1

프레지에
FRAISIER

8인분

작업 시간
1시간 30분

조리
20분

냉장
1시간

보관
냉장고에서 48시간까지

도구
전동 핸드믹서
주방용 온도계
거품기
체
지름 16cm, 높이 4.5cm 케이크 링
거품 국자
지름 18cm, 높이 4.5cm 케이크 링
주방용 붓
파티스리용 밀대
무늬 밀대(rouleau à motif vannerie)

재료
딸기 300g

제누아즈
달걀 100g
설탕 62g
밀가루 50g
옥수수 전분 12g

키르슈 시럽
물 140g
설탕 140g
키르슈 8g

무슬린 크림
전유(lait entier) 250g
달걀 50g
설탕 65g
커스터드 분말 25g
상온의 버터 25g
차가운 버터 100g

완성하기
당과류용 아몬드 페이스트 80g

제누아즈 GÉNOISE
오븐을 180℃로 예열한다. 볼에 달걀과 설탕을 넣고 뜨거운 중탕 냄비 위에 올린 뒤 전동 핸드믹서 거품기로 혼합하며 45℃가 될 때까지 가열한다. 중탕 냄비에서 내리고 계속 전동 거품기를 돌리며 완전히 식힌다. 체에 친 밀가루와 전분을 넣고 주걱으로 접어 돌리듯이 살살 섞는다. 지름 16cm 케이크 링에 붓고 오븐에 넣어 17~20분간 굽는다. 이때 오븐 문을 살짝 열어둔다.

시럽 SIROP
소스팬에 물을 넣고 설탕을 넣어 녹인 다음 끓여 시럽을 만든다. 표면에 뜨는 거품은 건지고 소스팬 안쪽 벽에 설탕이 눌어붙지 않도록 붓을 물에 적셔 계속 닦아준다. 시럽이 완전히 식으면 키르슈를 넣어준다.

무슬린 크림 CRÈME MOUSSELINE
소스팬에 우유를 넣고 끓인다. 믹싱볼에 달걀과 설탕을 넣고 색이 연해질 때까지 거품기를 고속으로 돌려 혼합한 다음 커스터드 분말을 넣고 섞는다. 여기에 뜨거운 우유를 조금 붓고 거품기로 잘 풀어 섞은 다음 다시 전부 우유를 끓인 소스팬으로 옮겨 붓는다. 계속 저어주며 약 3분 정도 가열하여 익힌다. 불에서 내리고 식힌다. 크림이 상온으로 식으면 차가운 버터를 넣고 거품기로 균일하게 혼합한다. 나머지 상온의 포마드 버터를 크림에 넣고 거품기로 휘핑하듯이 섞어 가벼운 질감의 무슬린 크림을 만든다.

완성하기 MONTAGE
제누아즈 스펀지를 가로로 2등분한다. 지름 18cm 케이크 링에 제누아즈 한 장을 깔고 붓으로 시럽을 적셔준다. 딸기 몇 개를 세로로 2등분한 다음 케이크 링을 빙 둘러 딸기의 단면이 바깥으로 향하게 세워 놓는다. 무슬린 크림을 채워 넣고 스패출러로 고르게 펴 가장자리 딸기를 잘 덮어준다. 중앙에도 딸기를 넉넉히 넣고 무슬린 크림으로 덮어준다. 준비한 딸기 중 몇 개는 데커레이션용으로 남겨둔다. 두 번째 제누아즈를 얹고 붓으로 시럽을 발라 적신다. 무슬린 크림을 채우고 스패출러로 매끈하게 밀어 케이크 링의 높이에 맞춘다. 냉장고에 1시간 동안 넣어둔다. 아몬드 페이스트를 지름 18cm, 두께 2mm로 민다. 무늬 밀대로 밀어 음양각의 문양을 내준 다음 조심스럽게 들어 케이크 위에 얹는다. 딸기를 얹어 장식한다. 또는 아몬드 페이스트로 꽃모양을 만들거나 템퍼링한 초콜릿(p.570,572 테크닉 참조)을 코르네(p.598 테크닉 참조)에 넣고 가늘게 짜서 장식해도 좋다.

LEVEL

2

프레지에
FRAISIER

6~8인분

작업 시간
2시간

조리
20분

냉장
1시간

보관
냉장고에서 48시간까지

도구
거품기
체
주방용 온도계
전동 스탠드 믹서
28.5cm x 37.5cm, 높이 5cm
직사각형 케이크 프레임
주방용 붓
주방용 토치
짤주머니 + 원형 깍지

재료
딸기 250g

제누아즈
아몬드 페이스트 50g
설탕 60g
달걀 140g
바닐라 에센스 1g
밀가루 80g
버터 30g

바닐라 키르슈 무슬린 크림
크렘 파티시에(p.196 테크닉 참조) 725g
상온의 부드러운 버터 240g
이탈리안 머랭(p.232 테크닉 참조) 120g
키르슈 12g
바닐라 빈 1줄기

키르슈 시럽
기본 시럽 375g(동량의 물과 설탕을 끓여 만든다)
물 40g
키르슈 25g

완성하기
무색 나파주 100g
마이크로 허브(Atsina® Cress)

제누아즈 GÉNOISE
오븐을 180℃로 예열한다. 전동 스탠드 믹서 볼에 아몬드 페이스트와 설탕, 달걀 분량의 10%를 넣고 모래 질감처럼 부슬부슬하게 섞는다. 나머지 달걀을 조금씩 넣어주며 거품기로 돌려 섞는다. 밀가루와 바닐라, 녹인 버터를 섞은 뒤 믹싱볼에 넣고 거품기로 휘핑하듯이 돌려 가벼운 반죽을 만든다. 유산지를 깐 베이킹 팬에 혼합물을 부어 펼쳐놓은 뒤 오븐에서 약 17분간 굽는다.

바닐라 키르슈 무슬린 크림 CRÈME MOUSSELINE VANILLE-KIRSCH
상온의 크렘 파티시에와 부드러운 포마드 상태의 버터를 섞은 뒤 이탈리안 머랭을 넣고 실리콘 주걱으로 접어 돌리듯이 살살 혼합한다. 키르슈와 바닐라 빈 가루를 넣고 잘 섞는다.

키르슈 시럽 IMBIBAGE LÉGER AU KIRSCH
소스팬에 시럽과 물을 넣고 끓여 식힌 다음 키르슈를 넣는다.

완성하기 MONTAGE
케이크 프레임 사이즈에 맞춰 제누아즈 스펀지 2장을 잘라낸다. 첫 번째 제누아즈를 프레임 틀 안에 놓고 붓으로 키르슈 시럽을 적셔준다. 무슬린 크림을 넉넉히 놓고 스패츌러로 펴준다. 세로로 2등분한 딸기를 단면이 바깥쪽을 향하도록 빙 둘러 놓고 중앙에는 딸기를 통째로 촘촘히 얹는다. 데커레이션으로 쓸 딸기를 몇 개 남겨둔다. 무슬린 크림을 딸기 위에 한 켜 더 얹어 덮어준다. 맨 위에 두 번째 제누아즈 스펀지를 얹고 시럽을 발라 적신다. 냉장고에 1시간 동안 넣어둔다. 케이크 표면을 토치로 그슬려 아주 살짝만 구운 색이 나게 한다. 붓으로 무색 나파주를 얇게 한 켜 발라준 다음 딸기를 얹어 장식한다. 나머지 무슬린 크림을 물방울 모양으로 짜 얹고 마이크로 허브를 얹어 완성한다.

프레지에 LE FRAISIER

아르노 라레르 Arnaud Larher

2007 프랑스 제과 명장

3개 분량

작업 시간
1시간 30분

조리
10분

보관
냉장고에서 24시간까지

도구
거품기
체
실리콘 패드
주방용 온도계
전동 스탠드 믹서
지름 18cm 케이크 링
주방용 붓
주방용 토치

재료
아몬드 제누아즈
아몬드 페이스트 130g
설탕 160g
달걀 380g
유화제 15g
버터 90g
소르비톨 분말 10g
밀가루 220g

라즈베리 시럽
물 138g
설탕 84g
라즈베리 리큐어
(crème de framboise) 33g
키르슈 44g

크렘 파티시에
우유 125g
설탕 24g
바닐라 빈 1/2줄기
달걀노른자 30g
커스터드 분말 12g
버터 6g

버터크림
설탕 270g
달걀 134g
버터 595g

이탈리안 머랭
물 120g
설탕 300g
달걀흰자 150g

필링 및 데커레이션
딸기 쓰는대로
화이트 초콜릿 쓰는 대로
키르슈 쓰는 대로
설탕 쓰는 대로
무색 나파주 쓰는 대로

──────── 아몬드 제누아즈 GÉNOISE AUX AMANDES

오븐을 180℃로 예열한다. 전동 스탠드 믹서 볼에 아몬드 페이스트와 설탕, 달걀을 넣고 거품기를 돌려 고루 풀어주며 섞는다. 유화제를 조금씩 넣으면서 혼합물을 떠올렸을 때 띠 모양으로 흘러내리는 질감이 될 때까지 거품기로 잘 섞는다. 소르비톨과 혼합해 녹인 버터를 넣고 주걱으로 가볍게 섞은 다음 체에 친 밀가루를 넣고 주걱으로 접어 돌리듯이 잘 섞는다. 실리콘 패드를 깐 베이킹 팬 위에 반죽을 펴놓고 오븐에서 8~10분간 굽는다.

──────── 라즈베리 시럽 IMBIBAGE FRAMBOISE

소스팬에 물과 설탕을 넣고 끓인다. 라즈베리 리큐어와 키르슈를 넣고 식힌다. 차가운 상태로 사용한다.

──────── 크렘 파티시에 CRÈME PÂTISSIÈRE

소스팬에 우유, 설탕 12g, 길게 갈라 긁은 바닐라 빈을 넣고 끓을 때까지 가열한다. 볼에 달걀 노른자와 나머지 설탕, 커스터드 분말을 넣고 색이 연해지고 걸쭉해질 때까지 거품기로 저어 섞는다. 여기에 뜨거운 우유를 조금 넣고 거품기로 잘 풀어 섞은 뒤 다시 소스팬으로 옮겨 붓는다. 계속 저으며 약하게 끓는 상태로 3분간 익혀 크렘 파티시에를 만든다. 불에서 내린 뒤 버터를 넣어 섞는다. 식힌다.

──────── 버터크림 CRÈME AU BEURRE

믹싱볼에 재료를 모두 넣고 거품기를 돌려 혼합한 다음, 식은 크렘 파티시에를 넣고 주걱으로 접어 돌리듯이 섞어준다.

──────── 이탈리안 머랭 MERINGUE ITALIENNE

소스팬에 물과 설탕을 넣고 120℃까지 끓여 시럽을 만든다. 전동 스탠드 믹서 볼에 달걀흰자를 넣고 거품을 올린다. 믹싱볼에 뜨거운 시럽을 가늘게 흘려 넣으면서 계속 거품기를 돌려 단단한 머랭을 만든다. 따뜻한 온도로 식힌다.

──────── 완성하기 MONTAGE

지름 18cm 크기의 원형으로 케이크 한 개당 두 장씩의 제누아즈를 잘라낸다. 첫 번째 스펀지에 붓으로 시럽을 적시고, 녹인 화이트 초콜릿을 얇게 발라 씌운 뒤 케이크 링 안에 깔아준다. 버터크림을 얇게 한 켜 발라준 다음 세로로 2등분한 딸기를 단면이 바깥 쪽을 향하도록 빙 둘러 세워놓고, 중앙에는 딸기를 통째로 촘촘히 놓는다. 딸기 위에 키르슈를 골고루 뿌리고 설탕을 솔솔 뿌린 뒤 버터크림으로 덮어준다. 두 번째 스펀지에 시럽을 발라 적신 뒤 크림 위에 얹는다. 그 위에 따뜻한 머랭을 얇게 한 켜 펴 바른 다음 토치로 그슬려 캐러멜라이즈한다. 무색 나파주를 발라 글레이즈한 다음 기호에 따라 보기 좋게 장식한다.

LEVEL

1

밀푀유

MILLEFEUILLE

6~8인분

작업 시간
4시간

냉장
2시간 30분

조리
50분

보관
냉장고에서 48시간까지

도구
파티스리용 밀대
거품기
체
주방용 온도계
짤주머니 + 지름 15mm 원형 깍지
스패출러

재료
푀유타주
밀가루 250g
물 125g
소금 5g
버터(데트랑프용) 25g
푀유타주용 저수분 버터 190g

크렘 파티시에
우유 250g
바닐라 빈 1줄기
설탕 50g
달걀노른자 40g
커스터드 분말 15g
밀가루 10g
상온의 버터 25g

완성하기
흰색 퐁당슈거 아이싱 쓰는 대로
카카오 66% 다크 커버처 초콜릿 쓰는 대로

퐁유타주 FEUILLETAGE

작업대에 밀가루를 쏟아 놓고 가운데를 우묵하게 만들어준다. 소금을 물에 녹여 가운데에 넣는다. 깍둑 썬 차가운 버터(25g)를 넣고 골고루 섞은 뒤 반죽을 둥글게 뭉친다. 살짝 눌러 넓적하게 만든 반죽을 랩으로 싸서 냉장고에 30분간 넣어둔다. 작업대 바닥에 밀가루를 뿌린 다음 반죽을 민다. 푀유타주용 버터 블록을 넣고 4절 밀어 접기 1회, 3절 밀어 접기를 한 다음(p.70~71 과정 4~6, p.69 과정 10 테크닉 참조) 냉장고에 45분간 넣어 휴지시킨다. 냉장고에서 꺼내 다시 한 번 4절 밀어 접기 1회, 3절 밀어 접기 1회를 한 다음 냉장고에 45분간 넣어 휴지시킨다. 반죽을 5mm 두께로 밀어 지름 20cm의 원형 3장을 만든다. 냉장고에 30분간 넣어 휴지시킨다. 220℃로 예열한 오븐에 넣어 10분간 구운 뒤 오븐 온도를 190℃로 낮추고 노릇한 구운 색이 날 때까지 약 40분간 굽는다. 베이킹 팬에서 조심스럽게 꺼낸 뒤 식힌다.

크렘 파티시에 CRÈME PÂTISSIÈRE

소스팬에 우유, 설탕 분량의 반, 길게 갈라 긁은 바닐라 빈 가루와 줄기를 모두 넣고 가열한다. 그동안 볼에 달걀노른자와 나머지 설탕을 넣고 색이 연해지고 걸쭉해질 때까지 거품기로 저어 섞은 다음, 커스터드 분말과 체에 친 밀가루를 넣고 잘 섞는다. 우유가 끓으면 달걀노른자 혼합물에 조금 붓고 거품기로 잘 풀어 섞은 뒤 다시 소스팬으로 옮겨 붓는다. 계속 잘 저으며 약하게 끓는 상태로 2분 정도 익힌다. 불에서 내린 뒤 바닐라 빈 줄기를 건져내고 버터를 넣어 녹인다. 랩을 깐 베이킹 팬에 크렘 파티시에를 넓적하게 펴놓고 다시 랩으로 밀착되게 덮은 뒤 냉장고에 넣어 식힌다.

데커레이션 준비 FINITION

퐁당슈거 아이싱을 만든다(p.169 테크닉 참조). 유산지를 접어 코르네를 만들고 (p.598 테크닉 참조) 템퍼링한 다크 초콜릿을(p.570,572 테크닉 참조) 채워 넣는다.

완성하기 MONTAGE

페어링 나이프를 이용해 3장의 원형 푀유타주를 지름 18cm 크기로 자른다. 첫 번째 푀유타주 위에 크렘 파티시에 분량의 반을 균일하게 짜 얹는다. 그 위에 두 번째 푀유타주를 올리고 나머지 크렘 파티시에를 짜준 다음 마지막 푀유타주로 덮는다. 맨 위에 퐁당슈거 아이싱을 붓고 스패출러로 매끈하게 밀어준다. 코르네에 채워 넣은 다크 초콜릿을 가운데서부터 바깥 방향으로 달팽이 모양으로 짜준다. 작은 칼 끝으로 케이크를 자르는 느낌으로 방향을 교대로 바꿔가며 선을 그어 깃털 모양을 내준다. 여유분의 퐁당슈거를 깔끔하게 제거한 다음, 잘게 부순 푀유타주 부스러기를 케이크 옆면에 붙여 완성한다.

셰프의 팁

• 퐁당슈거 아이싱을 매끈하게 입히려면 그 전에 미리 푀유타주 표면에 따뜻한 나파주를 얇게 한 켜 발라주는 것이 좋다.

• 푀유타주 3장을 구울 때 베이킹 팬 하나로 부족하면 두 장에 나누어 동시에 구워낸다.

밀푀유
MILLEFEUILLE

6인분

작업 시간
4시간

냉장
3시간

조리
50분

보관
냉장고에서 48시간까지

도구
체
스크레이퍼
파티스리용 밀대
거품기
전동 핸드믹서
짤주머니 2개 + 원형 깍지, 생토노레용
깍지
빵 나이프

재료
푀유타주 앵베르세
뵈르 마니에
밀가루 100g
푀유타주용 저수분 버터 200g
데트랑프
소금 5g
물 90g
밀가루 150g

무슬린 크림
전유(lait entier) 250g
바닐라 빈 1줄기
설탕 50g
달걀노른자 40g
커스터드 분말 20g
버터 60g
상온의 부드러운 버터 65g

바닐라 샹티이 크림
액상 생크림(유지방 35%) 100g
설탕 10g
바닐라 빈 2줄기

데커레이션
식용 은박

푀유타주 앵베르세 FEUILLETAGE INVERSÉ
레시피 분량대로 푀유타주 앵베르세를 만든다(p.72 테크닉 참조). 반죽을 베이킹 팬 크기(30x40cm)에 맞춰 3mm 두께로 민 다음 냉장고에 넣어 30분간 휴지시킨다. 220℃로 예열한 오븐에 넣어 10분간 구운 뒤 오븐 온도를 190℃로 낮추고 노릇한 구운 색이 날 때까지 약 40분간 굽는다. 베이킹 팬에서 조심스럽게 꺼낸 뒤 식힌다.

무슬린 크림 CRÈME MOUSSELINE
소스팬에 우유, 설탕 분량의 반, 길게 갈라 긁은 바닐라 빈 가루와 줄기를 모두 넣고 가열한다. 그동안 볼에 달걀노른자와 나머지 설탕을 넣고 색이 연해지고 걸쭉해질 때까지 거품기로 저어 섞는다. 체에 친 커스터드 분말을 넣고 잘 섞는다. 우유가 끓으면 달걀노른자 혼합물에 조금 넣고 거품기로 잘 풀어 섞은 뒤 다시 소스팬으로 옮겨 붓는다. 계속 저으며 약하게 끓는 상태로 2분 정도 익힌다. 불에서 내린 뒤 바닐라 빈 줄기를 건져내고 깍뚝 썬 버터를 넣고 잘 저어 녹인다. 랩을 깐 베이킹 팬에 크림을 넓적하게 펴놓고 다시 랩으로 밀착되게 덮은 뒤 냉장고에 넣어 식힌다. 전동 핸드믹서 거품기로 무슬린 크림을 가볍게 휘핑한 다음 상온의 부드러운 버터를 넣고 균일하게 섞는다.

바닐라 샹티이 크림 CHANTILLY À LA VANILLE
믹싱볼에 생크림을 넣고 전동 핸드믹서 거품기로 휘핑한다. 설탕과 바닐라 빈 가루를 조금씩 넣어가며 휘핑하여 샹티이 크림을 만든다.

완성하기 MONTAGE
빵 나이프로 푀유타주를 3개의 띠 모양으로 길게 자른다. 무슬린 크림을 주걱으로 저어 부드럽게 풀어준 다음 원형 깍지를 끼운 짤주머니에 채워 넣는다. 첫 번째 푀유타주 위에 무슬린 크림을 길게 짜 얹는다. 두 번째 푀유타주를 얹고 다시 무슬린 크림을 짜 얹은 다음 마지막 세 번째 푀유타주를 덮어준다. 냉장고에 30분 정도 넣어둔다. 빵 나이프를 사용해 밀푀유를 6등분으로 조심스럽게 자른다. 밀푀유를 옆으로 뉘어 놓은 다음 생토노레용 깍지를 끼운 짤주머니로 바닐라 샹티이 크림을 웨이브 모양으로 보기 좋게 짜 얹는다. 식용 은박을 조금 얹어 장식한다.

3

밀푀유 MILLEFEUILLE

얀 쿠브뢰르 Yann Couvreur

페랑디 파리 졸업생

6인분

작업 시간
2시간

냉동
30분

냉장
3시간

향 우려내기
30분

건조
2시간

보관
냉장고에서 24시간까지

도구
전동 스탠드 믹서
블렌더
파티스리용 밀대
파니니 프레스
체
짤주머니 + 원형 깍지

재료
퀸아망
밀가루(T45) 550g
소금(플뢰르 드 셀) 17g
생 이스트 10g
푀유타주용 저수분 버터 500g
물 280g
설탕 350g
무스코바도 황설탕 100g

라이트 크렘 파티시에
전유(lait entier) 500g
마다가스카르 바닐라 빈 4줄기
코모로 바닐라 빈 4줄기
달걀노른자 120g
설탕 100g
밀가루 25g
커스터드 분말 10g
밀가루 10g
휘핑한 생크림 140g

슈거파우더 조금

─────── **퀸아망** KOUIGN AMANN

전동 스탠드 믹서에 거품기를 장착하고 볼에 밀가루, 소금, 생 이스트, 버터, 물을 넣는다. 고속으로 약 6분간 돌려 혼합한다. 베이킹 팬에 반죽을 덜어낸 다음 정사각형 모양을 만들고 랩을 씌워 냉동실에 30분간 넣어두었다가 냉장실로 옮겨 1시간 동안 휴지시킨다. 설탕과 무스코바도 황설탕을 블렌더에 넣고 곱게 갈아 혼합한다. 반죽을 꺼낸 다음 버터 블록을 넣고 푀유타주를 만드는 방법으로 3절 밀어 접기를 2회 해준다. 매 밀어 접기 과정 사이에 냉장고에 넣어 1시간씩 휴지시킨다. 다시 2회에 걸쳐 3절 밀어 접기를 해주는데, 이번에는 혼합해둔 설탕을 켜커이 뿌려가며 밀어 접기를 한다(설탕은 조금 남겨둔다). 반죽을 1cm 두께로 민 다음 남겨둔 설탕을 뿌리고 김밥처럼 단단히 말아준다. 냉동실에 넣어 굳힌다. 반죽을 3mm 두께의 비스듬한 타원형으로 썬다. 크기는 3종류로 다양하게 총 30장을 슬라이스한다. 얇게 썬 반죽을 두 장의 유산지 사이에 넣는다. 190℃로 예열한 파니니 프레스에 넣고 1분간 눌러 노릇한 색이 나도록 바삭하게 굽는다.

─────── **라이트 크렘 파티시에** CRÈME PÂTISSIÈRE LÉGÈRE

소스팬에 우유와 길게 갈라 긁은 바닐라 빈 가루와 줄기를 모두 넣고 가열해 끓으면 불을 끄고 그대로 30분간 향을 우린다. 향이 우러나면 바닐라 빈 줄기를 건져내 따로 보관한다. 볼에 달걀노른자와 설탕을 넣고 색이 연해지고 걸쭉해질 때까지 거품기로 저어 섞는다. 체에 친 밀가루와 커스터드 분말을 넣고 실리콘 주걱으로 접어 돌리듯이 잘 섞는다. 바닐라 향이 우러난 우유를 다시 가열한 뒤 끓으면 달걀노른자 혼합물에 넣고 거품기로 잘 섞는다. 다시 소스팬으로 옮겨 붓는다. 계속 잘 저으며 약한 불에서 2분 정도 끓여 걸쭉하고 균일한 크림이 완성되면 불에서 내리고 식힌다. 완전히 식으면 크렘 파티시에 500g에 휘핑한 크림을 넣고 실리콘 주걱으로 접어 돌리듯이 살살 섞어준다.

─────── **바닐라 파우더** POUDRE DE VANILLE

크렘 파티시에를 만들 때 사용했던 바닐라 빈 줄기를 40℃에 맞춘 건조 오븐에 넣고 약 2시간 동안 말린다. 블렌더로 곱게 간 다음 체에 친다.

─────── **완성하기** MONTAGE

서빙 접시 가운데에 크렘 파티시에를 나란히 3줄로 짜준다. 1인분 서빙 당 5장의 얇은 퀸아망을 준비한 다음 가장 작은 크기의 것을 맨 밑에 놓는다. 크림을 짜놓고 나머지 퀸아망을 점점 큰 사이즈로 한 장씩 올린다. 반복하여 쌓아 맨 위에는 가장 큰 사이즈의 퀸아망을 올려 마무리한다. 슈거파우더를 뿌리고 바닐라 파우더를 밀푀유와 접시에 솔솔 뿌려 서빙한다.

LEVEL

1

로얄 초콜릿 케이크

ROYAL CHOCOLAT

8~10인분

작업 시간
2시간

조리
10~12분

냉동
1시간 30분

보관
냉장고에서 3일까지

도구
체
전동 스탠드 믹서
거품기
주방용 온도계
원뿔체
스프레이 건
지름 20cm 케이크 링
스패츌러
짤주머니 + 지름 3mm 원형 깍지

재료
아몬드 다쿠아즈
슈거파우더 63g
아몬드 가루 63g
옥수수 전분 13g
달걀흰자 75g
설탕 38g
비정제 황설탕 13g

크리스피 푀이앙틴
밀크 커버처 초콜릿 40g
헤이즐넛(또는 아몬드) 프랄리네
페이스트 50g
크리스피 푀이앙틴 50g

초콜릿 무스
전유(lait entier) 160g
달걀노른자 50g
설탕 30g
카카오 58% 다크 커버처 초콜릿
190g
액상 생크림(유지방 35%) 300g

벨벳 스프레이 코팅
카카오 버터 50g
카카오 58% 커버처 초콜릿 50g

아몬드 다쿠아즈 DACQUOISE AMANDES
오븐을 210℃로 예열한다. 슈거파우더, 아몬드 가루, 옥수수 전분을 한데 놓고 체에 친다. 전동 스탠드 믹서 볼에 달걀흰자를 넣고 거품을 올린다. 설탕과 황설탕을 조금씩 넣어주며 계속 거품기를 돌려 단단하고 윤기 나는 머랭을 만든다. 체에 쳐 둔 가루 재료에 머랭을 넣고 실리콘 주걱으로 접어 돌리듯이 살살 섞는다. 논스틱 베이킹 팬에 혼합물을 펼쳐놓고 오븐에 넣어 10~12분간 굽는다.

크리스피 푀이앙틴 CROUSTILLANT FEUILLANTINE
밀크 초콜릿을 녹인 다음 나머지 재료들을 모두 넣고 살살 섞어준다.

초콜릿 무스 MOUSSE AU CHOCOLAT
레시피 분량대로 크렘 앙글레즈를 만든다(p. 204 테크닉 참조). 크림이 완성되면 뜨거운 상태로 원뿔체에 걸러 잘게 자른 초콜릿에 붓고 잘 녹여 섞은 뒤 40℃까지 식힌다. 생크림을 가볍게 휘핑한 다음 초콜릿 크림에 넣고 실리콘 주걱으로 접어 돌리듯이 살살 섞어준다.

벨벳 스프레이 코팅 APPAREIL À PISTOLET
카카오 버터와 초콜릿을 각각 다른 볼에 담고 중탕으로 녹여 35℃를 만든다. 둘을 혼합해 50℃까지 가열한 다음 체에 거르고 스프레이 건에 채워 넣는다.

완성하기 MONTAGE
다쿠아즈를 지름 18cm 크기의 원형 2개로 자른다. 첫 번째 다쿠아즈 시트를 케이크 링에 깔아 넣는다. 초콜릿 무스를 케이크 링의 높이 1/3 정도까지 오도록 채워 넣는다. 공기 구멍이 생기지 않도록 L자 스패츌러로 매끈하게 밀어 채워준다. 두 번째 다쿠아즈 위에 크리스피 푀이앙틴 혼합물을 한 켜 펴놓은 다음 초콜릿 무스 층 위에 올린다. 그 위에 초콜릿 무스를 펴 얹은 다음 스패츌러로 매끈하게 밀어준다. 냉동실에 1시간 30분간 넣어둔다. 남은 초콜릿 무스를 짤주머니에 채운 다음 냉동 상태인 케이크 위에 가느다란 줄 모양으로 짜 장식한다. 스프레이 건을 분사해 케이크에 벨벳과 같은 질감의 코팅을 입혀 완성한다.

로얄 초콜릿 케이크
ROYAL II

8인분

작업 시간
3시간

냉장
20분

조리
30분

보관
냉장고에서 48시간까지

도구
전동 스탠드 믹서
체
파티스리용 밀대
주방용 온도계
전동 핸드믹서
지름 18cm 케이크 링 2개
거품기
원뿔체
핸드블렌더
지름 16cm 케이크 링

재료
초콜릿 파트 쉬크레
상온의 부드러운 버터 100g
슈거파우더 60g
밀가루 135g
코코아 가루 15g
아몬드 가루 15g
달걀 30g

초콜릿 스펀지
카카오 70% 다크 커버처 초콜릿 45g
달걀흰자 90g
달걀노른자 60g
설탕 70g

헤이즐넛 크레뫼
가루형 젤라틴 4g
액상 생크림(유지방 35%) 160g
달걀노른자 40g
설탕 30g
헤이즐넛 페이스트 24g

헤이즐넛 프랄리네 크리스피
밀크 커버처 초콜릿 45g
헤이즐넛 프랄리네 페이스트 50g
구워 놓은 초콜릿 파트 쉬크레
30g(위의 재료 참조)
라이스 크리스피(튀밥) 20g
소금(플뢰르 드 셀) 1g

다크 초콜릿 무스
전유(lait entier) 150g
달걀노른자 50g
설탕 30g
카카오 64% 다크 커버처 초콜릿
160g
휘핑한 생크림 220g

초콜릿 글라사주
가루형 젤라틴 10g
물 135g
설탕 150g
글루코스 시럽 150g
가당 연유 100g
카카오 60% 다크 커버처 초콜릿
150g

데커레이션
카카오 58% 다크 커버처 초콜릿
80g

초콜릿 파트 쉬크레 PÂTE SUCRÉE AU CHOCOLAT
전동 스탠드 믹서 볼에 상온의 버터와 슈거파우더를 넣고 플랫비터를 돌려 부드럽고 크리미한 질감이 되게 섞는다. 밀가루와 코코아 가루, 아몬드 가루를 체에 친다. 달걀을 혼합물에 넣어 섞은 다음, 체에 친 가루 재료를 두 번에 나누어 넣고 잘 저어 섞는다. 너무 오래 치대지 않도록 주의한다. 반죽을 덜어내 랩에 싼 다음 냉장고에 20분간 넣어둔다. 오븐을 160℃로 예열한다. 반죽을 3mm 두께로 밀어 베이킹 팬에 놓고 오븐에 넣어 15분간 굽는다.

초콜릿 스펀지 BISCUIT AU CHOCOLAT
오븐의 온도를 180℃로 올린다. 볼에 초콜릿을 넣고 중탕으로 녹여 50℃를 만든다. 믹싱볼에 달걀흰자, 설탕 분량의 3/4을 넣고 전동 핸드믹서로 거품을 낸다. 다른 볼에 달걀노른자와 나머지 설탕을 넣고 색이 연해질 때까지 거품기로 잘 저어 섞는다. 이 혼합물을 거품 낸 달걀흰자에 넣고 살살 섞은 다음 녹인 초콜릿을 넣고 섞어준다. 유산지를 깐 베이킹 팬 위에 지름 18cm 케이크 링을 놓고 혼합물을 채운 뒤 오븐에서 10분간 굽는다.

헤이즐넛 크레뫼 CRÉMEUX À LA NOISETTE
젤라틴 가루에 찬물을 조금 적셔 불린다. 레시피 분량대로 생크림, 달걀노른자, 설탕을 사용하여 크렘 앙글레즈를 만든다(p.204 테크닉 참조). 불에서 내린 다음 젤라틴과 헤이즐넛 페이스트를 넣는다. 핸드블렌더로 갈아 균일하고 매끈한 질감을 만든다. 지름 16cm 링에 채워 넣은 다음 냉장고에 넣어둔다.

헤이즐넛 프랄리네 크리스피 CROUSTILLANT PRALINÉ NOISETTE
소스팬에 초콜릿을 넣고 45℃로 녹인 다음 헤이즐넛 프랄리네 페이스트를 넣고 주걱으로 잘 섞는다. 구운 초콜릿 파트 쉬크레 30g을 잘게 부순 다음 라이스 크리스피 알갱이와 함께 넣고 초콜릿이 고루 묻도록 주걱으로 잘 섞는다. 소금(플뢰르 드 셀)을 넣어 섞은 다음 차갑게 굳은 헤이즐넛 크레뫼 층 위에 펴바른다.

다크 초콜릿 무스 MOUSSE AU CHOCOLAT NOIR
레시피 분량대로 우유, 달걀노른자, 설탕을 이용해 크렘 앙글레즈를 만든다(p.204 테크닉 참조). 그동안 초콜릿을 중탕으로 녹인다. 크렘 앙글레즈가 완성되면 원뿔체에 거른 다음, 녹인 초콜릿에 붓고 핸드블렌더로 갈아 매끈하게 혼합한다. 휘핑한 크림을 넣고 실리콘 주걱으로 살살 섞는다. 냉장고에 넣어둔다.

초콜릿 글라사주 GLAÇAGE CHOCOLAT
젤라틴 가루에 찬물 60g을 넣고 적셔 불린다. 소스팬에 물 75g, 설탕, 글루코스 시럽을 넣고 105℃까지 끓여 시럽을 만든 다음 가당 연유에 붓고 잘 섞는다. 젤라틴을 넣고 잘 섞어 녹인다. 이 혼합물을 잘게 잘라둔 다크 초콜릿에 붓고 뜨거운 상태에서 핸드블렌더로 갈아 매끈하게 혼합한다.

완성하기 MONTAGE
초콜릿 파트 쉬크레를 지름 18cm 원형으로 자른 다음 케이크 링 바닥에 깔아 넣는다. 초콜릿 무스를 링 안쪽 벽에 발라주고 파트 쉬크레 위에도 두께 1cm로 한 켜 펴 발라 넣는다. 프랄리네 크리스피를 얹은 헤이즐넛 크레뫼를 그 위에 놓고 초콜릿 무스를 1cm 두께로 다시 한 켜 펴 바른다. 맨 위에는 초콜릿 스펀지를 덮어준다. 케이크 링을 조심스럽게 제거한 다음, 남은 초콜릿 무스를 사용해 케이크 표면과 옆면 둘레를 매끈하게 발라준다. 35℃로 데운 글라사주를 부어 전체를 씌운다. 템퍼링한 초콜릿으로 기호에 따라 모양을 만들어 장식한다(p.592, 598 테크닉 참조).

LEVEL

3

로얄 초콜릿 케이크 LE ROYAL

피에르 마르콜리니 Pierre Marcolini

1995 파티스리 월드 챔피언

6인분

작업 시간
1시간 30분

냉장
2시간

보관
냉장고에서 24시간까지

도구
사방 30cm 정사각형
케이크 프레임 2개
전동 핸드믹서
주방용 온도계
초콜릿용 투명 무지
전사지

재료

프랄리네
밀크 초콜릿 80g
카카오 버터 45g
푀이앙틴 125g
헤이즐넛 프랄리네 페이스트 120g
아몬드 프랄리네 페이스트 120g

초콜릿 무스
생크림(crème fraîche 유지방 35%)
170g
젤라틴(겔 강도 200 블룸) 3.5g
물 40g
설탕 60g
달걀노른자 55g
달걀 50g
카카오 64% 다크 초콜릿 200g

초콜릿 스퀘어
액상 생크림(유지방 35%) 50g
카카오 64% 다크 커버처 초콜릿 80g

──────── 프랄리네 푀이앙틴 PRALINÉ FEUILLANTINE

초콜릿을 잘게 썬 다음 볼에 넣고 중탕으로 녹인다. 그동안 소스팬에 카카오 버터를 넣고 녹인다. 초콜릿과 카카오 버터를 혼합한 다음, 푀이앙틴을 넣고 고루 섞어준다. 이어서 헤이즐넛 프랄리네 페이스트와 아몬드 프랄리네 페이스트를 넣고 잘 섞는다. 정사각형 프레임 안에 펴 넣은 다음 냉장고에 넣어둔다. 굳으면 틀을 제거한 뒤 사방 5cm 정사각형으로 잘라둔다.

──────── 초콜릿 무스 MOUSSE

생크림 분량의 반을 거품기로 2/3 정도만 가볍게 휘핑한다. 그동안 젤라틴 가루를 물 20g에 적셔 녹인다. 소스팬에 나머지 물과 설탕을 넣고 녹인 뒤 121℃까지 끓여 시럽을 만든 다음 풀어놓은 달걀과 달걀노른자에 부어준다. 전동 핸드믹서 거품기로 잘 섞어 파트 아 봉브(pâte à bombe)를 만든다. 나머지 분량의 생크림을 뜨겁게 데운 뒤 젤라틴을 넣어준다. 이것을 잘게 자른 초콜릿에 붓고 매끈하게 섞어 가나슈를 만든다. 휘핑한 크림을 두 번에 나누어 넣고 실리콘 주걱으로 접어 돌리듯이 살살 섞어준다. 마지막으로 파트 아 봉브를 넣고 잘 혼합한다. 정사각형 프레임에 고르게 펴 넣은 뒤 냉장고에 넣어둔다. 굳으면 틀을 제거하고 사방 5cm 크기의 정사각형으로 잘라둔다.

──────── 초콜릿 스퀘어 CARRÉS DE CHOCOLAT

볼에 초콜릿과 생크림을 넣고 중탕으로 녹인다. 초콜릿용 투명 전사지에 혼합물을 얇게 펴놓는다. 굳기 시작하면 사방 6.5cm 크기의 정사각형으로 금을 그어 잘라놓고 완전히 굳은 뒤 조심스럽게 떼어낸다.

──────── 완성하기 MONTAGE

맨 밑에 초콜릿 스퀘어를 깔고 그 위에 정사각형 프랄리네 푀이앙틴을 얹는다. 다시 초콜릿 스퀘어 한 장을 얹은 뒤 정사각형 무스를 얹는다. 마지막 맨 위에 세 번째 초콜릿 스퀘어를 얹어 완성한다.

LEVEL

1

생토노레
SAINT-HONORÉ

6인분

작업 시간
1시간 30분

조리
30분

보관
냉장고에서 24시간까지

도구
체
파티스리용 밀대
주방용 붓
짤주머니 2개 + 지름 10mm
원형 깍지, 별모양 깍지
거품 국자
전동 핸드믹서

재료
파트 아 퐁세
밀가루 62g
버터 31g
달걀 25g
소금 1g
설탕 3g

슈 반죽
물 125g
소금 1g
버터 50g
밀가루 75g
달걀 125g

달걀물
달걀 10g
달걀노른자 10g
전유(lait entier) 10g

캐러멜
설탕 250g
물 75g
글루코스 시럽 30g
녹인 버터 10g
소금 1자밤

샹티이 크림
액상 생크림(유지방 35%) 250g
슈거파우더 25g
바닐라 빈 1줄기

파트 아 퐁세(베이스 시트) PÂTE À FONCER
작업대 바닥에 밀가루와 버터를 놓고 손바닥으로 비벼 모래와 같은 질감이 되도록 부슬부슬하게 섞는다. 가운데를 우묵하게 만든다. 달걀을 풀고 소금, 설탕을 넣어 녹인 다음 우묵한 가운데에 붓고 섞는다. 손바닥으로 혼합물을 눌러 밀어 끊듯이 반죽한다. 반죽 100g을 떼어내 둥글게 뭉친 다음 두께 2.5mm, 지름 18cm 크기의 원형으로 밀어준다. 포크로 군데군데 찔러준다.

슈 반죽 PÂTE À CHOUX
소스팬에 물, 소금, 깍둑 썬 버터를 넣고 가열한다. 끓으면 불에서 내리고 밀가루를 한 번에 넣은 뒤 주걱으로 세게 저어 균일하게 섞는다. 다시 약한 불에 올리고 혼합물이 소스팬 벽에 더 이상 달라붙지 않을 때까지 약 10초간 수분을 날리며 계속 잘 저어준다. 바로 볼에 덜어내어 더 이상 익는 것을 중단시킨다. 달걀을 조금씩 넣으며 주걱으로 잘 섞어 매끈한 반죽을 만든다.

갸토 베이스 조립 및 굽기 MONTAGE POUR CUISSON
오븐을 180℃로 예열한다. 베이킹 팬에 물을 묻힌 다음 원형으로 준비한 파트 아 퐁세 베이스를 놓는다. 붓으로 달걀물을 발라준다. 원형 깍지를 끼운 짤주머니에 슈 반죽을 채워 넣고 베이스 시트 가장자리를 빙 둘러 왕관 모양으로 짜준다. 베이킹 팬의 빈 공간에 작은 크기의 슈를 여러 개 짜 놓는다. 프티 슈는 생토노레 장식용으로 사용된다. 오븐에 넣어 30분간 굽는다.

캐러멜 CARAMEL
소스팬에 물과 설탕을 넣고 녹인 뒤 끓인다. 중간중간 거품은 건지고 안쪽벽 가장자리에 설탕이 눌어붙지 않도록 물에 적신 붓으로 잘 닦아준다. 글루코스 시럽을 넣는다. 167~170℃까지 끓여 진한 캐러멜 색이 나면 재빨리 불에서 내리고 소스팬을 차가운 물에 담가 더 이상 익는 것을 중단시킨다. 녹인 버터를 넣고 주걱으로 잘 저어 섞는다. 이어서 소금을 한 자밤 넣어준다.

샹티이 크림 CHANTILLY
차가운 믹싱볼에 생크림을 넣고 전동 핸드믹서로 휘핑한다. 슈거파우더와 길게 갈라 긁은 바닐라 빈 가루를 넣고 휘핑하여 샹티이 크림을 만든다.

완성하기 MONTAGE
작은 슈의 윗부분을 캐러멜에 담갔다 뺀 다음 식힌다. 밑부분에 캐러멜을 조금 묻혀 왕관 모양의 큰 슈 위에 붙인다. 작은 슈를 가로로 자른 다음 뚜껑을 잘 보관한다. 별모양 깍지를 끼운 짤주머니에 샹티이 크림을 채운 다음 생토노레의 중앙 시트 부분에 짜 놓는다. 반을 자른 프티 슈 안에도 채워 넣는다. 잘라두었던 프티 슈 뚜껑을 덮어준다.

파인애플 라임 생토노레

SAINT-HONORÉ ANANAS-CITRON VERT

6인분

작업 시간
3시간

냉장
최소 2시간

조리
45분

보관
냉장고에서 24시간까지

도구
체
스크레이퍼
파티스리용 밀대
주방용 온도계
거품기
전동 스탠드 믹서
짤주머니 3개 + 지름 10mm
원형 깍지, 생토노레용 깍지

재료
파트 푀유테
밀가루 125g
소금 2.5g
물 65~70g
버터 15g
푀유타주용 저수분 버터 75g
슈거파우더

슈 반죽
물 125g
버터 56g
소금 2.5g
밀가루 70g
달걀 125g

골든 라이트 캐러멜
물 50g
설탕 200g
글루코스 시럽 50g
노랑색 식용 색소 0.5g
식용 골드파우더 0.5g

파인애플 크렘 파티시에
달걀노른자 50g
설탕 100g
커스터드 분말 40g
파인애플 퓌레 500g
라임 1개

파인애플 마멀레이드
파인애플 과육(껍질을 벗기고 가운데 심을 제거한다) 300g
황설탕 50g
바닐라 빈 1줄기
티무트 후추(poivre de Timut)
패션프루트 과육 씨 40g
라임즙 1개분

라임 샹티이 크림
생크림(유지방 35%) 300g
설탕 40g
라임 제스트 1/2개분

파트 푀유테 PÂTE FEUILLETÉE
레시피 분량대로 파트 푀유테를 만들어 밀어 접기 5회를 해준다(p.66 테크닉 참조). 오븐을 200℃로 예열한다. 반죽을 사방 30cm 정사각형으로 민 다음, 납작하고 고르게 부풀며 구워질 수 있도록 두 장의 베이킹 팬 사이에 놓고 오븐에 넣어 25분간 굽는다. 오븐에서 꺼내 식힌 뒤 가장자리를 깔끔하게 잘라내 사방 20cm의 정사각형을 만든다. 오븐의 온도를 190℃로 낮춘다.

슈 반죽 PÂTE À CHOUX
소스팬에 물, 소금, 깍둑 썬 버터를 넣고 가열한다. 끓으면 불에서 내리고 밀가루를 한 번에 넣은 뒤 주걱으로 세게 저어 균일하게 섞는다. 다시 약한 불에 올리고 혼합물이 소스팬 벽에 더 이상 달라붙지 않을 때까지 약 10초간 계속 잘 저으며 수분을 날린다. 바로 볼에 덜어내어 더 이상 익는 것을 중단시킨다. 달걀을 조금씩 넣으며 주걱으로 잘 섞어 매끈한 반죽을 만든다. 반죽을 짤주머니에 채운 다음 유산지를 깐 베이킹 팬 위에 균일한 크기의 작은 슈 20개를 짜놓는다. 예열한 오븐에 넣고 슈가 노릇하게 잘 부풀 때까지 약 20분간 구워낸다. 슈가 부풀어 오르면 오븐 문을 살짝 열어 증기가 빠져나가도록 해준다.

골든 라이트 캐러멜 SUCRE CUIT JAUNE
소스팬에 물, 설탕, 글루코스 시럽을 넣고 170℃까지 끓인다. 불에서 내린 뒤 식용 색소와 식용 골드파우더를 넣고 섞는다.

파인애플 크렘 파티시에 CRÈME PÂTISSIÈRE ANANAS
볼에 달걀노른자, 설탕, 커스터드 분말을 넣고 색이 연해질 때까지 거품기로 잘 저어 섞는다. 소스팬에 파인애플 퓌레를 넣고 가열해 끓인다. 뜨거운 퓌레를 달걀노른자 혼합물에 조금 넣어 거품기로 잘 개어 섞은 다음 모두 소스팬으로 옮겨 붓는다. 다시 불에 올리고 크림이 걸쭉해질 때까지 약 3분간 거품기로 계속 저으면서 익힌다. 불에서 내리고 완전히 식힌 다음, 그레이터에 곱게 간 라임 제스트와 라임즙을 넣고 잘 섞는다.

파인애플 마멀레이드 MARMELADE ANANAS
파인애플 과육을 아주 작은 큐브 모양으로 썬다. 팬에 설탕을 넣고 캐러멜라이즈한 다음 파인애플과 길게 갈라 긁은 바닐라 빈, 후추를 넣고 잘 섞는다. 패션프루트 과육 씨와 라임즙을 넣어 디글레이즈한 다음 잘 섞는다.

라임 샹티이 크림 CHANTILLY CITRON VERT
전동 스탠드 믹서 볼을 차갑게 준비한 다음 생크림을 넣고 거품기로 돌려 휘핑한다. 설탕을 넣어가며 단단히 거품을 올려 샹티이 크림을 만든다. 그레이터에 곱게 간 라임 제스트를 넣고 다시 한 번 휘핑한 다음 냉장고에 넣어둔다.

완성하기 MONTAGE
원형 깍지를 끼운 짤주머니를 사용하여 파인애플 크렘 파티시에를 프티 슈 안에 채워 넣는다. 크림을 채운 슈의 윗부분을 캐러멜에 담갔다 뺀 다음 정사각형 푀유타주 베이스 위에 빙 둘러 붙인다. 슈 밑에 캐러멜을 조금 묻혀 붙이면 좋다. 파인애플 크렘 파티시에를 푀유타주 중앙에 한 켜 짜 넣은 다음 그 위에 파인애플 마멀레이드를 펴 놓는다. 생토노레용 깍지를 끼운 짤주머니에 라임 샹티이 크림을 채워 넣고 케이크 중앙과 가장자리 슈 사이사이에 짜 얹는다.

시트러스 생토노레 SAINT-HONORÉ AGRUMES

니콜라 베르나르데 Nicolas Bernardé

**2004 프랑스 제과 명장
페랑디 파리 졸업생**

6~8인분

작업 시간
2시간

조리
1시간 50분

냉장
2시간 + 하룻밤

보관
냉장고에서 24시간까지

도구
체
파티스리용 밀대
지름 16cm 링
망이 있는 트레이
전동 스탠드 믹서
거품기
원뿔체
지름 16cm 샤를로트 틀
짤주머니 2개 + 지름
15mm 원형 깍지,
생토노레용 깍지

재료

슈반죽
물 125g
우유 125g
소금 5g
설탕 5g
버터 120g
밀가루 125g
달걀 4개

파트 쉬크레
슈거파우더 100g
버터 100g
달걀노른자 30g
밀가루(T55) 200g
아몬드 가루 50g
소금 4g

시트러스 과일
시트러스 과일 5개
설탕
버터

시트러스 쿨리
배 퓌레 200g
시트러스 과일즙 300g
설탕 60g
펙틴(pectine NH) 6g
글루코스 시럽 50g
트리몰린(전화당) 25g

라이트 마스카르포네 크림
바닐라 빈 1줄기
생크림(유지방 35%) 400g
마스카르포네 200g
슈거파우더 60g

바닐라 오렌지 커스터드 크림
우유 250g
생크림(유지방 35%) 250g
설탕 100g
바닐라 빈 1줄기
오렌지 제스트
달걀노른자 140g

데커레이션
식용 금박
얇은 화이트 초콜릿 코인
캐러멜

슈 반죽 PÂTE À CHOUX

오븐을 180℃로 가열한다. 소스팬에 물, 우유, 깍둑 썬 버터, 설탕, 소금을 넣고 가열한다. 끓으면 불에서 내리고 밀가루를 한 번에 넣은 뒤 주걱으로 세게 저어 뭉치는 덩어리 없이 균일하게 섞는다. 다시 약한 불에 올리고 혼합물이 소스팬 벽에 더 이상 달라붙지 않고 둥글게 뭉쳐질 때까지 수분을 날리며 계속 잘 저어준다. 바로 볼에 덜어내어 더 이상 익는 것을 중단시킨다. 달걀을 한 개씩 넣으며 주걱으로 잘 섞어 매끈한 반죽을 만든다. 짤주머니에 넣고 유산지를 깐 베이킹 팬 위에 15개의 작은 슈를 짜 놓는다. 오븐에 넣어 25~30분간 굽는다.

파트 쉬크레 PÂTE SUCRÉE

볼에 슈거파우더와 상온의 부드러운 버터를 넣고 나무 주걱으로 잘 저어 균일하고 크리미하게 혼합한다. 여기에 달걀노른자를 넣고 잘 섞는다. 체에 친 밀가루와 아몬드 가루, 소금을 넣고 잘 섞는다. 혼합물을 작업대에 놓고 손바닥으로 눌러 밀어 끊듯이 빠르게 반죽한다. 반죽을 둥글게 뭉쳐 랩에 싼 다음 냉장고에 2시간 동안 넣어둔다. 오븐을 180℃로 예열한다. 반죽을 얇게 밀어 지름 16cm의 원형으로 잘라낸다. 오븐에 넣어 약 10분간 굽는다.

시트러스 과일 AGRUMES

준비한 시트러스 과일(자몽, 오렌지 등)의 껍질을 벗기고 속살만 도려내 큐브 모양으로 썬다. 자른 과일을 볼에 넣고 설탕을 뿌려 잘 섞은 다음 15분간 그대로 둔다. 오븐을 컨벤션 모드로 설정한 다음 200℃로 예열한다. 망이 있는 트레이에 과일을 올려 펼쳐놓은 다음 잘게 썬 버터를 골고루 얹고 오븐에 넣어 10분간 익힌다. 용기에 덜어낸 다음 랩을 씌워 식힌다.

시트러스 과일 쿨리 COULIS D'AGRUMES

소스팬에 배 퓌레와 시트러스 즙을 넣고, 펙틴과 섞어둔 설탕을 넣어 끓인다. 미리 데워놓은 글루코스 시럽과 전화당을 넣고 다시 한 번 끓어오르면 불에서 내린다. 볼에 덜어낸 다음 랩을 표면에 밀착시켜 씌워 냉장고에 넣어둔다. 사용하기 전에 꺼내, 오븐에 구운 시트러스 과일을 넣고 조심스럽게 섞는다.

라이트 마스카르포네 크림 CRÈME LÉGÈRE MASCARPONE

바닐라 빈 줄기를 길게 갈라 가루를 긁어낸다. 전동 스탠드 믹서 볼에 차가운 생크림, 마스카르포네, 슈거파우더, 바닐라 빈 가루를 넣고 거품기를 돌려 휘핑한 다음 냉장고에 넣어둔다.

바닐라 오렌지 커스터드 크림 CRÈME MOELLEUSE VANILLE ZESTES D'ORANGE

소스팬에 우유, 생크림, 설탕, 바닐라 빈, 그레이터에 곱게 간 오렌지 제스트를 넣고 가열한다. 끓기 시작하면 바로 불에서 내리고 랩을 씌운 뒤 10분간 향을 우려낸다. 향이 우러나면 달걀노른자에 붓고 거품기로 계속 잘 저어 섞은 다음 고운 체에 거른다. 샤를로트 틀에 부어 채운 다음 신문지를 깔고 물을 채운 오븐용 트레이에 놓는다. 이렇게 하면 오븐에서 익히는 동안 물이 틀 안으로 들어오는 것을 막을 수 있다. 컨벤션 모드로 설정하고 120℃로 예열한 오븐에 넣어 중탕으로 1시간 동안 익힌다. 냉장고에 하룻밤 동안 넣어둔다. 다음날 접시나 우묵한 용기에 엎어 놓고 틀을 제거한다.

완성하기 MONTAGE

작은 슈의 윗부분을 캐러멜(p.169 테크닉 참조)에 담갔다 뺀 다음 식힌다. 슈 안에 마스카르포네 크림을 채운(p.168 테크닉 참조) 다음 밑 부분에 캐러멜을 조금 묻혀 파트 쉬크레 위에 빙 둘러 붙인다. 바닐라 오렌지 커스터드 크림을 가운데 채워 넣고 시트러스 과일 쿨리를 그 위에 한 켜 펴놓는다. 생토노레용 깍지를 끼운 짤주머니로 마스카르포네 크림을 지그재그 띠 모양으로 짜 얹고, 시트러스 과일 세그먼트를 우묵한 곳에 군데군데 놓는다. 식용 금박과 동전 모양으로 얇게 자른 화이트 초콜릿으로 장식한다.

LEVEL

1

프루츠 바바

SAVARIN AUX FRUITS

15개 분량

작업 시간
1시간

발효
45분

조리
30분

보관
냉장고에서 48시간까지

도구
지름 8cm 사바랭 틀 15개
주방용 온도계
짤주머니 + 지름 10mm 별모양 깍지
거품기

재료

바바 반죽
생 이스트 15g
따뜻한 물 100g
달걀 150g
밀가루(T45 또는 T55 gruau) 250g
소금 5g
설탕 15g
녹인 버터 60g

시럽
물 1리터
설탕 450~500g

완성하기
샹티이 크림 250g(p.201 테크닉 참조)
생과일(파인애플, 라즈베리 등…)

바바 반죽 PÂTE À BABA
볼에 따뜻한 물(25~30℃)과 이스트를 넣고 잘 개어준 다음 달걀을 넣고 거품기로 저어 섞는다. 버터를 제외한 나머지 재료를 모두 넣고 손으로 잘 섞어 반죽한다. 녹인 버터 45g을 넣어 섞은 다음 스팀 오븐에 넣어 1차 발효시킨다. 나머지 버터를 사바랭 틀에 얇게 발라준다. 반죽을 접어 눌러 펀칭한 뒤 각 틀에 채워 넣고 다시 스팀 오븐이나 따뜻한 곳에 두어 부피가 두 배로 부풀 때까지 발효시킨다. 오븐을 210℃로 예열한다. 바바를 오븐에 넣어 10분간 구운 다음, 오븐의 온도를 160℃로 낮추고 15분간 더 굽는다. 오븐에서 꺼내는 즉시 틀에서 분리한다.

시럽 SIROP
소스팬에 물과 설탕을 넣고 녹인 다음 끓인다. 불에서 내려놓는다.

완성하기 MONTAGE
시럽이 60℃까지 식으면 바바를 담가 푹 적신다. 별모양 깍지를 끼운 짤주머니에 샹티이 크림을 넣고 바바 위에 보기 좋게 짜 얹는다. 과일을 얹어 장식한다.

셰프의 팁

• 스팀 오븐이 없을 경우, 켜지 않은 오븐에
끓는 물을 담은 그릇과 함께 넣어두면 된다.

• 틀에 버터를 너무 많이 바르면 바바 겉면에
작은 기공이 생길 수 있으니 주의한다.

• 바바가 너무 말라 건조하면 끓는 시럽에 담가 적신다.

• 시럽에 리큐어를 넣거나 과일 퓌레를 넣어
향을 내도 좋다.

초콜릿 바바

SAVARIN AU CHOCOLAT

15개 분량

작업 시간
1시간 30분

발효
45분

조리
30분

냉장
3~12시간

보관
냉장고에서 48시간까지

도구
지름 8cm 사바랭 틀 15개
주방용 온도계
원뿔체
전동 핸드믹서
짤주머니 + 지름 10mm 별모양 깍지

재료

바바 반죽
생 이스트 15g
따뜻한 물 100g
달걀 150g
밀가루(T45 또는 T55 gruau) 225g
소금 5g
설탕 15g
녹인 버터 60g

초코 시럽
물 1리터
설탕 450g
무가당 코코아 가루 65g
오렌지 1개
쿠엥트로 리큐어(선택사항)

밀크 초콜릿 휩드 가나슈
액상 생크림(유지방 35%) 450g
전화당 15g
글루코스 시럽 15g
바닐라 빈 1/2줄기
아몬드 페이스트(아몬드 50%) 110g
카카오 41% 밀크 커버처 초콜릿 80g

완성하기
무색 나파주
오렌지 1개
카카오 64% 다크 커버처 초콜릿 100g

바바 반죽 PÂTE À BABA

볼에 따뜻한 물(25~30℃)과 이스트를 넣고 잘 개어준 다음 달걀을 넣고 거품기로 저어 섞는다. 버터를 제외한 나머지 재료를 모두 넣고 손으로 잘 섞어 반죽한다. 녹인 버터 45g을 넣어 섞은 다음 따뜻한 실온(약 25℃)이나 스팀 오븐에 넣어 1차 발효시킨다. 나머지 버터 15g을 사바랭 틀에 얇게 발라준다. 반죽을 접어 눌러 펀칭한 뒤 각 틀에 채워 넣고 다시 스팀 오븐에 넣어 부피가 두 배로 부풀 때까지 발효시킨다. 오븐을 210℃로 예열한다. 바바를 오븐에 넣어 10분간 구운 다음, 온도를 160~180℃로 낮추고 15분간 더 굽는다. 오븐에서 꺼내는 즉시 틀에서 분리한다.

초코 시럽 SIROP À CACAO

소스팬에 물과 설탕, 코코아 가루를 넣고 녹인 다음 끓인다. 오렌지 제스트를 필러로 얇게 저며 시럽에 넣는다. 불에서 내리고 랩을 덮은 뒤 몇 분간 향을 우린다. 체에 거른다.

밀크 초콜릿 휩드 가나슈 GANACHE MONTÉE AU CHOCOLAT AU LAIT

소스팬에 생크림 160g, 전화당, 글루코스 시럽을 넣고 가열한다. 끓기 시작하면 불을 약하게 줄이고, 길게 갈라 긁어낸 바닐라 빈 가루를 넣어준 다음 약하게 2~3분 동안 끓여 향을 우려낸다. 아몬드 페이스트를 조금씩 넣고 잘 저으며 섞는다. 뜨거운 크림을 밀크 초콜릿에 붓고 잘 저어 녹인다. 나머지 생크림을 넣고 잘 저어 균일하고 매끈한 가나슈를 만든다. 냉장고에 2~3시간 넣어둔다. 전동 핸드믹서로 가볍게 휘핑한 뒤 사용한다.

완성하기 MONTAGE

바바를 시럽에 담가 촉촉하게 적신다. 단 바바의 형태는 유지할 정도가 되어야 한다. 접시 위에 망을 놓고 그 위에 바바를 얹어 너무 많이 적신 시럽이 흘러내리도록 한다. 만일 쿠엥트로 리큐어를 넣는다면 남은 시럽에 넣어 섞은 뒤 이미 시럽을 적신 바바 위에 뿌린다. 냉장고에 넣어둔다. 바바가 완전히 차갑게 식으면 무색 투명한 나파주를 입힌다. 휘핑한 가나슈를 짤주머니에 넣고 바바 위에 두 단계 꽃모양으로 짜 얹는다. 오렌지를 속껍질까지 칼로 벗기고 과육 세그먼트만 도려낸 뒤 큐브 모양으로 잘라 바바 주위에 보기 좋게 놓는다. 초콜릿 데커레이션(p.570, 572 참조)을 얹어 마무리한다.

바바 이스파한 BABA ISPAHAN

피에르 에르메 Pierre Hermé

2016 월드 베스트 파티시에

6~8인분

작업 시간
2시간

발효
45분

조리
25분

건조
48시간

냉장
2시간 + 하룻밤

보관
냉장고에서 24시간까지

도구
전동 스탠드 믹서
주방용 온도계
논스틱 쿠킹 오일
스프레이
지름 18cm 사바랭 틀
망국자
거품기
핸드블렌더
원뿔체
글루코스 시럽 튜브
주방용 붓
짤주머니 2개 + 지름
14mm 원형 깍지,
생토노레 깍지(25호)

재료

바바 반죽
생 이스트 20g
저온 멸균 전란액 100g
밀가루(farine gruau T45) 120g
설탕 30g
버터(beurre extra fin) 70g
게랑드 소금(fleur de sel de Guérande) 2g

로즈 마스카르포네 크림
가루 젤라틴(겔 강도 200블룸) 3g
차가운 광천수 21g
저온 멸균 난황액 35g
설탕 40g
액상 생크림(crème fraîche fluide 유지방
35%) 150g
마스카르포네 165g
로즈 시럽 20g
로즈 페탈 엑스트렉트 2g

라즈베리 로즈 시럽
광천수 600g
설탕 250g
라즈베리 퓌레 100g
로즈 시럽 100g
로즈 페탈 엑스트렉트 3g
라즈베리 오드비 50g

바바 적시기
라즈베리 로즈 시럽
라즈베리 오드비 30g

리치
시럽에 담근 리치 사용

완성하기
지름 21cm 접시 2개(또는 금색 일회용
케이크 받침 2장)
무색 나파주
라즈베리 오드비 35g
작게 자른 리치 75g
로즈 마스카르포네 크림 400g
붉은 장미 꽃잎 10장
라즈베리 120g

바바 반죽 PÂTE À BABA

전동 스탠드 믹서 볼에 이스트와 달걀액 분량의 3/4을 넣고 잘 개어준 다음 밀가루와 설탕을 넣고 도우훅을 돌려 반죽한다. 처음엔 저속으로 시작하여 반죽이 균일하게 섞이면 중간 속도로 올리고 5분간 더 반죽한다. 남은 달걀액을 넣고 반죽이 믹싱볼 벽에 더 이상 달라붙지 않고 온도가 25℃ 정도 될 때까지 계속 도우훅을 돌려 섞는다. 버터와 소금을 넣고 반죽이 믹싱볼에 달라붙지 않고 벽에 닿아 부딪치는 소리가 날 때까지 돌린다(26℃). 사바랭 틀 안쪽 면에 논스틱 스프레이를 뿌려둔다. 반죽 250g을 손으로 둥글게 성형해 가운데 구멍을 만든 다음 틀에 채워 넣는다. 틀을 작업대 바닥에 탁탁 쳐 반죽 안의 공기를 최대한 빼준다. 32℃에 맞춘 스팀 오븐에 넣고 약 45분간 발효시킨다. 오븐을 컨벡션 모드로 설정한 다음 170℃로 예열한다. 바바를 오븐에 넣고 20분간 굽는다. 꺼내서 틀을 제거한 다음 다시 오븐에 넣어 5분간 굽는다. 상온에서 이틀간 건조시킨다.

로즈 마스카르포네 크림 CRÈME DE MASCARPONE À LA ROSE

젤라틴 가루를 찬물에 적셔 20분간 불린다. 볼에 난황액과 설탕을 넣고 색이 연해질 때까지 거품기로 섞는다. 소스팬에 생크림을 끓인 뒤 달걀 설탕 혼합물에 붓고 거품기로 잘 섞어준 다음 다시 소스팬으로 옮겨 담는다. 다시 불에 올려 크렘 앙글레즈와 마찬가지로 85℃가 될 때까지 잘 저어주며 익힌다. 불에서 내린 다음 젤라틴, 마스카르포네, 로즈 시럽, 로즈 페탈 엑스트렉트를 넣어준다. 핸드블렌더로 갈아 혼합한 뒤 랩을 표면에 밀착시켜 씌운다. 밀폐용기에 넣은 다음 냉장고에 보관한다.

라즈베리 로즈 시럽 SIROP D'IMBIBAGE À BABA FRAMBOISE ET ROSE

소스팬에 물, 설탕, 라즈베리 퓌레를 넣고 끓인다. 로즈 시럽, 로즈 페탈 엑스트렉트, 라즈베리 오드비를 넣고 불에서 내린 뒤 식힌다. 50℃까지 식은 뒤 사용한다. 또는 냉장고에 넣어둔다.

바바 적시기 IMBIBAGE DES BABAS

큰 소스팬에 라즈베리 로즈 시럽을 넣고 50℃가 될 때까지 데운다. 바바를 시럽에 담그고 뒤집어 주며 골고루 적신다. 바바에 시럽이 푹 적셔지면 망국자로 건져 망이 있는 트레이 위에 얹어놓는다. 라즈베리 오드비를 듬뿍 뿌려 적신다. 망 아래로 시럽과 오드비가 흘러내리도록 둔다. 냉장고에 2시간 동안 넣어 차갑게 식힌다.

리치 MORCEAUX DE LITCHIS

하루 전날, 씨를 뺀 리치를 시럽에서 건진 다음 크기에 따라 2~3등분으로 자른다. 당일날, 리치 조각을 체에 놓고 최대한 수분을 빼준다.

완성하기 MONTAGE

전동 스탠드 믹서 볼에 차가운 로즈 마스카르포네 크림을 넣고 거품기를 돌려 휘핑한다. 글루코스 시럽을 짜서 2개의 금색 일회용 받침 접시를 붙인다. 차가운 바바에 붓으로 따뜻한 온도의 무색 나파주를 발라준다. 나파주의 온도가 너무 높으면 잘 흡수되지 않으니 주의한다. 로즈 마스카르포네 크림을 각각 원형 깍지, 생토노레용 깍지를 끼운 두 개의 짤주머니에 나누어 채운다. 바바를 받침 접시에 올려놓고 원형 깍지를 끼운 짤주머니로 바바의 중앙에 반 정도 높이까지 크림을 채운다. 잘라둔 리치와 라즈베리를 넉넉히 흩뿌려 놓는다. 그 위에 약간 돔 형태로 솟아오르게 크림을 짜 얹은 다음 생토노레용 깍지를 끼운 짤주머니로 가장자리에서부터 중앙으로 불꽃 모양을 내어 짜준다. 크림 가장자리에 장미 꽃잎을 빙 둘러 얹고 생 라즈베리 한 개를 중앙에 놓아 완성한다.

LEVEL

1

바닐라 베리 샤를로트
CHARLOTTE VANILLE-FRUITS ROUGES

6인분

작업 시간
1시간 30분

조리
12분

냉장
3시간

보관
냉장고에서 3일까지

도구
거품기
짤주머니 + 지름 10mm 원형 깍지
주방용 온도계
파티스리용 아세테이트 투명 띠지
지름 18cm 케이크 링
주방용 붓

재료
레이디핑거 비스퀴
달걀흰자 180g
설탕 150g
달걀노른자 120g
달걀 50g
밀가루 150g

바바루아즈 크림
전유(lait entier) 125g
바닐라 빈 1/2줄기
달걀노른자 30g
설탕 25g
판 젤라틴 3g
액상 생크림(유지방 35%) 175g

바닐라 시럽
물 150g
설탕 45g
바닐라 빈 1/2줄기

데커레이션
딸기 100g
라즈베리 100g
애플 블러섬
슈거파우더

레이디핑거 비스퀴 BISCUIT CUILLÈRE
레시피 분량대로 레이디핑거 비스퀴 반죽을 만든다(p.222 테크닉 참조). 오븐을 200℃로 예열한다. 반죽을 짤주머니에 넣고 유산지를 깐 베이킹 팬 위에 지름 16cm 원형 시트 2개, 6cm x 40cm의 띠 모양 1개, 지름 16cm에 가운데 지름 8cm 구멍이 있는 꽃모양 링 1개를 짜 놓는다. 슈거파우더를 뿌린 뒤 오븐에 넣고 12분 간 굽는다. 망에 올려 식힌다.

바바루아즈 크림 BAVAROISE
우유, 바닐라, 달걀노른자, 설탕을 사용해 크렘 앙글레즈를 만든다(p.204 테크닉 참조). 83℃까지 익혀 주걱에 묻혔을 때 흐르지 않고 묻어 있는 농도가 된 크렘 앙글레즈를 냉장고에 넣고 몇 시간 동안 향을 숙성시킨다. 판 젤라틴을 찬물에 담가 말랑하게 불린다. 크렘 앙글레즈를 45℃까지 데운 다음 물을 꼭 짠 젤라틴을 넣고 잘 섞어 녹인다. 생크림을 거품이 일 때까지 부드럽게 휘핑한다. 겔화된 크렘 앙글레즈가 25℃까지 식으면 휘핑한 크림을 넣고 실리콘 주걱으로 접어 돌리듯이 살살 섞는다. 이 상태로 바로 사용한다.

바닐라 시럽 SIROP D'IMBIBAGE VANILLE
소스팬에 물과 설탕, 길게 갈라 긁은 바닐라 빈과 줄기를 함께 넣고 가열한다. 끓으면 불에서 내린 뒤 식힌다.

완성하기 MONTAGE
케이크 링 안쪽에 아세테이트 띠지를 대준다. 긴 띠 모양의 레이디핑거 비스퀴에 붓으로 바닐라 시럽을 발라 적신 뒤 띠지를 두른 케이크 링 안에 둘러 놓는다. 원반형 비스퀴 한 장에 시럽을 적신 다음 링 바닥에 깔고 바바루아 크림의 반을 채워 넣는다. 두 번째 원반형 비스퀴에도 시럽을 발라 적신 후 그 위에 덮어준다. 남은 바바루아 크림을 채워 넣고 표면을 매끈하게 정리한다. 냉장고에 최소 2~3시간 넣어둔다. 꽃모양 테두리 비스퀴를 맨 위에 얹고 중앙에 베리류 과일을 채워준다. 슈거파우더를 솔솔 뿌리고 애플 블러섬 또는 기타 식용꽃으로 장식한다.

셰프의 팁

• 샤를로트를 서빙할 때 과일 쿨리 또는 향을 낸
크렘 앙글레즈를 곁들이면 더욱 좋다.

• 애플 블러섬을 사용할 때는 살충제를 살포하지 않은 것으로 고른다.

코코넛 패션프루트 샤를로트
CHARLOTTE COCO-PASSION

6인분

작업 시간
2시간

조리
12분

냉동
3시간

냉장
40분

보관
냉장고에서 3일까지

도구
거품기
짤주머니 + 지름 10mm 원형 깍지
주방용 온도계
핸드블렌더
고운 원뿔체
지름 14cm 높이 1cm 실리콘 원형틀
(Flexipan)
파티스리용 투명 띠지
지름 18cm, 높이 4.5cm 케이크 링

재료
레이디핑거 비스퀴
달걀흰자 90g
설탕 75g
달걀노른자 60g
달걀 25g
밀가루 75g

패션프루트 코코넛 인서트
패션프루트 퓌레 75g
코코넛 퓌레 60g
설탕 12g
한천가루 2g

패션프루트 레몬그라스 시럽
물 60g
얇게 썬 레몬그라스 줄기 10g
설탕 35g
라임즙 20g
패션프루트 퓌레 75g

코코넛 무스
판 젤라틴 5g
코코넛 퓌레 250g
달걀흰자 40g
설탕 50g
휘핑한 생크림(유지방 35%) 130g

완성하기
무색 나파주 100g
파인애플 큐브 3조각
마이크로 허브(limon cress)
라임 1개
패션프루트 1개

레이디핑거 비스퀴 BISCUIT CUILLÈRE
레시피 분량대로 레이디핑거 비스퀴 반죽을 만든다(p.222 테크닉 참조). 오븐을 200℃로 예열한다. 반죽을 짤주머니에 넣고 유산지를 깐 베이킹 팬 위에 지름 16cm 원형 시트, 6cm x 60cm의 띠 모양을 짜놓는다. 슈거파우더를 뿌린 뒤 오븐에 넣고 12분간 굽는다. 망에 올려 식힌다.

패션프루트 코코넛 인서트 INSERT PASSION-COCO
소스팬에 패션프루트 퓌레와 코코넛 퓌레를 넣고 가열한다. 한천과 섞어둔 설탕을 넣고 섞는다. 끓는 상태로 2분 정도 유지한 다음 불에서 내려 식힌다. 블렌더를 저속으로 돌려 갈아준다. 지름 14cm 실리콘 원형틀에 붓고 냉동실에 1시간 넣어둔다.

패션프루트 레몬그라스 시럽 IMBIBAGE
소스팬에 물을 끓인 다음 잘게 썬 레몬그라스 줄기를 넣는다. 불을 끄고 20분간 향을 우려낸다. 핸드블렌더로 간 다음 고운 체에 거른다. 다시 계량한 뒤 부족한 양만큼 물을 보충해 넣는다. 설탕을 넣고 녹여 끓인다. 시럽을 볼에 덜어낸 다음 라임즙과 패션프루트 퓌레를 넣고 잘 저어 섞는다. 냉장고에 약 40분간 넣어둔다.

코코넛 무스 MOUSSE COCO
판 젤라틴을 찬물에 담가 말랑하게 불린다. 소스팬에 코코넛 퓌레 분량의 1/3을 넣고 50℃가 될 때까지 가열한다. 물을 꼭 짠 젤라틴을 넣고 녹이며 잘 섞는다. 나머지 차가운 코코넛 퓌레를 넣고 섞는다. 믹싱볼에 달걀흰자를 넣고 부드럽게 거품을 올린 뒤 설탕을 조금씩 넣어가며 거품기를 돌려 단단한 머랭을 만든다. 머랭을 코코넛 퓌레에 넣고 가볍게 섞은 다음 휘핑한 크림을 넣고 주걱으로 접어 돌리듯이 살살 섞어준다.

완성하기 MONTAGE
랩을 감아 깔거나 또는 파티스리용 투명 전사지를 깐 베이킹 팬 위에 케이크 링을 놓고 안쪽 면에 케이크용 투명 띠지를 둘러준다. 패션프루트 코코넛 인서트를 중앙에 놓고 그 위에 코코넛 무스를 1cm 두께로 펴 넣는다. 냉동실에 1시간 동안 넣어둔다. 긴 띠 모양의 레이디핑거 비스퀴에 붓으로 시럽을 적신 다음 케이크 링 안쪽 벽에 빙 둘러놓는다. 나머지 코코넛 무스를 채워 넣고 시럽을 적신 원형 비스퀴를 맨 위에 덮어준다. 다시 냉동실에 최소 1시간 이상 넣어둔다. 서빙용 접시에 케이크를 엎어 놓고 링을 제거한다. 붓으로 무색 나파주를 발라준 다음 큐브 모양으로 썬 파인애플, 라임 과육 세그먼트, 패션프루트 과육 씨, 마이크로 허브 등을 얹어 장식한다.

마롱 클레망틴 콩피 샤를로트
CHARLOTTE AUX MARRONS ET CLÉMENTINES CONFITES

질 마샬 Gilles Marchal

2004 그해 최고의 파티시에

미니 샤를로트 15개 분량

작업 시간
2시간

냉장
2시간

조리
4분

보관
냉장고에서 24시간까지

도구
거품기
체
짤주머니 2개 + 지름 8mm, 12mm 원형 깍지
주방용 온도계
스텐 파이핑기(몽블랑 크림용)
전동 스탠드 믹서
지름 8cm 개인용 샤를로트 틀 15개

재료
레이디핑거 비스퀴
달걀노른자 90g
달걀흰자 220g
설탕 250g
밀가루(T45) 250g

럼 시럽
광천수 200g
슈거파우더 30g
다크 럼(aged dark rum) 10g

밤 콩피 무스
신선한 달걀노른자 120g
시럽(보메 비중계 30도. 물과 설탕 동량) 125g
밤 페이스트 350g
밤 크림 스프레드 80g
판 젤라틴 10g
다크 럼 12g
휘핑한 생크림 380g
밤(시럽에서 건져 잘게 썬다) 150g

국수 모양 밤 페이스트
밤 페이스트 250g
상온의 부드러운 버터 40g

바닐라 샹티이 크림
마다가스카르산 부르봉 바닐라 1/2줄기
액상 생크림(유지방 35%) 250g
설탕 20g

데커레이션
클레망틴 콩피
캐러멜라이즈드 헤이즐넛
식용 금박

레이디핑거 비스퀴 BISCUIT CUILLÈRE

오븐을 210℃로 예열한다. 볼에 달걀노른자를 넣고 색이 연해질 때까지 거품기로 저어준다. 달걀흰자에 설탕을 넣어가며 단단하게 거품을 올린다. 여기에 달걀노른자를 넣어 섞은 뒤 체에 친 밀가루를 넣고 살살 섞어준다. 반죽을 짤주머니에 넣고 유산지를 깐 베이킹 팬 위에 지름 5cm 크기의 원반형 30개를 짜놓는다. 바로 오븐에 넣어 3~4분간 굽는다.

럼 시럽 PUNCH VIEUX RHUM BRUN

재료를 모두 혼합해 시럽을 만든다.

밤 콩피 무스 MOUSSE AUX MARRONS CONFITS

볼에 달걀노른자를 넣고 색이 연해질 때까지 거품기로 저어준다. 시럽을 121℃까지 끓인 다음 달걀노른자에 붓고 잘 저어 사바용을 만든 뒤 식힌다. 여기에 밤 크림 스프레드와 밤 페이스트를 넣고 잘 개어준다. 젤라틴을 찬물에 담가 말랑하게 불린다. 물을 꼭 짠 젤라틴과 따뜻하게 데운 럼을 밤 사바용에 넣는다. 휘핑한 생크림을 넣고 주걱으로 살살 돌려 섞은 다음 잘게 썬 밤 조각을 넣는다. 12mm 원형 깍지를 끼운 짤주머니에 무스를 채워 넣는다.

밤 페이스트 국수 모양으로 짜기 VERMICELLES DE MARRONS

재료를 부드럽게 만들어 혼합해 균일하고 매끄러운 페이스트를 만든다. 국수 모양으로 짤 수 있도록 작은 구멍 깍지가 달린 스텐 파이핑기에 페이스트를 채워 넣는다. 또는 몽블랑용 구멍 깍지를 끼운 짤주머니에 넣는다.

바닐라 샹티이 크림 CHANTILLY À LA VANILLE BOURBON

바닐라 빈 줄기를 길게 갈라 가루를 긁어낸다. 전동 스탠드 믹서 볼에 차가운 생크림, 설탕, 바닐라 빈 가루를 넣고 거품기로 휘핑하여 매끈하고 크리미한 샹티이를 만든다. 사용하기 직전까지 냉장고에 넣어둔다.

완성하기 MONTAGE

설탕에 졸인 클레망틴과 캐러멜라이즈한 헤이즐넛을 잘게 썬다. 원형 비스퀴에 럼 시럽을 붓으로 발라 적신 다음 개인용 샤를로트 틀 바닥에 한 장 깔아준다. 밤 무스를 틀의 반 정도 높이까지 채운 다음 클레망틴 콩피와 헤이즐넛을 고루 흩뿌려 놓는다. 그 위에 럼을 발라 적신 두 번째 비스퀴를 얹고 냉장고에 2시간 동안 넣어둔다. 틀을 제거한 다음 샹티이 크림을 약간 봉긋하게 올라오도록 짜 덮어준다. 그 위에 밤 페이스트를 국수 모양으로 짜 얹어 표면을 완전히 덮어준다. 마롱 글라세, 클레망틴 콩피, 캐러멜라이즈한 헤이즐넛을 보기 좋게 얹어 장식하고 식용 금박을 조금 올려 완성한다.

LEVEL

1

몽블랑
MONT-BLANC

6인분

작업 시간
30분

조리
3시간

냉동
20분

보관
냉장고에서 48시간까지

도구
전동 스탠드 믹서
체
지름 16cm 케이크 링
짤주머니 3개 + 지름 15mm, 6mm
원형 깍지, 작은 별모양 깍지 또는
몽블랑용 구멍 깍지
스패출러
거품기
지름 14cm 케이크 링

재료
프렌치 머랭
달걀흰자 120g
설탕 100g
슈거파우더 100g

샹티이 크림
액상 생크림(유지방 35%) 300g
슈거파우더 25g
바닐라 빈 1줄기

밤 크림
밤 페이스트 300g
액상 생크림(유지방 35%) 100g
밤 크림 스프레드 300g

프렌치 머랭 MERINGUE FRANÇAISE
오븐을 80℃로 예열한다. 레시피 분량대로 프렌치 머랭을 만든다(p.234 테크닉 참조). 지름 16cm 케이크 링 안쪽에 버터를 얇게 칠한 다음 유산지를 깐 베이킹 팬 위에 놓는다. 지름 15mm 원형 깍지를 끼운 짤주머니에 머랭을 채운 다음, 링 안에 두께 1cm의 머랭 베이스를 를 짜 넣는다. 링 가장자리 벽에 빙 둘러 머랭을 짜 놓은 다음 스패출러로 밀어 매끈한 테두리를 만들어준다. 6mm 원형 깍지를 끼운 짤주머니에 머랭을 넣고 베이킹 팬 빈 공간에 길쭉하고 가는 막대 모양을 몇 개 짜놓는다(데커레이션용). 링을 조심스럽게 들어내 제거한 다음 오븐에 넣어 약 3시간 굽는다.

샹티이 크림 CRÈME CHANTILLY
전동 스탠드 믹서 볼에 차가운 생크림, 설탕, 길게 갈라 긁은 바닐라 빈 가루를 넣고 거품기로 단단하게 휘핑하여 매끈하고 크리미한 샹티이를 만든다.

밤 크림 CRÈME DE MARRONS
믹싱볼에 밤 페이스트와 생크림을 넣고 거품기로 개어 풀어준다. 밤 크림 스프레드를 넣고 잘 섞는다.

완성하기 MONTAGE
머랭 시트 중앙에 샹티이 크림을 약간 둥글게 솟아 오른 모양으로 짜 채운다. 몽블랑용 구멍 깍지를 끼운 짤주머니에 밤 크림을 넣고 유산지 위에 긴 국수 모양으로 넉넉히 짜놓는다. 냉동실에 20분 정도 넣어둔다. 국수 모양으로 짜둔 밤 크림을 지름 14cm 케이크 링으로 눌러 깔끔하게 원형으로 잘라낸 다음, 케이크의 샹티이 크림 위에 얹어 완성한다. 막대 모양 머랭을 올리고 식용 금박을 얹어 장식한다.

셰프의 팁

• 밤 페이스트(pâte de marrons)는 밤, 설탕,
글루코스 시럽, 바닐라 엑스트렉트를 원료로 하여 만든다.

• 밤 크림 스프레드(crème de marrons)는 밤, 설탕, 으깬 밤 콩피,
글루코스 시럽, 소량의 물, 바닐라 엑스트렉트를 원료로 하여 만든다.

루바브 몽블랑

MONT-BLANC RHUBARBE-MARRON

6인분

작업 시간
2시간

냉장
2시간

조리
3시간 30분

보관
냉장고에서 48시간까지

도구
거품기
체
파티스리용 밀대
주방용 온도계
지름 16cm 케이크 링
지름 14cm, 높이 4cm 케이크 링
짤주머니 3개 + 지름 6mm, 15mm
원형 깍지, 작은 별모양 깍지 또는
몽블랑용 구멍 깍지
원뿔체
전동 스탠드 믹서
주방용 붓

재료
헤이즐넛 파트 쉬크레
버터 75g
슈거파우더 50g
헤이즐넛 가루 15g
달걀 20g
바닐라 가루 칼끝으로 아주 조금
밀가루 125g

루바브 젤리 인서트
판 젤라틴 2.5g
루바브 퓌레 125g
설탕 7g
레몬즙 3g

레이디핑거 비스퀴
설탕 15g
달걀흰자 25g
달걀노른자 14g
밀가루 9g
옥수수 전분 9g

루바브 시럽
물 45g
루바브 퓌레 45g
설탕 45g
바닐라 빈 1/2줄기

크렘 앙글레즈
가루형 젤라틴 3g
물 18g
액상 생크림(유지방 35%) 190g
바닐라 빈 1줄기
달걀노른자 40g
설탕 45g

바닐라 마스카르포네 크림
크렘 앙글레즈 170g
(위의 재료 참조)
마스카르포네 115g

밤 크림
밤 페이스트 84g
럼 2g
꿀 4g
밤 크림 스프레드 84g
상온의 부드러운 버터 40g

프렌치 머랭
달걀흰자 100g
설탕 100g
슈거파우더 100g

헤이즐넛 파트 쉬크레 PÂTE SUCRÉE NOISETTES
레시피 분량대로 파트 쉬크레 반죽을 만들어(p.60 테크닉 참조) 랩으로 싼 뒤 냉장고에 30분간 넣어둔다. 오븐을 180℃로 예열한다. 반죽을 밀어 지름 16cm 타르트 링에 앉힌 다음 오븐에 넣어 12분간 구워낸다.

루바브 젤리 인서트 GELÉE DE RHUBARBE
젤라틴을 찬물에 담가 말랑하게 불린다. 소스팬에 루바브 퓌레를 넣고 50℃로 데운 다음 설탕과 레몬즙을 넣고 설탕이 녹을 때까지 잘 저어 섞는다. 물을 꼭 짠 젤라틴을 넣고 잘 섞어 녹인다. 지름 14cm 링에 부어 채운 다음 냉장고에 1시간 동안 넣어둔다.

레이디핑거 비스퀴 BISCUIT CUILLÈRE
오븐을 220℃로 예열한다. 레시피 분량대로 레이디핑거 비스퀴 반죽을 만든다 (p.222 테크닉 참조). 원형 깍지를 끼운 짤주머니에 반죽을 채운 다음 유산지를 깐 베이킹 팬 위에 지름 16cm의 원반형 시트를 짜놓는다. 오븐에 넣어 10~12분간 굽는다.

루바브 시럽 SIROP DE RHUBARBE
소스팬에 모든 재료를 넣고 끓여 시럽을 만든다. 불에서 내려 식힌 뒤 바닐라 빈 줄기를 건져낸다.

크렘 앙글레즈 CRÈME ANGLAISE
젤라틴 가루를 물에 적신다. 레시피 분량대로 크렘 앙글레즈를 만든 다음(p.204 테크닉 참조) 젤라틴을 넣고 잘 저어 녹인다. 냉장고에 30분간 넣어 식힌다.

바닐라 마스카르포네 크림 CRÈME MASCARPONE À LA VANILLE
전동 스탠드 믹서 볼에 마스카르포네를 넣고 샹티이 크림을 만들듯이 거품기로 휘핑한다. 18℃까지 식은 크렘 앙글레즈에 휘핑한 마스카르포네 크림을 넣고 실리콘 주걱으로 접어 돌리듯이 살살 섞는다.

밤 크림 CRÈME DE MARRON
믹싱볼에 밤 페이스트, 럼, 꿀을 넣고 거품기로 개어 풀어준다. 밤 크림 스프레드를 넣고 잘 섞은 다음 상온의 부드러운 버터를 넣고 거품기로 혼합하여 가벼운 질감의 크림을 만든다.

프렌치 머랭 MERINGUE FRANÇAISE
오븐을 80℃로 예열한다. 레시피 분량대로 프렌치 머랭을 만든다(p.234 테크닉 참조). 6mm 원형 깍지를 끼운 짤주머니에 머랭을 채운 뒤, 유산지를 깐 베이킹 팬 위에 동그랗고 끝이 뾰족한 모양의 작은 머랭을 짜 놓는다. 오븐에서 약 3시간 굽는다.

완성하기 MONTAGE
구워낸 파트 쉬크레 시트에 레이디핑거 비스퀴를 깔아준다. 붓으로 루바브 시럽을 발라 적신다. 그 위에 원형으로 굳은 루바브 젤리 인서트를 놓은 다음 마스카르포네 크림을 펴 얹는다. 몽블랑용 구멍 깍지를 끼운 짤주머니에 밤 크림을 채운 다음 마스카르포네 크림 층 위에 가는 국수 모양으로 길게 짜 덮어준다. 작은 머랭을 얹어 장식한다.

몽블랑 MONT-BLANC

얀 멍기 Yann Menguy

페랑디 파리 졸업생

10개 분량

작업 시간
2시간

조리
5시간 15분

보관
냉장고에서 24시간까지

도구
전동 스탠드 믹서
체
파티스리용 밀대
지름 8cm 원형 커터
실리콘 패드
거품기
짤주머니 + 지름 18mm
원형 깍지, 납작한 모양
깍지
스패출러
케이크용 턴 테이블

재료

머랭
달걀흰자 50g
설탕 50g
슈거파우더 50g

파트 쉬크레
밀가루 250g
슈거파우더 80g
구운 아몬드 가루 30g
고운 소금 1g
버터 150g
달걀 65g

밤 크림
밤 크림 스프레드 300g
밤 페이스트 450g
밤 퓌레 100g
소금(플뢰르 드 셀) 2g
물 90g
올드 럼(Clément XO) 35g

바닐라 샹티이 크림
액상 생크림(유지방 35%) 300g
슈거파우더 15g
밤 꿀 10g
바닐라(vanille Bourbon) 1/2줄기
잘게 썬 밤 콩피

──────── 머랭 MERINGUE

오븐을 65℃로 예열한다. 달걀흰자에 설탕을 세 번에 나누어 넣으며 거품을 올린다. 단단하게 거품 낸 달걀흰자에 슈거파우더를 한 번에 넣고 거품기로 잘 섞는다. 지름 18mm 원형 깍지를 끼운 짤주머니에 머랭을 채워 넣고 유산지를 깐 베이킹 팬 위에 지름 5cm의 공 모양으로 짜놓는다. 오븐에 넣어 5시간 동안 굽는다.

──────── 파트 쉬크레 PÂTE SUCRÉE

오븐을 160℃로 예열한다. 전동 스탠드 믹서 볼에 모든 가루 재료와 차가운 버터를 넣고 플랫비터를 돌려 모래 질감처럼 부슬부슬한 상태로 섞는다. 이어서 달걀을 넣으며 균일하게 섞는다. 반죽을 2mm 두께로 얇게 민 다음 지름 8cm 원형 커터로 타르트 베이스 10개를 잘라둔다. 실리콘 패드를 깐 베이킹 팬에 놓고 오븐에서 넣어 12분간 굽는다.

──────── 밤 크림 CRÈME DE MARRON

전동 스탠드 믹서 볼에 재료를 모두 넣고 플랫비터를 중간 속도로 돌려 혼합한다. 혼합물을 체에 긁어 알갱이 없이 곱게 내린 후, 사용하기 전까지 냉장고에 넣어둔다.

──────── 바닐라 크림 CRÈME VANILLE

미리 차갑게 해둔 믹싱볼에 차가운 생크림과 슈거파우더, 꿀, 길게 갈라 긁은 바닐라 빈 가루, 잘게 썬 밤 콩피 조각을 넣고 거품기로 가볍게 휘핑한다. 너무 단단하게 오래 휘핑하면 지방 알갱이가 뭉쳐 매끄럽지 못하고 크리미한 질감을 잃을 수 있으니 주의한다.

──────── 완성하기 MONTAGE

공 모양의 머랭 밑에 바닐라 크림을 조금 묻혀 파트 쉬크레 위에 붙인다. 바닐라 샹티이 크림을 돔 모양으로 발라 머랭을 완전히 덮고 스패출러로 매끈하게 다듬어준다. 그 위에 밤 크림을 발라 씌운 다음 턴 테이블에 놓고 돌리면서 납작한 깍지를 끼운 짤주머니로 꼭대기부터 나선형으로 밤 크림을 짜 덮어준다.

LEVEL

1

초콜릿 가나슈 케이크
ENTREMETS GANACHE

6~8인분

작업 시간
1시간

조리
25분

냉장
1시간

보관
냉장고에서 48시간까지

도구
전동 핸드믹서
주방용 온도계
체
실리콘 패드
빵 나이프
스패츌러
주방용 붓

재료
초콜릿 제누아즈
설탕 100g
달걀 150g
밀가루 50g
옥수수 전분 30g
베이킹파우더 1.5g
무가당 코코아 가루 20g

초콜릿 시럽
물 110g
설탕 100g
무가당 코코아 가루 20g

가나슈
액상 생크림(유지방 35%) 220g
글루코스 시럽 60g
카카오 50% 다크 초콜릿 300g
버터 60g

글라사주
가나슈 200g(위의 재료 참조)
글루코스 시럽 80g

데커레이션
템퍼링한 초콜릿

초콜릿 제누아즈 GÉNOISE AU CHOCOLAT
믹싱볼에 설탕과 달걀을 넣고 중탕 냄비 위에 올린 뒤 전동 핸드믹서 거품기로 45℃가 될 때까지 혼합한다. 불에서 내린 뒤 완전히 식을 때까지 계속 거품기를 돌린다. 오븐을 200℃로 예열한다. 가루 재료를 한데 섞어 체에 친 다음 거품 낸 달걀 설탕 혼합물에 넣어준다. 부피가 꺼지지 않도록 실리콘 주걱으로 접어 돌리듯이 살살 섞는다. 실리콘 패드를 깐 베이킹 팬에 반죽을 쏟아 펴 놓는다. 오븐에 넣어 약 25분간 굽는다.

초콜릿 시럽 SIROP ENTREMETS CHOCOLAT
소스팬에 물, 설탕, 코코아 가루를 넣고 녹을 때까지 가열한다. 냉장고에 30분간 넣어 식힌다.

가나슈 GANACHE
소스팬에 생크림과 글루코스 시럽을 넣고 가열한다. 끓으면 불에서 내린 뒤 잘게 썬 초콜릿에 붓고 잘 저어 녹인다. 깍둑 썰어둔 버터를 넣고 잘 섞어 매끈한 가나슈를 만든다. 식힌 다음 15~18℃의 상태에서 사용한다. 케이크 글라사주용으로 200g은 따로 남겨둔다.

글라사주 GLAÇAGE
소스팬에 가나슈 200g과 글루코스 시럽을 넣고 35℃로 데운다.

완성하기 MONTAGE
빵 칼을 이용해 제누아즈를 가로로 3등분하여 자른다. 첫 번째 제누아즈에 150g의 가나슈를 고르게 펴 발라준 다음 그 위에 두 번째 제누아즈를 얹는다. 붓으로 시럽을 발라 적시고 다시 가나슈 150g을 펴 바른다. 마지막 세 번째 제누아즈를 덮은 뒤 시럽을 발라 적신다. 남은 가나슈로 케이크 전체를 덮어 발라준 다음 스패츌러로 매끈하게 다듬는다. 냉장고에 30분간 넣어둔다. 케이크를 망 위에 얹은 다음 글라사주를 부어 씌운다. 유산지로 코르네를 만들어(p.598 테크닉 참조) 템퍼링한 초콜릿을(p.570,572 테크닉 참조) 채운 다음 케이크 위에 'ganache'라는 글자를 보기 좋게 짜놓고 둘레에 무늬를 짜 얹어 장식한다.

라즈베리 가나슈 케이크
ENTREMETS GANACHE

10인분

작업 시간
3시간

조리
20분

보관
냉장고에서 48시간까지

도구
거품기
전동 핸드믹서
주방용 온도계
핸드블렌더
초콜릿용 투명 무지 전사지
20cm x 30cm 직사각형 케이크 프레임
스패출러

재료
초콜릿 스펀지
달걀노른자 100g
설탕 75g
밀가루 22g
감자 전분 17g
무가당 코코아 가루 22g
버터 45g
전화당(트리몰린) 4g
달걀흰자 105g
설탕 30g

라즈베리 콩포트
판 젤라틴 1g
냉동 라즈베리 160g
레몬즙 6g
설탕 75g
펙틴(pectine NH) 3g

라즈베리 가나슈
액상 생크림(유지방 35%) 140g
라즈베리 퓌레 140g
카카오 64% 다크 커버처 초콜릿
(Valrhona Manjari) 100g
카카오 70% 다크 커버처 초콜릿
(Valrhona Guanaja) 100g

다크 초콜릿 글라사주
가루형 젤라틴 3g
물 18g(젤라틴 적시는 용도)
물 24g(시럽용)
설탕 45g
글루코스 시럽 45g
가당연유 30g
카카오 60% 다크 초콜릿 45g

데커레이션
카카오 64% 커버처 초콜릿 50g

초콜릿 스펀지 BISCUIT CHOCOLAT
오븐을 170℃로 예열한다. 믹싱볼에 설탕과 달걀노른자를 넣고 거품기로 섞는다. 밀가루, 전분, 코코아 가루를 체에 친 다음 녹인 버터와 함께 넣고 주걱으로 살살 섞는다. 달걀흰자에 설탕을 넣어가며 단단하게 거품을 올린다. 전화당과 거품 올린 달걀흰자를 달걀노른자 설탕 혼합물에 넣고 접어 돌리듯이 살살 섞어준다. 유산지를 깐 베이킹 팬에 반죽 혼합물을 3mm 두께로 펴 놓는다. 오븐에 넣어 12분간 굽는다.

라즈베리 콩포트 COMPOTÉE DE FRAMBOISE
젤라틴을 찬물에 담가 말랑하게 불린다. 팬에 냉동 상태의 라즈베리와 레몬즙을 넣고 가열한다. 설탕과 펙틴 가루를 섞은 다음 라즈베리의 온도가 50℃가 되기 전에 넣고 잘 저어 섞는다. 계속 가열하여 2분간 끓인다. 물을 꼭 짠 젤라틴을 넣고 잘 저어 녹인 다음 불에서 내린다.

라즈베리 가나슈 GANACHE FRAMBOISES
소스팬에 생크림을 넣고 가열한다. 끓으면 라즈베리 퓌레를 넣고 다시 끓을 때까지 가열한다. 불에서 내린 뒤 잘게 잘라둔 초콜릿에 붓고 핸드블렌더로 갈아 매끈한 가나슈를 만든다.

다크 초콜릿 글라사주 GLAÇAGE CHOCOLAT NOIR
젤라틴 가루를 물(18g)에 적셔둔다. 소스팬에 물 24g, 설탕, 글루코스 시럽을 넣고 105℃가 될 때까지 가열한다. 이것을 가당연유에 붓고 잘 섞은 뒤, 젤라틴을 넣고 녹을 때까지 저어 섞는다. 혼합물을 잘게 썬 다크 초콜릿에 붓고 뜨거운 상태에서 블렌더로 갈아준다. 식힌다. 글라사주는 35℃ 상태에서 사용한다.

초콜릿 데커레이션 RECTANGLES DE CHOCOLAT
35℃로 템퍼링한 초콜릿을(p.570, 572 테크닉 참조) 투명 전사지에 얇게 펴놓고 몇 분간 두어 굳기 시작하면 2cm x 6cm 크기의 직사각형으로 금을 그어 잘라둔다. 완전히 식어 굳으면 조심스럽게 떼어낸다.

완성하기 MONTAGE
직사각형 케이크 프레임 안에 스펀지를 잘라 넣는다. 그 위에 라즈베리 콩포트를 스패출러로 얇게 펴놓는다. 콩포트가 굳으면 라즈베리 가나슈를 한 켜 깔아준다. 이 레이어링 과정을 처음부터 두 번 더 반복한다. 35℃의 초콜릿 글라사주를 부어 케이크 전체를 씌워준다. 직사각형으로 잘라둔 얇은 초콜릿을 얹어 장식한다.

앙트르메 가나슈
RÉINTERPRÉTATION ENTREMETS 《GANACHE》

오펠리 바레스 Ophélie Barès

페랑디 파리 졸업생

프티갸토 4개 분량

작업 시간
1시간

조리
15분

냉장
24시간

보관
냉장고에서 24시간까지

도구
전동 스탠드 믹서
체
실리콘 패드
거품기
핸드블렌더
주방용 온도계
초콜릿용 투명 무지
전사지
짤주머니 + 지름 10mm
원형 깍지

재료
밀크 초콜릿 가나슈
액상 생크림(유지방 35%) 535g
글루코스 시럽 45g
밀크 초콜릿(Valrhona Jivara) 285g

초콜릿 스펀지
달걀 120g
설탕 170g
아몬드 가루 60g
밀가루 40g
무가당 코코아 가루 45g
해바라기유 130g
달걀흰자 180g

초콜릿 유자 시럽
물 50g
설탕 75g
유자즙 50g
무가당 코코아 가루 10g

데커레이션
카카오 64% 다크 커버처 초콜릿 200g
무가당 코코아 가루

——————— 밀크 초콜릿 가나슈 GANACHE CHOCOLAT AU LAIT

소스팬에 생크림 195g과 글루코스 시럽을 넣고 끓인 다음 잘게 자른 초콜릿에 세 번에 나누어 부으며 잘 저어 섞는다. 나머지 차가운 생크림을 넣고 핸드블렌더로 갈아 매끄럽게 혼합한다. 랩을 씌운 다음 냉장고에 24시간 동안 넣어둔다.

——————— 초콜릿 스펀지 BISCUIT CACAO

오븐을 175℃로 예열한다. 믹싱볼에 달걀과 설탕 110g을 넣고, 띠 모양으로 흘러 떨어지는 농도가 될 때까지 거품기로 잘 섞는다. 아몬드 가루, 밀가루, 코코아 가루를 한데 넣고 체에 쳐둔다. 달걀 설탕 혼합물을 조금 덜어내 해바라기유와 잘 섞은 다음, 다시 나머지 달걀 설탕 혼합물에 넣고 잘 섞는다. 달걀흰자를 가볍게 거품기로 친 다음 나머지 분량의 설탕을 넣어가며 단단하게 거품을 올린다. 거품 올린 달걀흰자의 반을 달걀 설탕 혼합물에 넣고 주걱으로 살살 섞은 뒤, 체에 친 가루 재료를 넣어준다. 나머지 거품 올린 달걀흰자를 모두 넣고 실리콘 주걱으로 접어 돌리듯이 살살 섞는다. 실리콘 패드를 깐 베이킹 팬 위에 반죽을 펴 놓고 오븐에 넣어 12분간 굽는다.

——————— 초콜릿 유자 시럽 SIROP CACAO-YUZU

소스팬에 물과 설탕을 넣고 가열하여 설탕을 녹인다. 끓으면 불에서 내린 뒤 유자즙과 코코아 가루를 넣고 거품기로 잘 저어 섞는다.

——————— 초콜릿 데커레이션 DÉCOR EN CHOCOLAT

초콜릿을 중탕으로 녹여 템퍼링한다(p.570, 572 테크닉 참조). 투명 전사지에 스패출러로 얇게 펴준 다음 굳기 시작하면 11cm x 3.5cm 크기의 직사각형 16개로 금을 내어 자른다. 완전히 식어 굳으면 조심스럽게 떼어낸다.

——————— 완성하기 MONTAGE

구워낸 스펀지 시트에 초콜릿 유자 시럽을 붓으로 발라 적신다. 밀크 초콜릿 가나슈를 거품기로 가볍게 휘핑한 다음 분량의 3/4을 스펀지 위에 펴놓는다. 스펀지를 가로로 잘라 9cm 폭의 띠 모양 6개로 잘라낸 다음 3장씩 겹쳐 쌓아 놓는다. 냉장고에 몇 분간 넣어둔다. 포개놓은 스펀지를 사방 9cm의 정사각형으로 잘라 개인용 프티갸토 4개분을 만든다. 길게 잘라둔 초콜릿 데커레이션을 케이크 사면에 둘러준다. 원형 깍지를 끼운 짤주머니에 나머지 가나슈를 넣고 각 프티갸토 위에 뾰족한 방울 모양으로 짜 채운다. 코코아 가루를 넉넉히 뿌려준 다음 베이킹 팬으로 살짝 눌러 가나슈 끝의 뾰족한 부분을 약간 납작하게 해준다.

LEVEL

1

모카 케이크

MOKA CAFÉ

8인분

작업 시간
2시간

냉장
15분

조리
25분

보관
냉장고에서 3일까지
(만든 다음날 먹으면 스펀지에 커피 향이
스며들어 더 맛있다)

도구
전동 스탠드 믹서
주방용 온도계
체
지름 20cm 원형 케이크 틀
빵 나이프
주방용 붓
스패출러(대, 소)
짤주머니 + 10mm 별모양 깍지

재료
제누아즈
달걀 150g
설탕 90g
밀가루 90g

커피 버터크림
설탕 180g
물 60g
달걀 120g
상온의 버터 320g
커피 향 또는 인스턴트 커피 분말

커피 시럽
물 150g
설탕 150g
커피 향

데커레이션
구운 아몬드 슬라이스
초콜릿 코팅 커피 원두

제누아즈 GÉNOISE

케이크 틀에 버터를 바르고 밀가루를 묻혀둔다. 오븐을 180℃로 예열한다. 전동 스탠드 믹서 볼에 달걀과 설탕을 넣고 띠 모양으로 흘러 떨어지는 농도가 될 때까지 거품기로 잘 섞는다(온도는 35~40℃가 되어야 한다). 체에 친 밀가루를 넣고 실리콘 주걱으로 살살 섞어준다. 케이크 틀에 반죽을 붓고 오븐에 넣어 20~25분간 굽는다.

커피 버터크림 CRÈME AU BEURRE

소스팬에 물과 설탕을 넣고 녹인 뒤 117℃까지 끓여 시럽을 만든다. 전동 스탠드 믹서 볼에 달걀을 넣고 거품을 낸다. 여기에 온도에 도달한 뜨거운 시럽을 가늘게 흘려 넣으며 온도가 20~25℃로 떨어질 때까지 거품기를 중간 속도로 계속 돌린다. 깍둑 썬 상온의 부드러운 버터를 넣고 거품기로 잘 섞어 크리미한 혼합물을 만든다. 커피 향을 넣어준다.

커피 시럽 SIROP

소스팬에 물과 설탕을 넣고 가열해 녹인다. 끓으면 불을 끄고 커피 향을 넣은 다음 완전히 식혀서 사용한다.

완성하기 MONTAGE

긴 빵 나이프를 사용하여 제누아즈를 가로로 3등분하여 자른다. 첫 번째 제누아즈에 붓으로 커피 시럽을 발라 적신 다음 약 150g의 커피 버터크림을 스패출러로 고르고 매끈하게 펴 바른다. 버터크림은 아주 부드러운 상태로 사용해야 바를 때 제누아즈 스펀지가 찢어지지 않는다. 크림이 굳었을 경우에는 거품기로 충분히 저어 부드럽게 만든 후 사용한다. 두 번째 제누아즈에 시럽을 적신 다음, 그 면이 버터크림 쪽에 닿게 놓는다. 윗면에도 시럽을 적셔준 다음 버터크림 150g을 펴 바른다. 마지막 세 번째 제누아즈에도 시럽을 적시고 버터크림 쪽에 닿게 놓는다. 커피 버터크림으로 모카 케이크 전체를 얇게 덮어준다. 케이크를 한 손바닥으로 든 다음 작은 스패출러로 우선 케이크 옆면을 빙 둘러 매끈하게 밀어준다. 케이크를 작업대에 놓고 큰 스패출러로 윗면을 매끈하게 해준다. 다시 케이크를 한 손에 들고 작은 스패출러로 윗면과 옆면이 만나는 모서리를 깔끔하게 마무리한 다음 냉장고에 약 15분간 넣어둔다.
차가워진 케이크에 다시 한 번 같은 방법으로 부드러운 버터크림을 매끈하게 씌워준다. 아직 부드러운 크림 표면에 빵 나이프의 톱니 날을 대고 왔다 갔다 하며 무늬를 내준다. 케이크 옆면에 흘러내린 버터크림이 있으면 다시 한 번 스패출러로 깔끔하게 밀어 다듬는다. 로스팅한 아몬드 슬라이스를 케이크 옆면의 2/3 높이까지 올라오도록 빙 둘러 붙인다. 별모양 깍지를 끼운 짤주머니에 나머지 버터크림을 채운 뒤 모카 케이크의 윗면에 무늬를 짜 장식한다. 초콜릿 코팅 커피 원두 몇 알을 얹어 장식한 다음 냉장고에 넣어둔다. 이 케이크는 상온으로 먹는 것이 좋다. 서빙하기 30분 전에 냉장고에서 꺼내둔다.

아이리시 크림 모카 케이크

MOKA

6~8인분

작업 시간
3시간

향 우려내기
하룻밤

조리
30분

냉장
3시간

보관
냉장고에서 3일까지

도구
전동 스탠드 믹서
지름 18cm, 높이 3.5cm 케이크 링
주방용 온도계
거품기
핸드블렌더
지름 16cm 원형 실리콘 틀
주방용 토치
고운 원뿔체
주방용 붓
L자 스패출러
짤주머니 + 생토노레용 깍지

재료
커피 인퓨전 샌크림
커피 원두 알갱이 40g
액상 생크림(유지방 35%) 500g

커피 스펀지
아몬드 페이스트(아몬드 50%) 280g
황설탕 38g
인스턴트 커피 5g
달걀 200g
갈색이 날 때까지 녹인 버터(식힌다)
75g
밀가루 65g

커피 버터크림
설탕 240g
물 60g
달걀 또는 달걀흰자 120g
버터(상온, 깍둑 썬다) 320g
커피 향 또는 인스턴트 커피

아이리시 크림 인서트
판 젤라틴 3g
설탕 50g
바닐라 빈 1줄기
커피 인퓨전 샌크림 200g
(위의 재료 참조)
달걀노른자 100g
베일리즈(Baileys) 아이리시 크림 50g
비정제 황설탕

커피 시럽
에스프레소 커피 150g
설탕 50g
럼 5g

글라사주
판 젤라틴 4.5g
전유(lait entier) 125g
인스턴트 커피 1g
글루코스 시럽 45g
화이트 초콜릿 160g
화이트 글라사주 페이스트 160g

데커레이션
초콜릿 코팅 커피 원두 알갱이
얇고 동그란 초콜릿 장식
식용 금박

커피 인퓨전 샌크림 CRÈME AU CAFÉ INFUSÉE
하루 전날, 생크림에 커피 원두 알갱이를 넣고 냉장고에 넣어 하룻밤 향을 우려낸다.

커피 스펀지 BISCUIT AU CAFÉ
오븐을 180℃로 예열한다. 전동 스탠드 믹서 볼에 아몬드 페이스트, 설탕, 인스턴트 커피 가루를 넣고 플랫비터를 돌려 섞는다. 달걀을 한 개씩 넣어 잘 풀어주며 섞는다. 혼합물을 주걱으로 떠 올렸을 때 띠 모양으로 흘러 떨어질 때까지 잘 섞는다. 녹인 버터에 혼합물을 조금 넣고 섞은 뒤 다시 볼에 전부 넣고 완전히 혼합한다. 밀가루를 놓고 주걱으로 접어 돌리듯이 살살 섞어준다. 버터를 발라둔 틀에 반죽을 붓고 오븐에 넣어 20~30분간 굽는다. 오븐에서 꺼낸 뒤 틀을 제거하고 식힌다.

커피 버터크림 CRÈME AU BEURRE
소스팬에 물과 설탕을 넣고 녹인 뒤 117℃까지 끓여 시럽을 만든다. 전동 스탠드 믹서 볼에 달걀(또는 달걀흰자)을 넣고 가볍게 거품을 낸다. 여기에 온도에 도달한 뜨거운 시럽을 가늘게 흘려 넣으며 거품기를 중간 속도로 계속 돌려 온도가 30℃까지 떨어지면 깍둑 썬 상온의 부드러운 버터를 넣고 거품기로 잘 섞어 매끈하고 크리미한 혼합물을 만든다. 커피 향을 넣어준다.

아이리시 크림 인서트 INSERT CRÈME BAILEYS
젤라틴을 찬물에 담가 말랑하게 불린다. 하룻밤 커피 향을 우려낸 생크림을 포함한 레시피 재료 분량대로 크렘 앙글레즈를 만든다(p.204 테크닉 참조). 물을 꼭 짠 젤라틴과 베일리즈를 넣고 핸드블렌더로 갈아 혼합한다. 지름 16cm 원형 실리콘 틀에 붓고 냉동실에 넣어 얼린다. 표면에 황설탕을 솔솔 뿌린 다음 표면을 토치로 그슬려 캐러멜라이즈한다. 냉동실에 다시 넣어둔다.

커피 시럽 SIROP D'IMBIBAGE
소스팬에 설탕과 에스프레소를 넣고 40℃까지 데워 설탕을 녹인다. 식힌 뒤 럼을 넣어 섞는다. 냉장고에 넣어둔다.

글라사주 GLAÇAGE
젤라틴을 찬물에 담가 말랑하게 불린다. 소스팬에 우유와 인스턴트 커피, 글루코스 시럽을 넣고 105℃까지 가열한다. 물을 꼭 짠 젤라틴을 넣고 잘 섞어 녹인 다음 잘게 썰어둔 초콜릿과 글라사주 페이스트 위에 붓고 잘 저어 녹인다. 핸드블렌더로 균일하고 매끈하게 간 다음 고운 체에 걸러둔다.

완성하기 MONTAGE
긴 빵 나이프를 사용하여 커피 스펀지케이크를 1cm 두께 두 장으로 자른다. 첫 번째 스펀지에 붓으로 시럽을 발라 적신 다음 지름 18cm 케이크 링에 깔아 넣는다. 스패출러로 버터크림을 링 안쪽 면과 스펀지 위에 펴 바른다. 캐러멜라이즈한 아이리시 크림 인서트를 놓고 다시 버터크림을 한 켜 펴 바른다. 시럽에 적신 두 번째 스펀지를 그 위에 놓은 다음 버터크림을 덮고 스패출러로 매끈하게 발라준다. 냉장고에 약 2시간 넣어둔 다음 꺼내 케이크 링을 제거한다. 망이 있는 베이킹 트레이 위에 케이크를 얹어 놓은 다음, 25℃의 글라사주를 부어 케이크 윗면과 옆면 둘레를 모두 덮어씌운다. 글라사주가 굳으면 초콜릿 장식(p.592~598 테크닉 참조)을 얹어준다. 생토노레 깍지를 끼운 짤주머니에 나머지 버터크림을 채워 넣고 케이크 위에 짜 장식한다. 초콜릿을 씌운 커피 원두와 식용 금박을 얹어 완성한다. 흰색 글라사주 코팅 위에 마블링 효과를 내기 위해서는 무색 글라사주에 흰색 이산화티탄(발색제) 1g과 커피 에센스를 추가한 다음 스패출러로 한 번 밀어준다.

모카 MOKA

쥘리앵 알바레즈 Julien Alvarez

2011 파티스리 월드 챔피언

6인분

작업 시간
2시간 30분

조리
15분

보관
냉장고에서 24시간까지

도구
주방용 온도계
파티스리용 밀대
지름 16cm 케이크 링 3개
푸드프로세서
전동 핸드믹서
체
핸드블렌더
거품기
원뿔체
스프레이 건
지름 18cm 케이크 링
짤주머니

재료
헤이즐넛 크리스피 푀이앙틴
카카오 35% 헤이즐넛 밀크
커버처 초콜릿(Valrhona Azelia)
29.8g
헤이즐넛 프랄리네 29.8g
헤이즐넛 페이스트 29.8g
크리스피 푀이앙틴(Valrhona
Éclat d'Or) 29.8g
소금(플뢰르 드 셀) 1자밤(0.8g)

커피 팽 드 젠
아몬드 페이스트(아몬드 66%)
89.9g
소금 0.5g
달걀 73.8g
달걀노른자 16.2g
밀가루 18g
감자 전분 1.8g
녹인 버터 14.4g
커피 페이스트 5.4g

비터 시트러스 마멀레이드
가루 젤라틴 0.5g
물 3.3g
오렌지 76.6g
유자즙 19.2g
생 감귤즙 38.3g
바닐라 빈 0.8g
설탕 57.7g
펙틴 1.9g
그랑 마르니에 리큐어(Grand
Marnier Cordon Rouge) 1.9g

밀크 초콜릿 커피 무스 크림
가루 젤라틴 2.4g
물 14.4g
우유 37.9g
휘핑용 생크림(유지방 35%) 37.9g
커피 원두 알갱이(마라고지페
코끼리 원두 Maragogype) 7.4g
달걀노른자 37.9g
카카오 40% 밀크 커버처 초콜릿
(Valrhona Jivara) 82.1g
인스턴트 커피 1.1g
휘핑용 생크림(유지방 35%)
78.9g

커피 글라사주
나파주(nappage absolu
Valrhona) 500g
에스프레소 커피 40g
액상 커피 엑스트렉트(Trablit)
10g

─────── 헤이즐넛 크리스피 푀이앙틴 CROUSTILLANT ÉCLAT D'OR/AZELIA
헤이즐넛 밀크 커버처 초콜릿(Valrhona Azelia)을 녹여 45℃를 만든 다음 헤이즐넛 프랄리네와 헤이즐넛 페이스트에 넣고 혼합한다. 여기에 크리스피 푀이앙틴과 소금을 넣고 주걱으로 살살 섞는다. 4mm로 얇게 펴 놓은 다음 냉장고에 넣어 굳힌다. 지름 16cm 크기의 원형으로 잘라둔다.

─────── 커피 팽 드 젠 PAIN DE GÊNES CAFÉ
오븐을 컨벡션 모드로 설정한 다음 160℃로 예열한다. 아몬드 페이스트와 소금을 푸드 프로세서에 넣고 갈아 혼합한다. 달걀과 달걀노른자를 조금씩 넣어가며 함께 갈아 섞어 가벼운 질감의 혼합물을 만든다. 체에 친 밀가루와 전분을 넣고 주걱으로 접어 돌리듯이 살살 섞는다. 뜨겁게 녹인 버터에 커피 페이스트를 넣고 섞은 다음 반죽 혼합물에 넣고 잘 섞는다. 지름 16cm 링에 붓고 오븐에 넣어 15분간 굽는다.

─────── 비터 시트러스 마멀레이드 MARMELADE D'AGRUMES AMERS
젤라틴 가루를 물에 적신 다음 거품기로 균일하게 잘 섞어 20분 정도 냉장고에 넣어둔다. 오렌지는 가운데 흰 부분을 제거하고 굵직하게 다진다. 소스팬에 유자즙, 감귤즙, 바닐라 빈, 설탕 38.3g을 끓여 시럽을 만든 다음 오렌지를 넣고 약불로 끓인다. 핸드블렌더로 대충 갈아준다. 펙틴과 섞어둔 나머지 설탕을 넣으며 다시 끓을 때까지 가열한다. 젤라틴과 그랑 마르니에 리큐어를 넣는다. 핸드블렌더로 다시 한 번 갈아 균일하고 매끈하게 만든다. 냉장고에 넣어둔다.

─────── 밀크 초콜릿 커피 무스 크림 CRÈME MOUSSEUSE AU CHOCOLAT AU LAIT CAFÉ
젤라틴 가루를 찬물에 적신 다음 거품기로 균일하게 잘 섞어 20분 정도 냉장고에 넣어둔다. 소스팬에 우유와 생크림을 넣고 끓을 때까지 가열한다. 굵게 다진 커피 원두를 넣고 최소 10분간 향을 우려낸다. 체에 거른 다음 다시 계량하고 모자라는 양의 우유를 채워 보충한다. 풀어놓은 달걀노른자를 여기에 넣고 잘 저으며 85℃까지 가열한다. 살짝 녹인 초콜릿, 인스턴트 커피, 젤라틴이 담긴 볼에 뜨거운 크림 혼합물을 붓고 핸드블렌더로 갈아 혼합한다. 30~35℃로 식으면 휘핑한 크림을 넣고 조심스럽게 섞는다.

─────── 커피 글라사주 GLAÇAGE ABSOLU CAFÉ
소스팬에 모든 재료를 넣고 끓을 때까지 가열한 뒤 스프레이 건에 채워 넣는다.

─────── 완성하기 MONTAGE
지름 16cm 케이크 링에 크리스피 푀이앙틴을 깔아 넣는다. 팽 드 젠을 가로로 2등분하여 자른다. 첫 번째 팽 드 젠을 크리스피 푀이앙틴 위에 얹고 짤주머니로 시트러스 마멀레이드 160g을 짜 얹는다. 그 위에 두 번째 팽 드 젠 시트를 올려 놓고 냉동실에 넣어둔다. 지름 18cm 케이크 링에 무스 크림을 채워 넣고 그 안에 냉동실에 넣어둔 레이어드 팽 드 젠을 놓는다. 냉장고에 넣어 굳힌다. 케이크 링을 제거한 다음 케이크를 뒤집어 놓고 스프레이 건을 분사해 글라사주를 입힌다.

봄

파인애플 타이 바질 케이크
ANANAS BASILIC THAÏ

6~8인분

작업 시간
3시간

조리
30분

냉동
2시간 30분

보관
냉장고에서 48시간까지

도구
지름 18cm 케이크 링 2개
거품기
지름 16cm 케이크 링
주방용 온도계
원뿔체
핸드블렌더

재료
파인애플 스펀지
버터 55g
설탕 50g
달걀 65g
밀가루 65g
베이킹파우더 1g
액상 생크림(유지방 35%. 상온) 15g
파인애플 퓌레(상온) 25g
팬에 구운 파인애플 150g

라이트 사블레
화이트 초콜릿 45g
버터 75g
비정제 황설탕 15g
아몬드 가루 30g
달걀노른자 15g
소금(플뢰르 드 셀) 1g
밀가루 42g

파인애플 타이 바질 젤리 인서트
판 젤라틴 3g
잘게 깍둑 썬 파인애플 40g
아가베 시럽 25g
파인애플 퓌레 125g
타이 바질(잘게 다진다) 5g
보드카 25g

파인애플 무스
파인애플 퓌레 200g
레몬 퓌레 25g
타이 바질(잘게 다진다) 5g
설탕 30g
판 젤라틴 6g
달걀노른자 50g
휘핑한 생크림 200g

화이트 글라사주
판 젤라틴 4g
물 30g
설탕 60g
글루코스 시럽 60g
가당연유 40g
화이트 초콜릿(잘게 썬다) 60g

데커레이션
화이트 초콜릿 300g

파인애플 스펀지 BISCUIT À CAKE
오븐을 150℃로 예열한다. 케이크 링에 버터를 발라둔다. 밑이 둥근 믹싱볼에 버터와 설탕을 넣고 거품기로 크리미하게 섞는다. 달걀을 넣고 잘 혼합한 뒤 체에 친 밀가루와 베이킹파우더를 넣고 섞는다. 상온의 생크림과 파인애플 퓌레를 넣고 혼합한다. 유산지를 깐 베이킹 팬 위에 지름 18cm 케이크 링을 놓고 반죽을 부어 채운 다음, 팬에 구운 파인애플을 올린다. 오븐에서 20분간 굽는다. 꺼낸 뒤 틀을 제거하고 망에 올려 식힌다.

라이트 사블레 SABLÉ LÉGER
케이크 링에 버터를 발라둔다. 볼에 초콜릿을 넣고 중탕으로 녹인다. 밑이 둥근 믹싱볼에 버터, 황설탕을 넣고 색이 연해질 때까지 거품기로 저어준 다음 아몬드 가루, 달걀노른자, 소금을 넣고 섞는다. 체에 친 밀가루를 넣고 주걱으로 섞은 뒤 녹인 초콜릿을 넣어준다. 유산지를 깐 베이킹 팬 위에 지름 18cm 케이크 링을 놓고 반죽 혼합물을 부어 채운 다음 150℃오븐에서 노릇한 색이 날 때까지 굽는다. 식힌 다음 틀을 제거한다(뜨거울 때는 사블레가 부서지기 쉬우니 주의한다).

파인애플 타이 바질 젤리 인서트 GELÉE D'ANANAS-BASILIC THAÏ
젤라틴을 찬물에 담가 말랑하게 불린다. 잘게 깍둑 썬 파인애플과 아가베 시럽을 팬에 넣고 너무 진한 색이 나지 않게 볶는다. 파인애플 퓌레와 잘게 썬 타이 바질 잎을 넣고 60℃가 될 때까지 가열한다. 원뿔체에 거르면서 과육을 꾹꾹 눌러 최대한 많은 즙을 짜낸다. 보드카를 넣은 다음, 물을 꼭 짠 젤라틴을 넣고 잘 저어 녹인다. 지름 16cm 링에 부어 채운 다음 냉동실에 1시간 30분 동안 넣어 얼린다.

파인애플 무스 MOUSSE À L'ANANAS
젤라틴을 찬물에 담가 말랑하게 불린다. 소스팬에 파인애플 퓌레, 레몬 퓌레, 잘게 썬 타이 바질, 설탕을 넣고 가열한다. 체에 거르며 꾹꾹 눌러 즙을 받아낸 다음 파인애플 퓌레를 보충해 넣어 225g을 만든다. 소스팬에 다시 붓고 끓을 때까지 가열한다. 풀어 놓은 달걀노른자를 넣고 크렘 앙글레즈를 만들듯이(p.204 테크닉 참조) 계속 저어주며 익힌다. 물을 꼭 짠 젤라틴을 넣고 잘 섞어 녹인다. 혼합물이 18℃까지 식으면 휘핑한 생크림을 넣고 주걱으로 살살 섞어준다.

화이트 글라사주 GLAÇAGE BLANC
젤라틴을 찬물에 담가 말랑하게 불린다. 소스팬에 설탕, 글루코스 시럽, 물을 넣고 102℃까지 가열한다. 가당 연유를 넣고 잘 섞은 다음 물을 꼭 짠 젤라틴을 넣고 잘 저어 녹인다. 잘게 썰어둔 화이트 초콜릿에 부어 잘 저어 녹인 뒤 핸드블렌더로 매끈하게 갈아준다. 글라사주는 온도 35℃의 상태에서 사용한다.

완성하기 MONTAGE
파인애플 스펀지를 지름 18cm 케이크 링에 넣고 깔아준 다음 파인애플 무스로 덮는다. L자 스패출러로 매끈하게 다듬은 후, 냉동실에 넣어두었던 파인애플 타이 바질 인서트를 조심스럽게 중앙에 놓는다. 그 위에 파인애플 무스를 한 켜 발라 덮고 사블레 시트를 놓는다. 파인애플 무스로 매끈하게 덮어준다. 냉동실에 1시간 동안 넣어 굳힌다. 틀을 제거한 다음 트레이를 받친 망 위에 케이크를 얹고 스패출러로 매끈하게 다시 한 번 다듬는다. 화이트 글라사주를 씌워준다. 화이트 초콜릿을 녹인 다음 케이크를 빙 둘러쌀 수 있는 길이와 케이크 높이의 2/3가 되는 폭으로 초콜릿용 투명 띠지에 펴놓는다. 초콜릿이 굳기 시작하면 바로 띠지를 케이크의 아랫면에 맞춰 빙 둘러 붙이고, 완전히 굳으면 띠지를 조심스럽게 떼어낸다. 기호에 맞추어 준비한 장식을 얹어 완성한다.

봄

체리 마스카르포네 케이크

ENTREMETS GRIOTTE-MASCARPONE

6~8인분

작업 시간
2시간

조리
40분

냉장
1시간 20분

냉동
3시간

보관
냉장고에서 48시간까지

도구
지름 16cm 케이크 링
마이크로플레인 그레이터
거품기
원뿔체
전동 핸드믹서
주방용 온도계
지름 16cm 원형 실리콘 틀
짤주머니 + 10mm 원형 깍지
실리콘 패드
핸드블렌더
초콜릿용 무지 전사지
파티스리용 투명 띠지
L자 스패츌러

재료
헤이즐넛 소보로
버터(깍둑 썬다) 50g
비정제 황설탕 50g
밀가루 50g
헤이즐넛 가루 25g
아몬드 가루 25g
칼아몬드 20g
통카빈 1개
소금(플뢰르 드 셀) 1자밤

마스카르포네 무스
판 젤라틴 8g
전유(lait entier) 240g
설탕 20g
액상 생크림(유지방 35%) 50g
바닐라빈 1/2줄기
통카빈 1개
달걀노른자 60g
글루코스 시럽 85g
마스카르포네 250g

체리 크레뫼 인서트
판 젤라틴 2.5g
그리요트 체리 퓌레 150g
액상 생크림(유지방 35%) 45g
설탕 45g
옥수수 전분 12g

아몬드 레몬 스펀지
전화당 5g
슈거파우더 30g
밀가루 8g
아몬드 가루 65g
달걀노른자 30g
달걀 20g
녹인 버터 20g
레몬 제스트 1/2개분
달걀흰자 50g
설탕 18g

초콜릿 글라사주
설탕 100g
글루코스 시럽 100g
물 111g
가당 연유 70g
가루 젤라틴 3g
화이트 초콜릿(잘게 썬다) 100g
식용 색소(빨강)

헤이즐넛 소보로 STREUSEL NOISETTE

볼에 버터, 황설탕, 밀가루, 헤이즐넛 가루, 아몬드 가루, 소금을 넣고 대충 섞일 정도로만 혼합한다. 냉장고에 20분간 넣어둔다. 오븐을 180℃로 예열한다. 반죽을 손으로 작게 부수어 지름 16cm 케이크 링에 부슬부슬한 알갱이 상태로 펴 놓은 다음 칼아몬드를 고루 뿌려준다. 통카빈 알갱이의 1/10 정도를 그레이터로 갈아 뿌린다. 오븐에 넣어 약 20분간 굽는다.

마스카르포네 무스 MOUSSE MASCARPONE

젤라틴을 찬물에 담가 말랑하게 불린다. 소스팬에 우유, 설탕, 생크림, 길게 갈라 긁은 바닐라 빈 가루, 그레이터에 곱게 간 통카빈 1/10개 분을 넣고 가열한다. 볼에 달걀노른자와 글루코스 시럽을 넣고 색이 연해질 때까지 거품기로 잘 저어 섞는다. 여기에 뜨거운 우유를 조금 붓고 거품기로 섞어 개어준 다음 다시 전부 소스팬으로 옮겨 붓는다. 잘 저으며 크림 앙글레즈를 만들듯이 가열해 익힌 뒤 불에서 내린다. 물을 꼭 짠 젤라틴을 넣고 잘 저어 녹인다. 얼음 위에 믹싱볼을 놓고 그 위로 크림을 체에 걸러준다. 크렘 앙글레즈가 20℃까지 식으면 마스카르포네에 조금씩 부으며 잘 저어 섞는다. 냉장고에 1시간 동안 넣어둔다. 전동 핸드믹서 거품기를 돌려 크림을 주걱으로 떠올렸을 때 띠 모양으로 흘러 떨어지는 농도가 될 때까지 휘핑한다.

체리 크레뫼 인서트 CRÉMEUX GRIOTTES

젤라틴을 찬물에 담가 말랑하게 불린다. 소스팬에 체리 퓌레와 생크림을 넣고 40℃까지 가열한다. 설탕과 전분을 넣고 계속 가열한다. 끓으면 불에서 내린 뒤 물을 꼭 짠 젤라틴을 넣고 잘 저어 녹인다. 실리콘 원형틀에 붓고 냉동실에 넣어 1시간 동안 얼린다.

아몬드 레몬 스펀지 BISCUIT AMANDE-CITRON

오븐을 200℃로 예열한다. 볼에 전화당, 슈거파우더, 밀가루, 아몬드 가루를 넣고 섞는다. 달걀노른자와 달걀을 푼 다음 가루 혼합물에 조금씩 넣어가며 섞는다. 그레이터에 곱게 간 레몬 제스트와 녹인 버터를 섞은 뒤 넣어준다. 달걀흰자에 설탕을 넣어가며 거품을 낸 다음 혼합물에 넣고 실리콘 주걱으로 접어 돌리듯이 살살 섞는다. 반죽을 짤주머니에 채워 넣고 실리콘 패드를 깐 베이킹 팬 위에 지름 16cm의 원반형으로 짜 놓는다. 오븐에 넣어 15~20분간 굽는다.

초콜릿 글라사주 GLAÇAGE CHOCOLAT

소스팬에 물 75g과 설탕, 글루코스 시럽을 넣고 끓을 때까지 가열한다. 나머지 분량의 물에 가루 젤라틴을 넣어 적신다. 시럽에 가당 연유를 넣고 잘 섞은 다음 불에서 내리고 젤라틴을 넣어준다. 균일하게 잘 섞은 뒤 잘게 싼 초콜릿 위에 붓고, 식용 색소를 넣어준다. 핸드블렌더로 갈아 매끈하게 혼합한다. 이 글라사주는 온도 30℃ 상태에서 사용한다.

완성하기 MONTAGE

케이크 링 안쪽 면에 투명 띠지를 둘러준 다음 초콜릿용 전사지 위에 놓는다. 마스카르포네 무스 분량의 반을 링 안에 부어 스패츌러로 바닥에 고르게 펴 놓고 가장자리로 밀어 올려 링의 안쪽 면에도 전부 발라준다. 냉동한 체리 크레뫼 인서트를 가운데 놓고 무스를 조금 더 얹어 발라준 다음 스펀지를 놓는다. 그 위에 다시 마스카르포네 무스를 더 발라 얹고 마지막에 헤이즐넛 소보로를 링의 높이까지 표면 전체에 얹는다. 냉동실에 2시간 정도 넣어둔다. 케이크가 얼면 꺼내서 틀과 띠지를 제거하고 바로 글라사주를 입힌다. 원하는 장식을 얹어 완성한다. 붉은색 색소를 넣은 초콜릿으로 띠 모양을 만들어 케이크 가장자리를 둘러 마무리해도 좋다.

서머 베리 케이크
RÉGAL DU CHEF AUX FRUITS ROUGES

여름

6~8인분

작업 시간
3시간

조리
30분

보관
냉장고에서 48시간까지

도구
지름 16cm, 18cm 케이크 링
전동 스탠드 믹서
실리콘 패드
주방용 온도계
지름 13cm, 17cm 원형 실리콘 틀
거품기
원뿔체

재료
라즈베리 제누아즈
아몬드 페이스트 60g
설탕 70g
달걀 180g
밀가루 100g
버터 40g
천연 라즈베리 향 6g

화이트 조콩드 스펀지
아몬드 가루 135g
슈거파우더 135g
달걀 180g
밀가루 36g
달걀흰자 120g
설탕 18g
녹인 버터 27g
식용 색소(핑크, 화이트)

라즈베리 딸기 시럽
라즈베리 퓌레 50g
딸기 퓌레 75g
물 30g

기본 시럽(물과 설탕 동량) 55g

라즈베리 콩포트 인서트
가루 젤라틴 5g
물 25g
라즈베리 퓌레 200g
설탕 15g
레몬즙 4g

바닐라 크림
가루 젤라틴 6g
물 30g
전유(lait entier) 100g
바닐라 빈 1줄기
달걀노른자 45g
설탕 35g
생크림 350g

라즈베리 젤리
가루 젤라틴 4g
물 20g
라즈베리 퓌레 200g
설탕 15g
레몬즙 3g

데커레이션
생 라즈베리
슈거파우더
마이크로 허브 크레스 잎

라즈베리 제누아즈 GÉNOISE ROSE FRAMBOISE
오븐을 180℃로 예열한다. 16cm 케이크 링 안쪽에 버터를 발라둔다. 믹싱볼에 아몬드 페이스트와 설탕, 달걀 분량의 10%를 넣고 모래 질감처럼 부슬부슬하게 섞는다. 나머지 달걀을 조금씩 넣으며 플랫비터를 돌려 잘 섞는다. 반죽을 주걱으로 떠 올렸을 때 띠 모양으로 흘러 떨어질 때까지 혼합한 뒤 지름 16cm 링에 붓고 오븐에 넣어 18분간 굽는다.

화이트 조콩드 스펀지 JOCONDE BLANC
전동 스탠드 믹서 볼에 아몬드 가루와 슈거 파우더를 동량으로 넣어 섞은 다음 달걀과 밀가루를 넣고 플랫비터로 혼합한다. 다른 볼에 달걀흰자를 넣고 설탕을 넣어가며 거품을 올린다. 두 혼합물을 실리콘 주걱으로 접어 돌리듯이 살살 섞은 다음, 녹인 버터를 넣어 섞는다. 반죽의 1/10을 볼에 덜어낸 다음 핑크색 식용 색소를 넣어 섞는다. 실리콘 패드를 깐 베이킹 팬 위에 색소를 넣은 반죽으로 불규칙한 마블링 모양을 얇게 내준다. 냉동실에 넣어 얼린다. 오븐을 210℃로 예열한다. 나머지 반죽에 흰색 식용 색소를 넣어 섞은 뒤 냉동실에 넣어둔 핑크색 반죽 위에 두툼하게 펴 놓는다. 오븐에 넣어 11분간 굽는다. 꺼내서 망 위에 올린다.

라즈베리 딸기 시럽 IMBIBAGE FRAMBOISE-FRAISE
소스팬에 라즈베리 퓌레와 딸기 퓌레를 넣고 40℃까지 가열한다. 물과 시럽을 넣고 섞는다.

라즈베리 콩포트 인서트 COMPOTÉE DE FRAMBOISES
젤라틴을 물에 적셔 녹인다. 소스팬에 라즈베리 퓌레와 설탕, 레몬즙을 넣고 가열한다. 끓으면 불에서 내린 뒤 젤라틴을 넣고 잘 저어 섞는다. 지름 17cm 원형틀에 채운 다음 냉장고에 넣어둔다.

바닐라 크림 SUPRÊME À LA VANILLE
젤라틴을 물에 적셔 녹인다. 소스팬에 우유를 넣고 뜨겁게 가열한 뒤 길게 갈라 긁은 바닐라 빈을 넣고 향을 우려낸다. 볼에 달걀노른자와 설탕을 넣고 색이 연해질 때까지 거품기로 잘 저어 섞는다. 뜨거운 우유를 조금 붓고 잘 저어 개어준 다음 다시 소스팬으로 전부 옮겨 담는다. 생크림 30g을 넣은 다음 잘 저으며 85℃까지 가열해 크렘 앙글레즈를 만든다. 크림을 주걱에 묻혀 손가락으로 긁어내렸을 때 흐르지 않고 그 자국이 그대로 남아 있는 농도가 되어야 한다. 젤라틴을 넣고 잘 섞은 다음 체에 걸러 식힌다. 나머지 생크림을 휘핑한 다음 크렘 앙글레즈에 넣고 살살 섞어 균일하고 매끈한 크림을 만든다.

라즈베리 젤리 GELÉE DE FRAMBOISE
젤라틴을 물에 적셔 녹인다. 소스팬에 라즈베리 퓌레와 설탕, 레몬즙을 넣고 가열한다. 끓으면 불에서 내리고 젤라틴을 넣어 잘 섞어준다. 지름 13cm 실리콘 원형틀에 채운 다음 냉장고에 넣어둔다.

완성하기 MONTAGE
마블링 무늬를 내 구운 조콩드 스펀지를 긴 띠 모양으로 잘라 지름 18cm 케이크 링의 안쪽면에 둘러준다. 라즈베리 제누아즈에 라즈베리 딸기 시럽을 붓으로 발라 적신 뒤 케이크 링의 맨 밑바닥에 깔아준다. 그 위에 라즈베리 젤리를 가운데 얹고, 바닐라 크림을 링 높이의 반 정도까지 덮어 채운다. 라즈베리 콩포트를 얹은 다음 다시 바닐라 크림으로 덮어준다. 이때 조콩드 스펀지 테두리를 1cm 정도 남겨놓은 상태까지 크림을 채운다. 맨 위에 라즈베리를 가득 채워 얹고 기호에 따라 슈거파우더를 솔솔 뿌린다. 크레스 잎을 얹어 장식한다.

쿠생 드 라 렌 (퀼티드 딸기 무스 케이크)

LE COUSSIN DE LA REINE

6인분

작업 시간
1시간 30분

향 우려내기
24시간

조리
20분

냉동
1시간 30분

보관
냉장고에서 48시간까지

도구
체
짤주머니 + 지름 12mm 원형 깍지
주방용 온도계
지름 18cm 원형 실리콘 틀
전동 핸드믹서
스프레이 건
지름 20cm 케이크 링
초콜릿용 무지 전사지

재료
바닐라 향을 우린 크림
액상 생크림(유지방 35%) 60g
바닐라 빈 1줄기

아몬드 다쿠아즈
밀가루 40g
아몬드 가루 115g
슈거파우더 65g
라임 제스트 1g
달걀흰자 185g
설탕 135g

야생딸기 콩피 인서트
야생딸기 퓌레 140g
전화당(트리몰린) 20g
설탕 20g
펙틴(pectine NH) 2g
야생딸기 20g
라임즙 5g

파트 아 봉브
물 30g
설탕 45g
달걀노른자 60g
달걀 25g

바닐라 프로마주 블랑 무스
판 젤라틴 7g
바닐라 향을 우린 생크림(유지방 35%)
60g(위의 재료 참조)
프로마주 블랑(또는 그릭 요거트, 리코타
치즈) 250g
꿀 20g
파트 아 봉브 65g(위의 재료 참조)
액상 생크림(유지방 35%) 100g

레드 벨벳 스프레이
화이트 초콜릿(ivoire) 350g
카카오 버터 150g
붉은색 식용 색소(carmin) 1g

데커레이션
식용 실버펄
야생딸기

생크림에 바닐라 향 우리기 INFUSION VANILLE
하루 전날, 소스팬에 생크림을 넣고 가열한다. 끓으면 불에서 내린 뒤, 길게 갈라 긁은 바닐라 빈 가루와 줄기를 모두 넣고 냉장고에 24시간 동안 넣어 향을 우려낸다.

아몬드 다쿠아즈 DACQUOISE AMANDES
오븐을 180℃로 가열한다. 밀가루, 아몬드 가루, 슈거파우더를 한데 넣고 체에 친 다음 라임 제스트를 그레이터에 곱게 갈아 넣는다. 볼에 달걀흰자를 넣고 설탕을 넣어가며 거품을 올린 다음 가루 재료 혼합물에 넣고 주걱으로 살살 섞어준다. 혼합물을 짤주머니에 넣고 유산지를 깐 베이킹 팬 위에 지름 18cm 크기의 원반형 2개를 짜 놓는다. 오븐 문을 살짝 열어둔 상태로 18분간 구워낸다.

야생딸기 콩피 인서트 CONFIT DE FRAISES DES BOIS
소스팬에 야생딸기 퓌레와 전화당을 넣고 40℃까지 가열한다. 펙틴과 섞어둔 설탕을 넣고 계속 가열한다. 끓으면 불에서 내리고 야생딸기와 레몬즙을 넣어준다. 실리콘 틀에 붓고 냉동실에 30분 정도 넣어둔다.

파트 아 봉브 PÂTE À BOMBE
소스팬에 물과 설탕을 넣고 가열한다. 끓으면 불에서 내린 뒤 80℃까지 식힌다. 그 동안 달걀노른자와 달걀을 풀어둔다. 여기에 시럽을 가늘게 넣어주며 전동 핸드믹서로 돌려 완전히 식을 때까지 혼합한다.

바닐라 프로마주 블랑 무스 MOUSSE VANILLE ET FROMAGE BLANC
젤라틴을 찬물에 담가 말랑하게 불린다. 소스팬에 바닐라 향을 우린 생크림 60g을 넣고 가열한다. 끓으면 불에서 내려 따뜻한 온도까지 식힌 뒤 프로마주 블랑에 넣고 풀어주며 섞는다. 물을 꼭 짠 젤라틴과 꿀을 혼합한 뒤 넣어준다. 이어서 파트 아 봉브를 넣고 잘 섞는다. 나머지 생크림을 휘핑한 다음 혼합물에 넣고 주걱으로 접어 돌리듯이 살살 섞는다.

레드 벨벳 스프레이 PISTOLET ROUGE
볼에 초콜릿과 카카오 버터를 넣고 중탕으로 녹인다. 식용 색소를 넣어 섞은 다음 스프레이 건에 채워 넣는다.

완성하기 MONTAGE
지름 20cm 케이크 링 안쪽 면에 투명 띠지를 둘러준 다음 무지 전사지를 깐 베이킹 팬 위에 놓는다. 링 안에 바닐라 무스를 붓고 바닥과 안쪽 벽면에 펴 발라 채운다. 다쿠아즈 한 장을 그 위에 깔고 냉동실에 넣어 두었던 야생딸기 콩피 인서트를 놓는다. 바닐라 무스를 다시 한 켜 얇게 깐 다음 두 번째 다쿠아즈를 놓는다. 바닐라 무스로 덮어 마무리한 뒤 냉동실에 넣어둔다. 냉동된 케이크를 꺼내 조심스럽게 링을 제거하고 투명 띠지를 떼어낸 다음 뒤집어 망 위에 놓는다. 주변을 덮개 등으로 씌워 보호한 다음 스프레이 건을 케이크 전체에 분사해 붉은색의 벨벳과 같은 질감으로 코팅한다. 자의 옆면으로 살짝 눌러 가로 세로로 격자무늬 자국을 내준 다음 식용 실버펄로 장식한다. 4등분으로 자른 생딸기를 얹어 완성한다.

배, 크렘 브륄레, 커피 케이크

ENTREMETS AUTOMNE

가을

6~8인분

작업 시간
2시간

조리
1시간

냉동
1시간

보관
냉장고에서 48시간까지

도구
거품기
지름 14cm 원형 실리콘 틀
체
지름 14cm 원형 케이크 틀
주방용 토치
주방용 온도계
지름 16cm 케이크 링
스패출러
스프레이 건

재료
배 클라푸티
상온의 부드러운 버터 40g
슈거파우더 40g
아몬드 가루 60g
커스터드 분말 8g
달걀 16g
달걀노른자 20g
액상 생크림(유지방 35%) 20g
배(깍둑 썬다) 70g

버터넛 스쿼시 크렘 브륄레
가루 젤라틴 15g
물 90g
액상 생크림(유지방 35%) 215g
설탕 65g
달걀노른자 70g
카트르 에피스 2g
(quatre-épices 후추, 정향, 넛멕, 생강을
혼합한 스파이스 믹스)
버터넛 스쿼시 퓌레 260g
설탕(캐러멜라이징용)

커피 무스
가루 젤라틴 4g
물 20g
전유(lait entier) 75g
달걀노른자 30g
커피 페이스트 5g
이탈리안 머랭(p.232 테크닉 참조) 50g
휘핑한 생크림 200g

스프레이 코팅
카카오 64% 다크 초콜릿 100g
카카오 버터 100g

배 클라푸티 CLAFOUTIS À LA POIRE

오븐을 160℃로 예열한다. 볼에 포마드 상태의 부드러운 버터와 슈거파우더를 넣고 실리콘 주걱으로 잘 저어 섞는다. 아몬드 가루와 커스터드 분말을 넣고 섞는다. 상온의 달걀과 달걀노른자를 넣어준다. 거품기로 잘 섞은 뒤 생크림을 넣어준다. 지름 14cm 실리콘 틀에 부어 채운 다음 굵직하게 깍둑 썬 배를 골고루 펴 놓는다. 오븐에 넣어 20~25분간 굽는다. 오븐 온도를 90℃로 낮춘다.

버터넛 스쿼시 크렘 브륄레 CRÈME BRÛLÉE BUTTERNUT

젤라틴을 물에 적셔 녹인다. 우유 대신 생크림을 사용하여 레시피 분량대로 크렘 앙글레즈를 만든다(p.204 테크닉 참조). 카트르 에피스와 버터넛 스쿼시 퓌레를 넣고 섞는다. 젤라틴을 넣어 섞은 다음 지름 14cm 원형틀에 부어 채운다. 90℃로 예열한 오븐에 넣어 크림이 형태를 유지할 정도로 굳을 때까지 약 20분간 굽는다. 식힌 다음 냉동실에 1시간 동안 넣어 얼린다. 표면에 설탕을 뿌린 뒤 토치로 그슬려 캐러멜라이즈한다.

커피 무스 MOUSSE LÉGÈRE AU CAFÉ

젤라틴을 물에 적셔 녹인다. 레시피 분량대로 크렘 앙글레즈를 만든 다음(p.204 테크닉 참조) 커피 페이스트를 넣어 향을 낸다. 젤라틴을 넣고 잘 섞은 다음 18℃까지 식힌다. 머랭과 휘핑한 크림을 넣고 실리콘 주걱으로 혼합물의 부피가 꺼지지 않도록 접어 돌리듯이 살살 섞어준다.

스프레이 코팅 APPAREIL À FLOCAGE

볼에 초콜릿과 카카오 버터를 넣고 중탕으로 녹인 다음 스프레이 건에 채워 넣는다.

완성하기 MONTAGE

16cm 케이크 링 안쪽면에 커피 무스를 발라 편다. 링 안에 클라푸티를 조심스럽게 넣고 그 위에 크렘 브륄레를 뒤집어 캐러멜라이즈된 면이 아래로 오도록 놓는다. 커피 무스를 다시 한 켜 덮은 다음 스패출러로 매끈하게 편다. 냉동실에 넣어 얼린 다음 다크 초콜릿 스프레이를 뿌려 벨벳과 같은 질감으로 코팅한다. 기호에 맞게 장식한다.

가을

모과, 생강, 초콜릿 케이크
ENTREMETS COING-GINGEMBRE

6~8인분

작업 시간
4시간

조리
2시간 40분

냉동
1시간

보관
냉장고에서 3일까지

도구
전동 핸드믹서
체
지름 16cm, 높이 2cm 원형 실리콘 틀
지름 16cm, 높이 2.5cm 원형 실리콘 틀
주방용 온도계
핸드블렌더
지름 16cm, 높이 1.5cm 원형 실리콘 틀
지름 18cm, 높이 4.5cm 케이크 링
초콜릿용 무지 전사지
실리콘 패드
L자 스패출러
짤주머니

재료
피칸 마들렌 스펀지 시트
무염 버터 70g
정제 버터 35g
전유(lait entier) 30g
전화당 15g
달걀 75g
설탕 60g
바닐라 빈 1줄기
밀가루 100g
베이킹파우더 5g
피칸(굵게 다진다) 30g

구운 모과 인서트
유럽 모과(coing, quince) 2개
무염 버터 20g
설탕 100g

생강 크레뫼
판 젤라틴 2g
액상 생크림(유지방 35%) 80g
생강 퓌레(또는 생강즙) 40g
달걀노른자 30g
달걀 50g
설탕 30g
푀유타주용 저수분버터 45g
생강 콩피(깍둑 썬다) 20조각

초콜릿 무스
가루 젤라틴 3g
물 18g
전유(lait entier) 50g
액상 생크림(유지방 35%) 60g
글루코스 시럽 60g
카카오 66% 다크 초콜릿(잘게 썬다) 120g
휘핑한 생크림 150g

밀크 초콜릿 글라사주
가루 젤라틴 10g
물 135g
설탕 150g
글루코스 시럽 150g
무가당 연유 100g
밀크 초콜릿 150g

피칸 마들렌 스펀지 시트 BISCUIT MADELEINE NOIX DE PÉCAN
오븐을 170℃로 예열한다. 소스팬에 버터를 녹인 다음 정제 버터를 넣고 가열하여 끓으면 바로 불에서 내린다. 믹싱볼에 달걀, 설탕, 길게 갈라 긁은 바닐라 빈 가루를 넣고 전동 핸드믹서로 혼합한다. 우유와 전화당을 섞어 따뜻하게 데운 다음 달걀 설탕 혼합물에 조금씩 넣으며 잘 저어 섞는다. 한데 체에 친 밀가루와 베이킹파우더를 넣고 주걱으로 접어 돌리듯이 잘 섞는다. 불에서 내린 뜨거운 버터를 넣고 잘 섞어준다. 지름 16cm, 높이 2cm 원형 실리콘 틀에 흘려넣은 뒤 굵게 다진 피칸을 골고루 흩뿌려 놓는다. 오븐에 넣어 10분간 굽는다.

구운 모과 인서트 INSERT COING RÔTI
오븐을 220℃로 예열한다. 모과는 껍질을 벗기고 속과 씨를 제거한 뒤 얇게 썬다. 지름 16cm, 높이 2.5cm 원형 실리콘 틀에 녹인 버터를 부어 발라준 다음 설탕을 뿌린다. 얇게 썬 모과를 켜켜이 방향을 교차로 겹치며 놓는다. 알루미늄 포일을 덮고 오븐에서 2시간 동안 구운 뒤 포일을 벗기고, 160℃에서 30분간 더 구워 수분을 모두 날린다. 식힌 뒤 냉동실에 넣어둔다.

생강 크레뫼 인서트 CRÉMEUX GINGEMBRE
젤라틴을 찬물에 담가 말랑하게 불린다. 소스팬에 생크림과 생강 퓌레를 넣고 끓인다. 볼에 달걀노른자, 달걀, 설탕을 넣고 색이 연해질 때까지 거품기로 저어 섞는다. 생강향이 우러난 뜨거운 크림을 볼에 조금 붓고 거품기로 잘 개어 섞은 다음 다시 모두 소스팬으로 옮긴다. 계속 잘 저어주며 82℃까지 가열해 익힌다. 불에서 내린 다음 물을 꼭 짠 젤라틴을 넣고 잘 저어 녹인다. 볼에 덜어낸 다음 상온에 두어 식힌다. 온도가 40℃ 바로 아래로 떨어지면 버터를 넣고 섞는다. 핸드블렌더로 갈아 매끈하게 혼합한다. 지름 16cm, 높이 1.5cm 원형 실리콘 틀에 혼합물을 흘려 넣은 다음 생강 콩피 조각을 고루 흩뿌려 놓는다. 냉동실에 최소 30분 이상 넣어 얼린다.

초콜릿 무스 MOUSSE AU CHOCOLAT
젤라틴을 물에 적셔 녹인다. 소스팬에 우유, 생크림, 글루코스 시럽을 넣고 가열한다. 끓으면 불에서 내려 잘게 썰어둔 초콜릿에 붓고 잘 저어 녹인다. 젤라틴을 넣고 섞어준다. 핸드블렌더로 갈아 매끈하게 혼합한 뒤 식힌다. 25℃까지 식으면 휘핑한 크림을 넣고 주걱으로 살살 섞어준다.

밀크 초콜릿 글라사주 GLAÇAGE CHOCOLAT AU LAIT
젤라틴에 물 60g을 적셔 녹인다. 소스팬에 나머지 물 75g, 설탕, 글루코스 시럽을 넣고 끓인다. 젤라틴과 무가당 연유를 넣고 잘 섞은 다음, 잘게 썰어둔 밀크 초콜릿에 붓는다. 핸드블렌더로 갈아 균일하고 매끈하게 혼합한다.

완성하기 MONTAGE
지름 18cm 케이크 링 안쪽 면에 투명 띠지를 둘러준 다음 실리콘 패드 위에 놓는다. 지름 16cm 피칸 마들렌 스펀지를 링 안에 넣어 깔아준다. 초콜릿 무스를 1cm 이하의 두께로 펴 바르고 링의 안쪽 벽에도 발라준다. 생강 크레뫼 인서트를 놓고 그 위에 모과 인서트를 얹는다. 나머지 초콜릿 무스로 케이크를 덮어준 다음, L자 스패출러로 매끈하게 다듬는다. 냉동실에 넣어 얼린다. 냉동된 케이크를 꺼내 링과 띠지를 조심스럽게 제거한 뒤 망에 올린다. 밀크 초콜릿 글라사주를 부어 케이크 전체를 코팅한다. 초콜릿을 템퍼링(p.570,572 테크닉 참조)한 다음 짤주머니를 사용해 무지 전사지 위에 잎과 줄기 모양을 짜 놓고 둘을 붙인다. 케이크 틀의 바깥 면에 반원을 따라 초콜릿으로 가는 띠를 짜 붙여 뿌리 모양을 만든다. 굳으면 조심스럽게 떼어내 케이크 둘레에 붙인다. 서빙하기 전까지 냉장고에 넣어둔다.

겨울

커피, 헤이즐넛, 초콜릿 케이크
LE 55 FBG, W.H.*

6인분

작업 시간
2시간 30분

냉장
24시간

조리
40분

보관
냉장고에서 48시간까지

도구
고운 원뿔체
전동 스탠드 믹서
18cm x 11cm 타원형 케이크 링 2개
파티스리용 밀대
16cm x 9cm 타원형 케이크 링
실리콘 패드
거품기
체
핸드블렌더
주방용 온도계

재료
초콜릿 사블레 시트
버터 150g
비정제 황설탕 100g
구운 헤이즐넛 가루 50g
무가당 코코아 가루 25g
푀이앙틴 15g
카카오 닙스 10g
소금(플뢰르 드 셀) 2g
달걀 20g
밀가루 200g
베이킹소다 1g

커피 크레뫼
생크림(유지방 35%) 55g
전유(lait entier) 55g
인스턴트 커피 15g
달걀노른자 15g
설탕 20g
커피향 다크 커버처 초콜릿 25g
밀크 커버처 초콜릿 30g

쇼트브레드
버터 125g
설탕 60g
밀가루 130g
소금 1g

헤이즐넛 크리스피
다크 초콜릿 잔두야(헤이즐넛 30% 다크 초콜릿) 80g
푀이앙틴 45g
쇼트브레드(굵게 부순다) 100g
(위의 재료 참조)

초콜릿 스펀지
다크 커버처 초콜릿 75g
아몬드 페이스트(아몬드 66%) 35g
달걀노른자 20g
버터 20g
달걀흰자 85g
설탕 30g

초콜릿 바바루아즈 크림
판 젤라틴 4g
전유(lait entier) 85g
생크림(유지방 35%) 85g
설탕 16g
달걀노른자 30g
밀크 커버처 초콜릿 90g
다크 커버처 초콜릿 35g
레몬 제스트 1g
오렌지 제스트 1g
가볍게 휘핑한 생크림 300g

캐러멜 글라사주
가루 젤라틴 6g
물 40g
우유 100g
설탕 250g
생크림(유지방 35%) 200g
글루코스 시럽 70g
감자 전분 15g

초콜릿 사블레 시트 SABLÉ CACAO
전동 스탠드 믹서 볼에 버터와 황설탕을 넣고 플랫비터를 돌려 섞는다. 헤이즐넛 가루, 코코아 가루, 푀이앙틴, 카카오 닙스, 소금, 이어서 달걀을 넣고 균일하게 잘 섞는다. 밀가루와 베이킹소다를 넣고 가루가 보이지 않을 정도로 주걱으로 대충 섞는다. 반죽을 3mm 두께로 밀고 타원형 링(18cm x 11cm)에 앉힌 다음 냉장고에 24시간 동안 넣어 휴지시킨다. 165℃로 예열한 오븐에 넣어 10~12분간 구워낸다.

커피 크레뫼 CRÉMEUX CAFÉ
소스팬에 생크림과 우유를 넣고 가열한다. 끓으면 불을 끄고 커피를 넣은 다음 15분 정도 우려낸 뒤 체에 거른다. 커버처 초콜릿을 볼에 담고 중탕으로 녹인다. 밑이 둥근 볼에 달걀노른자와 설탕을 넣고 색이 연해지고 걸쭉해질 때까지 거품기로 잘 저은 다음 커피 향을 우린 뜨거운 우유 생크림 혼합물을 조금 부어 섞는다. 다시 소스팬으로 옮긴 뒤 계속 저으며 82℃까지 익혀 크렘 앙글레즈를 만든다(p.204 테크닉 참조). 녹인 초콜릿 위에 붓고 핸드블렌더로 갈아 매끈하게 혼합한다. 타원형 링(18cm x 11cm)에 붓고 냉동실에 넣어 얼린다.

쇼트브레드 SHORTBREAD
오븐을 160℃로 예열한다. 전동 스탠드 믹서 볼에 모든 재료를 넣고 플랫비터를 돌려 혼합한다. 유산지를 깐 베이킹 팬에 반죽을 덜어 놓은 다음 또 한 장의 유산지로 덮고 밀대로 민다. 오븐에서 11분간 구워낸 다음 식힌다.

헤이즐넛 크리스피 CROUSTILLANT NOISETTES
소스팬에 잔두야를 넣고 녹인 다음, 바삭한 푀이앙틴과 굵직하게 부순 쇼트브레드를 넣고 살살 저어 섞는다. 타원형 링(16cm x 9cm)에 펴 넣은 다음 냉장고에 넣어 굳힌다.

초콜릿 스펀지 BISCUIT CHOCOLAT
오븐을 180℃로 예열한다. 커버처 초콜릿을 볼에 넣고 중탕으로 녹인다. 전동 스탠드 믹서에 아몬드 페이스트를 넣고 달걀노른자를 조금씩 넣어가며 플랫비터를 돌려 섞어 준다. 버터를 넣고 이어서 녹인 초콜릿을 넣고 섞는다. 다른 믹싱볼에 달걀흰자를 넣고 설탕을 넣어가며 단단하게 거품을 올린다. 이 두 혼합물을 실리콘 주걱으로 접어 돌리듯이 살살 섞어준다. 실리콘 패드를 깐 베이킹 팬 위에 반죽을 쏟아 펼쳐놓은 다음 오븐에 넣어 약 8분간 구워낸다.

초콜릿 바바루아즈 크림 BAVAROISE LACTÉE
젤라틴을 찬물에 담가 불린다. 초콜릿을 중탕으로 녹인다. 레시피 분량대로 크렘 앙글레즈(p.204 테크닉 참조)를 만든 다음, 물을 꼭 짠 젤라틴을 넣고 잘 저어 섞는다. 크렘 앙글레즈를 체에 걸러 녹인 초콜릿 위에 붓고 핸드블렌더로 갈아 균일하게 혼합한다. 식혀서 25~30℃가 되면 레몬과 오렌지 제스트를 그레이터로 곱게 갈아 넣는다. 휘핑한 생크림을 넣고 실리콘 주걱으로 접어 돌리듯이 살살 섞어준다.

캐러멜 글라사주 GLAÇAGE CARAMEL
젤라틴을 물에 적셔 녹인다. 소스팬에 우유, 설탕 분량의 반, 크림, 글루코스 시럽을 넣고 가열한다. 끓으면 바로 불에서 내리고 45℃까지 식힌 다음 나머지 설탕과 전분을 넣고 섞는다. 다시 불에 올려 가열한다. 끓으면 불에서 내린 다음 젤라틴을 넣어 섞는다. 이 글라사주는 온도 25℃ 상태에서 사용한다.

완성하기 MONTAGE
타원형 링(18cm x 11cm) 안에 초콜릿 사블레 시트를 깔아준다. 바바루아즈 크림을 약 1cm 두께로 펴 넣고 링 안쪽 면에도 발라준다. 헤이즐넛 크리스피를 놓고 그 위에 크기대로 자른 초콜릿 스펀지를 얹는다. 바바루아즈 크림으로 덮어준다. 맨 위에 커피 크레뫼를 놓는다. 링을 조심스럽게 제거한 다음 바바루아즈 크림으로 전체를 덮고 스패출러로 매끈하게 밀어 다듬는다. 냉동실에 넣어둔다. 냉동된 상태의 케이크에 글라사주를 입히고 기호에 맞게 장식한다.

* LE 55 FBG, W.H.(Le 55 Faubourg, White House) : 이 케이크는 프랑스 대통령 관저인 엘리제 궁의 파티시에 레지스 페레(Régis Ferey)가 미국 백악관의 파티시에와 함께 개발한 앙트르메다. 엘리제 궁의 주소(55 Rue du Faubourg Saint-Honoré)와 미국의 대통령 관저를 지칭하는 화이트 하우스(White House)를 케이크 이름에 붙였다.

겨울

헤이즐넛, 잔두야, 캐러멜 케이크
CASSE-NOISETTE GIANDUJA-CARAMEL

8인분

작업 시간
3시간

조리
30분

냉동
2시간

보관
냉장고에서 3일까지

도구
거품기
짤주머니 + 지름 15mm 원형 깍지
실리콘 패드
체
주방용 온도계
전동 핸드믹서
핸드블렌더
30cm x 6cm 뷔슈 케이크 틀 2개

재료

다쿠아즈 비스퀴
달걀흰자 50g
설탕 13g
밀가루 9g
슈거파우더 22g
아몬드 가루 25g
헤이즐넛 가루 25g

캐러멜 크레뫼 인서트
설탕 65g
글루코스 시럽 12g
액상 생크림(유지방 35%) 30g
버터 50g

초콜릿 크레뫼 인서트
저지방우유 50g
액상 생크림(유지방 35%) 50g
달걀노른자 40g
설탕 15g
카카오 66% 다크 초콜릿(Valrhona Caraïbe) 25g
카카오 35% 밀크 초콜릿(Valrhona Jivara) 30g

크리스피 베이스
헤이즐넛 프랄리네 페이스트 50g
카카오 35% 밀크 초콜릿 8g
카카오 66% 다크 초콜릿 8g
푀이앙틴 25g
캐러멜라이즈드 헤이즐넛(굵게 썬다) 25g

잔두야 무스
가루 젤라틴 5g
물 30g
달걀노른자 50g
글루코스 시럽 30g
설탕 13g
전유(lait entier) 46g
잔두야(헤이즐넛 30% 다크 초콜릿) 135g
휘핑한 생크림(유지방 35%) 250g

글라사주
가루 젤라틴 5g
물 30g
전유(lait entier) 125g
글루코스 시럽 40g
헤이즐넛 페이스트 7g
카카오 35% 밀크 초콜릿 100g
잔두야 75g
밀크 초콜릿 색깔의 글라사주 페이스트 175g

다쿠아즈 비스퀴 BISCUIT DACQUOISE
오븐을 180℃로 예열한다. 레시피 분량대로 다쿠아즈를 만든다(p.224 테크닉 참조). 짤주머니에 채운 다음, 실리콘 패드를 깐 베이킹 팬 위에 25cm x 4cm의 긴 타원형으로 짜 놓는다. 오븐에서 약 20분 구워낸다.

캐러멜 크레뫼 인서트 INSERT CRÉMEUX CARAMEL
소스팬에 설탕과 글루코스 시럽을 넣고 175℃까지 끓여 황금색 캐러멜을 만든다. 캐러멜이 온도에 달하면 뜨겁게 데운 생크림을 조심스럽게 넣고 잘 섞은 다음, 깍둑 썬 버터를 넣고 잘 저어 섞는다. 뷔슈 틀 안에 흘려넣은 다음 냉동실에 넣어 얼린다.

초콜릿 크레뫼 인서트 INSERT CRÉMEUX CHOCOLAT
레시피 분량대로 크렘 앙글레즈를 만든다(p.204 테크닉 참조). 83℃까지 가열해 익힌 다음 불에서 내려 40℃까지 식힌다. 35℃로 녹인 초콜릿에 따뜻한 크렘 앙글레즈를 붓고 잘 혼합해 매끈한 가나슈를 만든다. 냉동된 캐러멜 크레뫼 인서트 위에 붓고 다시 냉동실에 넣어 얼린다.

크리스피 베이스 SEMELLE CROUSTILLANTE
헤이즐넛 프랄리네 페이스트와 초콜릿을 녹인 뒤 나머지 재료를 모두 넣고 섞는다.

잔두야 무스 MOUSSE GIANDUJA
젤라틴을 물에 적셔 녹인다. 볼에 달걀노른자, 설탕, 글루코스 시럽, 우유를 넣고 중탕 냄비에 올린 상태로 70℃가 될 때까지 전동 핸드믹서로 혼합해 파트 아 봉브(pâte à bombe)를 만든다. 젤라틴을 넣고 잘 섞는다. 잔두야를 45℃로 녹인다. 생크림을 너무 단단하지 않게 휘핑한다. 파트 아 봉브에 잔두야와 휘핑한 크림을 넣고 거품기로 조심스럽게 혼합한 다음 주걱으로 접어 돌리듯이 살살 섞어준다.

글라사주 GLAÇAGE
젤라틴을 물에 적셔 녹인다. 소스팬에 우유, 글루코스 시럽, 헤이즐넛 페이스트를 넣고 가열한다. 끓으면 불에서 내린 다음 초콜릿과 잔두야, 글라사주 페이스트를 넣고 섞은 다음 젤라틴을 넣어준다. 핸드블렌더로 갈아 매끈하게 혼합한 다음 상온에 둔다. 이 글라사주는 온도 25~30℃ 상태에서 사용한다.

완성하기 MONTAGE
두 번째 뷔슈 케이크 틀의 안쪽 면에 잔두야 무스를 조금 붓고 펴 바른다. 냉동된 캐러멜과 초콜릿 크레뫼 인서트를 중앙에 놓고 무스를 조금 더 발라 얹는다. 다쿠아즈 비스퀴를 알맞은 크기로 잘라 무스 위에 올린다. 냉동실에 넣어 얼린다. 케이크 윗면에 크리스피 베이스 혼합물을 틀의 높이까지 채워 얹은 다음 평평하게 마무리한다. 다시 냉동실에 넣는다. 서빙 접시에 케이크를 조심스럽게 뒤집어 놓으며 틀을 제거한 다음, 냉동된 상태에서 글라사주를 부어 입힌다. 초콜릿, 오팔린 슈거 튀일, 슈거 코팅한 헤이즐넛 등을 얹어 장식한다.

특별한
기념일 케이크

OCCASIONS

FESTIVES

특별한 기념일 케이크
OCCASIONS FESTIVES

생일이나 각종 기념일을 축하하는 자리에는 그 어떤 종류나 형식에 구애받지 않는 다양한 케이크를 자유롭게 준비할 수 있다. 그러나 몇몇 특별한 축일에는 전통적으로 특별한 케이크가 등장한다. 여기에는 역사와 추억뿐 아니라 특별한 맛이 녹아 있다. 전통은 좋은 것이다!

프랑지판 혹은 아몬드 크림?

'왕의 케이크'라는 뜻으로 공현절을 축하하며 즐겨 먹는 갈레트 데 루아는 다양한 재료를 넣어 만들 수 있지만, 전통적으로 꼭 들어가는 재료는 아몬드 크림이다. 아몬드 크림만 넣기도 하고 크렘 파티시에와 혼합해 프랑지판을 만들어 넣기도 한다. 어떤 크림을 선택하든 만드는 과정에서 공기가 최대한 주입되지 않도록 주의해야 한다. 거품기로 너무 많이 저어 공기가 주입되면 굽는 동안 부풀어 갈레트 모양에도 지장을 줄 수 있기 때문이다.

미냐르디즈 MIGNARDISES

종종 '프티푸르(petits fours)'라고도 불리는 이 작은 사이즈의 케이크는 주로 칵테일 파티나 뷔페 등에서 많이 서빙된다. 타르틀레트, 클리지외즈, 앙트르메, 피낭시에 또는 롤리팝 등 다양한 종류의 미냐르디즈는 한입에 먹을 수 있는 크기로 만든다. 크기는 작지만 본래의 레시피를 토대로 균형을 맞추어 만들어야 한다. 특히 그 크기가 작은 만큼 마무리나 데커레이션도 꼼꼼함과 정확함을 요구하는 정밀한 작업이다.

온도를 정확하게 맞춰야 하는 퐁당 아이싱

물과 설탕, 글루코스 시럽을 섞어 만드는 퐁당 아이싱은 에클레어나 카롤린, 클리지외즈, 밀푀유 등 그 크기에 상관없이 겉면을 코팅해주는 글라사주로 사용된다. 퐁당 아이싱을 만들 때 가장 중요한 점은 템퍼링이다. 중탕이나 전자레인지를 이용해 따뜻하게 데워(p.169 테크닉 참조), 적정 온도 즉, 35~37℃ 상태에서 사용해야 한다는 것이다. 너무 뜨거우면 굳은 뒤 깨지기 쉽고 윤기도 안 나며 흘러내리기 쉽다. 텍스처를 조절하려면 물, 더 좋은 방법으로는 시럽을 넣어 묽게 희석시키면 된다. 글라사주에 색을 내려면 코코아, 커피 엑스트렉트, 피스타치오 페이스트 또는 식용 색소 분말을 사용한다. 두 번 이상의 글라사주를 입히는 경우 중간에 혼합물을 다시 잘 저어 굳은 부분 없이 매끈하게 만들어 사용한다.

프랑스 갸토의 간략한 역사
갈레트 데 루아(La galette des rois)
1950년대까지만 해도 파리에서는 속을 채우지 않고 파트 푀유테로만 만든 '갈레트 세슈(galette sèche)'로 성현절을 축하했고, 프랑스 남부 지방에서는 '브리오슈 데 루아(p.143 테크닉 참조)'를 만들어 나누어 먹었다. 아몬드 크림이나 프랑지판을 채워 만드는 갈레트는 1960년부터 퍼져 나가기 시작해 큰 인기를 누리게 되었다.

뷔슈 드 노엘(La bûche de Noël)
통나무 모양을 한 이 케이크는 크리스마스 이브에 벽난로에 커다란 장작을 넣어 때는 전통에서 유래했다. 직접 나무 장작을 때는 벽난로는 점점 사라지고 있지만 이를 형상화한 뷔슈 케이크는 여전히 크리스마스의 전통 디저트로 명맥을 잇고 있다. 본래 스펀지 시트를 말아 만드는 롤케이크 형태지만 최근에는 매년 파티시에들마다 개성을 살린 독특한 뷔슈를 선보이고 있다.

크로캉부슈(Le croquembouche)
'피에스 몽테(pièce montée)'라고도 불리는 크로캉부슈는 결혼식, 세례식, 가톨릭 영성체 등의 행사 때 주로 만드는 대형 케이크다. 파티에 초대된 많은 사람들을 위해 높이 쌓은 형태로 만든 이 데커레이션 갸토는 이미 19세기 연회 테이블에도 등장했다.

LEVEL

1

커피 뷔슈 케이크
BÛCHE CAFÉ

6~8인분

작업 시간
2시간

조리
5분

보관
냉장고에서 1주일까지

도구
거품기
주방용 온도계
전동 핸드믹서
체
실리콘 패드
전동 스탠드 믹서
고운 원뿔체
짤주머니 + 지름 8mm 원형 깍지,
납작한 톱니 깍지
스패출러

재료
제누아즈
설탕 100g
달걀 150g
밀가루 70g
전분 30g

시럽
물 110g
설탕 100g

커피 버터크림
물 100g
설탕 250g
달걀 100g
버터 325g
커피 엑스트렉트 30g

완성하기
식용 색소(녹색)

제누아즈 GÉNOISE
오븐을 230℃로 예열한다. 볼에 설탕과 달걀을 넣고 중탕 냄비 위에 올린 다음 전동 핸드믹서를 돌려 섞으며 45℃가 될 때까지 가열한다. 중탕 냄비에서 내리고 완전히 식을 때까지 전동 핸드믹서로 혼합한다. 혼합물의 색이 연해지고 걸쭉한 상태로 거품기를 들어 올렸을 때 띠 모양으로 흘러내리는 농도가 되어야 한다. 밀가루와 전분을 한데 체에 쳐 넣어준 다음 혼합물의 부피가 꺼지지 않도록 실리콘 주걱으로 접어 돌리듯이 살살 섞는다. 실리콘 패드를 깐 베이킹 팬 위에 반죽을 부어 고르게 펼쳐 놓은 다음 오븐에 넣어 5분간 굽는다.

시럽 SIROP D'IMBIBAGE
소스팬에 물과 설탕을 넣고 녹인 다음 끓인다. 불에서 내려 식힌다.

커피 버터크림 CRÈME AU BEURRE AU CAFÉ
소스팬에 물과 설탕을 넣고 중불로 가열한다. 설탕이 완전히 녹으면 117℃까지 끓여 시럽을 만든다. 그동안 스텐볼에 달걀을 넣고 색이 연해지고 걸쭉해질 때까지 전동 핸드믹서를 돌려 섞는다. 시럽이 온도에 달하면 달걀에 가늘게 흘려 넣으면서 계속 섞는다. 혼합물을 원뿔체에 거르며 전동 스탠드 믹서 볼에 넣고, 20~25℃로 식을 때까지 거품기를 돌려 섞는다. 상온의 각둑 썬 버터를 넣고 섞어 크리미한 혼합물을 만든다. 이 상태의 버터 크림 100g을 따로 덜어 원형 깍지를 끼운 짤주머니에 넣어 두었다가 마지막 단계에서 데커레이션으로 사용한다. 나머지 크림에 커피 엑스트렉트를 넣어 향을 낸 다음 납작한 톱니 깍지를 끼운 짤주머니에 채워둔다.

완성하기 MONTAGE
제누아즈 시트에 붓으로 시럽을 발라 적신 다음, 스패출러를 사용하여 커피 버터크림을 2mm 두께로 얇게 펴 바른다. 직사각형 제누아즈 시트의 길이가 짧은 쪽부터 시작하여 돌돌 말아 롤케이크를 만든다. 양끝을 사선으로 자른다. 잘라낸 자투리를 케이크 윗면에 단면이 아래로 향하도록 얹어 나무옹이 모양을 낸다. 짤주머니에 따로 보관했던 플레인 버터크림을 뷔슈 양쪽과 윗면의 옹이 부분 위에 짜 바른 다음 가운데는 커피 버터크림으로 동그랗게 무늬를 낸다. 뷔슈 케이크 나머지 부분을 커피 버터크림으로 나란히 길게 짜 두툼하게 전부 덮는다. 포크를 찬물에 담가 적신 다음 크림 위에 거칠게 무늬를 내 통나무와 같은 모양을 만든다. 살짝 달군 칼날을 사용해 케이크 양끝과 옹이 부분을 매끈하게 다듬는다. 나머지 플레인 버터크림에 녹색 식용 색소를 섞어 색을 낸다. 유산지로 만든 코르네(p.598 테크닉 참조)에 채워 넣은 다음 뷔슈 케이크 위에 담쟁이덩굴 줄기와 잎 모양을 짜준다. 기호에 따라 크리스마스 트리나 호랑가시나무 잎, 스노우 플레이크 등의 모양을 얹어 장식한다.

초콜릿 바나나 뷔슈 케이크

BÛCHE BANANE-CHOCOLAT

8인분

작업 시간
2시간

냉장
2시간 50분

조리
40분

냉동
3시간

보관
냉장고에서 48시간까지

도구
실리콘 패드
28cm x 5cm 직사각형 케이크 프레임
30cm x 3cm 인서트용 틀
전동 핸드믹서
체
거품기
핸드블렌더
주방용 온도계
30cm x 6cm 뷔슈 케이크 틀

재료
초콜릿 크레뫼
저지방우유 100g
액상 생크림(유지방 35%) 100g
달걀노른자 25g
설탕 10g
카카오 70% 다크 커버처 초콜릿 65g
카카오 페이스트 5g

헤이즐넛 크럼블
버터 75g
설탕 75g
밀가루 75g
헤이즐넛 가루 75g

크런치 헤이즐넛 초콜릿
화이트 커버처 초콜릿(ivoire) 75g
구워낸 헤이즐넛 크럼블 300g
(위의 재료 참조)
로스팅한 헤이즐넛(굵직하게 다진다) 45g
버터 15g
헤이즐넛 프랄리네 페이스트 35g

바나나 플랑베 인서트
바나나 200g
레몬즙 2g
비정제 황설탕 30g
다크 럼 25g
펙틴(pectine NH) 5g
설탕 20g

다쿠아즈
달걀흰자 90g
설탕 40g
헤이즐넛 가루 40g
아몬드 가루 40g
슈거파우더 60g
밀가루 15g

라이트 바닐라 크림
판 젤라틴 3g
우유 200g
바닐라 빈 1줄기
설탕 80g
달걀노른자 20g
커스터드 분말 10g
밀가루 10g
휘핑한 생크림 250g

다크 초콜릿 글라사주
물 135g
설탕 150g
글루코스 시럽 150g
가당 연유 100g
가루 젤라틴(겔 강도 180블룸) 10g
카카오 60% 다크 커버처 초콜릿 150g

초콜릿 크레뫼 CRÉMEUX CHOCOLAT

소스팬에 우유와 생크림을 넣고 끓인다. 볼에 달걀노른자와 설탕을 색이 연해질 때까지 거품기로 혼합한 다음 우유와 섞어 크렘 앙글레즈를 만든다(p.204 테크닉 참조). 뜨거운 크렘 앙글레즈를 잘게 썬 초콜릿과 카카오 페이스트 위에 붓고 잘 녹여 섞는다. 핸드블렌더로 갈아 매끈하게 혼합한 뒤 랩을 밀착시켜 덮어 냉장고에 최소 2시간 이상 넣어둔다.

헤이즐넛 크럼블 CRUMBLE NOISETTES

재료를 모두 작업대 위 또는 볼에 넣고 손가락으로 대충 섞는다. 냉장고에 20분 정도 넣어둔다. 오븐을 160℃로 예열한다. 실리콘 패드를 깐 베이킹 팬 위에 크럼블 반죽을 펼쳐놓은 뒤 오븐에 넣어 노릇한 색이 날 때까지 20분간 굽는다. 꺼내서 식힌다.

크런치 헤이즐넛 초콜릿 CROQUANT CRUMBLE

식힌 크럼블을 잘게 부순다. 볼에 초콜릿을 넣고 중탕으로 녹인다. 중탕 냄비에서 내린 뒤 볼에 나머지 재료를 모두 넣고 주걱으로 살살 섞는다. 유산지를 깐 베이킹 팬 위에 28cm x 5cm 직사각형 프레임을 놓고 크럼블 혼합물을 채워 넣는다. 냉동실에 30분간 넣어 굳힌다.

바나나 플랑베 인서트 INSERT BANANES FLAMBÉES

바나나는 껍질을 벗기고 동그랗게 슬라이스한 다음 레몬즙을 뿌려둔다. 팬에 바나나와 황설탕을 넣고 중불에서 캐러멜라이즈한다. 럼을 붓고 조심스럽게 불을 붙여 플랑베한다. 설탕과 섞어둔 펙틴을 넣고 다시 센 불에서 5분간 익힌다. 30cm x 3cm 인서트용 틀에 채워 넣고 냉동실에 넣어둔다.

다쿠아즈 DACQUOISE

오븐을 180℃로 예열한다. 볼에 달걀흰자와 설탕을 넣고 단단하게 거품을 올린다. 헤이즐넛 가루, 아몬드 가루, 밀가루, 슈거파우더를 한데 체에 쳐 넣고 주걱으로 접어 돌리며 잘 섞는다. 실리콘 패드를 깐 베이킹 팬에 고르게 펼쳐 놓은 뒤 오븐에 넣어 20분간 굽는다. 꺼내서 식힌다.

라이트 바닐라 크림 CRÈME LÉGÈRE VANILLE

젤라틴을 찬물에 담가 말랑하게 불린다. 바닐라 빈을 길게 갈라 긁어낸다. 레시피 분량대로 크렘 파티시에를 만든 다음(p.196 테크닉 참조), 물을 꼭 짠 젤라틴을 넣고 잘 섞어 녹인다. 랩을 표면에 밀착시켜 덮은 다음 식힌다. 냉장고에 30분간 넣어둔다. 가볍게 휘핑한 크림을 크렘 파티시에에 넣고 실리콘 주걱으로 접어 돌리듯이 살살 섞는다.

다크 초콜릿 글라사주 GLAÇAGE AU CHOCOLAT NOIR

젤라틴에 물 60g을 적셔 녹인다. 소스팬에 물 75g, 설탕, 글루코스 시럽을 넣고 105℃까지 끓여 시럽을 만든다. 가당 연유에 붓고 잘 섞은 다음 젤라틴을 넣어준다. 잘게 썬 초콜릿 위에 혼합물을 부은 뒤 뜨거운 상태에서 핸드블렌더로 갈아 매끈하게 혼합한다. 35℃까지 식힌 뒤 사용한다.

완성하기 MONTAGE

뷔슈 케이크 틀 안쪽 면에 바닐라 크림을 퍼 발라준다. 초콜릿 크레뫼를 틀 아래쪽에 채워 넣고 이어서 바나나 플랑베 인서트를 가운데 얹는다. 크기를 맞춰 자른 다쿠아즈 비스퀴를 그 위에 놓고 바닐라 크림으로 씌운다. 맨 위에 크런치 헤이즐넛 초콜릿을 덮은 다음 냉동실에 2시간 동안 넣어 얼린다. 케이크 틀을 제거한 뒤 35℃의 다크 초콜릿 글라사주를 씌워 완성한다. 기호에 따라 장식한다.

걸리 퐁당 뷔슈 케이크 BÛCHE FONDANTE GIRLY

크리스토프 펠데르 Christophe Felder

마스터 파티시에

8~10인분

작업 시간
5시간

조리
30분

냉장
30분

냉동
1시간

보관
냉장고에서 24시간까지

도구
전동 핸드믹서
체
뷔슈 케이크 틀
거품기
주방용 온도계
주방용 붓
짤주머니 + 지름 6mm 원형 깍지,
지름 6mm 별모양 깍지
파티스리용 밀대
홈이 팬 밀대

재료
제누아즈 팽 드 젠
달걀노른자 80g
달걀 100g
설탕 170g
전화당 10g
유화제(émulsifiant HF) 3g
(선택 사항)
아몬드 페이스트 30g
달걀흰자 120g
소금 1자밤
밀가루(T45) 130g
전분 50g

키르슈 시럽
키르슈(알자스산 체리 브렌디 40%)
30g
뜨거운 물 80g
설탕 70g

크렘 파티시에
전유(lait entier) 320g
바닐라 빈 1/2줄기
달걀노른자 30g
설탕 55g
옥수수 전분 30g
탈지우유 분말 3g

저당 이탈리안 머랭
물 60g
설탕 110g
달걀흰자 70g

라이트 버터크림
AOC 버터(상온) 180g
크렘 파티시에 210g
(위의 재료 참조)
저당 이탈리안 머랭 70g
(위의 재료 참조)

무슬린 크렘 파티시에
키르슈 30g
크렘 파티시에 300g
(위의 재료 참조)
라이트 버터크림 350g
(위의 재료 참조)
식용 색소(빨강) 1방울

완성하기
금색 케이크 받침 보드 1장
핑크색 아몬드 페이스트 350g
슈거파우더
식용 색소(빨강) 몇 방울
작은 핑크 머랭 2개(p.234 테크닉
참조. 과정 1에서 식용 색소와 식초
첨가)
원형 초콜릿 장식(핑크, 흰색)

──────── 제누아즈 팽 드 젠 GÉNOISE PAIN DE GÊNES
오븐을 180℃로 예열한다. 믹싱볼에 달걀노른자, 달걀, 설탕 120g을 넣고 가볍게 거품을 낸다. 전화당, 유화제, 부드럽게 으깬 아몬드 페이스트를 넣고 혼합한다. 다른 볼에 달걀흰자와 설탕 50g, 소금을 넣고 단단하게 거품을 올린다. 밀가루와 전분을 한데 섞어 체에 친다. 거품 낸 달걀흰자와 달걀 설탕 혼합물을 조심스럽게 섞어준 다음 체에 친 가루들을 넣고 살살 섞는다. 반죽을 뷔슈 케이크 틀 크기에 따라 1개 또는 2개에 나누어 붓고 오븐에 넣어 30분간 굽는다. 제누아즈를 가로로 3등분해 자른다.

──────── 키르슈 시럽 SIROP AU KIRSCH
키르슈, 뜨거운 물, 설탕을 한데 넣고 거품기로 젓는다. 설탕이 완전히 녹도록 중간중간 잘 저어준 다음 사용할 때까지 상온에 둔다.

──────── 크렘 파티시에 CRÈME PÂTISSIÈRE
소스팬에 우유와 길게 갈라 긁은 바닐라 빈을 줄기와 함께 넣고 끓인다. 볼에 달걀노른자와 설탕을 넣고 색이 연해지고 걸쭉해질 때까지 전동 핸드믹서로 잘 섞는다. 체에 친 우유 분말과 전분을 넣고 실리콘 주걱으로 접어 돌리듯이 살살 섞어준다. 여기에 뜨거운 우유를 조금 붓고 거품기로 잘 풀어 섞은 다음, 다시 소스팬으로 모두 옮겨 붓고 잘 저으며 익힌다. 끓으면 바로 불에서 내린 뒤 식힌다.

──────── 이탈리안 머랭 MERINGUE ITALIENNE
소스팬에 물, 설탕 100g을 넣고 가열하여 설탕이 완전히 녹으면 117℃까지 끓여 시럽을 만든다. 믹싱볼에 달걀흰자를 넣고 전동 핸드믹서로 부드럽게 거품을 올린 다음 나머지 설탕 10g을 넣어주며 계속 저어 단단하게 거품을 올린다. 온도에 달한 시럽을 가늘게 넣어주며 머랭이 완전히 식을 때까지 계속 전동 핸드믹서 거품기를 돌린다. 이 레시피 사용 분량 머랭 70g을 덜어낸다. 나머지 머랭은 랩을 씌워 냉동실에 보관했다가 나중에 다른 용도로 사용할 수 있다.

──────── 라이트 버터크림 CRÈME LÉGÈRE AU BEURRE
식은 크렘 파티시에를 주걱으로 부드럽게 풀어준다. 버터를 살짝 데운 다음 크리미한 상태가 될 때까지 거품기로 저어준다. 이것을 크렘 파티시에에 조심스럽게 넣은 다음 거품기로 휘핑하듯 균일하게 섞는다. 이탈리안 머랭을 넣고 살살 저어 섞는다. 상온에 둔다.

──────── 무슬린 크렘 파티시에 CRÈME MOUSSELINE PÂTISSIÈRE
키르슈를 중탕으로 30℃까지 데운다. 차가운 크렘 파티시에를 실리콘 주걱으로 부드럽게 풀어준 다음 중탕으로 30℃까지 데운다. 여기에 따뜻한 키르슈를 붓고 이어서 버터크림을 넣고 주걱으로 잘 섞는다. 붉은색 식용 색소를 조금 넣어 섞는다. 상온에 둔다.

──────── 완성하기 MONTAGE
케이크 받침 위에 제누아즈를 한 장 깔아 놓고 붓으로 키르슈 시럽을 발라 적신다. 무슬린 크렘 파티시에를 원형 깍지를 끼운 짤주머니에 넣고 제누아즈 위에 한 켜 짜준다. 그 위에 두 번째 제누아즈를 얹고 키르슈 시럽을 적신 다음 무슬린 크렘 파티시에를 얇게 짜 얹는다. 마지막 시럽을 적신 세 번째 제누아즈를 얹은 뒤 무슬린 크렘 파티시에로 케이크 전체를 완전히 덮어준다. 스패출러로 크림을 매끈하게 다듬는다. 냉동실에 1시간 동안 넣어둔 다음 응결되지 않도록 냉장실로 옮겨 30분간 둔다. 작업대 위에 슈거파우더를 솔솔 뿌린 다음 아몬드 페이스트를 놓고 2~3mm 두께로 얇게 민다. 긴 줄무늬로 홈이 나 있거나, 다른 요철 무늬가 있는 밀대를 사용하여 아몬드 페이스트 표면에 올록볼록하게 문양을 낸다. 냉장고에서 케이크를 꺼내 아몬드 페이스트로 매끈하게 덮어씌운다. 남은 무슬린 크림을 거품기로 저어 휘핑한 다음 별모양 깍지를 끼운 짤주머니에 넣고 케이크 위에 작은 꽃모양으로 보기 좋게 짜 얹는다. 핑크색 작은 머랭과 핑크색, 흰색 초콜릿 장식을 얹어 완성한다.

갈레트 데 루아
GALETTE À LA FRANGIPANE

8인분

작업 시간
3시간

냉장
24시간

냉동
하룻밤

조리
40분

보관
냉장고에서 48시간까지

도구
체
파티스리용 밀대
거품기
짤주머니 + 지름 10mm 원형 깍지
갈레트 안에 넣을 작은 인형 모형(fève)
또는 마른 콩
주방용 붓
페어링 나이프
파티스리용 핀처

재료
파트 푀유테
밀가루 200g
소금 4g
슈거파우더 10g
녹여 식힌 버터 40g
차가운 물 100g
푀유타주용 저수분 버터 140g

프랑지판 크림
버터(상온) 50g
설탕 50g
달걀(상온) 40g
액상 생크림(유지방 35%) 10g
아몬드 가루 50g
액상 바닐라 에센스 몇 방울
럼 5g
크렘 파티시에(p.196 테크닉 참조) 25g

달걀물
달걀 50g

시럽
물 50g
설탕 50g
럼 10g

파트 푀유테 PÂTE FEUILLETÉE
레시피 분량대로 슈거파우더를 밀가루에 추가한 다음 3절 접기 기준 5회 밀어 접기를 하여 푀유타주 반죽을 만든다(p.66 테크닉 참조). 반죽을 둘로 나누어 250g짜리 정사각형 두 개를 만든다. 각 정사각형의 네 귀퉁이를 중앙으로 모아준 다음 뒤집어 작업대에 놓고 둥그런 공 모양을 만든다. 반죽을 넓적하게 만든 다음 랩으로 씌워 냉장고에 24시간 넣어둔다.

프랑지판 크림 CRÈME FRANGIPANE
믹싱볼에 상온의 버터와 설탕을 넣고 거품기로 저어 가볍고 크리미한 포마드 상태로 만든다. 달걀과 생크림을 넣고 잘 섞은 다음 아몬드 가루, 바닐라, 럼을 넣어준다. 크렘 파티시에를 넣고 균일하게 섞은 다음 짤주머니에 채워 넣는다. 유산지를 깐 베이킹 팬 위에 중앙부터 바깥쪽 방향으로 달팽이 모양처럼 짜서 지름 20cm 크기의 원반형을 만든다. 크림 안에 페브(작은 인형 모양)를 박아 넣는다. 랩으로 덮어 냉동실에 하룻밤 넣어둔다.

완성하기 MONTAGE
다음 날, 두 개의 파트 푀유테를 모서리 접은 면이 아래로 오도록 한 다음 각각 지름 23cm 크기의 원형으로 민다. 그중 한 장을 뒤집어 모서리 접은 면이 위로 오도록 작업대에 놓고 붓으로 가장자리에 빙 둘러 물을 묻힌다. 프랑지판 크림을 중앙에 놓는다. 그 위에 두 번째 파트 푀유테를 모서리 접은 면이 아래로 오도록 얹어 놓는다. 가장자리를 작은 칼로 누르거나 핀처로 집어(p.28 테크닉 참조) 무늬를 내주며 잘 붙여 굽는 도중 안의 내용물이 빠져나오지 않도록 한다. 베이킹 팬에 붓으로 물을 바른 다음 갈레트를 뒤집어 놓는다. 윗면에 매끈하게 달걀물을 바르고 냉장고에 30분간 넣어 휴지시킨다. 오븐을 190℃로 예열한다. 다시 한 번 달걀물을 바른 다음 페어링 나이프를 사용하여 중앙에서 바깥쪽을 향한 약 6mm 간격의 곡선으로 줄무늬를 내준다. 예열한 오븐에 넣고 바로 온도를 170℃로 낮춘 다음 40분간 굽는다. 케이크를 굽는 동안 시럽을 만든다. 소스팬에 물과 설탕을 넣고 중불로 가열해 설탕을 완전히 녹인다. 끓으면 바로 불에서 내린 뒤 럼을 넣어 섞어준다. 다 구워진 갈레트를 오븐에서 꺼내자마자 붓으로 시럽을 얇게 발라 윤기 나게 한다. 시럽을 너무 많이 바르면 푀유타주가 젖어 눅눅해질 수 있으니 주의한다. 따뜻하게 또는 상온의 온도로 서빙한다.

LEVEL

2

피스타치오 체리 갈레트 데 루아
GALETTE PISTACHE-GRIOTTE

8인분

작업 시간
3시간

냉장
2시간 30분

냉동
30분

조리
40분

보관
냉장고에서 48시간까지

도구
체
스크레이퍼
파티스리용 밀대
10cm x 20cm 무지 전사지
주방용 붓
지름 18cm 케이크 링 또는 실리콘
타르트 틀
지름 22cm 케이크 링
갈레트 안에 넣을 작은 인형 (fève) 또는
마른 콩
페어링 나이프
파티스리용 핀처

재료
푀유타주 앵베르세
데트랑프
밀가루 160g
소금 5g
물 90g
뵈르 마니에
밀가루 55g
푀유타주용 저수분 버터 160g

색을 낸 데트랑프
데트랑프 50g(위의 재료 참조)
수용성 식용 색소가루(빨강) 6g
옥수수 전분 6g
버터 3g

체리 아몬드 크림
버터 50g
설탕 50g
피스타치오 페이스트 20g
아몬드 가루 50g
달걀 50g
키르슈 5g
씨를 뺀 그리요트 체리(4등분한다) 60g

달걀물
달걀 50g
달걀노른자 20g
액상 생크림(유지방 35%) 10g
식용 색소가루(빨강)

시럽
물 50g
설탕 50g

완성 재료
곱게 다진 피스타치오 50g
슈거파우더 25g
체리 몇 알
식용 금박

푀유타주 앵베르세 FEUILLETAGE INVERSÉ
레시피 분량대로 다음과 같이 푀유타주 앵베르세 반죽을 만든다(p.72 테크닉 참조). 뵈르 마니에를 만든 다음 밀대로 밀어 사방 20cm 크기의 납작한 정사각형으로 만든다. 랩에 싸서 냉장고에 20분 정도 넣어둔다. 데트랑프를 만든 다음 200g을 떼어내 10cm x 20cm의 직사각형 모양으로 민다. 랩을 씌워 냉장고에 약 20분간 넣어둔다. 나머지 데트랑프 반죽 50g에 전분, 버터, 식용 색소를 넣고 손으로 섞는다. 이 반죽을 무지 전사지 위에 놓고 10cm x 20cm의 직사각형으로 밀어준 다음 냉장고에 넣어둔다. 기본 데트랑프와 뵈르 마니에를 합한 다음 4절 밀어 접기 2회, 3절 밀어 접기 2회를 해준다. 밀어 접기를 하는 사이사이에 냉장고에 넣어 휴지시킨다. 푀유타주 밀어 접기를 마친 반죽을 색소를 넣은 데트랑프와 같은 크기(10cm x 20cm)로 밀어준다. 표면에 붓으로 물을 바른 다음 붉은색 데트랑프 반죽을 얹어 붙인다. 반죽을 각 240g의 정사각형 2개로 자른 다음 각각 사방 23cm 크기의 정사각형으로 민다. 랩을 씌워 냉장고에 넣어둔다.

체리 아몬드 크림 CRÈME D'AMANDE AUX GRIOTTES
피스타치오 페이스트와 아몬드 가루, 키르슈를 넣은 아몬드 크림을 만든 다음 (p.208 테크닉 참조), 씨를 뺀 그리요트 체리를 넣고 섞어준다. 유산지를 깐 베이킹 팬 위에 지름 18cm 케이크 링을 놓고 혼합물을 붓는다. 혹은 실리콘 틀에 넣어 채운다. 페브(작은 인형 모형)를 크림 속에 박아둔다. 냉동실에 30분 정도 넣어둔다.

완성하기 MONTAGE
푀유타주 반죽 1장을 붉은색 면이 아래로 가게 놓고, 냉동한 체리 아몬드 크림을 가운데 놓는다. 붓으로 가장자리에 물을 발라준 다음 나머지 푀유타주 한 장을 붉은색 면이 위로 오도록 덮어준다. 가장자리를 빙 둘러 잘 붙인 다음 지름 22cm 링으로 눌러 테두리 여유분의 반죽을 깔끔하게 잘라낸다. 파티스리용 핀처나 페어링 나이프로 약 12mm 간격으로 빙 둘러 무늬를 내주면서 꼼꼼히 붙여, 굽는 도중 안의 내용물이 빠져나오지 않게 한다. 베이킹 팬에 붓으로 물을 발라준 다음 갈레트를 뒤집어 놓는다. 냉장고에 15분간 넣어둔다. 달걀물 재료를 풀어 혼합한다. 오븐을 190℃로 예열한다. 붓으로 갈레트 윗면에 달걀물을 바른 다음 페어링 나이프로 보기 좋게 무늬를 내준다. 맨 가장자리 부분은 피스타치오를 붙일 수 있도록 약간의 여유를 남겨둔다. 예열한 오븐에 넣고 바로 온도를 170℃로 낮춘 다음 40분간 굽는다. 갈레트가 노릇하게 구워지면서도 붉은색이 잘 유지되는지 주의하여 살펴본다. 갈레트를 굽는 동안 시럽을 만든다. 소스팬에 물과 설탕을 넣고 중불로 가열해 설탕을 완전히 녹인 다음 끓으면 바로 불을 끈다. 갈레트를 오븐에서 꺼낸 뒤 바로 갈레트 표면에 시럽을 얇게 바르고 가장자리에 다진 피스타치오를 붙인다. 피스타치오에 슈거파우더를 뿌리고 그리요트 체리 몇 개와 식용 금박을 얹어 장식한다.

자몽 갈레트 데 루아
GALETTE PAMPLEMOUSSE ROSE

공트랑 셰리에 Gontran Cherrier

페랑디 파리 졸업생

6인분

작업 시간
2시간

시럽에 절이기
하룻밤

휴지
4시간 + 이틀 밤

조리
1시간

보관
냉장고에서 48시간까지

도구
파티스리용 밀대
스크레이퍼
지름 24cm 타르트 링
주방용 붓
파티스리용 핀처

재료

자몽 과육 세그먼트
핑크 자몽 1개
물 90g
설탕 160g
캄파리(오렌지 껍질 향의 붉은색 리큐어) 60g

호밀 푀유타주
녹인 버터 80g
물 130g
밀가루(T65) 275g
호밀가루(T130) 70g
소금 7g
푀유타주용 저수분 버터 250g

아몬드 크림
버터 70g
설탕 70g
아몬드 가루 70g
달걀 70g
커스터드 분말 10g

완성 재료
슈거파우더

──────── 자몽 과육 세그먼트 SEGMENTS

하루 전날, 자몽을 속껍질까지 칼로 잘라 벗긴 다음 과육 세그먼트만 도려낸다(약 150g). 소스 팬에 캄파리, 물, 설탕을 넣고 끓여 시럽을 만든다. 자몽 과육에 붓고 냉장고에 하룻밤 넣어 절 인다.

──────── 푀유타주 FEUILLETAGE SEIGLE

하루 전날, 녹인 버터와 차가운 물, 소금을 섞은 뒤, 레시피 분량의 두 가지 밀가루를 체에 쳐서 넣고 데트랑프 반죽을 한다. 냉장고에 2시간 동안 넣어 휴지시킨다. 버터를 넓적하게 만들어 넣 고 데트랑프로 감싸 밀어 4절 밀어 접기 1회를 한 다음 냉장고에 최소 2시간 휴지시킨다. 3절 밀 어 접기를 1회 해준 다음 하룻밤 동안 냉장고에 넣어둔다. 다음 날, 다시 4절 밀어 접기 1회, 3 절 밀어 접기 1회를 해준다. 푀유타주를 2mm 두께로 얇게 민 다음 타르트 링으로 찍어 지름 24cm 크기의 원반형 2개를 잘라둔다. 냉장고에 넣어둔다.

──────── 아몬드 크림 CRÈME D'AMANDE

믹싱볼에 상온의 버터와 설탕을 넣고 거품기로 저어 가볍고 크리미한 포마드 상태로 만든다. 아몬드 가루를 넣고 잘 섞은 다음 상온의 달걀을 넣고 균일하게 혼합한다. 마지막으로 커스 터드 분말을 넣고 섞는다. 시럽에서 건진 자몽 과육을 굵직하게 다져 아몬드 크림에 넣고 살 살 섞는다.

──────── 완성하기 MONTAGE

원반형 푀유타주 반죽 한 장을 놓고 중앙에 자몽을 섞은 아몬드 크림을 펼쳐 놓는다. 붓으로 가 장자리에 빙 둘러 물을 묻힌 다음 두 번째 푀유타주 반죽을 덮어준다. 가장자리를 잘 붙인 다 음 타르트용 핀처나 칼로 빙 둘러 무늬를 내준다. 냉장고에 하룻밤 넣어둔다.
200℃로 예열한 오븐에 갈레트를 넣고 25분간 굽는다. 갈레트 위에 유산지를 한 장 얹고 그릴 망이나 얇은 베이킹 팬을 살짝 얹어 표면을 평평하게 해준다. 그 상태로 20분을 더 굽는다. 오 븐에서 꺼낸 다음 베이킹 팬이나 오븐 그릴망 위에 뒤집어 놓는다. 오븐의 온도를 230~240℃로 올린다. 갈레트 표면에 슈거파우더를 솔솔 뿌린 다음 오븐에 잠깐 넣어 캐러멜라이즈시킨다.

LEVEL

1

크로캉부슈
CROQUEMBOUCHE

12~15인분

작업 시간
2시간 30분

조리
40분

냉장
30분

보관
12시간까지

도구
체
짤주머니 + 지름 10mm 원형 깍지
거품국자
주방용 온도계
파티스리용 밀대
지름 18cm 케이크 링
지름 6cm 타르트 링
지름 24cm 타르트 링 2개
주방용 붓
거품기
실리콘 패드
초콜릿용 무지 전사지

재료
누가틴
설탕 250g
물 125g
글루코스 시럽 125g
다진 아몬드 200g

원반형으로 굳힌 캐러멜
설탕 330g
물 130g
글루코스 시럽 100g
갈색 식용 색소가루

슈 반죽
물 100g
우유 100g
버터 90g
소금 4g
설탕 4g
밀가루 70g
달걀(상온) 200g

크렘 파티시에
우유 400g
바닐라 빈 1줄기
달걀 80g
설탕 120g
달걀노른자 24g
밀가루 30g
커스터드 분말 30g
버터 40g

캐러멜 시럽
설탕 250g
물 75g
글루코스 25g

완성 재료
펄 슈거

누가틴 NOUGATINE
오븐을 165℃로 예열한다. 베이킹 팬에 유산지를 깔고 다진 아몬드를 펼쳐 놓은 다음 오븐에 넣고 15분간 건조시킨다. 소스팬에 물과 설탕을 넣고 가열한다. 끓으면 글루코스 시럽을 넣고 거품을 건져가며 젓지 않고 계속 가열해 너무 진하지 않은 황금색의 캐러멜을 만든다. 캐러멜의 온도가 165℃에 달하면 불에서 내리고 아몬드를 넣어 잘 섞는다. 누가틴을 실리콘 패드에 펼쳐놓고 그 위에 투명 전사지를 한 장 덮어준 다음 두께 1cm 정도로 민다. 지름 18cm 링을 누가틴 위에 놓고 밀대로 가장자리를 두드리듯이 눌러 원형으로 자른다. 식힌다. 나머지 자투리 누가틴은 다시 오븐에 넣어 말랑하게 한 다음 밀대로 얇게 민다. 나이프나 쿠키 커터 등을 이용하여 장식용 모양으로 잘라둔다.

원반형으로 굳힌 캐러멜 SUCRE COULÉ
소스팬에 물과 설탕을 넣고 중불로 가열한다. 물에 적신 붓으로 소스팬의 안쪽 벽면을 계속 닦아 설탕이 붙어 굳는 것을 막아준다. 설탕이 완전히 녹으면 끓인 다음 글루코스 시럽을 넣고 약 160℃까지 가열해 캐러멜을 만든다. 불에서 내린 뒤 식용 색소를 넣어 짙은 갈색으로 만든다. 지름 24cm 링과 지름 6cm 링을 실리콘 패드 위에 놓고 그 안에 캐러멜을 붓는다. 굳으면 틀을 제거한다.

슈 반죽 PÂTE À CHOUX
오븐을 210℃로 예열한다. 레시피 분량대로 슈 반죽을 만든다(p.162 테크닉 참조). 10mm 원형 깍지를 끼운 짤주머니에 채워 넣은 다음 두 장의 논스틱 베이킹 팬 위에 지름 3cm의 작은 슈 60개를 짜 놓는다. 예열한 오븐에 넣어 노릇한 색이 날 때까지 20~25분간 굽는다. 식힌다.

크렘 파티시에 CRÈME PÂTISSIÈRE
레시피 분량대로 크렘 파티시에를 만든다(p.196 테크닉 참조). 용기에 덜어낸 다음 랩을 표면에 밀착시켜 덮어 냉장고에서 식힌다.

캐러멜 시럽 SUCRE CUIT
큰 볼에 차가운 물과 얼음을 넣어둔다. 소스팬에 물과 설탕을 넣고 중불로 가열한다. 물에 적신 붓으로 소스팬의 안쪽 벽면을 계속 닦아 설탕이 붙어 굳는 것을 막아준다. 설탕이 완전히 녹고 끓기 시작하면 글루코스 시럽을 넣고 약 160℃까지 가열해 캐러멜을 만든다. 불에서 내린 뒤 바로 차가운 물이 담긴 큰 볼에 소스팬을 잠깐 담가 더 이상 익는 것을 중단시킨다.

완성하기 MONTAGE
베이킹 팬에 유산지를 깔아둔다. 펄 슈거는 볼에 담아둔다. 슈 안에 크렘 파티시에를 채워 넣는다(p.168 테크닉 참조). 슈의 윗부분을 뜨거운 캐러멜 시럽에 담갔다 빼 묻힌 다음 베이킹 팬 위에 놓는다. 슈에 묻힌 캐러멜이 굳기 전에 그중 반은 펄 슈거를 묻힌다. 서빙용 플레이트나 케이크 받침 보드 위에 지름 24cm 크기의 원반형으로 굳힌 캐러멜을 놓는다. 그 위에 링으로 자른 원형 누가틴을 틀째로 놓는다. 슈의 한쪽 옆면에 뜨거운 캐러멜 시럽을 묻힌 다음 캐러멜을 씌운 윗면이 바깥을 향하도록 누가틴 베이스에 빙 둘러 붙여놓는다. 그 윗줄에 마찬가지 방법으로, 슈의 갯수를 줄여 원을 조금 작게 만들면서 펄 슈거 묻힌 슈를 엇갈리며 붙여준다. 누가틴 링을 위로 조심스럽게 빼낸 다음 층마다 슈의 개수를 줄여가며 캐러멜만 씌운 슈와 펄 슈거를 묻힌 슈를 층층이 교대로 반복하여 높은 원뿔 모양으로 쌓아 붙인다. 맨 꼭대기에 지름 6cm로 굳힌 캐러멜을 얹어 붙인 다음 모양을 내, 잘라둔 누가틴 조각으로 장식한다.

셰프의 팁

• 슈에 캐러멜 시럽을 묻혀 붙이고 조립하는 과정에서 캐러멜 시럽이 조금씩 굳으면 중간중간 데워 디핑하기 좋은 농도로 만들어 사용한다.

• 뜨거운 누가틴 혼합물을 밀대로 밀 때 투명 전사지를 한 장 덮어주면 들러붙는 것을 막을 수 있다.

• 뜨거운 캐러멜을 다루는 작업을 할 때는 화상을 입을 경우 바로 손을 담글 수 있도록 항상 얼음물을 넣은 볼을 옆에 비치해두는 것이 안전하다.

카카오닙스 참깨 누가틴 크로캉부슈

CROQUEMBOUCHE À LA NOUGATINE DE SÉSAME
AUX ÉCLATS DE GRUÉ DE CACAO

12~15인분

작업 시간
3시간 30분

조리
30분

보관
12시간까지

도구
체
짤주머니 2개 + 지름 10mm 원형 깍지
실리콘 패드
초콜릿용 무지 전사지
거품기
거품 국자
주방용 붓
주방용 온도계
지름 22cm 케이크 링
지름 6cm 타르트 링
지름 18cm 케이크 링
파티스리용 밀대
지름 3cm, 5cm 원형 쿠키 커터
밑변 20cm, 양쪽변 40cm 이등변
삼각형 판

재료
슈 반죽
물 100g
우유 100g
버터 90g
소금 4g
설탕 4g
밀가루 70g
달걀 200g

라이트 초콜릿 크렘 파티시에
우유 500g
달걀 100g
달걀노른자 30g
설탕 150g
옥수수 전분 80g
버터 50g
퓨어 카카오 페이스트 60g
액상 생크림(유지방 35%) 200g

카카오닙스 참깨 누가틴
설탕 1kg
물 500g
글루코스 시럽 500g
통깨 800g
로스팅한 카카오닙스 200g

캐러멜 시럽
설탕 500g
물 150g
글루코스 시럽 50g
수용성 식용 색소가루(갈색) 1g

완성 재료
펄 슈거

슈 반죽 PÂTE À CHOUX
오븐을 210℃로 예열한다. 레시피 분량대로 슈 반죽을 만든다(p.162 테크닉 참조). 10mm 원형 깍지를 끼운 짤주머니에 채워 넣은 다음 두 장의 논스틱 베이킹 팬 위에 지름 3cm의 작은 슈 60개를 짜 놓는다. 예열한 오븐에 넣어 노릇한 색이 날 때까지 20~25분간 굽는다. 식힌다.

라이트 초콜릿 크렘 파티시에 CRÈME PÂTISSIÈRE LÉGÈRE AU CHOCOLAT
레시피 분량대로 크렘 파티시에를 만든 다음(p.196 테크닉 참조) 뜨거울 때 카카오 페이스트를 넣어 섞는다. 용기에 덜어낸 다음 랩을 표면에 밀착시켜 덮어 바로 냉장고에 넣어 식힌다. 거품기로 가볍고 매끈하게 풀어준 다음, 휘핑한 크림을 넣고 접어 돌리듯이 살살 섞는다. 사용할 때까지 냉장고에 넣어둔다.

카카오닙스 참깨 누가틴 NOUGATINE SÉSAME AUX ÉCLATS DE GRUÉ DE CACAO
오븐을 165℃로 예열한다. 베이킹 팬에 유산지를 깔고 통깨를 펼쳐 놓은 다음 오븐에 넣고 5분간 건조시킨다. 오븐의 온도를 155℃로 낮춘다. 소스팬에 물과 설탕을 넣고 가열한다. 끓으면 글루코스 시럽을 넣고 거품을 건져가며 젓지 않고 계속 가열해 너무 진하지 않은 황금색의 캐러멜을 만든다. 불에서 내린 뒤 통깨와 카카오닙스를 넣고 잘 섞는다. 누가틴을 실리콘 패드에 펼쳐놓고 그 위에 무지 전사지를 한 장 덮어준 다음 두께 1cm 정도로 민다. 오븐 안에 넣어 말랑한 상태로 둔다.

캐러멜 시럽 SUCRE CUIT
유산지를 깐 베이킹 팬 위에 각각 지름 6cm, 22cm의 링을 놓는다. 큰 볼에 차가운 물과 얼음을 넣어둔다. 소스팬에 물과 설탕을 넣고 중불로 가열한다. 물에 적신 붓으로 소스팬의 안쪽 벽면을 계속 닦아 설탕이 붙어 굳는 것을 막아준다. 설탕이 완전히 녹고 끓기 시작하면 글루코스 시럽을 넣고 약 160℃까지 가열해 캐러멜을 만든다. 불에서 내린 뒤 식용 색소를 넣어 짙은 갈색으로 만든다. 바로 차가운 물이 담긴 큰 볼에 소스팬을 잠깐 담가 더 이상 익는 것을 중단시킨다. 준비해 둔 22cm 링에 얇게 채워 넣어 굳혀 받침 베이스를 만든다. 또한 지름 6cm 원형, 밑변 6cm x 양쪽 변 12cm의 이등변 삼각형 모양의 틀에 부어 굳힌다. 캐러멜이 굳기 시작하면 중간중간 데워서 160℃의 흐르는 상태를 유지하며 사용한다.

완성하기 MONTAGE
슈 안에 초콜릿 크렘 파티시에를 채워 넣는다(p.168 테크닉 참조). 슈 윗면에 캐러멜 시럽을 씌우고 그중 반은 펄 슈거까지 묻혀둔다. 두께 1cm로 밀어둔 누가틴을 지름 18cm 링으로 눌러 원형을 만든 뒤 그대로 지름 22cm 캐러멜 베이스 위에 놓는다. 캐러멜 시럽 입힌 슈를 빙 둘러 붙여 놓는다. 슈의 측면에 캐러멜 시럽을 조금 묻혀 슈를 씌운 면이 바깥을 향하도록 정렬해 붙인다. 그 윗줄에는 펄 슈거까지 묻힌 슈를 마찬가지 방법으로, 갯수를 줄이며 붙여 얹는다. 누가틴의 링을 조심스럽게 위로 올려 제거한다. 이렇게 층마다 슈의 개수를 줄여가며 두 종류의 슈를 교대로 붙여 원뿔형으로 쌓아올린다. 나머지 누가틴을 두께 3~4mm로 민 다음, 밑변 20cm, 나머지 옆변 40cm의 이등변 삼각형 모양의 형판을 사용해 삼각형으로 자른다. 이 삼각형에 두 가지 크기의 원형 커터를 찍어 구멍창을 내준다. 삼각형 모양의 누가틴을 반원 모양으로 구부려 식힌 다음, 슈를 쌓아올린 크로캉부슈의 반을 감싸듯이 높이 세워 밑면의 누가틴 베이스에 붙인다. 나머지 누가틴을 6cm x 18cm 크기로 민 다음 밑변 2cm의 삼각형 9개로 자른다. 이것들을 밀대에 붙여 구부린 다음 식혀 뾰족한 '늑대 이빨(당 드 루, dents de loup)' 모양을 만든다. 맨 밑 베이스 부분에 빙 둘러 붙이고 맨 꼭대기에도 붙여준다. 그 위에 미리 만들어 굳혀둔 원형과 삼각형 캐러멜 장식을 붙여 얹어 완성한다.

크로캉부슈 CROQUEMBOUCHE

프레데릭 카셀 Frédéric Cassel

1999, 2007 베스트 파티시에

15인분

작업 시간
3시간

조리
40분

보관
냉장고에서 24시간까지

도구
체
전동 스탠드 믹서
짤주머니 2개 + 지름
8cm, 10mm 원형 깍지
설탕용 구리 소스팬
주방용 붓
실리콘 패드
파티스리용 밀대
거품기
지름 18cm 타르트 링

재료
슈 반죽
전유(lait entier) 250g
물 400g
설탕 10g
소금 10g
버터 225g
밀가루 275g
달걀 400g

아몬드 누가틴
글루코스 시럽 360g
설탕 480g
다진 아몬드 360g
물 80g

바닐라 크렘 파티시에
전유(lait entier) 500g
바닐라 빈 1줄기
비정제 황설탕 125g
달걀노른자 80g
커스터드 분말 45g
무염 버터 20g

캐러멜
설탕 1kg
물 400g
글루코스 시럽 200g

——— 슈 반죽 PÂTE À CHOUX
오븐을 210℃로 예열한다. 밀가루를 체에 친다. 소스팬에 우유, 물, 설탕, 소금, 버터를 넣고 가열한다. 끓으면 불에서 내린 뒤 밀가루를 한번에 넣고 주걱으로 섞는다. 다시 불에 올린 뒤 반죽이 소스팬 벽에 더 이상 달라붙지 않고 뭉칠 때까지 주걱으로 세게 저어준 다음 약 2~3분간 수분을 날린다. 전동 스탠드 믹서 볼에 옮겨 담고 달걀을 조금씩 넣으며 플랫비터로 혼합한다. 반죽을 떠 올렸을 때 띠 모양으로 흘러 떨어지는 농도가 되도록 한다. 지름 10mm 원형 깍지를 끼운 짤주머니에 채워 넣은 다음 지름 3cm 크기의 작은 슈를 짜 놓는다. 오븐에 넣어 20~25분간 굽는다.

——— 아몬드 누가틴 NOUGATINE AMANDES
오븐 온도를 160℃로 낮춘다. 다진 아몬드를 베이킹 팬에 펼쳐 놓고 오븐에 넣어 15분간 로스팅한다. 설탕용 구리 냄비에 분량의 물과 설탕을 넣고 약한 불로 가열한다. 물에 적신 붓으로 팬의 안쪽 벽면을 계속 닦아 설탕이 붙어 굳는 것을 막아준다. 설탕이 완전히 녹으면 끓인 다음 글루코스 시럽을 넣고 센 불로 계속 가열해 황금색 캐러멜을 만든다. 불에서 내린 뒤 로스팅한 아몬드를 한번에 넣고 주걱으로 잘 섞는다. 다시 약한 불에 올려 누가틴이 팬에 붙지 않도록 풀어준 다음 실리콘 패드 위에 쏟아놓는다. 살짝 식힌 다음 밀대로 밀어 원하는 모양으로 잘라둔다.

——— 바닐라 크렘 파티시에 CRÈME PÂTISSIÈRE VANILLE
소스팬에 우유, 설탕 분량의 반, 길게 갈라 긁은 바닐라 빈을 넣고 끓을 때까지 가열한다. 밑이 둥근 볼에 나머지 분량의 설탕과 달걀노른자를 넣고 색이 연해지고 걸쭉해질 때까지 거품기로 저어 혼합한다. 커스터드 분말을 넣고 섞어준다. 여기에 끓는 우유의 1/3을 부어 거품기로 풀어 섞은 다음 다시 소스팬으로 모두 옮겨 담고 끓을 때까지 가열한다. 불에서 내린 뒤 버터를 넣어 섞고 바로 냉장고에 넣어 식힌다.

——— 캐러멜 CARAMEL
설탕용 구리 냄비에 분량의 물과 설탕을 넣고 약한 불로 가열한다. 물에 적신 붓으로 팬의 안쪽 벽면을 계속 닦아 설탕이 붙어 굳는 것을 막아준다. 끓으면 글루코스 시럽을 넣고 센 불로 올린 뒤 계속 가열해 황금색 캐러멜을 만든다.

——— 완성하기 MONTAGE
누가틴을 납작하게 민 다음 지름 18cm의 원반형 베이스를 잘라둔다. 또한 옆면으로 사용할 같은 크기의 초승달 모양 2개를 잘라둔다. 8mm 원형 깍지를 끼운 짤주머니로 슈 안에 바닐라 크림을 채워 넣은 다음(p.68 테크닉 참조), 윗면에 캐러멜 시럽을 씌운다. 초승달 모양의 누가틴을 작업대 바닥에 놓고 그 위에 슈의 캐러멜 씌운 면이 바깥을 향하도록 두 줄로 붙인다. 그 위에 같은 방식으로 또 한 층을 두 줄로 붙여 올린다. 두 번째 초승달 모양 누가틴을 얹어 붙인다. 이 크로캉부슈를 수직으로 세운 뒤 베이스 지지대에 붙여 고정한다. 기호에 맞게 장식한다.

시트러스 타르틀레트

TARTELETTES AUX AGRUMES

50개 분량

작업 시간
1시간

냉장
1시간

조리
15분

보관
냉장고에서 24시간까지

도구
거품기
지름 3cm 원형 쿠키 커터
체
전동 핸드믹서
짤주머니 + 를리지외즈용 깍지 또는
로미아스 깍지(douille sultane)

재료
사블레 브르통
상온의 부드러운 버터 150g
설탕 140g
소금 2g
달걀노른자 60g
밀가루 200g
베이킹파우더 20g

시트러스 무슬린 크림
판 젤라틴 6g
물 36g
오렌지즙 265g
오렌지 제스트(그레이터에 곱게 간다)
1.5g
포멜로 퓌레 265g
달걀노른자 90g
설탕 130g
전분 38g
버터 190g
휘핑한 생크림 100g

완성 재료
자몽 2개
오렌지 2개
레몬 2개
마이크로 허브(limon cress) 약간

사블레 브르통 SABLÉ BRETON

믹싱볼에 상온의 부드러운 버터와 설탕, 소금을 넣고 거품기로 저어 가볍고 크리미한 상태로 만든다. 달걀노른자를 넣고 잘 섞은 다음 체에 친 밀가루와 베이킹파우더를 넣고 주걱으로 너무 치대지 않고 섞어준다. 랩으로 싸서 냉장고에 1시간 동안 넣어둔다. 오븐을 170℃로 예열한다. 반죽을 5mm 두께로 민 다음 쿠키 커터를 사용해 원형으로 50개를 잘라낸다. 유산지를 깐 베이킹 팬 위에 놓고 오븐에 넣어 노릇한 색이 나고 바삭해질 때까지 12~15분간 굽는다.

시트러스 무슬린 크림 MOUSSELINE AUX AGRUMES

젤라틴을 찬물에 담가 말랑하게 불린다. 레시피 분량대로 우유 대신 오렌지즙을 사용한 크렘 파티시에를 만든다(p.196 테크닉 참조). 뜨거울 때 버터를 넣고 섞은 다음 물을 꼭 짠 젤라틴을 넣고 잘 섞어 녹인다. 마지막으로 포멜로 퓌레를 넣고 혼합한다. 용기에 덜어 랩을 표면에 밀착시켜 덮은 뒤 사용할 때까지 냉장고에 넣어둔다. 무슬린 크림을 전동 핸드믹서로 돌려 부드럽게 풀어준 다음, 휘핑해둔 생크림을 넣고 실리콘 주걱으로 접어 돌리듯이 살살 섞는다.

완성하기 MONTAGE

무슬린 크림을 짤주머니에 채워 넣고 사블레 브르통 위에 보기 좋게 짜 얹는다. 시트러스 과일의 과육 세그먼트를 잘라내 작게 슬라이스한 다음 타르틀레트 위에 놓고 마이크로 허브를 얹어 장식한다.

레몬 라임 재스민 타르틀레트
TARTELETTE CITRON JASMIN

50개 분량

작업 시간
1시간 30분

냉장
3시간

조리
1시간 10분

보관
냉장고에서 48시간까지

도구
거품기
체
파티스리용 밀대
원뿔체
주방용 온도계
핸드블렌더
사방 15cm 정사각형 베이킹 프레임
실리콘 패드
전동 핸드믹서
짤주머니 3개 + 지름 6mm 원형 깍지,
6mm 별모양 깍지

재료
레몬 파트 쉬크레
상온의 부드러운 버터 190g
설탕 210g
소금 3.5g
달걀 75g
달걀노른자 50g
레몬즙 40g
라임 제스트 1g
밀가루 500g

재스민 크레뫼
전유(lait entier) 250g
액상 생크림(유지방 35%) 250g
재스민 티 30g
설탕 85g
펙틴(pectine NH) 2g
달걀노른자 70g

라임 크림
판 젤라틴 6g
설탕 225g
라임 제스트 25g
라임즙 175g
달걀 200g
버터 290g
휘핑한 생크림 100g

레몬 젤리
판 젤라틴 6g
레몬즙 300g
설탕 45g

스위스 머랭
설탕 100g
달걀흰자 50g

레몬 파트 쉬크레 PÂTE SUCRÉE AU CITRON
믹싱볼에 버터와 설탕, 소금, 달걀노른자. 달걀, 레몬즙과 제스트를 넣고 크리미한 질감이 될 때까지 거품기로 섞는다. 체에 친 밀가루를 넣고 잘 섞는다. 혼합물을 작업대에 쏟고 손으로 균일하게 반죽한 다음 랩을 씌워 냉장고에 30분 정도 넣어 둔다. 오븐을 170℃로 예열한다. 요철 무늬가 있는 밀대로 반죽을 민 다음 1cm x 3cm 크기의 직사각형으로 자른다. 유산지를 깐 베이킹 팬 위에 놓고 오븐에 넣어 노릇한 색이 날 때까지 8분간 굽는다.

재스민 크레뫼 CRÉMEUX AU JASMIN
소스팬에 우유와 생크림을 넣고 뜨겁게 가열한다. 불에서 내린 뒤 재스민 찻잎을 넣고 랩을 씌워 15분간 향을 우려낸다. 체에 거른 뒤 설탕과 펙틴을 넣고 잘 섞는다. 다시 불에 올려 끓을 때까지 가열한다. 볼에 달걀노른자를 넣고 거품기로 저어 풀어놓는다. 뜨거운 우유 크림 혼합물의 1/3을 달걀노른자에 붓고 섞은 다음 다시 소스팬으로 모두 옮겨 담고 계속 저어가며 85℃까지 가열한다. 식힌 다음 냉장고에 최소 1시간 이상 넣어둔다.

라임 크림 CRÈME AU CITRON VERT
젤라틴을 찬물에 담가 말랑하게 불린다. 설탕과 라임 제스트를 섞는다. 소스팬에 레몬즙, 설탕 제스트 혼합물을 넣고 설탕을 녹인 다음 끓을 때까지 가열한다. 풀어놓은 달걀을 넣고 잘 저으며 가열한다. 다시 끓기 시작하면 불에서 내리고 체에 거른 다음 물을 꼭 짠 젤라틴을 넣고 잘 저어 녹인다. 40℃까지 식으면 버터를 넣고 녹인 다음 핸드블렌더로 갈아 균일하게 혼합한다. 식힌 다음, 휘핑한 생크림을 넣고 실리콘 주걱으로 접어 돌리듯이 살살 섞는다. 냉장고에 1시간 동안 넣어둔다.

레몬 젤리 GELÉE DE CITRON
젤라틴을 찬물에 담가 말랑하게 불린다. 소스팬에 레몬즙 분량의 1/4, 설탕, 물을 꼭 짠 젤라틴을 넣고 가열한다. 잘 녹여 섞은 다음 나머지 분량의 레몬즙을 넣어준 다. 실리콘 패드 위에 정사각형 베이킹 프레임을 놓고 그 안에 혼합물을 조심스럽 게 부어 넣는다. 냉장고에 넣어 굳힌다. 프레임 틀을 제거한 다음 사방 5mm 크기 의 작은 큐브 모양으로 썬다.

스위스 머랭 MERINGUE SUISSE
오븐을 80℃로 예열한다. 레시피 분량대로 스위스 머랭을 만든 다음(p.236 테크닉 참조) 6mm 원형 깍지를 끼운 짤주머니에 채워 넣는다. 유산지를 깐 베이킹 팬 위에 작고 뾰족한 방울 모양으로 짜 놓는다. 오븐에서 약 1시간 동안 건조시키며 굽는다.

완성하기 MONTAGE
라임 크림과 재스민 크레뫼를 각각 6mm 별모양 깍지, 원형 깍지를 끼운 짤주머니 에 채워 넣고 직사각형으로 잘라둔 파트 쉬크레 위에 뾰족한 방울 모양과 꽃모양 으로 보기 좋게 짜 얹는다. 그 위에 머랭과 레몬 젤리 큐브를 얹고, 허브 잎과 식용 금박으로 장식한다.

망디앙 초콜릿 미니 에클레어

CAROLINE CHOCOLAT MENDIANT

50개 분량

작업 시간
1시간

조리
30~40분

냉장
40분

보관
냉장고에서 48시간까지

도구
체
짤주머니 2개 + 지름 6mm, 10mm
원형 깍지
거품기
주방용 온도계
고운 원뿔체
핸드블렌더

재료

슈 반죽
물 125g
전유(lait entier) 125g
소금 5g
설탕 5g
버터 100g
밀가루 150g
달걀 250g

초콜릿 크레뫼
전유(lait entier) 200g
액상 생크림(유지방 35%) 200g
달걀노른자 80g
설탕 40g
카카오 70% 다크 초콜릿 160g

완성 재료
다크 초콜릿 퐁당 글라사주
둘로 쪼갠 피스타치오
작게 깍둑 썬 건살구
굵게 다진 구운 헤이즐넛

슈 반죽 PÂTE À CHOUX

소스팬에 물, 우유, 소금, 설탕, 잘게 썬 버터를 넣고 가열한다. 버터가 녹고 끓기 시작하면 불에서 내린 뒤 체에 친 밀가루를 한 번에 넣고 주걱으로 세게 저어 균일하게 섞는다. 다시 센 불에 올리고 계속 저으며 수분을 날려준다. 불에서 내린 뒤 달걀을 한 개씩 넣으며 주걱으로 잘 섞는다. 오븐을 180℃로 예열한다. 10mm 원형 깍지를 끼운 짤주머니에 슈 반죽을 채운 뒤 논스틱 베이킹 팬 위에 약 1.5cm x 5cm 크기의 미니 에클레어를 짜 놓는다. 오븐에 넣어 30~40분간 굽는다.

초콜릿 크레뫼 CRÉMEUX CHOCOLAT

소스팬에 우유와 생크림을 넣고 끓을 때까지 가열한다. 그동안 볼에 달걀노른자와 설탕을 넣고 색이 연해지며 걸쭉해질 때까지 거품기로 저어 섞는다. 끓는 우유 크림 혼합물을 달걀노른자 혼합물에 조금 부어 거품기로 잘 섞은 다음 다시 소스팬으로 전부 옮겨 놓는다. 크림이 주걱에 묻을 정도의 농도가 될 때까지 계속 잘 저어주며 82~84℃까지 익힌다. 고운 원뿔체에 거르면서 잘게 썰어둔 초콜릿에 부어준다. 공기가 주입되지 않도록 핸드블렌더의 날 부분을 혼합물 안에 잠기게 한 다음 균일하게 갈아 혼합한다. 냉장고에 30~40분간 넣어둔다.

완성하기 MONTAGE

초콜릿 퐁당 아이싱을 템퍼링하여 글라사주를 만든다(p.169 테크닉 참조). 6mm 원형 깍지를 끼운 짤주머니를 사용하여 미니 에클레어에 초콜릿 크레뫼를 채워 넣는다(p.168 테크닉 참조). 에클레어의 윗면을 초콜릿 퐁당 글라사주에 살짝 담가 묻힌다. 초콜릿 아이싱이 굳기 전에 준비한 건과류와 건과일을 올려 장식한다.

바닐라 라즈베리 를리지외즈

RELIGIEUSE VANILLE-FRAMBOISE

50개 분량

작업 시간
1시간 30분

조리
30분

냉장
2시간

냉동
1시간

보관
냉장고에서 48시간까지

도구
체
짤주머니 3개 + 지름 4mm, 10mm
원형 깍지
파티스리용 밀대
지름 1cm, 2cm 원형 쿠키 커터
주방용 온도계
핸드블렌더
구슬 모양 실리콘 틀

재료

바닐라 크라클랭
버터 50g
설탕 50g
헤이즐넛 가루 10g
아몬드 가루 10g
밀가루 20g
바닐라 빈 1줄기

슈 반죽
물 125g
전유(lait entier) 125g
소금 5g
설탕 5g
버터 100g
밀가루 150g
달걀 250g

바닐라 크레뫼
판 젤라틴 4g
달걀노른자 80g
설탕 70g
액상 생크림(유지방 35%) 340g
바닐라 빈 1줄기

라즈베리 크레뫼
판 젤라틴 2g
라즈베리 퓌레 200g
달걀노른자 60g
달걀 75g
설탕 50g
버터 75g

레드 글라사주
판 젤라틴 4g
액상 생크림(유지방 35%) 115g
무색 나파주 75g
화이트 초콜릿 190g
지용성 식용 색소가루(빨강)

바닐라 구슬
판 젤라틴 1.5g
우유 100g
바닐라 빈 1줄기

데커레이션
라즈베리 25개
식용 은박

바닐라 크라클랭 CRAQUELIN VANILLE

재료를 한데 놓고 손으로 섞어 파트 쉬크레를 만든다. 반죽을 두 장의 유산지 사이에 놓고 2mm 두께로 민다. 두 가지 크기의 원형 쿠킹커터를 사용해 각 50개씩 잘라낸 다음, 크기에 맞는 슈 반죽 위에 얹어놓는다.

슈 반죽 PÂTE À CHOUX

소스팬에 물, 우유, 소금, 설탕, 잘게 썬 버터를 넣고 가열한다. 버터가 녹고 끓기 시작하면 불에서 내린 뒤 체에 친 밀가루를 한번에 넣고 주걱으로 세게 저어 균일하게 섞는다. 다시 센 불에 올리고 계속 저으며 수분을 날려준다. 불에서 내린 뒤 달걀을 한 개씩 넣으며 주걱으로 잘 섞는다. 오븐을 180℃로 예열한다. 4mm 원형 깍지를 끼운 짤주머니에 슈 반죽을 채운 뒤 논스틱 베이킹 팬 위에 지름 1cm 짜리 작은 슈(머리 부분) 50개를 짜 놓는다. 마찬가지로 10mm 원형 깍지를 끼운 짤주머니를 사용하여 지름 3cm 짜리 슈 50개(몸통 부분)를 짜 놓는다. 오븐에 넣어 20~30분간 굽는다.

바닐라 크레뫼 CRÉMEUX VANILLE

젤라틴을 찬물에 담가 말랑하게 불린다. 볼에 달걀노른자와 설탕을 넣고 색이 연해지고 걸쭉해질 때까지 거품기로 저어 섞는다. 이것을 소스팬에 붓고 생크림과 바닐라 빈을 넣은 다음 잘 저으며 82~84℃까지 가열해 크림이 주걱에 묻는 농도가 되도록 한다. 물을 꼭 짠 젤라틴을 넣고 잘 녹여 섞는다. 불에서 내리고 볼에 덜어낸 다음, 균일하고 크리미한 질감이 되도록 핸드믹서로 몇 초간 갈아 혼합한다. 사용하기 전까지 식혀둔다. 10mm 원형 깍지를 끼운 짤주머니를 사용하여 이 크림을 큰 사이즈 슈에 채워 넣는다(p.168 테크닉 참조).

라즈베리 크레뫼 CRÉMEUX FRAMBOISE

젤라틴을 찬물에 담가 말랑하게 불린다. 소스팬에 버터를 제외한 모든 재료를 넣고 가열해 살짝 끓기 시작하면 불에서 내린 다음 물을 꼭 짠 젤라틴을 넣고 잘 저어 녹인다. 혼합물이 35~40℃까지 식으면 버터를 넣고 섞은 뒤 핸드블렌더로 갈아 매끈하게 혼합한다. 볼에 덜어낸 다음 냉장고에 넣어둔다. 4mm 원형 깍지를 끼운 짤주머니를 사용하여 이 크림을 작은 사이즈 슈에 채워 넣는다.

레드 글라사주 GLAÇAGE ROUGE

젤라틴을 찬물에 담가 말랑하게 불린다. 소스팬에 생크림을 넣고 가열한다. 끓으면 바로 불에서 내린 뒤 물을 꼭 짠 젤라틴을 넣고 잘 저어 녹인다. 이것을 작게 잘라둔 초콜릿과 나파주 위에 붓고 잘 섞어 매끈한 가나슈를 만든다. 색소를 넣고 고루 섞어준 다음 식힌다. 이 글라사주는 온도 30~35℃ 상태에서 사용한다. 작은 사이즈의 슈 아랫면에 글라사주를 씌운 다음(p.169 테크닉 참조) 식혀 굳힌다.

바닐라 구슬 CAVIAR DE VANILLE

젤라틴을 찬물에 담가 말랑하게 불린다. 소스팬에 우유와 길게 갈라 긁은 바닐라 빈 가루를 넣고 가열한다. 끓으면 물을 꼭 짠 젤라틴을 넣고 잘 저어 녹인다. 구슬 모양의 실리콘 틀에 붓고 냉동실에 넣어 굳힌다.

완성하기 MONTAGE

라즈베리의 링 모양 단면이 보이도록 가로로 2등분한다. 를리지외즈 몸통 부분에 해당하는 큰 사이즈 슈 위에 반으로 자른 라즈베리를 한 개씩 얹는다. 그 위에 머리 부분의 작은 슈를 글라사주 묻힌 면이 위로 오도록 놓는다. 맨 위에 바닐라 구슬과 식용 은박을 얹어 장식한다.

피스타치오 체리 미냐르디즈

MIGNARDISES PISTACHE-GRIOTTE

50개 분량

작업 시간
1시간 30분

냉장
2시간 30분

조리
30분

보관
48시간까지

도구
전동 스탠드 믹서
파티스리용 밀대
지름 2.5cm 원형 쿠키 커터
주방용 온도계
지름 2.5cm 반구형 실리콘 틀
짤주머니 + 납작한 톱니 깍지(douille à bûche)

재료

초콜릿 사블레
달걀노른자 50g
설탕 100g
상온의 부드러운 버터 100g
밀가루 125g
소금 1g
무가당 코코아 가루 35g
베이킹파우더 6g

피스타치오 라이트 크림
액상 생크림(유지방 35%) 100g
전유(lait entier) 85g
바닐라 빈 1/2줄기
달걀노른자 18g
설탕 20g
밀가루 4g
커스터드 분말 4g
피스타치오 페이스트 35g
화이트 초콜릿 70g
휘핑한 생크림 225g

피스타치오 체리 볼
아몬드 페이스트(아몬드 50%) 360g
달걀 180g
꿀 10g
피스타치오 페이스트 70g
버터 110g
씨를 뺀 그리요틴 체리(griottines) 50개

다크 초콜릿 장식
카카오 66% 다크 커버처 초콜릿 200g

완성 재료
살구 나파주
피스타치오 가루

초콜릿 사블레 SABLÉ CACAO

전동 스탠드 믹서 볼에 달걀노른자와 설탕을 넣고 색이 연해지고 걸쭉해질 때까지 거품기로 저어 섞는다. 상온의 버터를 넣고 잘 섞은 다음 밀가루, 소금, 코코아 가루, 베이킹파우더를 넣고 섞는다. 작업대에 덜어 놓고 손바닥으로 끊어 밀듯이 균일하게 반죽한 다음 랩으로 싸서 냉장고에 40분 정도 넣어둔다. 오븐을 165℃로 예열한다. 반죽을 3mm 두께로 민 다음 쿠키 커터로 동그랗게 잘라낸다. 유산지를 깐 베이킹 팬 위에 놓고 예열된 오븐에 넣어 12분간 굽는다.

라이트 피스타치오 크림 CRÈME LÉGÈRE PISTACHE

소스팬에 생크림, 우유, 길게 갈라 긁은 바닐라 빈 가루를 넣고 가열한다. 밑이 둥근 볼에 달걀노른자와 설탕을 넣고 색이 연해질 때까지 거품기로 저어 섞은 다음 체에 친 밀가루와 커스터드 분말을 넣고 잘 섞는다. 끓는 우유 혼합물의 1/3을 달걀 혼합물에 붓고 잘 풀어 섞은 다음 다시 소스팬으로 전부 옮긴다. 계속 저어가며 83℃까지 가열하여 익힌다. 불에서 내리고 피스타치오 페이스트와 화이트 초콜릿을 넣고 잘 섞어 녹인다. 랩을 깐 베이킹 팬 위에 넓게 덜어 놓고 다시 랩으로 밀착되게 덮어준 다음 냉장고에 넣어 식힌다. 상온 정도로 식으면 휘핑한 생크림을 넣고 실리콘 주걱으로 살살 섞은 다음 냉장고에 넣어둔다.

피스타치오 체리 볼 MOELLEUX PISTACHE-GRIOTTE

오븐을 180℃로 예열한다. 전동 스탠드 믹서 볼에 아몬드 페이스트, 달걀, 꿀, 피스타치오 페이스트를 넣고 플랫비터로 잘 섞는다. 상온의 버터를 넣고 균일하고 매끈하게 혼합한다. 반구형 실리콘 틀에 채워 넣고 체리를 한 개씩 넣는다. 오븐에 넣고 15분간 굽는다.

초콜릿 장식 DÉCORS EN CHOCOLAT

초콜릿을 템퍼링한다(p. 570, 572 테크닉 참조). 유산지를 10cm x 5cm 띠 모양으로 잘라둔다. 코르네를 만들어(p.598 테크닉 참조), 템퍼링한 초콜릿을 채워넣는다. 잘라둔 유산지 띠 위에 초콜릿을 길게 줄 모양으로 짜놓은 다음 완전히 굳기 전에 밀대에 둘러 놓고 냉장고에 넣어 곡선으로 굳힌다.

완성하기 MONTAGE

피스타치오 체리 볼을 살구 나파주에 담갔다 뺀 다음 피스타치오 가루를 묻힌다. 구워 둔 사블레 위에 평평한 면이 아래로 오도록 올려 놓는다. 굳혀둔 초콜릿을 얹어 장식한다. 짤주머니로 라이트 피스타치오 크림을 조금씩 짜 얹는다.

파리 브레스트 피낭시에
MOELLEUX FINANCIERS PARIS-BREST

50개 분량

작업 시간
1시간

조리
20분

냉장
1시간 30분

보관
48시간까지

도구
거품기
30cm x 40cm, 높이 1.3cm 직사각형
베이킹 프레임
전동 핸드믹서
주방용 온도계
짤주머니 + 생토노레용 깍지

재료
피낭시에
밀가루 150g
아몬드 가루 150g
설탕 150g
슈거파우더 150g
전화당 10g
버터 300g
달걀흰자 250g

프랄리네 크림
전유(lait entier) 200g
프랄리네 페이스트 50g
달걀노른자 24g
설탕 40g
커스터드 분말 20g
버터 100g

코팅 혼합물
카카오 58% 다크 커버처 초콜릿 100g
포도씨유 10g
갈색 글라사주 페이스트 10g
다진 아몬드 20g

완성 재료
굵게 다져 로스팅한 헤이즐넛

피낭시에 FINANCIER
오븐을 160℃로 예열한다. 볼에 모든 가루 재료와 전화당을 넣고 거품기로 섞는다. 소스팬에 버터를 넣고 녹여 갈색이 날 때까지 가열한 다음 따뜻한 온도로 식힌다. 가루 재료 혼합물에 달걀흰자를 넣고 거품기로 잘 섞은 다음, 따뜻한 브라운 버터를 넣고 혼합한다. 유산지를 깐 베이킹 팬 위에 직사각형 프레임을 놓고, 혼합물을 부어 채운 뒤 오븐에서 20분 구워낸다. 식힌 다음 2cm x 6cm 크기의 직사각형으로 자른다.

프랄리네 크림 CRÈME PRALINÉE
소스팬에 우유와 프랄리네 페이스트를 넣고 가열한다. 볼에 달걀노른자와 설탕, 커스터드 분말을 넣고 색이 연해지고 걸쭉해질 때까지 거품기로 저어 섞는다. 우유가 끓으면 조금 붓고 섞은 다음 다시 소스팬으로 옮겨 크렘 파티시에처럼 계속 저으며 익힌다(p.196 테크닉 참조). 불에서 내리고 뜨거운 상태에서 버터 분량의 반을 넣고 섞는다. 냉장고에 넣어 식힌다. 나머지 버터를 넣고 전동 핸드믹서를 돌려 섞어 매끈하고 크리미한 혼합물을 만든다. 사용할 때까지 냉장고에 넣어둔다.

코팅 혼합물 ENROBAGE
재료를 모두 소스팬에 넣고 녹여 혼합한다. 이 글라사주는 온도 30℃ 상태에서 사용한다.

완성하기 MONTAGE
피낭시에의 밑면을 제외한 나머지 부분을 코팅 혼합물에 담가 글라사주를 입힌 다음, 유산지에 놓고 굳힌다. 프랄리네 크림을 짤주머니에 넣고 피낭시에 위에 물결 무늬로 짜 얹는다. 굵게 다진 헤이즐넛을 얹어 장식한다.

초콜릿 바나나 타르틀레트
TARTELETTES BANANE-CHOCOLAT

25개 분량

작업 시간
1시간 30분

조리
10분

냉동
2시간 15분

보관
48시간까지

도구
파티스리용 밀대
타르틀레트 틀
사방 20cm 정사각형 베이킹 프레임
실리콘 패드
거품기
주방용 온도계
핸드블렌더
지름 1cm 원형 쿠키 커터
짤주머니 2개 + 지름 5mm 원형 깍지

재료
초콜릿 파트 쉬크레
무가당 코코아 가루 45g
밀가루 80g
슈거파우더 75g
버터 50g
달걀 35g

바나나 플랑베 인서트
바나나 200g
비정제 황설탕 30g
다크 럼 50g
펙틴(pectine NH) 5g
설탕 20g

초콜릿 크레뫼
전유(lait entier) 100g
액상 생크림(유지방 35%) 100g
설탕 10g
달걀노른자 25g
카카오 70% 다크 커버처 초콜릿 75g

다크 초콜릿 글라사주
판 젤라틴 6g
물 30g
설탕 75g
글루코스 시럽 75g
가당 연유 50g
카카오 60% 다크 커버처 초콜릿 75g

완성 재료
바나나 1개
식용 금박 1장

초콜릿 파트 쉬크레 PÂTE SUCRÉE CHOCOLAT
오븐을 170℃로 예열한다. 코코아 가루와 밀가루를 합해 슈거파우더, 버터, 달걀에 넣고 파트 쉬크레를 만든다(p.60 테크닉 참조). 반죽을 밀어 타르틀레트 틀에 앉힌 뒤 예열한 오븐에 넣고 10분간 굽는다.

바나나 플랑베 인서트 INSERT BANANE FLAMBÉE
바나나를 큐브 모양으로 썬 다음 팬에 황설탕과 함께 넣고 캐러멜라이즈한다. 럼을 붓고 불을 붙여 플랑베한다. 펙틴과 섞은 설탕을 넣고 다시 2분간 익힌다. 실리콘 패드를 깐 베이킹 팬 위에 정사각형 베이킹 프레임을 넣고 바나나를 채워 넣는다. 식힌 다음 냉동실에 넣어둔다.

초콜릿 크레뫼 CRÉMEUX CHOCOLAT
크렘 앙글레즈를 만든 다음(p.204 테크닉 참조) 초콜릿에 부어 섞는다. 핸드블렌더로 갈아 매끈하고 균일하게 혼합한 다음 냉장고에 넣어둔다.

다크 초콜릿 글라사주 GLAÇAGE AU CHOCOLAT NOIR
젤라틴을 찬물에 담가 말랑하게 불린다. 소스팬에 물, 설탕, 글루코스 시럽을 넣고 105℃까지 가열해 시럽을 만든다. 시럽을 가당 연유에 부으며 계속 저어준 다음 물을 꼭 짠 젤라틴을 넣고 잘 섞어 녹인다. 이것을 잘게 자른 초콜릿에 붓고 뜨거운 상태에서 핸드블렌더로 갈아준다. 35℃까지 식힌 뒤 사용한다.

완성하기 MONTAGE
타르틀레트 시트를 조심스럽게 틀에서 분리한다. 바닐라 플랑베 인서트를 쿠키 커터로 찍어 작은 원형으로 잘라낸 다음 타르틀레트 시트에 한 개씩 놓는다. 깍지를 끼우지 않은 짤주머니에 초콜릿 크레뫼를 채워 넣은 다음, 타르틀레트 시트 높이의 3/4까지 짜 채운다. 냉동실에 15분 정도 넣어둔다. 5mm 원형 깍지를 끼운 짤주머니에 초콜릿 글라사주를 채운 다음, 초콜릿 크레뫼 위에 짜 덮어준다. 동그랗게 썰어 캐러멜라이즈한 바나나를 올리고 식용 금박을 얹어 장식한다.

모히토 크림 사블레
MOJITO

25개 분량

작업 시간
1시간 30분

조리
25분

냉장
2시간

보관
냉장고에서 48시간까지

도구
사방 20cm 정사각형 베이킹 프레임
파티스리용 밀대
엠보싱 실리콘 패드
원뿔체
짤주머니 3개 + 지름 5mm 원형 깍지,
지름 2mm 별모양 깍지
주방용 온도계
전동 핸드믹서
핸드블렌더
사방 2cm 큐브 모양 25개 이상 짜리
실리콘 판형틀

재료
소프트 사블레
화이트 초콜릿 50g
상온의 부드러운 버터 80g
설탕 35g
아몬드 가루 35g
달걀노른자 15g
밀가루 80g
소금(플뢰르 드 셀) 1g

아몬드 라임 스펀지
아몬드 페이스트(아몬드 50%) 35g
설탕 35g
라임 제스트 1g
달걀 70g
밀가루 40g
버터 40g

라임 민트 럼 인서트
화이트 럼 60g
라임즙 60g
생 민트 8g
사탕수수 시럽 75g
비정제 황설탕 30g
펙틴 12g
식용 색소가루(민트 그린)

민트 라임 무스
생 민트 10g
라임즙 30g
달걀노른자 50g
설탕 35g
꿀 45g
라임 제스트 반 개분
화이트 럼 25g
프로마주 블랑(유지방 40%) 또는 그릭
요거트 250g
판 젤라틴 8g
휘핑한 생크림(유지방 35%) 140g

화이트 글라사주
판 젤라틴 7g
물 50g
설탕 100g
글루코스 시럽 100g
가당 연유 70g
화이트 초콜릿 100g

데커레이션
라임 과육 세그먼트
마이크로 허브(limon cress) 약간

소프트 사블레 SABLÉ FONDANT
오븐을 150℃로 예열한다. 볼에 초콜릿을 넣고 중탕으로 녹인다. 믹싱볼에 상온의 부드러운 버터와 설탕, 아몬드 가루를 넣고 크리미한 질감이 될 때까지 주걱으로 섞는다. 달걀노른자를 넣고 전동 핸드믹서로 잘 섞은 다음, 밀가루를 넣고 잘 저어 혼합한다. 녹인 초콜릿을 여기에 붓고 소금을 넣은 다음 잘 저어 균일한 혼합물을 만든다. 논스틱 베이킹 팬 위에 실리콘 패드를 깐 다음 정사각형 프레임을 놓는다. 혼합물을 틀 안에 부어 넣은 뒤, 예열한 오븐에서 약 15분간 굽는다. 오븐에서 꺼낸 즉시 사방 3.5cm 크기의 정사각형으로 자른다.

아몬드 라임 스펀지 BISCUIT AMANDE-CITRON VERT
오븐을 170℃로 예열한다. 부드럽게 부순 아몬드 페이스트, 설탕, 그레이터에 곱게 간 라임 제스트를 믹싱볼에 넣고 주걱으로 고루 섞는다. 달걀을 조금씩 넣으며 섞은 다음 밀가루를 넣고 주걱으로 섞는다. 이어서 녹인 버터를 넣고 균일하게 혼합한다. 실리콘 패드를 깐 베이킹 팬 위에 혼합물을 약 5mm 두께로 펼쳐 놓는다. 오븐에 넣고 약 10분간 굽는다. 꺼내서 스펀지를 식힌 다음 사방 2cm 정사각형으로 자른다.

라임 민트 럼 인서트 INSERT CITRON VERT MENTHE RHUM
소스팬에 럼, 레몬즙, 잘게 썬 생 민트 잎, 사탕수수 시럽을 넣고 가열한다. 꾹꾹 누르며 고운 체에 거른 다음 상온에서 식힌다. 펙틴과 황설탕, 민트색 식용 색소를 섞어 넣고 끓을 때까지 가열한 다음 불에서 내린다. 식힌 다음 원형 깍지를 끼운 짤주머니에 넣고 사용할 때까지 냉장고에 넣어둔다.

민트 라임 무스 MOUSSE MENTHE CITRON VERT
젤라틴을 찬물에 담가 말랑하게 불린다. 소스팬에 라임즙과 민트를 넣고 데운 다음 불을 끄고 10분 정도 향을 우려낸다. 체에 거른 뒤 달걀노른자와 설탕을 넣고 거품기로 잘 저으며 설탕을 완전히 녹인 다음 85℃까지 가열하여 익힌다. 혼합물이 완전히 식을 때까지 전동 핸드믹서 거품기를 돌려 혼합한다. 믹싱볼에 꿀, 라임 제스트, 럼, 프로마주 블랑(또는 그릭 요거트)을 넣고 잘 혼합한다. 물을 꼭 짠 셀라틴을 넣고 잘 저어 녹인다. 휘핑한 생크림의 1/3을 첫 번째 달걀노른자 혼합물에 넣고 실리콘 주걱으로 접어 돌리듯이 살살 섞은 다음 프로마주 블랑 혼합물을 넣어 섞는다. 휘핑한 생크림의 나머지 분량을 모두 넣고 주걱으로 조심스럽게 돌려 섞는다. 마지막 장식용으로 따로 조금 남겨둔 다음, 원형 깍지를 끼운 짤주머니에 채워 사용할 때까지 냉장고에 넣어둔다.

화이트 글라사주 GLAÇAGE BLANC
젤라틴을 찬물에 담가 말랑하게 불린다. 소스팬에 물, 설탕, 글루코스 시럽을 넣고 102℃까지 가열하여 시럽을 만든다. 가당 연유를 넣고 잘 저어 섞어준 다음 물을 꼭 짠 젤라틴을 넣고 잘 저어 녹인다. 이것을 잘게 썬 화이트 초콜릿에 붓고 핸드블렌더로 갈아 매끈하고 균일하게 혼합한다. 35℃까지 식힌 뒤 사용한다.

완성하기 MONTAGE
작은 정육면체 모양의 실리콘 판형틀에 민트 라임 무스를 3/4까지 채운 다음 중앙에 라임 민트 럼 인서트를 짜 넣는다. 맨 위에 아몬드 라임 스펀지를 덮은 다음 냉동실에 넣어 얼린다. 큐브 모양이 얼면 틀에서 조심스럽게 분리하고 35℃의 화이트 글라사주를 입힌다. 이것을 사블레에 한 개씩 올려놓는다. 나머지 무스를 2mm 별모양 깍지를 끼운 짤주머니에 넣고 사블레 위에 작은 꽃모양으로 짜 얹는다. 작게 썬 라임 과육과 마이크로 허브를 올려 장식한다.

패션프루트 롤리팝
SUCETTES PASSION

15개 분량

작업 시간
45분

냉장
2시간

조리
10분

보관
냉장고에서 48시간까지

도구
주방용 온도계
핸드블렌더
짤주머니 + 지름 5mm 원형 깍지
막대사탕용 스틱 15개

재료
패션프루트 롤리팝
판 젤라틴 1g
패션프루트 퓌레 100g
달걀노른자 30g
달걀 40g
설탕 25g
버터 40g
지름 2.5cm 구형 화이트 초콜릿 셸
(Valrhona) 15개

글라사주
판 젤라틴 3g
액상 생크림(유지방 35%) 75g
화이트 초콜릿 125g
미루아르 나파주 50g
지용성 식용 색소가루(원하는 색상)

패션프루트 롤리팝 SUCETTE PASSION
젤라틴을 찬물에 담가 말랑하게 불린다. 버터와 구형 초콜릿 셸을 제외한 모든 재료를 소스팬에 넣는다. 불린 젤라틴은 물을 꼭 짠 뒤 넣어준다. 잘 저어가며 가열해 혼합물이 약하게 끓으며 겔화가 시작되면 불에서 내린다. 약 35~40℃까지 식으면 깍둑 썬 버터를 넣고 핸드블렌더로 갈아 균일하고 매끈하게 혼합한다. 원형 깍지를 끼운 짤주머니를 사용하여 구형 화이트 초콜릿 셸 안에 짜 채워 넣는다. 필링을 짜 넣은 구멍에 막대사탕 스틱을 꽂고 식힌다. 냉장고에 최소 2시간 동안 넣어둔다.

글라사주 GLAÇAGE
젤라틴을 찬물에 담가 말랑하게 불린다. 소스팬에 생크림을 넣고 가열한다. 끓으면 불에서 내린 뒤 물을 꼭 짠 젤라틴을 넣고 잘 저어 녹인다. 이것을 잘게 썬 초콜릿과 미루아르 나파주에 붓고 핸드블렌더로 갈아 균일하고 매끈한 가나슈를 만든다. 식용 색소를 넣고 잘 저어 섞은 뒤 35℃까지 식혀서 사용한다.

완성하기 MONTAGE
롤리팝이 완전히 차갑게 식으면 글라사주를 입힌다.

라즈베리 롤리팝

SUCETTES FRAMBOISE

15개 분량

작업 시간
45분

냉장
2시간

조리
10분

보관
냉장고에서 48시간까지

도구
주방용 온도계
핸드블렌더
짤주머니 + 지름 5mm 원형 깍지
막대사탕용 스틱 15개

재료
라즈베리 롤리팝
판 젤라틴 1g
라즈베리 퓌레 100g
달걀 30g
달걀노른자 40g
설탕 25g
버터 40g
지름 2.5cm 구형 다크 초콜릿 셀
(Valrhona) 15개

글라사주
판 젤라틴 3g
액상 생크림(유지방 35%) 75g
화이트 초콜릿 125g
미루아르 나파주 50g
지용성 식용 색소가루(원하는 색상)

완성 재료
생 라즈베리 몇 개
식용 은박

라즈베리 롤리팝 SUCETTE FRAMBOISE

젤라틴을 찬물에 담가 말랑하게 불린다. 버터와 구형 초콜릿 셀을 제외한 모든 재료를 소스팬에 넣는다. 불린 젤라틴은 물을 꼭 짠 뒤 넣어준다. 잘 저어가며 가열해 혼합물이 약하게 끓으며 겔화가 시작되면 불에서 내린다. 약 35~40℃까지 식으면 깍둑 썬 버터를 넣고 핸드블렌더로 갈아 균일하고 매끈하게 혼합한다. 원형 깍지를 끼운 짤주머니를 사용하여 구형 다크 초콜릿 셀 안에 짜 채워 넣는다. 필링을 짜 넣은 구멍에 막대사탕 스틱을 꽂고 식힌다. 냉장고에 최소 2시간 동안 넣어둔다.

글라사주 GLAÇAGE

젤라틴을 찬물에 담가 말랑하게 불린다. 소스팬에 생크림을 넣고 가열한다. 끓으면 불에서 내린 뒤 물을 꼭 짠 젤라틴을 넣고 잘 저어 녹인다. 이것을 잘게 썬 초콜릿와 미루아르 나파주에 붓고 핸드블렌더로 갈아 균일하고 매끈한 가나슈를 만든다. 식용 색소를 넣고 잘 저어 섞은 뒤 35℃까지 식혀서 사용한다.

완성하기 MONTAGE

롤리팝이 완전히 차갑게 식으면 글라사주를 입힌다. 작게 자른 라즈베리와 식용 은박을 얹어 장식한다.

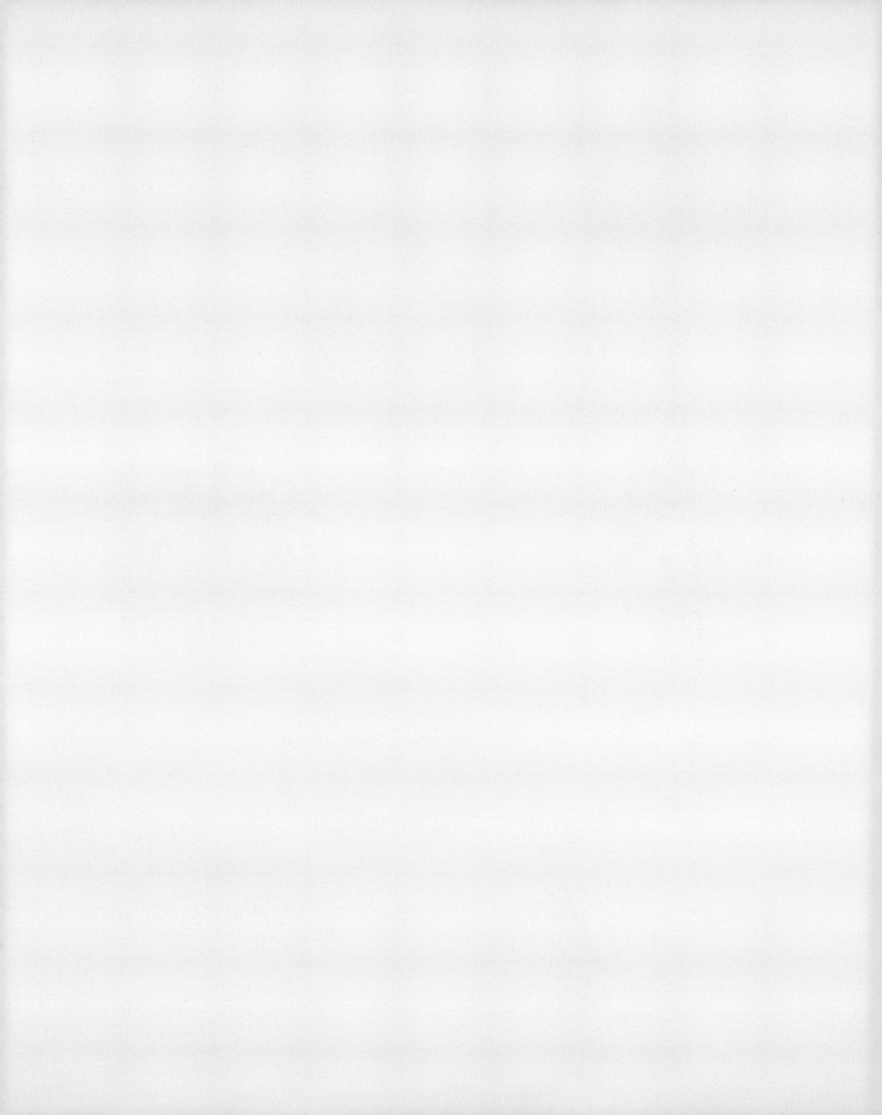

당과류 & 잼
CONFISERIES
& CONFITURES

당과류와 잼 CONFISERIES ET CONFITURES

캔디를 비롯한 당과류나 잼 등의 공통점은 바로 설탕을 끓여 만든다는 점이다. 그 자체만으로도 아주 중요한 테크닉인 설탕 끓이기는 세심한 주의와 정확성을 바탕으로 마스터해야 하는 예민한 작업이다. 이를 위해서는 정확한 온도계가 반드시 필요하다. 온도계를 갖추고 올바른 방법을 숙지하여 세심하게 임한다면 어렵지 않게 만들 수 있을 것이다.

설탕 선택

이 책에 소개된 모든 당과류와 잼은 정백당을 사용해 만든다. 비정제 황설탕(cassonade)이나 기타 갈색 설탕 등으로 대체할 경우 설탕에 함유된 불순물이 탈 수도 있다. 또한 레시피의 성패나 완성했을 때의 질감 등에 있어서 결정적으로 부정적인 영향을 미칠 수 있다.

브릭스와 보메

브릭스(Brix)는 굴절 당도계의 측정 단위로, 용액 속에 녹아 있는 고형물의 양을 측정해 백분율로 표시한 수치이다. 전문가들이 주로 사용하는 이 당도계는 용액 안의 설탕 함유율을 정확하게 표시해준다. 과거의 자료들을 보면 보메(Baumé) 단위도 종종 사용한 것을 찾아볼 수 있다. 보메 비중계 측정 단위는 1960년대 이후 프랑스에서 거의 쓰이지 않고 있으며, 이 책에서도 사용하지 않았다. 1브릭스는 100g의 용액 안에 1g의 설탕이 들어 있음을 의미한다.

손가락 혹은 온도계?

정확한 온도계가 지금처럼 보편적으로 사용되기 이전, 설탕을 끓인 시럽의 온도와 상태를 체크하는 수단은 용기에 담은 차가운 물과 손가락이었다. 찬물에 손을 담갔다가 끓고 있는 시럽을 조금 덜어낸 다음 다시 찬물에 담가 그 모양이나 경도 등의 상태를 관찰하는 것이다. 이를 통해 설탕이 익은 정도를 측정할 수 있으며, 이러한 설탕의 상태를 분류해 부르는 명칭이 현재까지도 사용되고 있다(다음 페이지 도표 및 p.520 테크닉 참조). 설탕을 끓인 시럽 상태의 온도를 측정하는 가장 좋은 도구는 설탕 전용 온도계, 또는 전자 온도계이다.

온도계의 표준 확인

온도계가 정확하게 정상 작동하는지 확인해둔다. 물을 끓인 뒤 온도를 측정했을 때 100℃로 표시된다면 안심하고 사용한다.

화상 주의

뜨거운 설탕을 다루는 일은 완벽한 준비와 고도의 집중을 요하는 작업이다. 우선 화상 등의 사고를 막기 위하여 작업 공간에 불필요한 것은 치우고 정돈해둔다. 차가운 물을 담은 용기를 가까이 준비해두고, 손에 화상을 입었을 경우 즉시 차가운 수돗물에 한참 대고 식힌다. 필요할 경우 즉시 응급처치를 할 수 있도록 준비한다. 항상 안전에 주의한다.

설탕 시럽 온도와 상태

리세(lissé, small thread)		
온도	**손가락 테스트**	비교적 묽은 시럽, 엄지와 검지로 집었을 때 실이 끊어짐.
104-105°C	**사용**	잼, 즐레, 과일 젤리

필레(filet, pearl)		
온도	**손가락 테스트**	끈적한 시럽, 엄지와 검지로 집었을 때 가늘게 실이 늘어남.
107°C	**사용**	밤 글라사주, 젤리 사탕

프티 불레(petit boulé, soft-ball)		
온도	**손가락 테스트**	찬물에 넣었을 때 손가락 사이에서 납작해짐.
115°C	**사용**	소프트 퐁당 아이싱

불레(boulé, firm-ball)		
온도	**손가락 테스트**	찬물에 넣었을 때 말랑말랑한 방울 모양 형성.
117°C	**사용**	소프트 캐러멜 사탕, 프랄린

그랑 불레 또는 그로 불레(grand boulé, gros boulé, hard-ball)		
온도	**손가락 테스트**	찬물에 넣었을 때 단단한 방울 모양으로 굳음.
120-121°C	**사용**	이탈리안 머랭, 버터크림, 하드 아이싱, 파트 아 봉브

프티 카세(petit cassé, soft-crack)		
온도	**손가락 테스트**	찬물에 넣자마자 금방 굳으며 말랑한 실을 형성함.
130-135°C	**사용**	이탈리안 머랭, 버터크림, 하드 아이싱, 파트 아 봉브

그랑 카세(grand cassé, hard-crack)		
온도	**손가락 테스트**	찬물에 넣자마자 금방 굳으며 단단하고 쉽게 깨지는 실을 형성.
140-145°C	**사용**	설탕 공예용, 롤리팝 캔디

카라멜 클레르(caramel clair, light-caramel)		
온도	**손가락 테스트**	황금색을 띤다.
165°C	**사용**	크로캉부슈, 설탕 공예용, 슈 글라사주

카라멜(caramel)		
온도	**손가락 테스트**	밝은 갈색을 띤다.
180°C	**사용**	크렘 카라멜, 프랄린, 캐러멜 네스트, 엔젤헤어 슈거, 솔티드 캐러멜 소스

잼

잼을 만드는 원리

잼은 과일과 설탕을 끓여 수분을 증발시키고 오랫동안 저장할 수 있는 농도로 졸여 만든다. 여기에는 반드시 고려해야 하는 세 가지 요소가 있다. 과일에 함유된 펙틴 함량, 과일의 산도, 과일에 포함된 자체 수분의 양이 바로 그것이다. 그 산도와 당 함유량에 따라 일반적으로 준비한 과일 1kg당 설탕 750g~1kg을 넣는다.

팩틴이란?

과일에 함유된 천연 펙틴질은 잼에 농도가 생기도록 해주는 요소 중 하나다. 주로 껍질과 속, 씨 등에 집중되어 있는 펙틴 성분은 과일의 종류나 익은 정도에 따라 그 양이 달라진다. 너무 많이 익은 과일에는 펙틴이 그리 많지 않기 때문에 잼이나 즐레의 농도를 제대로 만들어내기 위해서는 딱 알맞은 정도로 익은 과일을 선택하는 것이 중요하다. 약간 덜 익어 녹색을 띤 과일의 경우에는 펙틴의 양이 적긴 하지만 산도 면에 있어서는 더 풍부하다. 이는 잼이 농도를 지녀 쉽게 굳을 수 있도록 도와주긴 하지만 전체 사용 과일 양의 1/6을 초과해서는 안 된다.

천연 펙틴 성분이 부족한 과일로 잼을 만드는 경우에는 펙틴이 풍부한 사과나 배 등의 과일을 조금 첨가해주면 된다. 혹은 시중에 판매되는 가루형 펙틴을 넣는다.

펙틴 첨가하기

이 책에 소개된 레시피에서는 펙틴 NH를 사용한다. 이 펙틴은 일반 가루형 펙틴보다 굳는 강도가 센 제품으로 베이킹 전문 재료상에서 쉽게 구할 수 있다. 이것을 사용할 때는 잼에 넣기 전에 반드시 설탕과 미리 섞어두어야 고루 분포될 수 있다. 또한, 미리 펙틴을 섞어둔 잼 전용 설탕을 구입하여 사용하는 방법도 있다(프랑스에서 'Confisuc'이라는 제품명으로 판매되고 있다). 하지만 과일 자체에 펙틴 성분이 풍부한 경우에는 이 같은 잼 전용 설탕을 사용하지 않는 편이 더 낫다. 자칫 펙틴의 양이 너무 과다하면 잼의 농도가 너무 되거나 툭툭 끊어지게 되어 식감과 맛이 떨어질 수도 있기 때문이다.

레몬즙

레몬즙을 넣으면 잼의 산도를 높여 새콤한 맛을 더할 뿐 아니라, 펙틴 성분이 더욱 잘 활성화하도록 도움을 준다. 과일 1kg 기준 2테이블스푼 정도 넣으면 충분하다.

모든 과일로 즐레를 만들 수 있을까?

레드커런트, 사과, 블랙커런트, 블랙베리, 모과 등 과일 자체가 펙틴을 풍부하게 함유하고 있는 경우에만 즐레를 만들 수 있다.

잼 보관병 준비하기

잼을 담기 전에 병을 미리 소독해두어야 한다. 잼 보관용 병은 이가 빠진 곳이 없는 완벽한 상태의 것으로 준비한다. 병과 뚜껑을 모두 깨끗이 씻은 후 끓는 물에 20분간 담가 열탕 소독한다. 끓으면서 서로 부딪혀 깨지지 않도록 깨끗한 면포를 사이사이에 두어 분리한다. 깨끗한 마른 면포 위에 엎어 놓고 건조시킨다.

또는 병을 베이킹 팬 위에 세워놓고 150℃ 오븐에 20분간 넣어 두어 살균해도 된다. 소독한 다음 따뜻하게 보관해둔 병에 뜨거운 잼을 2cm 정도의 여유 공간을 남기고 부어 넣는다. 뚜껑을 단단히 닫고 바로 병을 뒤집어 놓는다. 이렇게 하면 자동멸균 효과를 볼 수 있다. 완전히 식을 때까지 엎어놓은 상태로 둔 다음 바로 세워놓는다. 이 상태로 1년간 보관 가능하다.

잘 어울리는 향 조합

잼에 향을 더하는 방법

향신료, 말린 꽃, 허브를 넣는 방법 이외에도 개인의 기호에 따라 수많은 조합을 응용해 볼 수 있다(다음 페이지의 향 조합 도표 참조).

과일	펙틴 함량	과일	펙틴 함량	과일	펙틴 함량
살구	중간	**라즈베리**	중간	**자몽**	높음
파인애플	낮음	**레드커런트**	높음	**복숭아**	낮음
블랙커런트	높음	**구아바**	높음	**서양배**	낮음
체리	낮음	**키위**	낮음	**사과**	높음
모과	높음	**블루베리**	중간	**자두**	높음
레몬	높음	**천도복숭아**	낮음	**루바브**	낮음
딸기	낮음	**오렌지**	높음	**포도**	낮음

과일과 향 조합 도표

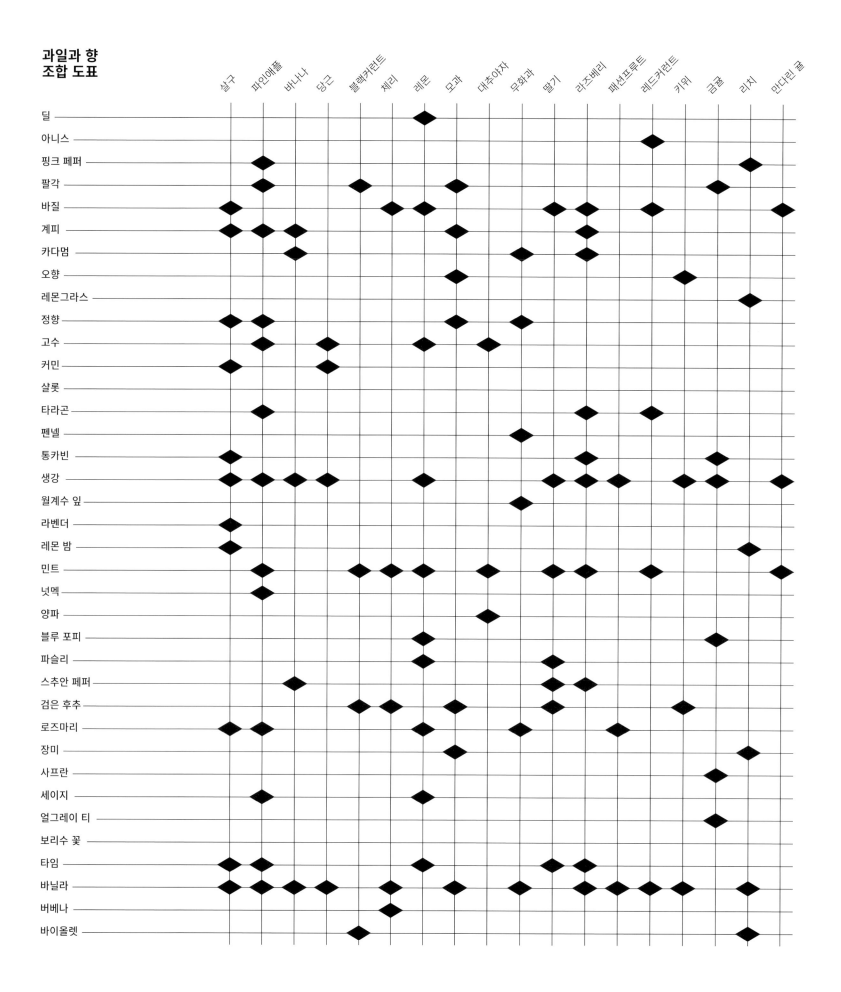

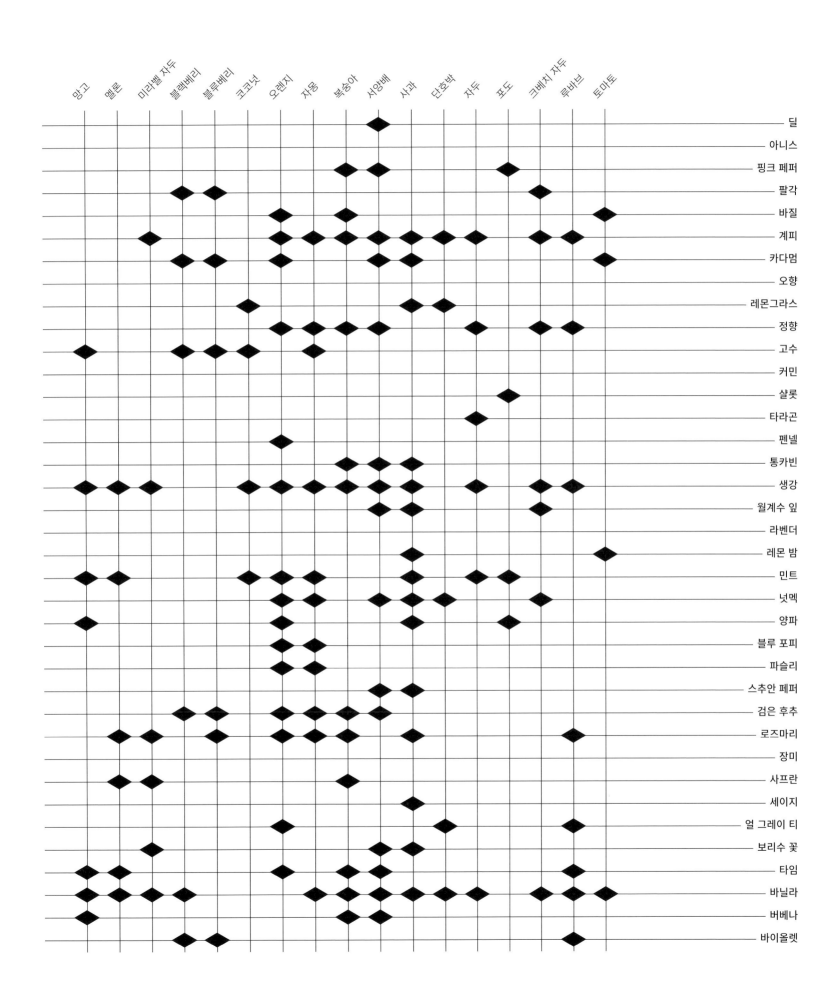

설탕 시럽 끓이기 Cuisson du sucre

재료
설탕 1kg
글루코스 시럽 100g
물 350g

도구
온도계

1 • **프티 불레(petit boulé)** : 설탕 시럽 온도 115~117℃. 찬물에 넣었을 때 작고 말랑한 구슬 형태를 이루고, 누르면 납작해진다.

셰프의 팁

• 시럽이 끓기 전에 설탕이 완전히 녹아야 한다.
설탕이 녹으면 그 다음부터는 절대로 시럽을 젓지 말아야 굳지 않는다.

• 차가운 물이 담긴 용기를 항상 옆에 준비해둔다.
시럽이 일정 온도에 달하면 냄비를 불에서 내려 더 이상 가열되는 것을
중단한다. 티스푼 한 개 분량의 시럽을 찬물에 떨어뜨려
굳고 손으로 만질 수 있을 정도로 식으면 상태를 체크한다.

• 설탕을 끓여 시럽을 만드는 작업을 할 때에는 항상 화상에 주의한다.

2 • **그로 불레(gros boulé)** : 설탕 시럽 온도 120~121℃. 찬물에 넣었을 때 단단한 구슬 형태를 갖추고, 눌러도 변형이 되지 않는 딱딱한 상태를 유지한다.

3 • **프티 카세(petit cassé)** : 설탕 시럽 온도 130~135℃. 찬물에 넣었을 때 구슬 모양으로 굳지 않으며 어느 정도 유연성이 있는 상태이다.

4 • **그랑 카세(grand cassé)** : 설탕 시럽 온도 140~145℃. 찬물에 넣었을 때 전혀 유연성 없이 굳어 깨지는 상태.

5 • 시럽의 온도가 160℃ 이상으로 올라가면 캐러멜 상태가 된다.

초콜릿 헤이즐넛 스프레드 Pâte à tartiner

250ml 작은 병 4개 분량

작업 시간
15분

조리
5분

보관
냉장고에서 2주까지

도구
빵 나이프
핸드블렌더
250ml 병 4개

재료
액상 생크림(유지방 35%) 350g
꿀 50g
카카오 50% 다크 초콜릿 150g
두야 페이스트(duja paste) 350g
(p.547 테크닉 참조)

1 • 소스팬에 생크림과 꿀을 넣고 끓인다.

3 • 뜨거운 생크림을 초콜릿과 두야 페이스트에 붓는다.

4 • 핸드블렌더로 갈아 균일하고 매끈한 가나슈를 만든다.

2 • 초콜릿을 잘게 썰어 두야 페이스트와 함께 볼에 넣는다.

5 • 병에 담고 완전히 식힌 다음 뚜껑을 단단히 덮어준다.

솔티드 버터 캐러멜 스프레드 Pâte à tartiner caramel beurre salé

250ml 작은 병 4개 분량

작업 시간
30분

조리
15분

보관
냉장고에서 2주까지

도구
온도계
핸드블렌더
250ml 병 4개

재료
글루코스 시럽 100g
설탕 500g
액상 생크림(유지방 35%) 250g
버터 400g
소금(플뢰르 드 셀) 1g

1 • 소스팬에 글루코스 시럽을 데운 다음 설탕을 조금씩 넣는다. 설탕이 완전히 녹으면 시럽을 끓여 짙은 갈색의 캐러멜을 만든다.

3 • 캐러멜을 40℃까지 식힌 다음 볼에 덜어내고 상온의 부드러운 버터와 소금을 넣고 잘 저어 섞는다.

4 • 핸드블렌더로 갈아 균일하고 크리미한 질감의 페이스트를 만든다.

2 • 다른 소스팬에 생크림을 넣고 끓을 때까지 가열한 다음 뜨거운 캐러멜에 여러 번 나누어 붓고 잘 섞어 더 이상 익는 것을 중단시킨다. 뜨거운 혼합물이 튈 위험이 있으니 화상을 입지 않도록 주의한다.

5 • 밀폐 유리병에 담고 완전히 식힌 뒤 뚜껑을 단단히 덮어 냉장고에 보관한다.

누가 Nougats

약 32개 분량

작업 시간
30분

조리
15분

건조
24시간

보관
랩으로 싼 뒤 밀폐 용기에 담아 2개월
까지

도구
시럽용 온도계
전동 스탠드 믹서
사방 16cm, 높이 4cm 정사각형
프레임 2개
파티스리용 밀대
빵 나이프

재료
아몬드 400g
물 135g
설탕 400g
글루코스 시럽 200g
꿀 500g
달걀흰자 70g
피스타치오 130g
식용 페이퍼(edible wafer paper) 4장
(정사각형 틀 사이즈)

1 • 오븐을 컨벡션 모드로 설정한 다음 150℃로 예열한다. 논스틱 베이킹 팬에
아몬드를 펼쳐 놓고 오븐에 넣어 15분간 로스팅한다. 구워낸 다음 완전히
식히지 않는다. 따뜻한 상태의 아몬드를 누가 혼합물에 넣어야 한다.

셰프의 팁

• 꿀과 시럽을 넣기 전 달걀흰자의 거품은 너무 단단하게 올리지 않는다.

• 누가의 굳기나 질감은 꿀의 종류에 따라 달라진다.
라벤더 꿀을 추천한다.

• 카카오 버터를 나이프 날에 조금 바르면 누가를 좀 더 쉽게 자를 수 있다.

• 사용되는 달걀흰자의 양이 비교적 적기 때문에
이 레시피 분량은 더 줄여 만들기 어렵다.

• 설탕 시럽의 온도가 너무 높으면 누가가 단단해지며
부서지기 쉬운 질감이 된다.

4 • 이어서 145℃의 시럽을 조금씩 흘려 넣는다.

2 • 소스팬에 물과 설탕, 글루코스를 넣고 가열해 설탕이 완전히 녹으면 145℃까지 끓인다.

3 • 큰 사이즈의 다른 소스팬에 꿀(끓으면 많이 부풀어 오르므로 넉넉한 크기의 냄비를 준비한다)을 넣고 중불로 가열한다. 그동안 전동 스탠드 믹서 볼에 달걀흰자를 넣고 가볍게 거품을 낸다. 꿀의 온도가 130℃에 이르면 달걀흰자에 천천히 붓고 계속 거품기를 돌리며 섞는다.

5 • 계속해서 거품기를 5분 정도 돌려 혼합물을 70℃까지 식힌다.

6 • 시럽의 상태를 체크한다. 손가락으로 만져 작은 구슬 모양으로 뭉쳐지면 적당한 상태이다.

527

누가 (계속)

7 • 플랫비터 핀으로 교체한 다음 혼합물의 온도를 60℃까지 식히며 섞어준다. 따뜻한 상태의 구운 아몬드와 피스타치오를 넣고 고루 섞는다. 견과류가 깨지지 않도록 너무 오래 혼합하지 않는다.

8 • 실리콘 패드 위에 식용 페이퍼를 한 장 깔고 그 위에 사각 프레임을 놓는다. 혼합물을 바로 부어 채운 다음 식용 페이퍼를 한 장 덮는다.

10 • 남은 식용 페이퍼를 잘라내고 가장자리를 말끔히 다듬는다.

11 • 건조한 곳에 두어 완전히 식힌다. 24시간이 지난 뒤, 누가와 프레임 사이에 칼날을 넣어 분리한 다음 틀을 제거한다.

9 • 그 위에 유산지를 덮고 밀대로 밀어 표면을 평평하게 해준다.

12 • 빵 나이프를 사용하여 1cm 두께의 바 모양으로 자른다.

13 • 캔디 포장용 투명 비닐로 누가를 한 개씩 싼 다음 서늘하고 건조한 곳에 보관한다.

과일 젤리 Pâtes de fruits

약 50개 분량

작업 시간
1시간

조리
30분

건조
24시간

보관
랩으로 싸서 2주까지

도구
구리 냄비
거품기
시럽용 온도계
사방 16cm, 높이 2cm 정사각형
스텐 프레임
실리콘 패드

재료
라즈베리 퓌레 500g
글루코스 시럽 175g
설탕 100g
옐로우 펙틴* 10g
굵은 입자의 크리스털 슈거 500g
주석산 용액 4g(더운 물 2g에 주석산
2g을 녹인다)
또는 레몬즙 4g

사용
잘라서 과일 젤리 그 자체로 먹거나
초콜릿을 코팅한다.

* 옐로우 펙틴(pectine jaune) : 과일 젤리나
겔화된 당과류에 주로 사용되며 겔화 속도가 비
교적 더디고 특히 당도(76% 이상)와 산도(pH
3.2~3.5)가 높은 물질의 겔화에 적합하다. 옐로
우 펙틴 사용시에는 구연산이나 주석산의 보충
사용이 필요하다. 옐로우 펙틴으로 굳은 젤은
가열하여 원 상태로 복구할 수 없으며, 최종 형
성된 젤은 잘 녹지 않고 꽤 단단한 편이다.

1• 구리 냄비에 글루코스 시럽과 라즈베리 퓌레를 넣고 거품기로 섞는다. 중불로
가열해 온도가 40℃에 달하면 바로 옐로우 펙틴과 섞어둔 설탕을 넣고 섞는다.

4• 사각 프레임 안쪽에 기름을 살짝 바른 다음 실리콘 패드 위에 놓아 준비해둔다.
뜨거운 혼합물을 즉시 프레임에 부어 채운 다음 식혀 굳힌다.

5• 틀을 제거한 뒤 사방 3cm 크기의 정사각형으로 자른다.

셰프의 팁

과일 젤리의 질감이나 경도는 끓이는 온도를 달리하여 조절할 수 있다.
- 끓는 시간이 짧아 온도가 낮을수록 젤리는 부드러운 질감을 띤다.
- 오래 끓여 온도가 높을수록 젤리의 질감이 단단해지며 보존성도 높아진다.

2 • 약 2~3분간 끓는 상태를 유지하며 크리스털 슈거를 두세 번에 나누어 넣어준다. 혼합물이 타지 않도록 주의하면서 105~106℃까지 계속 저어가며 끓인다.

3 • 불에서 내린 뒤 주석산 액이나 레몬즙을 넣고 잘 저어 섞는다.

6 • 젤리를 설탕에 굴려 고루 묻힌다. 설탕이 젖어 끈적해지지 않도록 24시간 동안 통풍이 되는 곳에 두어 겉면을 굳힌 다음 캔디용 투명 비닐이나 랩으로 잘 싸서 보관한다.

솔티드 버터 캐러멜 Caramels au beurre salé

약 40개 분량

작업 시간
30분

조리
10분

휴지
2시간

보관
밀폐 용기에 담아 2주일까지

도구
시럽용 온도계
16cm x 12cm, 높이 0.5cm
직사각형 프레임 (기름을 발라둔다)
실리콘 패드

재료
설탕 250g
글루코스 시럽 50g
액상 생크림(유지방 35%) 125g
버터 160g
소금(플뢰르 드 셀) 2.5g

1 • 소스팬에 설탕과 글루코스 시럽을 넣고 녹인 뒤 가열하여 진한 색깔의 캐러멜을 만든다(최고 온도 175~180℃). 그동안 다른 소스팬에 생크림을 넣고 끓을 때까지 가열한다.

3 • 불에서 내린 뒤 깍둑 썬 상온의 버터를 조금씩 넣으며 잘 저어 균일하게 혼합한다. 다시 중불에 올린 다음 120℃까지 끓인다.

4 • 소금을 넣고 잘 섞은 다음 미리 실리콘 패드 위에 올려놓은 직사각형 프레임에 채워 넣는다.

2 • 뜨거운 생크림을 캐러멜에 조심스럽게 부어 캐러멜이 더 이상 익지 않도록 주걱으로 잘 섞는다. 이때 뜨거운 캐러멜이 튈 위험이 있으니 화상에 특히 주의한다.

5 • 최소 2시간 동안 식혀 굳힌 다음 틀을 제거하고 원하는 모양과 크기로 자른다.

마시멜로 Guimauve

약 60개 분량

작업 시간
45분

조리
15분

굳히기
12~24시간

보관
밀폐 용기에 담아 1주일까지

도구
시럽용 온도계
전동 스탠드 믹서
짤주머니 2개 + 10mm, 15mm
원형 깍지
실리콘 패드 2장
체

재료
판 젤라틴 15g
물 110g
설탕 330g
글루코스 시럽 35g
달걀흰자 80g
청사과 향 30g(향은 기호에 따라 선택
가능)
식용 색소(선택 사항) 쓰는 대로
옥수수 전분 100g
슈거파우더 100g

사용
마시멜로 그 자체로 먹거나
초콜릿에 담가 코팅한다.

1 • 볼에 찬물을 넉넉히 넣고 판 젤라틴을 15분간 담가 말랑하게 불린다.

4 • 믹싱볼의 머랭 혼합물을 떠 올렸을 때 띠 모양으로 흘러 떨어지는 농도가 되면
청사과 향과 식용 색소를 넣고 거품기로 섞어 원하는 색을 낸다.

2• 소스팬에 물, 설탕, 글루코스 시럽을 넣고 가열해 설탕이 완전히 녹으면 125℃ 까지 끓인다.

3• 전동 스탠드 믹서 볼에 달걀흰자를 넣고 가볍게 거품을 낸 뒤 뜨거운 시럽을 가늘게 흘려 넣으며 거품기로 계속 섞어 머랭을 만든다. 물을 꼭 짠 젤라틴을 아직 뜨거운 소스팬에 넣고 잘 저어 녹인 다음 이탈리안 머랭에 넣고 섞는다.

5• 혼합물을 짤주머니에 채워 넣는다(p.30 테크닉 참조). 실리콘 패드 위에 긴 줄 모양 또는 물방울 모양 등 원하는 모양으로 짜 놓는다.

6• 그 상태로 상온(17℃)에 12~24시간 동안 두어 젤라틴이 최적으로 겔화 작용을 하여 굳도록 한다.

마시멜로 (계속)

셰프의 팁

• 칼날에 기름을 살짝 발라두면 마시멜로를 더욱 쉽게 자를 수 있다.

• 마시멜로 매듭을 만들 때에도 손가락과 마시멜로 띠 모양에 전분과 슈거파우더 혼합 가루를 묻히면 달라붙지 않고 쉽게 만들 수 있다.

7 • 실리콘 패드에서 조심스럽게 마시멜로를 떼어낸 다음 기름을 살짝 바른 칼로 잘라 매듭 등의 모양을 만든다.

8 • 전분과 슈거파우더를 동량으로 섞은 다음 마시멜로를 넣어 고루 묻힌다. 체에 마시멜로를 조금씩 올려놓고 남은 가루를 톡톡 털어낸다.

초코 코팅 캐러멜라이즈드 아몬드와 헤이즐넛

Amandes et noisettes caramélisées au chocolat

1kg 분량

작업 시간
50분

조리
15분

보관
밀폐 용기에 담아 3주일까지

도구
큰 구리 냄비
시럽용 온도계
체

재료
껍질 벗긴 아몬드 150g
껍질 벗긴 헤이즐넛 150g
설탕(sucre cristal) 200g
물 70g
버터 10g
밀크 커버처 초콜릿 100g
카카오 58% 다크 커버처 초콜릿
400g
무가당 코코아 가루 50g

1 • 오븐을 160℃로 예열한다. 논스틱 베이킹 팬에 아몬드와 헤이즐넛을 펼쳐
놓고 오븐에 넣어 황금색이 날 때까지 약 15분간 로스팅한다.

셰프의 팁

• 견과류가 어느 정도 캐러멜라이즈 되어야
다시 습기를 흡수해 눅눅해지는 것을 막을 수 있다.

• 템퍼링한 초콜릿을 조금씩 여러 차례에 나누어 넣어주며 섞어야
아몬드와 헤이즐넛의 모양을 살리면서 얇고 고르게 코팅할 수 있다.

• 코코아 가루 코팅을 시작할 때 그 이전 마지막으로 코팅한 초콜릿이
완전히 굳을 때까지 기다리지 않아도 된다. 하지만 두 번째 코코아 가루
코팅 시에는 그 이전 코팅이 완전히 굳어야 한다.

2 • 큰 구리 냄비에 물과 설탕을 넣고 가열해 녹인 다음 117℃(프티 불레, p.520
테크닉 참조)까지 끓여 시럽을 만든다. 로스팅한 아몬드와 헤이즐넛을 모두
넣고 부슬부슬하게 설탕이 굳을 때까지 주걱으로 잘 섞는다.

초코 코팅 캐러멜라이즈드 아몬드와 헤이즐넛 (계속)

3• 다시 중불로 가열해 아몬드와 헤이즐넛을 부분적으로 캐러멜라이즈한 다음 버터를 넣고 주걱으로 골고루 섞는다.

4• 아몬드와 헤이즐넛을 작업대에 펼쳐 놓고 어느 정도 식으면 한 개씩 떼어 놓는다. 완전히 식으면 볼에 옮겨 담는다.

6• 이어서 템퍼링한(p.570, 572 테크닉 참조) 다크 초콜릿을 두 번에 나누어 부으며 잘 저어 고르게 코팅한다. 매번 코팅할 때마다 2분씩 식혀 굳힌다.

7• 코코아 가루의 반을 넣고 잘 저어 균일하게 코팅한 다음 2분간 굳힌다. 나머지 코코아 가루를 넣고 잘 섞어 코팅한다.

5 · 밀크 초콜릿을 템퍼링 한다(p.570, 572 테크닉 참조). 초콜릿을 아몬드와
헤이즐넛에 조금씩 나누어 붓고 잘 섞어 고르게 입힌다. 약 2분 정도 식혀
굳힌다.

8 · 초콜릿과 코코아 가루를 씌운 너트 겉면이 완전히 굳으면 체에 올린 뒤 살살
흔들어가며 남은 가루를 털어낸다. 비닐 봉투나 상자 등으로 포장하거나 밀폐
용기에 넣어둔다.

마시멜로 젤리 봉봉 Bonbons gélifiés

약 80개 분량

작업 시간
30분

조리
10분

굳히기
2~3일

보관
밀폐 용기에 담아 4일까지

도구
거품기
전동 스탠드 믹서
시럽용 온도계
피스톤 분배기
짤주머니
폴리카보네이트 또는 열 성형
플라스틱 초콜릿 몰드 4개

재료
봉봉
물 150g
글루코스 시럽 100g
패션프루트 퓌레 250g
설탕 300g
옐로우 펙틴* 7g
구연산 용액 5g(더운 물 2.5g에 구연산 2.5g을 녹인다)
또는 레몬즙 5g

마시멜로
설탕 125g
물 40g
전화당 100g
판 젤라틴 10g
오렌지 블러섬 워터 10g
구연산 액 1g(더운 물 0.5g에 구연산 0.5g을 녹인다)

코팅
옥수수 전분 50g
슈거파우더 50g
설탕 100g

* 옐로우 펙틴(pectine jaune) : p.530 각주 참조.

1· **봉봉 만들기** : 설탕 100g과 펙틴을 섞어둔다. 소스팬에 물, 패션프루트 퓌레, 글루코스 시럽을 넣고 40℃까지 데운다. 펙틴과 섞어둔 설탕을 넣고 거품기로 잘 저어 섞는다. 끓을 때까지 가열한다.

4· **마시멜로 만들기** : 소스팬에 물, 전화당 40g, 설탕을 넣고 110℃까지 끓여 시럽을 만든다. 젤라틴을 찬물에 담가 말랑하게 불린 다음 물을 꼭 짜고 전자레인지에 몇 초간 돌려 녹여둔다.

셰프의 팁

- 오렌지 블러섬 워터 대신 에센스 오일을 2g 정도 사용해 향을 내도 좋다.
- 본 레시피에 가감 없이 다른 과일 퓌레를 기호에 따라 선택해 사용해도 좋다.
- 과일 퓌레 대신 살구, 배, 체리 등 시판용 통조림 과일의 시럽을 사용해도 무방하다(일반적으로 브릭스 당도 16). 이 경우 기호에 따라 향을 더해준다. 코팅 시에는 그 이전 코팅이 완전히 굳어야 한다.

2• 나머지 설탕을 두 번에 나누어 넣고 완전히 녹으면 107℃까지 끓인다.

3• 구연산 용액을 넣어 섞은 다음 분배기에 넣고 링 모양 둥근 몰드 칸마다 가득 채운다. 마시멜로 층을 추가할 경우에는 각 칸의 2/3까지만 채운다. 상온에서 1~2일간 식혀 굳힌다.

5• 전동 스탠드 믹서 볼에 나머지 전화당 60g을 넣은 다음 4의 뜨거운 시럽을 붓는다. 녹인 젤라틴과 구연산 용액(또는 레몬즙), 오렌지 블러섬 워터를 넣는다.

6• 혼합물의 온도가 20℃로 떨어질 때까지 거품기를 고속으로 돌려 섞는다. 식으면 깍지를 끼우지 않은 짤주머니에 덜어 채우고 끝을 지름 2~3mm로 잘라준다.

마시멜로 젤리 봉봉 (계속)

7 • 마시멜로 혼합물로 몰드의 나머지 1/3 부분을 채워준다. 상온에서 24시간 동안 식혀 굳힌다.

8 • 전분과 슈거파우더를 동량으로 섞어 봉봉 위에 체로 치며 솔솔 뿌린다.

셰프의 팁

• 젤리 봉봉은 그대로 즐길 수 있다.
혼합물을 사각형 프레임에 채워 굳힌 뒤 정사각형이나
막대 모양으로 잘라 만들어도 좋다.

• 좀 더 새콤한 맛을 원하면 마지막 설탕에 구연산 결정
한 자밤을 넣어 섞어준다. 시판되는 새콤한 젤리 사탕과
비슷한 맛을 낼 수 있을 것이다.

9 • 봉봉을 조심스럽게 틀에서 떼어낸 다음 설탕에 굴려 고루 묻힌다.

프랄린 로즈 Pralines roses

600g 분량

작업 시간
25분

조리
10~15분

보관
밀폐 용기에 담아 2주일까지

도구
주방용 붓
시럽용 온도계
큰 구리 냄비
체

재료
아몬드 200g
설탕 400g
물 160g
바닐라 빈 1/2줄기
식용 색소(빨강) 쓰는 대로

1• 상태가 좋지 않은 아몬드는 골라낸 다음 흐르는 물에 헹궈 먼지나 이물질을 제거한다. 논스틱 베이킹 팬에 펼쳐 놓은 다음 150℃로 예열한 오븐에 넣어 15분간 로스팅한다. 식힌 다음 큰 구리 냄비에 담는다.

2• 소스팬에 물, 설탕, 갈라 긁은 바닐라 빈 가루를 넣고 가열한다. 설탕이 완전히 녹으면 끓인다. 물에 적신 붓으로 소스팬 안쪽 벽을 잘 닦고 표면에 끓어오르는 거품을 건지며 끓는 상태를 1분간 유지한다.

3• 시럽 200g을 덜어내 볼에 담는다. 나머지 시럽 250g은 그대로 소스팬에 둔 채로 다시 가열해 115℃까지 끓인다.

545

셰프의 팁

- 얇은 시럽 코팅을 원할 경우에는 물과 설탕을 동량으로,
좀 더 두꺼운 코팅을 하려면 설탕을 물의 두 배로 넣어준다.

- 좀 더 캐러멜라이즈된 맛을 원하면 마지막 코팅 과정에서
불에 익히는 시간을 조금 늘리면 된다.

- 아몬드 이외에 다른 견과류로도 만들 수 있으며, 색소 대신
오렌지 블러섬 워터나 기타 향신료 등을 첨가해 향을 더해도 좋다.

4 • 115℃의 시럽을 아몬드에 붓고 주걱으로 잘 섞어 아몬드에 설탕이 부슬부슬하게 골고루 코팅되며 굳도록 한다.

5 • 볼에 덜어둔 시럽 200g에 붉은색 식용 색소를 넣고 원하는 색이 되도록 섞는다.

6 • 구리 냄비를 중불에 올리고 살짝 색이 날 때까지 잘 저으며 가열한다. 붉은색 시럽을 조금씩 넣어주며 주걱으로 계속 잘 섞는다. 원하는 두께의 코팅이 될 때까지 계속 붉은 시럽을 조금씩 넣어가며 잘 섞어준다.

7 • 아몬드 프랄린을 유산지에 쏟아 펼쳐 놓고 상온에서 식힌다. 체에 올리고 살살 흔들면서 나머지 굳은 설탕을 털어낸다.

두야 페이스트 Pâte de duja

500g 분량

작업 시간
15분

조리
15분

보관
랩으로 밀봉한 다음 냉장고에서
이틀까지

도구
푸드 프로세서 또는 블렌더

재료
껍질 벗긴 헤이즐넛 250g
슈거파우더(전분 비함유) 250g

셰프의 팁

초콜릿 봉봉의 필링으로 주로 사용되는 잔두야(gianduja)를 만들려면
이 페이스트 무게의 30%에 해당하는 밀크 커버처 초콜릿을 녹여 섞으면 된다.

1• 껍질을 벗긴 헤이즐넛을 논스틱 베이킹 팬에 펼쳐 놓은 다음 150℃로
예열한 오븐에 넣어 15분간 로스팅한다. 식힌 다음 볼에 덜어놓는다.

2• 전분이 들어 있지 않은 슈거파우더를 붓고 주걱으로 잘 섞는다.

3• 푸드 프로세서로 갈아 균일하고 부드러운 페이스트를 만든다.

프랄리네 페이스트 드라이 캐러멜로 만들기
Praliné au caramel à sec

500g 분량

작업 시간
30분

조리
15분

보관
밀폐 용기에 담아 2주일까지

도구
푸드 프로세서 또는 블렌더

재료
설탕 250g
껍질 벗긴 헤이즐넛 125g
껍질 벗긴 아몬드 125g

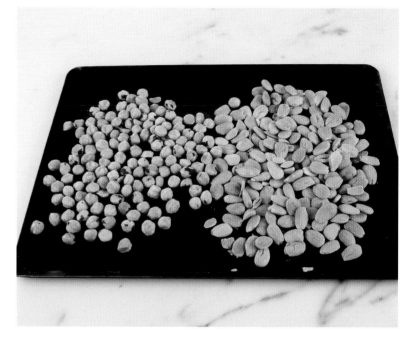

1 • 아몬드와 헤이즐넛을 논스틱 베이킹 팬에 펼쳐 놓고 150℃로 예열한 오븐에 넣어 15분간 로스팅한다. 식힌다.

4 • 굵직하게 잘라 부순 다음 푸드 프로세서에 넣는다.

2 • 두꺼운 소스팬에 설탕(물은 넣지 않음)을 넣고 진한 캐러멜 색이 날 때까지 녹이며 가열한다. 로스팅한 아몬드와 헤이즐넛을 넣고 주걱으로 잘 섞어 골고루 코팅한다.

3 • 캐러멜라이즈된 너트를 논스틱 베이킹 팬(또는 실리콘 패드 위)에 덜어 놓고 딱딱하게 굳을 때까지 식힌다.

5 • 푸드 프로세서로 갈아 균일하고 부드러운 페이스트를 만든다.

프랄리네 페이스트 리퀴드 캐러멜로 만들기
Praliné par sablage

500g 분량

작업 시간
40분

조리
15분

보관
랩으로 밀봉한 뒤 밀폐 용기에 담아
2주까지

도구
큰 구리 냄비
시럽용 온도계
푸드 프로세서

재료
설탕 250g
물 100g
껍질 벗긴 아몬드 125g
껍질 벗긴 헤이즐넛 125g

1 • 구리 냄비에 물과 설탕을 넣고 가열해 녹인 뒤 117℃까지 끓여 시럽을 만든다
(프티 불레, p.520 테크닉 참조).

셰프의 팁

• 시럽과 섞은 너트를 너무 오래 로스팅하거나 캐러멜라이징 하지 않도록
주의한다. 너무 진한 색이 날 때까지 오래 가열하면 프랄리네에
쓴맛을 줄 수 있기 때문이다.

• 너트를 시럽에 넣어 섞기 시작할 때 바닐라 빈 1/2개를 넣고
푸드 프로세서에 함께 갈아주면 풍미를 더할 수 있다.

• 프랄리네를 푸드 프로세서에 갈기 바로 전에
그레이터에 곱게 간 레몬 제스트를 넣어도 좋다.

4 • 너트를 조심스럽게 한 개 꺼내 반으로 잘라 충분히 로스팅이 되었는지 확인한
다음 논스틱 베이킹 팬이나 실리콘 패드 위에 쏟아놓는다.

2 • 로스팅하지 않은 아몬드와 헤이즐넛을 시럽에 넣고 주걱으로 잘 섞는다. 설탕이 불투명해지며 모래와 같은 부슬부슬한 질감으로 굳기 시작한다 (sablage).

3 • 모래와 같은 설탕이 묻어 굳은 상태의 너트를 주걱으로 계속 잘 저으며 가열해 캐러멜라이즈 시킨다. 동시에 아몬드와 헤이즐넛을 로스팅하는 효과도 낼 수 있다.

5 • 완전히 식힌 뒤 밀대로 두드려 굵직하게 깨트린다.

6 • 푸드 프로세서로 갈아 균일하고 부드러운 페이스트를 만든다.

라즈베리 잼 Confiture de framboises

500g짜리 병 3개 분량

작업 시간
45분

조리
굳는 온도에 도달하는 시간

보관
상온에서 3개월까지(멸균 처리된
경우는 1년간, p.517 참조)

도구
스테인리스 또는 잼 전용 구리 냄비
시럽용 온도계
거품 국자
500g짜리 병 3개(열탕 소독 후
따뜻하게 준비한다)

재료
생 라즈베리 1kg
그래뉴당(sucre cristal) 600g
꿀 100g
펙틴(pectine NH) 6g
정백당 100g
레몬즙 10g

1• 라즈베리를 씻어 건져 물기를 뺀다. 깨끗한 면포로 살살 눌러 물기를 닦아낸다.
잼 전용 구리 냄비에 라즈베리, 그래뉴당, 꿀을 넣는다.

셰프의 팁

•과일 1kg 기준으로 잼을 만든다.
한 번에 더 이상 많은 분량으로 만들지 않아야 성공 확률이 높다.

•상온으로 식힌 이 잼은 앙트르메, 구움 과자 등
다양한 케이크나 디저트의 필링 재료나 장식용으로도 사용할 수 있다.

•잼에 농도를 주어 잘 굳게 해주는 펙틴 NH는
베이킹 전문 상점에서 구입할 수 있다(Louis François 브랜드는
다양한 응고 젤화제 및 질감 개선제를 생산하고 있다).

3• 꼼꼼히 거품을 건져가며 104℃까지 끓인다. 마지막에 레몬즙을 넣어준다.

잼을 만드는 과일과 향의 다양한 조합은 p.518 도표를 참조한다.

2 • 잘 섞어 중불에 올린다. 80℃까지 가열한 뒤 미리 펙틴과 혼합해 둔 정백당을 넣고 잘 저어 섞는다.

4 • 열탕 소독해 건조시킨 따뜻한 병에 뜨거운 잼을 넣고 뚜껑을 단단히 닫은 뒤 완전히 식을 때까지 엎어 놓는다.

딸기 잼 Confiture de fraises

500g짜리 병 3개 분량

작업 시간
45분

조리
굳는 온도에 도달하는 시간

보관
상온에서 3개월까지(멸균 처리된
경우는 1년간, p.517 참조)

도구
스테인리스 또는 잼 전용 구리 냄비
시럽용 온도계
거품 국자
500g짜리 병 3개(열탕 소독 후
따뜻하게 준비한다)

재료
딸기 1kg
그래뉴당(sucre cristal) 600g
물 300g
펙틴(pectine NH) 6g
정백낭 100g
레몬즙 10g

1• 딸기를 씻어 건져 물기를 뺀다. 깨끗한 면포로 살짝 눌러 물기를 닦아준 다음 꼭지를 뗀다. 크기가 큰 것은 반으로 자르고 나머지는 통째로 사용한다.

셰프의 팁

•과일 1kg 기준으로 잼을 만든다.
한 번에 더 이상 많은 분량으로 만들지 않아야 성공 확률이 높다.

•펙틴은 설탕과 미리 혼합해 둔 다음 잼이 끓기 전에 넣어 섞는다.

3• 미리 펙틴과 혼합한 정백당을 넣고 104℃까지 끓인다. 마지막에 레몬즙을 넣는다.

잼을 만드는 과일과 향의 다양한 조합은 p.518 도표를 참조한다.

2 • 잼 전용 구리 냄비에 그래뉴당과 물을 넣고 가열하여 녹인 다음 120℃까지 끓인다. 딸기를 넣고 거품을 꼼꼼하게 건진다.

4 • 열탕 소독해 건조시킨 따뜻한 병에 뜨거운 잼을 넣고 뚜껑을 단단히 닫은 뒤 완전히 식을 때까지 엎어 놓는다.

바닐라 럼 파인애플 잼
CONFITURE D'ANANAS À LA VANILLE ET AU RHUM

크리스틴 페르베르 Christine Ferber

1998 베스트 파티시에

220g 작은 병 6~7개 분량

작업 시간
20분

냉장
하룻밤

도구
잼 전용 구리 냄비 또는
스테인리스 냄비
거품 국자
병(열탕 소독한 뒤
따뜻하게 준비한다)

재료
파인애플 2.5kg(순 과육 무게 1kg)
설탕 900g
바닐라 빈 1줄기
럼 150g
레몬즙 반 개분

——— 하루 전날 준비하기

파인애플의 두꺼운 껍질을 칼로 잘라내 벗긴다. 길게 4등분한 다음 가운데 심을 잘라내고 살을 짧은 모양으로 얇게 썬다. 잼 전용 구리 냄비에 얇게 썬 파인애플, 설탕, 길게 갈라 긁은 바닐라 빈, 레몬즙을 넣는다. 살살 저어주며 가열하여 약하게 끓기 시작하면 불에서 내리고 큰 볼에 덜어놓는다. 유산지로 덮은 다음 식힌다. 냉장고에 하룻밤 넣어둔다.

——— 당일 잼 만들기

다음 날 볼 안의 혼합물을 다시 잼 냄비에 옮겨 담고 불에 올린다. 살살 저어주며 끓을 때까지 가열한다. 계속 저어주며 센 불로 약 10분간 부글부글 끓인다. 중간중간 거품을 꼼꼼히 건진다. 럼을 넣고 잘 섞으며 다시 5분간 끓인다. 잼을 차가운 접시에 몇 방울 떨어트려 농도를 테스트한다. 잼이 말랑하게 살짝 굳으면 완성된 것이다. 바닐라 빈 줄기를 건져 잼 병에 장식용으로 넣어준다. 냄비를 불에서 내린 뒤 바로 잼을 병입하고 뚜껑을 단단히 닫는다.

셰프의 팁

생강, 후추, 팽데피스 향신료 믹스 등을 잼에 넣으면 더욱 풍부한 향을 즐길 수 있으며 이러한 잼은 로스트 치킨 등과 곁들여 서빙해도 아주 좋다. 이 레시피와 같이 리큐어 등의 술을 첨가하면 잼의 보존성을 높이는 효과도 얻을 수 있다.

오렌지 마멀레이드 Confiture d'oranges

400g짜리 병 3개 분량

작업 시간
45분

조리
굳는 온도에 도달하는 시간

보관
상온에서 3개월까지(멸균 처리된 경우는 1년간, p.517 참조)

도구
스테인리스 또는 잼 전용 구리 냄비
시럽용 온도계
거품 국자
400g짜리 병 3개(열탕 소독 후 따뜻하게 준비한다)

재료
즙이 풍부한 생 오렌지(Valencia 품종 등) 750g
그래뉴당(sucre cristal) 300g
물 90g
잡화꿀 120g
펙틴(pectine NH) 8g
정백당 100g
레몬즙 10g

1 • 오렌지를 씻어 건져 물기를 뺀다. 깨끗한 면포로 물기를 꼼꼼히 닦아준 다음 양끝을 잘라낸다. 껍질과 함께 잘게 썬다.

셰프의 팁

• 과일 750g 기준으로 잼을 만든다. 한 번에 더 이상 많은 분량으로 만들지 않는 것이 성공 확률이 높다.

• 쓴맛을 줄이려면 오렌지를 끓는 물에 통째로 세 번 데쳐낸다. 매번 데쳐낼 때마다 얼음물에 넣어 식힌다.

4 • 마지막에 레몬즙을 넣고 잘 섞는다.

셰프의 팁

잼을 만드는 과일과 향의 다양한 조합은 p.518 도표를 참조한다.

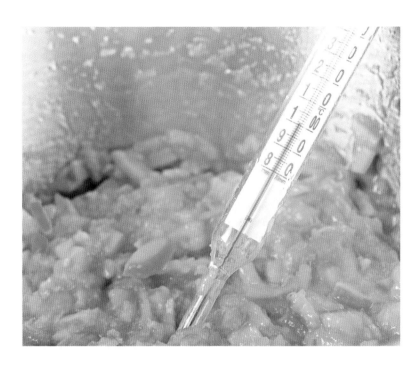

2 • 잼 전용 구리 냄비에 그래뉴당과 물을 넣고 가열해 시럽을 만든다. 150℃까지 끓인 다음 잘게 썬 오렌지를 넣고 잘 섞으며 계속 가열한다. 꼼꼼히 거품을 건지고, 표면에 뜨는 씨도 건져낸다.

3 • 계속해서 끓인 뒤, 펙틴과 혼합해둔 설탕을 넣고 잘 섞은 뒤 꿀을 넣어준다. 계속 잘 저으며 104℃까지 끓인다.

5 • 열탕 소독해 건조시킨 따뜻한 병에 뜨거운 잼을 넣고 뚜껑을 단단히 닫은 뒤 완전히 식을 때까지 엎어 놓는다.

559

살구 잼 Confiture d'abricots

500g짜리 병 3개 분량

작업 시간
45분

조리
굳는 온도에 도달하는 시간

보관
상온에서 3개월까지(멸균 처리된
경우는 1년간, p.517 참조)

도구
스테인리스 또는 잼 전용 구리 냄비
시럽용 온도계
거품 국자
500g짜리 병 3개(열탕 소독 후
따뜻하게 준비한다)

재료
생 살구 1kg
그래뉴당(sucre cristal) 600g
물 300g
바닐라 빈 1줄기
펙틴(pectine NH) 5g
정백당 100g
레몬즙 10g

1 • 살구를 씻어 건져 물기를 뺀다. 깨끗한 면포로 물기를 꼼꼼히 닦아준 다음 반을 갈라 씨를 빼낸다. 반으로 자른 살구 그대로 사용하고, 아주 큰 것은 다시 반으로 자른다.

셰프의 팁

과일 1kg 기준으로 잼을 만든다. 한 번에 더 이상
많은 분량으로 만들지 않는 것이 성공 확률이 높다.

3 • 계속해서 끓인 뒤, 펙틴과 혼합해둔 설탕을 넣고 계속 잘 저으며 105~106℃ 까지 끓인다. 마지막에 레몬즙을 넣고 잘 섞는다.

잼을 만드는 과일과 향의 다양한 조합은 p.518 도표를 참조한다.

2 • 잼 전용 구리 냄비에 그래뉴당과 물을 넣고 가열해 시럽을 만든다. 120℃까지 끓인 다음 살구를 넣고 잘 섞으며 계속 가열한다. 꼼꼼히 거품을 건진다.

4 • 열탕 소독해 건조시킨 따뜻한 병에 뜨거운 잼을 넣고 뚜껑을 단단히 닫은 뒤 완전히 식을 때까지 엎어 놓는다.

캐러멜 사과 잼
CONFITURE DE POMMES AU CARAMEL

크리스틴 페르베르 Christine Ferber

1998 베스트 파티시에

220g 작은 병 8~9개 분량

작업 시간
15분

설탕에 절이기
1시간

냉장
하룻밤

도구
잼 전용 구리 냄비 또는
스테인리스 냄비
거품 국자
병(열탕 소독한 뒤
따뜻하게 준비한다)

재료
사과 1.2kg(순 과육 무게 1kg)
설탕 1.1kg
뜨거운 물 250g
레몬즙 작은 것 반 개분

——— 하루 전날 준비하기

사과의 껍질을 벗기고 꼭지를 딴다. 반으로 잘라 속을 제거한 뒤 가는 막대 모양으로 썬다. 큰 볼에 가늘게 썬 사과, 설탕 850g, 레몬즙을 넣고 잘 섞는다. 유산지를 덮은 뒤 1시간 동안 재워둔다. 잼 전용 구리 냄비에 나머지 설탕 250g을 조금씩 넣으며 가열해 녹인다. 나무 주걱으로 계속 저어주며 황금색이 날 때까지 가열해 캐러멜을 만든다. 여기에 뜨거운 물을 조심스럽게 넣고 주걱으로 잘 섞어준다. 다시 끓을 때까지 가열한 다음 설탕에 재워둔 사과를 넣는다. 살살 저으며 계속 가열해 약하게 끓기 시작하면 불에서 내리고 큰 볼에 덜어낸다. 유산지를 덮고 식힌 뒤 냉장고에 하룻밤 넣어둔다.

——— 당일 잼 만들기

다음 날 볼 안의 혼합물을 다시 잼 냄비에 옮겨 담고 불에 올린다. 살살 저어주며 끓을 때까지 가열한다. 계속 저어주며 센 불로 5~10분간 부글부글 끓인다. 거품을 꼼꼼히 건진다. 잼을 차가운 접시에 몇 방울 떨어트려 농도를 테스트한다. 잼이 말랑하게 살짝 굳으면 완성된 것이다. 냄비를 불에서 내린 뒤 바로 잼을 병입하고 뚜껑을 단단히 닫는다.

셰프의 팁

이 잼은 계피 향을 더한 휘핑크림과
호두 사블레 쿠키에 곁들이면 아주 맛있다.

초콜릿
CHOCOLAT

567 개요

---

570 초콜릿 Chocolat

초콜릿 Chocolat

초콜릿을 사용하여 원하는 결과물을 성공적으로 만들기 위해서는 작업의 정확성, 그리고 카카오 버터가 결정화해 아름답고 맛있는 초콜릿이 만들어지는 과정에 대한 명확한 이해가 필요하다.

'커버처' 초콜릿이란?

카카오 버터의 함량이 높은(31%~42%) 커버처 초콜릿(chocolat de couverture)은 녹이기 쉽고 녹았을 때 더 매끄럽게 흐르는 질감을 갖기 때문에 몰드 작업이 용이하고 식어 굳었을 때도 더욱 매끈하게 완성된다. 커버처 초콜릿은 종류에 따라 적정한 온도로 템퍼링한 뒤 각종 모양 틀에 넣어 굳히거나 태블릿을 만들 수 있고, 초콜릿 봉봉을 코팅하는 데도 사용할 수 있다.

초콜릿 템퍼링이란?

초콜릿을 다루는 데 있어서 중요한 과정인 템퍼링(적온 처리, la mise au point, tempérage)은 초콜릿에 함유된 카카오 버터를 안정화하여 완성된 초콜릿이 더욱 매끈한 표면을 지니고 경쾌하게 탁 깨지는 단단한 질감을 갖도록 해준다. 템퍼링 과정을 거치지 않은 초콜릿은 표면에 광택이 나지 않고 허연 자국이 생긴다. 또한 밀도가 높아 뻑뻑하고 두꺼우며 고르지 못한 질감을 갖게 될 뿐 아니라 보존성도 떨어진다. 특히 초콜릿 봉봉을 만들거나 몰드에 넣어 굳히는 초콜릿을 만들려면 템퍼링은 반드시 숙련해야 할 필수 테크닉이다.

초콜릿 템퍼링 과정

템퍼링하는 방법은 여러 종류가 있지만 모든 기본 과정은 같은 원리로 이루어진다. 우선 초콜릿을 녹인 다음 카카오 버터가 굳기 시작하는 온도까지 식힌다. 그 다음 살짝 열을 가해 카카오 버터가 다시 흐르는 농도가 되고 작업하기 좋은 상태가 되는 온도까지 올린다. 이렇게 만든 초콜릿은 굳어 완성되었을 때 윤기가 나고 딱딱하게 부러지는 질감을 갖게 된다. 이를 위해서는 초콜릿의 종류에 따라 작업에 최적인 온도를 숙지하는 것이 중요하다. 다크 초콜릿, 밀크 초콜릿, 화이트 초콜릿의 템퍼링 온도 조절 도표(p.568)를 참조한다.

초콜릿은 균일한 크기로 준비

초콜릿 템퍼링의 중요한 첫 번째 과정은 균일하게 녹이는 작업이다. 이를 위해서는 초콜릿 조각을 일정하게 같은 크기로 잘라 준비해야 한다. 태블릿 초콜릿을 사용할 경우 동일한 크기로 잘라 놓거나 균일하게 다진다. 혹은 일정 크기 동전 모양의 커버처 초콜릿 제품을 사용한다.

올바른 중탕법

초콜릿을 중탕으로 녹이려면 내열 용기나 볼에 넣은 뒤 물이 약하게 끓고 있는 냄비 위에 올려놓는다. 이때 초콜릿을 담은 볼의 바닥이 물과 직접 닿아서는 안 된다.

너무 많이 젓지 않기

초콜릿을 균일하게 녹이기 위해서는 저어주어야 하지만 공기가 주입되어서는 안 된다. 거품기 대신 주걱을 사용하는 것이 좋다.

비율 조절하기

소량의 초콜릿을 녹여 템퍼링하기는 어렵다. 왜냐하면 전체 질량이 어느 정도 되어야 전체적으로 일정한 온도 조절이 가능하기 때문이다. 그러므로 이 책에 제시된 레시피 분량을 줄여서 작업하는 것은 권장하지 않는다. 계획한 분량과 맞지 않는다고 레시피 배율을 감량하여 작업하면 기대했던 결과물을 얻지 못할 수도 있으니 주의한다. 템퍼링한 초콜릿이 남을 경우 식혀 굳혀 보관해둔다. 필요할 때 다른 레시피에 아무 문제없이 사용할 수 있다.

초콜릿 종류별 템퍼링 온도

초콜릿 종류	녹인 온도	낮춘 온도(PRE-CRISTALLISATION)	작업 온도
다크 초콜릿	50–55°C	28–29°C	31–32°C
밀크 초콜릿	45–50°C	27–28°C	29–30°C
화이트 및 기타 유색 초콜릿	45°C	26–27°C	28–29°C

화이트 초콜릿과 밀크 초콜릿을 녹일 때는 타기 쉬우니 주의하면서 지켜본다.

온도가 낮아지면 카카오 버터가 제대로 결정화되었는지 테스트한다. 칼날을 초콜릿에 담갔다 뺀 다음 냉장고에 3분간 넣어둔다. 제대로 굳으면 템퍼링이 잘 된 것이다.

원하는 질감이 안 나왔을 때는 초콜릿 템퍼링을 처음 녹이는 과정부터 다시 시작하는 것이 좋다.

초콜릿 템퍼링 시 온도 변화

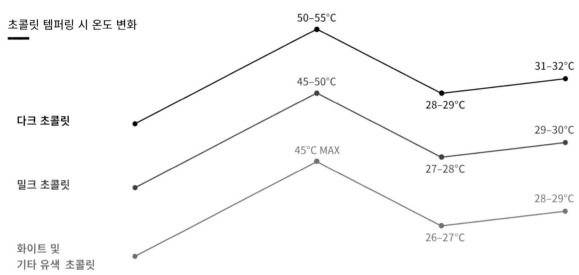

초콜릿 템퍼링 방법

초콜릿을 템퍼링하는 방식에는 대리석법(가장 많이 사용됨. tablage, tabling method. p.572 테크닉 참조), 수냉법(bain-marie, water bath method. p.570 테크닉 참조) 이외에도 다음과 같은 방법들이 사용된다.
- 접종법(l'ensemencement, seeding) : 준비한 초콜릿의 2/3를 45°C까지 녹인 다음 잘게 썬 나머지 초콜릿 1/3을 조금씩 넣고 잘 저어면서 녹이면서 온도를 낮춘다. 초콜릿의 카카오 버터 결정화가 시작되는 일정 온도까지 낮아지면, 다시 32°C까지 온도를 올린 다음 사용한다.
- 미립자 카카오 버터 첨가하기(l'ajout de beurre de cacao micronisé) : 초콜릿을 35°C까지 녹인 다음 초콜릿 총 무게 1%에 해당하는 양의 미립자 카카오 버터(Mycryo)를 넣어 섞는다. 32°C로 만들어 사용한다. 이 방법은 빠르게 사용할 수 있지만 대용량의 초콜릿 템퍼링에는 적합하지 않다.

올바로 템퍼링한 초콜릿	제대로 템퍼링되지 않은 초콜릿
윤이 난다.	광택이 없다.
단단하다.	손으로 만지면 금방 녹는다.
식어 굳으면서 약간 수축하므로 틀에서 쉽게 분리된다.	틀에서 분리하기 어렵다.
향이 진하다.	희끗희끗하게 색이 변한다.
입안에서 부드럽고 기분 좋게 녹는다.	매끈하지 않고 울퉁불퉁하다.
오래 보관할 수 있다.	보존기간이 짧다.
탁 하고 매끈하게 부러진다.	지방이 굳어 허연 얼룩이 생긴다(팻 블룸).

초콜릿 몰딩 작업에서 나타날 수 있는 문제점

작업 중 커버처 초콜릿이 되직해진다.	
원인	초콜릿이 (식으면서) 결정화되어 굳기 때문이다.
해결 방법	뜨겁게 녹인 초콜릿을 조금 넣어주거나 히트 건으로 열을 살짝 가해 온도를 높인다.

완성된 초콜릿에 광택이 나지 않는다.	
원인	초콜릿 템퍼링이 올바로 되지 않은 경우. 작업실 상온과 냉장고 온도가 너무 낮은 경우. 깨끗하지 않은 초콜릿 몰드나 전사지 등을 사용한 경우.
해결 방법	작업실의 실온은 19~23℃, 냉장 온도는 8~12℃가 되어야 한다. 초콜릿 몰드나 주걱은 항상 이물질 없이 깨끗하게 준비한다. 솜으로 완벽하게 닦은 뒤 사용한다.

초콜릿이 몰드에서 일정하게 분리되지 않고 쉽게 깨진다.	
원인	차가운 커버처 초콜릿을 상온의 몰드에 부어 채웠을 경우.
해결 방법	템퍼링 온도 조절을 정확히 준수한다. 몰드는 솜으로 닦아 항상 깨끗이 준비한다. 몰드는 상온(22℃) 상태로 사용한다.

초콜릿이 몰드에서 분리된 후 허옇게 변한다(윤기 없는 표면, 수축이 잘못됨)	
원인	차가운 커버처 초콜릿을 차가운 몰드에 부어 채웠을 경우.
해결 방법	템퍼링 온도 조절을 정확히 준수한다. 적정 온도를 맞춘다. 몰드는 상온(22℃) 상태로 사용한다.

초콜릿이 몰드에서 분리되지 않는다. 커버처 초콜릿이 몰드에 달라붙고 마블링 줄무늬가 생긴다.	
원인	차가운 커버처 초콜릿을 높은 온도의 몰드에 부어 채웠을 경우. 템퍼링이 잘못되었을 경우.
해결 방법	템퍼링 온도 조절을 정확히 준수한다. 적정 온도를 맞춘다. 몰드는 상온(22℃) 상태로 사용한다.

초콜릿에 금이 가고 깨진다.	
원인	초콜릿을 몰드에 채운 다음 온도를 너무 급격히 낮춘 경우.
해결 방법	초콜릿을 작업대에서 식혀 굳을 때까지 기다린 다음 냉장고(8~12℃)에 넣는다.

초콜릿이 허연색으로 변한다(팻 블룸 현상).	
원인	따뜻한 온도의 커버처 초콜릿을 너무 차가운 냉장고에 넣은 경우. 습도가 높아 응결된 경우. 템퍼링이 제대로 되지 않은 경우.
해결 방법	템퍼링 온도 조절을 정확히 준수한다. 적정 온도를 맞춘다. 냉장 온도는 8~12℃이어야 한다.

초콜릿 표면에 얼룩 자국이 남는다.	
원인	몰드가 지저분하거나 제대로 닦이지 않아 매끈하지 않고 탁하고 뿌옇다.
해결 방법	솜에 알코올을 묻힌 다음 몰드의 기름기를 완벽하게 제거한다. 완전히 건조시킨 뒤 깨끗한 솜으로 다시 한 번 닦아준다.

초콜릿의 올바른 보관법

초콜릿은 불투명한 밀폐 용기에 넣어 직사광선이 닿지 않는 서늘하고 건조한 곳에 보관한다. 습기, 열, 직사광선은 모두 초콜릿의 보존 기간과 텍스처에 나쁜 영향을 미친다. 또한 초콜릿은 카카오 비터를 함유하고 있기 때문에 주변의 냄새를 쉽게 흡수하는 경향이 있다. 반드시 잘 밀봉해서 보관한다.

초콜릿 템퍼링 (수냉법) Mise au point du chocolat au bain-marie

작업 시간
25분

도구
주방용 전자 온도계

재료
커버처 초콜릿(다크, 밀크, 화이트)

셰프의 팁

• 초콜릿에 절대로 물이 들어가지 않도록 주의한다. 아주 미량의 물 한 방울이라도 들어가면 초콜릿을 제대로 템퍼링할 수 없는 상태가 된다.

• 초콜릿을 넣은 볼을 중탕 냄비에 얹어 가열할 때 볼의 바닥이 수면에 닿지 않도록 주의한다.

1 • 볼에 잘게 썬 초콜릿을 넣고 물이 약하게 끓고 있는 중탕 냄비에 올려 50℃(다크 커버처 초콜릿), 또는 45℃(밀크 또는 화이트 초콜릿)까지 잘 저으며 가열해 녹인다.

2 • 초콜릿이 완전히 녹으면 볼을 얼음물이 담긴 큰 용기에 담그고 잘 저으며 식힌다.

3 • 초콜릿의 온도가 28~29℃(다크 초콜릿), 27~28℃(밀크 초콜릿), 26~27℃(화이트 초콜릿)까지 떨어지면 다시 중탕 냄비 위에 놓고 가열해 온도를 각각 31~32℃(다크), 29~30℃(밀크), 28~29℃(화이트)까지 올린다.

초콜릿 템퍼링 (대리석법) Mise au point du chocolat par tablage

작업 시간
25분

도구
주방용 전자 온도계
대리석 작업대
L자 스패츌러
삼각 스크레이퍼

재료
커버처 초콜릿(다크, 밀크, 화이트)

1 • 볼에 잘게 썬 초콜릿을 넣고 물이 약하게 끓고 있는 중탕 냄비에 올려 50℃(다크 커버처 초콜릿), 또는 45℃(밀크 또는 화이트 초콜릿)까지 잘 저으며 가열해 녹인다. 녹인 초콜릿의 2/3를 깨끗하고 물기 없는 대리석 작업대 위에 쏟아 붓고 식힌다.

2 • L자 스패츌러와 삼각 스텐 스크레이퍼를 사용해 초콜릿을 바깥에서 안쪽으로 긁어모은다.

3 • 다시 넓게 퍼준 다음 같은 동작을 반복하여 온도를 낮춘다.

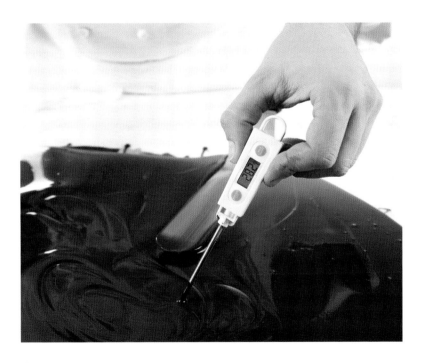

4 • 초콜릿의 온도가 28~29℃(다크 초콜릿), 27~28℃(밀크 초콜릿), 26~27℃(화이트 초콜릿)까지 떨어지면 다시 온도를 높여주어야 한다.

5 • 대리석 위에서 식힌 초콜릿을 조금씩 볼에 다시 옮겨 담고 남겨두었던 따뜻한 초콜릿 1/3과 혼합하여 각각 31~32℃(다크), 29~30℃(밀크), 28~29℃(화이트)로 온도를 올린다.

초콜릿 하프 셸 에그 Moulage de demi-œuf en chocolat

작업 시간
10분

굳히기
20분

수축
20분

보관
밀폐 용기에 넣어 직사광선이 들지
않고 냄새가 밸 염려가 없는 서늘한
곳에서 2개월까지

도구
주방용 전자 온도계
하프 셸 에그 초콜릿 몰드
스크레이퍼

재료
템퍼링한 커버처 초콜릿(다크, 밀크,
화이트)(p.570, 572 테크닉 참조)

1 • 템퍼링한 초콜릿을 몰드에 부어 넣는다. 좀 더 두꺼운 초콜릿 셸을 원하는
경우에는 미리 붓으로 초콜릿을 얇게 한 켜 발라두거나, 과정 1~3을 두 번에
걸쳐 해준다.

셰프의 팁

• 초콜릿을 채워 넣기 전에 몰드의 상태를 꼼꼼히 체크한다. 상처가 있거나
지저분한 몰드를 사용할 경우 초콜릿을 매끈하게 굳혀 빼내기 어렵다.
부드러운 솜이나 이쑤시개 등을 사용하여 작은 얼룩이라도
깨끗이 제거한 다음 사용한다.

• 초콜릿을 몰드에서 분리하기 전 몰드의 온도는 반드시 상온이어야 한다.

• 투명 몰드를 사용하면 초콜릿이 굳어 수축했을 때 몰드 벽면에서
살짝 떨어진 상태를 체크할 수 있어 초콜릿을 분리해내기 편리하다.

4 • 몰드를 뒤집은 상태에서 스텐 스크레이퍼를 사용해 몰드 표면을 밀어 각 하프
셸의 가장자리를 깔끔하게 만든다.

2 • 몰드에 가득 차 거의 넘칠 정도로 채운 다음 바닥에 탁탁 쳐 공기를 빼준다.

3 • 몰드를 뒤집어 남은 초콜릿을 유산지 위에 덜어낸다.

5 • 몰드를 뒤집어 놓은 그 상태에서 약 5분 정도 초콜릿을 굳힌다. 굳은 후 다시 몰드를 바로 놓고 스크레이퍼나 나이프를 이용해 초콜릿을 밀어내 각 셀의 가장자리를 깨끗하게 다듬어준다.

6 • 초콜릿이 수축되기에 가장 이상적인 온도인 18℃의 상온 또는 냉장고 맨 윗부분에 약 20분 동안 넣어둔다. 초콜릿이 단단하게 굳어 몰드 벽으로부터 수축되면 살짝 틈이 생긴다. 이때가 바로 틀에서 분리할 때다. 조심스럽게 몰드를 뒤집은 다음 틀에서 빼낸다.

태블릿 초콜릿 Moulage tablette au chocolat

작업 시간
15분

조리
15분

굳히기
50분

보관
잘 싸서 밀폐 용기에 넣어 직사광선이
들지 않고 냄새가 밸 염려가 없는
서늘한 곳에서 2개월까지

도구
주방용 전자 온도계
초콜릿 태블릿 몰드
짤주머니

재료
템퍼링한 커버처 초콜릿(다크, 밀크,
화이트)(p.570, 572 테크닉 참조)
헤이즐넛 또는 아몬드

1• 오븐을 150℃로 예열한다. 유산지를 깐 베이킹 팬 위에 헤이즐넛(또는 아몬드)
을 펼쳐 놓고 오븐에 넣어 15분간 로스팅한다. 템퍼링한 초콜릿을 깍지 없는
짤주머니에 넣고 끝을 잘라준 다음, 태블릿 초콜릿 몰드에 끝까지 가득 채워
넣는다.

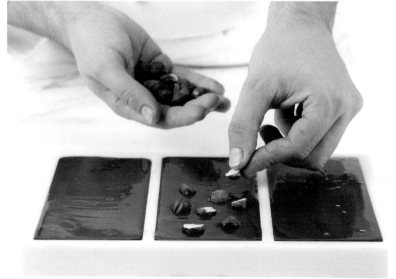

2• 몰드를 바닥에 탁탁 쳐 공기를 빼준다.

3• 로스팅한 뒤 식힌 헤이즐넛을 아직 굳지 않은 액체 상태의 초콜릿 위에 고루
얹어 놓는다.

4 • 초콜릿이 굳어 몰드 가장자리에서 살짝 수축될 때까지 둔다. 몰드를 뒤집어 분리해낸다.

로셰 Rochers

약 40개 분량

작업 시간
45분

굳히기
3시간

냉장
1시간 20분

보관
밀폐 용기에 담아 1개월까지

도구
주방용 전자 온도계
초콜릿용 디핑포크

재료
다진 아몬드 75g
설탕 10g
카카오 58% 다크 커버처 초콜릿
60g
프랄리네 페이스트 180g
(p.548, 550 테크닉 참조)

초콜릿 코팅
카카오 58% 다크 커버처 초콜릿
150g

1 • 소스팬에 아몬드와 설탕을 넣고 중불에서 가열해 캐러멜라이즈한다. 유산지 위에 넓게 펼쳐 놓고 식힌다.

4 • 반죽을 대충 3등분으로 나눈 뒤 각각 길게 늘여 굴려서 가래떡 모양(150g, 길이 약 20cm)으로 만든다. 약 1.5cm 두께로 동그랗게 잘라준다(한 조각당 8~10g). 양 손바닥으로 굴려 작은 공 모양으로 만든다. 냉장고에 20분간 넣어둔다.

5 • 코팅용 커버처 초콜릿을 템퍼링한다(p.570, 572 테크닉 참조). 완전히 식은 캐러멜라이즈드 아몬드를 넣고 섞는다.

2 • 볼에 초콜릿을 넣고 중탕으로 30℃까지 녹인 다음 프랄리네 페이스트와 섞는다. 베이킹 팬에 덜어 펼쳐 놓은 다음 랩을 밀착시켜 덮고 냉장고에 넣어 약 1시간 정도 식혀 굳힌다.

3 • 굳은 초콜릿 혼합물을 작업대에 놓고, 매끈하고 균일하게 뭉쳐질 때까지 손으로 반죽한다.

6 • 디핑포크를 이용하거나 손으로 공 모양의 초콜릿을 코팅 혼합물에 완전히 담가 고루 묻힌다. 유산지 위에 올려놓고 약 2시간 동안 굳힌다.

팔레 오르 Palets or

10g짜리 팔레 30개 분량

작업 시간
45분

향 우려내기
30분

굳히기
2시간

보관
밀폐 용기에 담아 2주까지

도구
짤주머니 + 12mm 원형 깍지
초콜릿용 투명 전사지
주방용 전자 온도계
초콜릿용 디핑포크

재료
가나슈
액상 생크림(유지방 35%) 100g
바닐라 빈 1줄기
꿀 10g
카카오 58% 다크 커버처 초콜릿(잘게 다진다) 90g
카카오 50% 다크 초콜릿(잘게 다진다) 100g
버터(상온) 40g

코팅
카카오 58% 다크 커버처 초콜릿 300g

데커레이션
식용 금박

1• 소스팬에 생크림과 꿀, 길게 갈라 긁은 바닐라 빈을 넣고 중불로 가열한다. 끓으면 바로 불에서 내린 다음 약 30분 정도 향을 우려낸다.

4• 원형 깍지를 끼운 짤주머니에 넣고 유산지 위에 동그란 모양으로 짜 놓는다.

5• 초콜릿용 투명 전사지를 한 장 덮어준 다음 베이킹 팬으로 살짝 눌러준다. 약 1시간 정도 식혀 굳힌다.

셰프의 팁

이 가나슈는 불안정하여 분리되기 쉬우니 너무 오래 저어 섞지 않도록 주의한다.

2 • 커버처 초콜릿과 다크 초콜릿을 중탕으로 35℃까지 녹인다. 향이 우러난 생크림을 체에 걸러 초콜릿에 붓고 주걱으로 잘 섞어 매끈한 가나슈를 만든다.

3 • 30℃로 식으면 깍둑 썬 상온의 버터를 넣고 주걱으로 저어 균일하게 혼합한다.

6 • 코팅용 초콜릿을 템퍼링한다(p.570, 572 테크닉 참조). 가나슈가 굳으면 디핑포크를 사용하여 템퍼링한 커버처 초콜릿에 담가 고르게 코팅한다.

7 • 유산지를 깐 베이킹 팬 위에 놓고 1시간 정도 굳힌다. 식용 금박을 조금 얹어 장식한다.

트러플 초콜릿 Truffes

약 30개 분량

작업 시간
45분

향 우려내기
30분

굳히기
2시간

보관
밀폐 용기에 담아 2주까지

도구
거품기
주방용 전자 온도계
초콜릿용 디핑포크
체

재료
가나슈
액상 생크림(유지방 35%) 100g
바닐라 빈 1/2줄기
꿀 8g
카카오 70% 다크 커버처 초콜릿
(잘게 다진다) 100g
버터(상온) 35g
무가당 코코아 가루 75g

코팅
카카오 58% 다크 커버처 초콜릿
100g

1• 소스팬에 생크림과 길게 갈라 긁은 바닐라 빈을 넣고 중불로 가열한다. 끓으면 바로 불에서 내린 뒤 약 30분간 향을 우려낸다. 꿀을 넣고 다시 끓을 때까지 중불로 가열한다.

4• 사방 3cm 정사각형으로 자른 다음 손으로 굴려 작은 공 모양을 만든다.

5• 코코아 가루를 접시에 담아 놓는다. 코팅용 커버처 초콜릿을 템퍼링한다 (p.570, 572 테크닉 참조). 디핑포크를 사용하거나 또는 손으로 공 모양 가나슈를 템퍼링한 다크 초콜릿에 담가 고루 코팅한다.

셰프의 팁

초콜릿 코팅을 두 겹으로 입히고자 할 때는 우선 첫 번째 초콜릿 코팅을 입힌 다음 굳을 때까지 둔다.
이어서 두 번째 초콜릿 코팅을 입힌 다음 바로 코코아 가루에 굴려준다.

2 • 잘게 다진 초콜릿 위에 뜨거운 생크림을 체에 거르며 붓는다. 거품기로 살살 섞어 매끈한 가나슈를 만든다.

3 • 가나슈가 30℃까지 식은 뒤 상온의 부드러운 버터를 넣어 섞는다. 유산지를 깐 베이킹 팬 위에 쏟아 놓고 1시간 정도 식혀 굳힌다.

6 • 초콜릿 코팅을 씌운 뒤 바로 코코아 가루에 놓고 디핑포크로 굴려 고루 묻힌다.
1시간 정도 굳힌 다음 체에 올려 남은 코코아 가루를 살살 털어낸다.

크리스피 프랄린 초콜릿 Pralinés feuilletines

약 30개 분량

작업 시간
1시간

조리
5~10분

굳히기
1시간

보관
밀폐 용기에 담아 17℃가 넘지 않는
서늘한 곳에서 2주일까지

도구
주방용 전자 온도계
사방 26cm, 높이 1cm 정사각형
프레임
디핑포크

재료
카카오 버터 25g
밀크 커버처 초콜릿 25g
프랄리네 페이스트 250g
크리스피 푀유틴(feuilletine) 50g

코팅
카카오 58% 다크 커버처 초콜릿
300g

1 • 소스팬에 카카오 버터와 밀크 커버처 초콜릿을 넣고 약불로 가열해 녹인다. 불에서 내린 뒤 프랄리네 페이스트와 크리스피 푀유틴을 넣어준다.

4 • 굳으면 틀을 제거한 뒤 원하는 크기로 자른다.

5 • 코팅용 커버처 초콜릿을 템퍼링한다(p,570, 572 테크닉 참조). 디핑포크를 사용하여 프랄린을 초콜릿에 담가 고루 코팅한 뒤, 남은 것은 흘려 보낸다.

2 • 혼합물이 20℃로 식을 때까지 실리콘 주걱으로 살살 섞는다.

3 • 유산지를 깐 베이킹 팬 위에 정사각형 프레임을 놓고 혼합물을 부어 채운다.
스패출러로 밀어 표면을 매끈하게 만든다.

6 • 유산지를 깐 베이킹 팬에 올려놓고 디핑포크로 표면에 줄무늬 자국을 내준다.
약 1시간 동안 굳힌다.

잔두야 Giandujas

약 30개 분량

작업 시간
45분

냉장
1시간

굳히기
1시간

보관
밀폐 용기에 담아 냉장고에서 2주일
까지

도구
주방용 전자 온도계
짤주머니 2개 + 8mm 별모양 깍지
초콜릿용 투명 전사지 2장

재료
잔두야 초콜릿(작게 깍둑썬다) 250g
구운 헤이즐넛 30개

초콜릿 베이스
카카오 58% 다크 커버처 초콜릿
150g

1 • 잔두야 초콜릿을 볼에 넣고 중탕으로 45℃까지 녹인다.

4 • 헤이즐넛을 한 알씩 올린 다음 냉장고에 1시간 정도 넣어둔다.

5 • 받침용 다크 커버처 초콜릿을 템퍼링(p.570, 572 테크닉 참조)한 다음 깍지
없는 짤주머니에 채워 넣고 끝을 잘라준다. 투명 전사지 위에 꽃모양 잔두야
초콜릿보다 조금 작은 크기로 동그랗게 짜 놓는다.

2 • 불에서 내린 뒤 포마드 상태의 버터처럼 크리미한 질감이 될 때까지 식힌다.

3 • 별모양 깍지를 끼운 짤주머니에 채워 넣은 다음 초콜릿용 투명 전사지 위에 지름 3cm 크기의 꽃모양으로 짜 놓는다.

6 • 그 위에 잔두야 초콜릿을 얹어 살짝 눌러 비슷한 크기로 퍼지게 만든다. 1시간 동안 굳힌 다음 조심스럽게 전사지에서 떼어낸다.

데커레이션
DÉCORS

591 개요

592 데커레이션 Décors

데커레이션 LES DÉCORS

'눈으로 먼저 먹는다'라는 말이 있듯이 어떤 모양으로 만들고 장식하는가의 문제는 파티스리 작업의 중요한 구성 요소다. 파티스리 완성의 마지막 터치인 데커레이션은 그 디저트를 더욱 맛있게 보이게 하는 결정적 역할을 하기도 한다. 앙트르메, 타르트, 프티푸르, 갸토 드 부아야주 장식에 사용되는 기본 데커레이션의 종류와 테크닉을 익혀두자.

코르네(cornet)의 역사
1805년 보르도 출신의 파티시에 로르사(Lorsa)가 그의 케이크 장식을 위하여 처음 사용했다고 전해진다.

재료, 기법	사용
슈거파우더	완성된 파티스리에 솔솔 뿌리기, 피티비에 글라사주, 수플레 등
버터크림	짤주머니로 짜 장식하기, 테두리, 각종 모양내기(p.202 참조)
퐁당 아이싱	아이싱, 글라사주, 코르네를 이용한 장식(p.598 참조)
아몬드 페이스트, 마지판	케이크 씌우기, 띠, 꽃, 과일 등 각종 모양 장식(p.601 참조)
글라사주 페이스트	글라사주, 아이싱
가나슈	글라사주, 프로스팅, 앙트르메나 초콜릿 봉봉 등의 필링
투명 나파주	앙트르메, 타르틀레트, 바바, 사바랭 등의 표면에 반짝이는 윤기를 입힐 때 사용. 밀푀유 등의 갸토에 씌운 퐁당 아이싱에 덧발라 광택 효과를 주는 데 사용.
커버처 초콜릿	초콜릿 또는 프랄리네 봉봉의 코팅용, 시가레트, 프릴, 셰이빙 장식 만들기 또는 다양한 모양으로 자르기, 몰드에 넣어 모양내 굳히기, 코르네를 이용해 다양한 모양으로 장식하기 등
잔두야 초콜릿	코르네를 이용한 장식, 몰드에 넣어 모양내기, 잘라서 모양내기 등
로얄 아이싱	코르네를 이용한 장식, 미리 꽃모양 등을 만들어 장식하기. 인조 모형 글라사주. 색을 내어 사용할 수 있다.
캔디드 프루트, 과일 콩피	체리, 안젤리카(당귀), 오렌지 필, 파인애플, 배, 감귤류 과일 등
누가틴	자르거나 몰드를 이용해 모양을 낸다. 크로캉부슈 장식. 코르네를 이용한 장식.
이탈리안 머랭	앙트르메 케이크나 타르트 등에 씌운다. 짤주머니를 이용해 모양 장식을 짠 다음 뜨거운 오븐에 넣어 색을 낸다(p.232 참조).
슈 페이스트리	짤주머니로 짠 슈를 구워낸 다음 장식용으로 얹는다(예: 생토노레)(p.162 참조).
아몬드, 헤이즐넛, 호두 등의 견과류	그대로 통으로 사용하거나 캐러멜라이즈한다. 슬라이스, 길게 썬 모양, 굵게 다진 상태로 다양하게 사용할 수 있다.
당기기 기법 설탕 공예	꽃모양, 잎, 리본, 바구니 등 다양한 모양의 장식을 만든다.
캐러멜	가늘게 실처럼 늘이거나, 둥우리 모양, 캔디 등을 만든다.
오팔린	스텐실 판형 모양에 따라 다양한 장식을 만든다(p.606 참조).

초콜릿 시가레트 Cigarettes en chocolat

20~30개 분량

작업 시간
10분

보관
밀폐 용기에 담아 20℃가 넘지 않는
곳에서 2주일까지

도구
L자 스패출러
삼각 스크레이퍼(대, 소)

재료
템퍼링한 초콜릿 300g
(p.570, 572 테크닉 참조)

셰프의 팁

초콜릿 시가레트 장식을 케이크나 파티스리에 얹을 때 손으로 직접 만지지 않도록 주의한다. 손의 온도로 인하여 초콜릿이 녹거나 손자국이 남을 수 있기 때문이다. 스패출러로 조심스럽게 옮겨 케이크에 얹거나 위생장갑을 이용한다.

1· 템퍼링한 초콜릿을 대리석 작업대에 천천히 붓고 L자 스패출러를 사용하여 2~3mm 두께로 얇고 고르게 밀어 편다. 너무 단단하지 않을 정도로 살짝 굳힌다.

2· 작은 삼각 스크레이퍼로 초콜릿의 양쪽 가장자리를 긁어내 깔끔한 직사각형 모양을 만든다.

3· 큰 사이즈의 삼각 스크레이퍼로 긁어 밀어 가늘게 돌돌 말린 시가레트 모양을 만든다.

초콜릿 프릴 Éventails en chocolat

약 20~30개 분량

작업 시간
10분

보관
밀폐 용기에 담아 20°C가 넘지 않는
곳에서 2주일까지

도구
L자 스패출러
삼각 스크레이퍼

재료
템퍼링한 초콜릿 300g
(p.570, 572 테크닉 참조)

1 • 템퍼링한 초콜릿을 대리석 작업대에 천천히 붓고 L자 스패출러를 사용하여 2~3mm 두께로 얇고 고르게 밀어 편다. 너무 단단하지 않을 정도로 살짝 굳힌다. 삼각 스크레이퍼로 가장자리를 긁어내 깔끔한 직사각형 모양으로 만든다.

2 • 검지로 스크레이퍼 끝 모서리를 누르며 앞으로 밀어 주름 잡힌 부채 모양으로 초콜릿을 잘라낸다. 초콜릿을 모두 사용하여 이 과정을 반복한다.

초콜릿 컬 셰이빙 Copeaux en chocolat

작업 시간
15분

보관
밀폐 용기에 담아 20℃가 넘지 않는
곳에서 2주일까지

도구
L자 스패츌러
셰프 나이프

사용
앙트르메나 프티갸토의 데커레이션

재료
템퍼링한 초콜릿
(p.570, 572 테크닉 참조)

1 · 템퍼링한 초콜릿을 대리석 작업대에 붓는다.

2 • L자 스패츌러를 사용하여 2~3mm 두께로 얇고 고르게 밀어 편다. 너무 단단하지 않을 정도로 살짝 굳힌다.

3 • 칼끝을 사용하여 사선으로 동일한 폭의 긴 띠 모양 자국을 낸다.

4 • 칼날 끝을 눕힌 상태로 재빨리 초콜릿을 아래에서 위로 말아주며 긁어낸다.

5 • 누르는 강도나 긁어내는 동작의 속도에 따라 각각 다른 모양과 두께의 초콜릿 컬 셰이빙을 만들 수 있다.

초콜릿 전사지 사용하기 Feuille de transfert chocolat

1장 분량

작업 시간
15분

보관
밀폐 용기에 담아 20℃가 넘지 않는
곳에서 2주일까지

도구
원하는 무늬가 프린트 된 초콜릿용
전사지(30cm x 40cm) 1장
L자 스패출러

재료
템퍼링한 초콜릿 100g
(p.570, 572 테크닉 참조)

1 • 작업대 위에 전사지의 프린트 된 면이 위로 오도록 놓고, 그 위에 템퍼링한
초콜릿을 천천히 붓는다.

4 • 자와 나이프, 또는 쿠키 커터 등을 사용하여 원하는 모양으로 금을 그어
놓는다. 완전히 굳을 때까지 그대로 둔다.

2 • L자 스패츌러를 사용하여 2~3mm 두께로 얇고 고르게 밀어 펴 전사지를 완전히 덮는다.

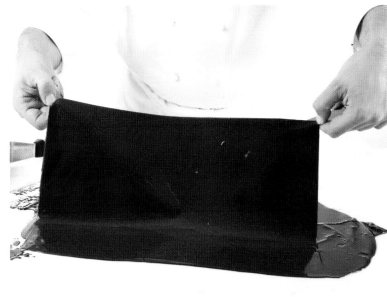
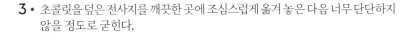

3 • 초콜릿을 덮은 전사지를 깨끗한 곳에 조심스럽게 옮겨 놓은 다음 너무 단단하지 않을 정도로 굳힌다.

5 • 뒤집은 다음 조심스럽게 전사지를 떼어낸다.

6 • 잘라둔 모양대로 조심스럽게 분리하며 떼어낸다.

코르네 만들기 Cornet

코르네 1개

작업 시간
5분

도구
유산지

재료
템퍼링한 초콜릿
(p.570, 572 테크닉 참조)

1• 유산지를 길게 대각선으로 잘라 두 개의 직각삼각형 모양을 만든다.

4• 튀어나온 부분은 안쪽으로 접어 넣는다.

5• 잘 접어 눌러 코르네가 풀리지 않도록 단단히 마무리한다.

셰프의 팁

초콜릿 스프레드나 캐러멜 스프레드(p.522)를 코르네에 채워 넣어 데커레이션용으로 사용해도 좋다.

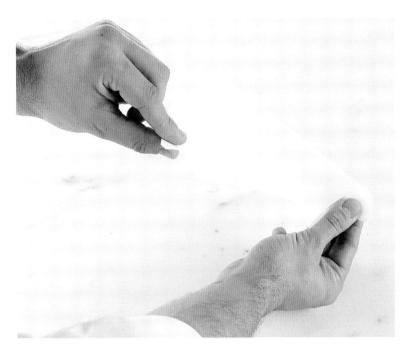

2 • 삼각형의 가장 긴 변의 중간을 손으로 잡고, 다른 한 손으로 한쪽 끝을 꼭짓점 방향으로 접어 콘 모양을 만든다.

3 • 다른 한쪽 끝을 잡아당겨 콘의 뾰족한 부분이 단단하게 고정되게 해준다.

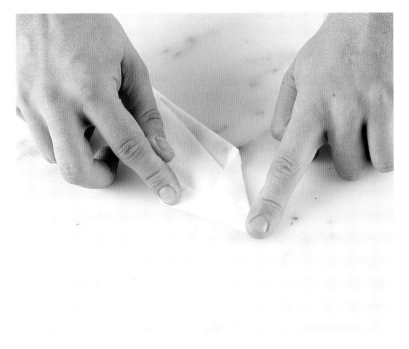

6 • 템퍼링한 초콜릿을 코르네의 1/3 정도까지 채운다.

7 • 코르네의 위쪽 입구를 모아 대각선으로 접어준다.

코르네 만들기 (계속)

8 • 코르네를 뒤집어 바닥에 놓고 초콜릿이 채워진 부분까지 입구 끝을 꼼꼼히 말아준다.

9 • 사용 준비를 마친 상태의 코르네. 원하는 굵기에 맞춰 코르네 팁 부분을 잘라준다.

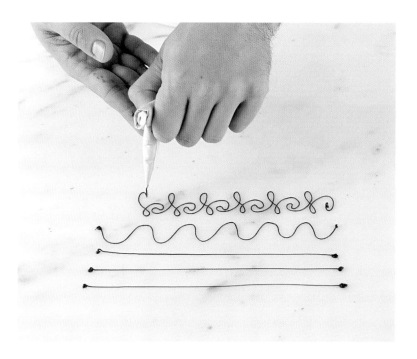

10 • 코르네를 사용하여 직선, 곡선, 레터링, 테두리 장식, 무늬 넣기 등 다양한 데커레이션 작업을 할 수 있다.

마지판 데커레이션 Décors en pâte d'amandes

**장미 모양 1개, 꽃봉오리 1개,
잎사귀 모양 5개 분량**

재료
아몬드 페이스트 60g

작업 시간
5분

보관
1주일까지

도구
아세테이트 투명 전사지(Rhodoïd)

1• 아몬드 페이스트를 지름 2cm의 긴 가래떡 모양으로 만든 다음 0.5cm 두께로 동그랗게 자른다.

2• 두 장의 투명 전사지 사이에 간격을 두고 납작하게 놓는다.

3• 손바닥과 손가락으로 납작하고 얇게 눌러준다. 장미 꽃잎을 만들 때 사용한다.

마지판 데커레이션 (계속)

4 • 아몬드 페이스트로 지름 2cm 크기의 작은 공 모양을 만든다. 꽃의 중앙 봉오리 부분으로 사용한다.

5 • 손바닥으로 굴려 한쪽 끝이 뾰족한 물방울 모양으로 만든다.

8 • 두 번째 꽃잎을 붙이고 계속해서 꽃잎을 조금씩 겹쳐가며 둘러 싸 붙인다.

9 • 꽃잎의 끝을 바깥쪽으로 살짝 구부려 실제 장미 모습으로 정교하게 만든다.

6 • 납작하게 눌러둔 장미 꽃잎 첫 장을 뾰족한 봉오리 심 옆쪽에 붙인다.

7 • 봉오리 부분을 완전히 둘러 씌워준 다음 윗부분을 단단히 오므려 붙인다.

10 • 꽃잎이 제자리에서 벗어나지 않도록 잘 고정한다. 꽃잎을 위쪽에 고정시키고 남는 마지팬은 눌러서 아래쪽으로 밀어내린다.

11 • 원하는 크기와 모양의 장미가 완성될 때까지 꽃잎을 붙인다.

마지판 데커레이션 (계속)

12 • 꽃이 완성되면 아랫부분 지지대를 납작하게 잘라준다.

13 • 아몬드 페이스트로 지름 1cm 크기의 작은 구슬 모양을 만든다. 한쪽 끝이 뾰족한 물방울 모양을 만든 다음 두 장의 투명 전사지 사이에 놓는다.

14 • 손바닥과 손가락으로 납작하게 눌러 나뭇잎 모양을 만든다. 작은 칼끝을 사용하여 잎사귀 모양 위에 잎맥 자국을 내준다.

15 • 조심스럽게 떼어낸 다음 장미꽃 둘레에 보기 좋게 붙인다.

오팔린 Opalines

4~6인용 케이크 데커레이션 분량

작업 시간
30분

조리
8~10분

보관
밀폐 용기에 담아 3일까지

도구
시럽용 온도계
실리콘 패드
푸드 프로세서
체
원하는 모형의 판형틀(샤블롱 스텐실)
스패출러

재료
퐁당슈거 115g
글루코스 시럽 75g
버터 5g

1 • 소스팬에 퐁당슈거, 글루코스 시럽, 버터를 넣고 가열한다. 155℃까지 끓여 밝은 갈색의 캐러멜을 만든다.

셰프의 팁

• 퐁당슈거 혼합물(과정 1)에 식용 색소를 넣어 색을 내거나 초콜릿 등으로 향을 첨가할 수 있다.

• 캐러멜 가루를 오븐에 넣기 전에 그레이터에 곱게 간 레몬 제스트, 양귀비 씨, 참깨 등을 솔솔 뿌려도 좋다.

• 사용하고 남은 캐러멜 파우더는 밀폐 용기에 담아 보관한다.

4 • 실리콘 패드를 깐 베이킹 팬 위에 스텐실 판형틀을 놓는다. 곱게 간 캐러멜 가루를 체에 치며 판형틀의 모양 부분에 얇게 채운다.

2 • 실리콘 패드를 깐 베이킹 팬 위에 캐러멜을 직접 붓는다. 베이킹 팬을 기울여 넓고 고르게 펴준다. 완전히 식힌다.

3 • 캐러멜이 완전히 굳으면 작은 조각으로 깨트린 다음 푸드 프로세서에 넣고 분쇄하여 고운 가루를 만든다. 오븐을 150℃로 예열한다.

5 • 판형틀을 조심스럽게 들어낸 다음, 베이킹 팬을 예열한 오븐에 넣어 캐러멜 파우더가 녹을 때까지 8~10분간 굽는다.

6 • 오팔린을 완전히 식힌 다음 스패츌러로 조심스럽게 떼어낸다. 사용할 때까지 밀폐 용기에 넣어 서늘하고 건조한 곳에 둔다.

아이스크림

GLACES

아이스크림 LES GLACES

가정에서 만드는 아이스크림이나 소르베 및 기타 아이스 디저트류는 정확한 기준과 규정을 준수해야 하는 대규모 전문점의 아이스크림 제조와는 차이가 많지만, 기본 원칙은 동일하다.

아이스크림의 수분과 고형 성분

아이스크림과 소르베의 제조 과정을 이해하려면 우선 이를 이루고 있는 마른 재료와 젖은 재료의 구성 비율 개념을 이해해야 한다. 고형 성분이라고 할 수 있는 마른 재료(extrait sec)는 설탕, 과일 퓌레, 초콜릿, 유지방 및 유단백질 등 아이스크림 믹스에 함유된, 물 안에 떠 있는 모든 물질을 지칭한다. 평균적으로 아이스크림 믹스는 56~70%의 물(우유나 크림으로부터 온 것 또는 과일 등에 천연 함유된 것)과 30~44%의 고형 성분으로 이루어져 있으며, 바로 이 고형 성분의 함유 비율에 따라 아이스크림의 텍스처와 구성이 달라진다.

다양한 종류의 설탕을 혼합해 사용하는 이유

서로 다른 종류의 설탕을 사용하면 어는 온도가 각기 달라 아이스크림의 최종 질감에 영향을 미치게 된다. 설탕마다 지닌 장점이 서로 어우러지면서 이상적인 텍스처의 아이스크림을 만들 수 있는 것이다. 일반적으로 가장 많이 사용하는 설탕인 자당(sucrose, saccharose) 이외에도 다음과 같은 종류의 당류를 사용한다.
- 글루코스 파우더, 포도당 분말(glucose atomisé) : 설탕이 굳는 것을 방해하는 성질이 있어서 아이스크림을 말랑하고 부드럽게 해준다. 너무 많이 사용하면 아이스크림의 질감이 고무처럼 찐득해지는 경향이 있으니 주의한다. 일반 설탕에 비해 당도가 낮다.
- 덱스트로스(dextrose) : 글루코스 추출물로 당도가 글루코스 파우더보다 높지만 일반 설탕보다는 낮다. 어는 점을 낮추어 아이스크림의 질감을 더욱 부드럽게 해준다.
- 전화당(sucre inverti) : 전화당은 일반 설탕보다 훨씬 당도가 높으며, 위 두 종류의 설탕과 마찬가지로 아이스크림의 질감을 부드럽게 해준다. 단, 지방 함량이 높아 본래 단단한 성질의 아이스크림(초콜릿, 프랄리네, 피스타치오)에만 사용해야 한다. 신맛이 있는 과일 소르베(붉은 베리류 과일, 시트러스류 과일)에 넣으면 보존성이 떨어지므로 사용하지 않는 것이 좋다. 천연 전화당이라고 할 수 있는 꿀로 대치해도 무방하나 이 경우에는 맛에 영향을 미친다.
가정용 레시피에서는 이같은 다양한 종류의 설탕 대신 일반 설탕인 자당을 같은 양으로 사용해도 무방하다. 그 경우 아이스크림의 당도는 조금 높아질 수 있음을 감안한다.

아이스크림에서 지방의 역할

아이스크림의 지방 성분은 주로 달걀노른자나 버터, 생크림, 우유(전유) 등의 유제품에 함유된 것이다. 아이스크림 베이스 믹스용으로는 반드시 전유를 사용하고 좋은 품질의 유제품을 선택하는 것이 중요하다. 전체적인 텍스처나 부드러움은 이 지방에 따라 달라지기 때문이다. 지방 성분이 얼어 굳으면서 아이스크림의 부드러운 텍스처와 식감이 만들어진다.

왜 탈지 우유 분말을 넣을까?

우유 분말은 지방을 제거한 우유를 건조한 추출물이다. 아이스크림 베이스에 넣으면 고형 성분 비율이 높아짐에 따라 믹스 안의 수분 일부를 흡수하여 안정화하는 효과를 낼 수 있다. 결과적으로 입안에서 안 좋은 식감을 줄 수 있는 얼음 알갱이가 생성되는 것을 제한해주는 역할이다. 단, 주의할 점은 반드시 지방 성분이 전혀 들어 있지 않은 탈지 우유 분말을 사용해야 한다는 점이다. 또한 너무 많은 양을 사용하면 아이스크림이 모래처럼 부슬부슬한 질감이 될 수 있으니 주의한다. 반드시 레시피에 제시된 양을 정확히 준수한다.

아이스크림과 아이스 디저트의 간략한 역사

이미 2,000여 년 전에 중국에서 아이스크림을 만들었다는 설도 있지만, 보다 신빙성 있는 흔적을 찾아볼 수 있는 것은 9세기경 시칠리아에서이다. 16세기부터는 눈과 초석(硝石)을 사용해 혼합물을 얼리는 방법을 사용하면서 그 제조법이 발전해간다. 1670년경부터 프랑스에 아이스크림 상점이 문을 열게 되는데, 파리의 프로코프(Procope) 카페를 필두로 엄청난 성공을 거두게 된다. 19세기 말 아이스크림 제조기가 등장하고 20세기 초 미국에서 대량 생산이 활발해지면서 이 디저트는 널리 대중화되었다.

바슈랭(Vacherin)

머랭 베이스에 아이스크림이나 소르베를 채운 다음 샹티이 크림으로 데커레이션을 한 이 디저트는 스위스, 프랑슈 콩테 등에서 생산하는 같은 이름의 치즈와 비슷한 모양 때문에 바슈랭이라는 이름이 붙었다.

안정제와 유화제의 역할

시판되는 아이스크림의 레시피에는 종종 수분의 안정화와 지방분의 유화를 돕는 특수한 첨가제가 들어간다. 이들의 역할은 다음과 같다.
- 아이스크림을 더욱 말랑하고 부드럽게 해준다.
- 수분이 얼어 결정이 생기는 것을 방지함으로써 질감을 개선해준다.
- 먹는 동안 녹아내리는 것을 지연시킨다.
- 보존성을 높여준다.

이 제품들은 전문 재료상이나 온라인에서 손쉽게 구입할 수 있다. 단, 일반 가정에서 소량으로 만들어 바로 소비하거나 짧은 기간 동안(7일 이내)만 보관하는 아이스크림의 경우에는 굳이 사용하지 않아도 된다. 이 책에 소개된 레시피는 이와 같은 첨가물을 넣지 않고도 만들 수 있다.

아이스크림 믹스를 숙성하는 이유는?

아이스크림 믹스를 기계에 넣어 돌리기 전에 냉장고에 일정 시간 동안 넣어두는 준비 과정을 말하며, 이는 맛과 질감을 더 끌어올리기 위해 꼭 필요하다. 안정제 등을 사용하지 않는 홈 메이드 레시피의 경우 소르베를 만들 때에는 숙성 과정을 거치지 않고 바로 기계에 넣어 돌린다. 반대로 일반 아이스크림이나 달걀을 넣은 아이스크림 믹스의 경우는 그 레시피에 따라 미리 냉장고에 넣어두는 시간이 필요하다. 레시피에 제시된 시간을 잘 준수한다.

홈 메이드 아이스크림은 얼마 동안 보존 가능할까?

안정제를 넣지 않은 홈 메이드 아이스크림은 만든 지 7일 이내에 소비하는 것이 좋다. 하지만 최상의 맛과 질감을 즐기려면 아이스크림 메이커에서 만든 즉시 먹는 것이 가장 좋다.

홈 메이드 아이스크림은 시판 제품과 어떻게 다른가?

일반 가정에서 만든 아이스크림과 전문 매장의 주방에서 만든 것은 여러 면에서 차이가 있다. 그 차이는 바로 다음과 같은 이유에서 생긴다.
- 사용된 설탕
- 지방과 고형 성분 비율
- 안정제 사용
- 급속 냉동실 온도
- 아이스크림 메이커의 공기 주입(오버런) 조절 기능

프랑스에서 시판되는 모든 아이스크림은 2000년 6월 5일 프랑스 국립 아이스크림 제조업자 연맹이 채택한 '식용 아이스크림에 관한 실무 법령'을 준수해야만 한다. 이 법령은 사용 가능한 재료 및 허용된 첨가제 등을 자세히 명시하고 있다. 이 책에 소개된 모든 아이스크림 레시피는 전문 공방 아이스크림(glace artisanale) 제조에 관한 프랑스 현행 법규에 의거한 것이다.

아이스크림과 아이스 디저트 서빙 방법

아이스크림이나 아이스 디저트 종류는 서빙하기 20~30분 전에 냉동실에서 냉장실로 옮겨두어야 식감도 부드러워지고 덜어내기도 수월하다.

아이스크림과 아이스 디저트의 간략한 역사

파르페(Parfait)
나폴레옹 3세 시절에 선보인 이 아이스 디저트는 파트 아 봉브(pâte à bombe)와 휘핑한 생크림에 커피로만 향을 더해 만들었다. 오늘날에는 과일 퓌레나 초콜릿 등을 더해 만들기도 한다.

베이크드 알래스카, 오믈렛 노르베지엔(Baked Alaska, omelette norvégienne)
1867년 파리 르 그랑 호텔의 셰프 발자크(Balzac)가 처음 만든 이 아이스크림 디저트는 제누아즈 스펀지 위에 아이스크림이나 소르베를 얹은 뒤 머랭으로 덮은 것이다. 특히 서빙할 때 테이블에서 불을 붙여 플랑베하여 멋진 장면을 연출할 수 있는 이 디저트는 차가움과 뜨거움을 동시에 맛볼 수 있는 매력을 지녔다.

누가 글라세(Nougat glacé)
비교적 최근에 개발된(1970년대부터 그 레시피를 찾아볼 수 있다) 메뉴인 누가 글라세는 꿀을 넣은 이탈리안 머랭과 휘핑한 크림을 섞고 구운 견과류나 설탕에 졸인 과일 콩피 등을 넣어 만든 가벼운 질감의 디저트다.

프로피트롤(Profiteroles)
원래는 빵 반죽을 베이스로 한 짭짤한 음식이던 프로피트롤이 슈 반죽으로 만든 디저트로 변모한 것은 19세기에 이르러서였다. 슈케트 안에 샹티이 크림이나 크렘 파티시에를 채워 넣는 방식은 앙토냉 카렘이 고안해냈지만, 그 이후 아이스크림을 슈 안에 채워 넣고 초콜릿 소스를 끼얹은 레시피는 누가 처음 만들었는지 알려지지 않고 있다.

생 민트 아이스크림 Glace à la menthe fraîche

6~8인분

작업 시간
40분

냉장 숙성
4~12시간

보관
냉동실에서 2주까지

도구
투명 아세테이트 전사지
파티스리용 밀대
시럽용 온도계
핸드블렌더
체
아이스크림 메이커
아이스크림 보관용 스텐 바트

재료
생 민트 23g
정백당 116g
전유(유지방 3.6%) 500g
액상 생크림(유지방 35%) 120g
포도당 분말 33g
덱스트로스 17g
아이스크림용 안정제 4g
탈지 우유 분말 40g
달걀노른자 73g
민트 엑스트랙트 1방울

1 • 생 민트 잎과 설탕 분량의 반을 두 장의 투명 아세테이트 시트 사이에 놓는다. 나머지 반의 설탕은 포도당 분말, 덱스트로스, 안정제와 혼합해둔다.

셰프의 팁

식물의 잎을 짓이기는 방법을 사용하면 섬유소 수액이 갖고 있는 쓸쓸하고 떫은맛 없이 천연 향과 클로로필을 추출할 수 있다.

4 • 소스팬에 우유와 생크림을 넣고 가열한다. 35℃가 되면 우유 분말과 설탕, 포도당 분말, 덱스트로스, 안정제 혼합물을 넣는다.

2 • 밀대로 눌러 밀며 설탕과 민트 잎을 짓이긴다.

3 • 페이스트와 같은 질감이 되면 볼에 덜어둔다.

5 • 45℃가 되면 달걀노른자를 넣는다. 85℃가 될 때까지 가열한 뒤 약 1분 정도 계속 저으며 익힌다.

6 • 민트 페이스트는 천연 녹색을 유지하기 위해 불을 끈 다음 넣는다. 실리콘 주걱으로 1분간 저어 섞는다. 민트 엑스트랙트를 넣어준다.

생 민트 아이스크림 (계속)

7 • 핸드블렌더로 혼합물을 갈아준다.

8 • 혼합물을 체에 거른다. 이때 섬유질 건더기를 누르지 말아야 쓴맛을 피할 수 있다.

9 • 용기에 덜어낸 다음 바로 냉장고에 넣어 식힌다. 냉장고에서(4℃) 4~12시간 동안 숙성한다.

10 • 핸드블렌더로 다시 한 번 갈아준 다음 아이스크림 메이커에 넣고 기계 사용법에 따라 아이스크림을 만든다. 아이스크림용 깊은 스텐 바트에 담고 표면을 매끈하게 해준다. -35℃에서 급속 냉동한 다음 냉동실(-20℃)에 보관한다.

달걀을 넣은 바닐라 아이스크림 Glace aux œufs vanille

6~8인분

작업 시간
40분

냉장 숙성
4~12시간

보관
냉동실에서 2주까지

도구
시럽용 온도계
핸드블렌더
체
아이스크림 메이커
아이스크림 보관용 스텐 바트

재료
전유(유지방 3.6%) 534g
액상 생크림(유지방 35%) 150g
바닐라 빈 1줄기
탈지 우유 분말 41g
정백당 134g
포도당 분말 33g
덱스트로스 17g
아이스크림용 안정제 5g
달걀노른자 73g

1 • 소스팬에 우유, 생크림, 길게 갈라 긁은 바닐라 빈을 넣고 가열한다. 35℃가 되면 우유 분말과 설탕, 포도당 분말, 덱스트로스, 안정제 혼합물을 넣는다.

4 • 체에 거른다.

5 • 용기에 덜어낸 다음 바로 냉장고에 넣어 식힌다. 냉장고에서(4℃) 4~12시간 동안 숙성한다.

다양한 응용 팁

• 커피 아이스크림 : 바닐라 대신 원두커피 알갱이 60g을 잘게 부수어 우유에 넣고 향을 우려낸다.
• 피스타치오 아이스크림 : 바닐라 대신 피스타치오 페이스트 60g을 넣는다.
• 프랄리네 아이스크림 : 생크림 분량 50g, 설탕 분량 50g을 줄이고 바닐라를 넣지 않는 대신 프랄리네 페이스트 130g을 넣는다.

2 • 45℃가 되면 달걀노른자를 넣는다. 85℃가 될 때까지 가열한 뒤 약 1분 정도 계속 저으며 익힌다.

3 • 핸드블렌더로 혼합물을 갈아준다.

6 • 핸드블렌더로 다시 한번 갈아준 다음 아이스크림 메이커에 넣고 기계 사용법에 따라 아이스크림을 만든다. 아이스크림용 깊은 스텐 바트에 담고 표면을 매끈하게 해준다. -35℃에서 급속 냉동한 다음 냉동실(-20℃)에 보관한다.

솔티드 캐러멜 아이스크림

GLACE CARAMEL À LA FLEUR DE SEL

6~8인분

작업 시간
40분

냉장 숙성
4~12시간

보관
냉동실에서 2주까지

도구
시럽용 온도계
핸드블렌더
아이스크림 메이커
아이스크림 보관용 스텐 바트

재료
전유(유지방 3.6%) 531g
설탕 93g(캐러멜용)
정백당 50g
아이스크림용 안정제 3.25g
포도당 분말(36-39 DE) 87g
탈지 우유 분말 21.75g
가염 버터 60g
달걀노른자 25g

소스팬에 우유를 넣고 따뜻하게 데운다. 다른 소스팬에 설탕을 넣고 가열해 캐러멜을 만든 다음 불에서 내리고 데운 우유를 부어 더 이상 익는 것을 중지시킨다.

안정제, 정백당, 포도당 분말, 탈지 우유 분말을 혼합한다. 소스팬을 다시 불에 올려 우유 캐러멜 혼합물의 온도가 35℃가 되면 이 가루 혼합물을 넣고 잘 섞은 뒤 깍둑 썬 가염 버터를 넣어준다. 40℃가 되면 달걀노른자를 넣은 다음 85℃까지 가열해 약 2분 정도 잘 저으며 익힌다. 핸드블렌더로 1분간 갈아 균일한 혼합물을 만든다.

용기에 덜어낸 다음 바로 냉장고에 넣어 식힌다. 냉장고에서(4℃) 4~12시간 동안 숙성한다.

핸드블렌더로 다시 한 번 갈아준 다음 아이스크림 메이커에 넣고 기계 사용법에 따라 아이스크림을 만든다.

아이스크림용 깊은 스텐 바트에 담고 표면을 매끈하게 해준다. -35℃에서 급속 냉동한 다음 냉동실(-20℃)에 보관한다.

초콜릿 아이스크림

CRÈME GLACÉE AU CHOCOLAT

6~8인분

작업 시간
40분

냉장 숙성
4~12시간

보관
냉동실에서 2주까지

도구
시럽용 온도계
핸드블렌더
체
아이스크림 메이커
아이스크림 보관용 스텐 바트

재료
탈지 우유 분말 32g
정백당 150g
아이스크림용 안정제 5g
전유(유지방 3.6%) 518g
액상 생크림(유지방 35%) 200g
전화당 45g
달걀노른자 40g
카카오 페이스트 40g
카카오 66% 커버처 초콜릿(Valrhona Caraïbes) 75g
초콜릿 리큐어(선택 사항) 50g

우유 분말, 정백당, 안정제를 혼합한다. 볼에 카카오 페이스트와 커버처 초콜릿을 넣고 중탕으로 녹인다.

소스팬에 우유, 생크림, 전화당을 넣고 가열한다. 온도가 35℃가 되면 우유 분말, 정백당, 안정제 혼합물을 넣고 잘 섞는다. 온도가 40℃에 이르면 달걀노른자를 넣은 다음 85℃까지 가열해 약 1분 정도 잘 저으며 익힌다. 중탕으로 녹인 카카오 페이스트와 커버처 초콜릿을 넣어준다. 핸드블렌더로 갈아 균일한 혼합물을 만든 다음 체에 거른다.

용기에 덜어낸 다음 바로 냉장고에 넣어 식힌다. 냉장고에서(4℃) 4~12시간 동안 숙성한다.

초콜릿 리큐어를 넣고 핸드블렌더로 다시 한 번 갈아준 다음 아이스크림 메이커에 넣고 기계 사용법에 따라 아이스크림을 만든다.

아이스크림용 깊은 스텐 바트에 담고 표면을 매끈하게 해준다. -35℃에서 급속 냉동한 다음 냉동실(-20℃)에 보관한다.

서양배 리큐어 그라니타 Granité à l'alcool de poire

6~8인분

작업 시간
10분

냉동
2~3시간

보관
냉동실에서 2주까지

도구
아이스크림 보관용 스텐 바트

재료
정백당 250g
물 1리터
레몬즙 반 개분
서양배 리큐어 200g

1 • 소스팬에 물과 설탕을 넣고 끓여 시럽을 만든다.

4 • 차갑게 식은 시럽에 서양배 리큐어를 넣어준다.

5 • 넓은 용기에 덜어 냉동실에 넣어둔다.

2 • 시럽을 볼에 덜어낸 다음 냉장고에 넣어 식힌다.

3 • 레몬즙을 넣고 냉장고에 차갑게 넣어둔다.

6 • 얼리는 중간 꺼내서 포크로 긁어 섞어준 다음 다시 냉동실에 넣는다. 그라니타
질감으로 완성될 때까지 이 과정을 여러 번 반복해준다.

7 • 아이스크림용 스텐 바트에 넣어 냉동실에 보관한다.

열대과일 소르베 Sorbet exotique

6~8인분

작업 시간
40분

냉장 숙성
4시간

보관
냉동실에서 2주까지

도구
시럽용 온도계
핸드블렌더
아이스크림 메이커
아이스크림 보관용 스텐 바트

재료
망고 334g
바나나 167g
키위 75g
포도당 분말 50g
덱스트로스 14g
아이스크림용 안정제 3g
정백당 135g
물 143g
패션프루트 퓌레 67g

1 • 준비한 과일의 껍질을 벗기고 작게 썬다.

4 • 바나나를 넣고 1분간 끓여 검게 변하는 원인이 되는 효소를 파괴한다.

2• 포도당 분말, 덱스트로스, 안정제, 설탕을 혼합한다.

3• 소스팬에 물을 넣고 가열해 40℃가 되면 2의 가루 혼합물을 넣고 끓을 때까지 가열한다.

5• 볼에 덜어낸 다음 핸드블렌더로 갈아 퓌레를 만든다.

6• 작게 썰어둔 망고와 패션프루트 퓌레를 넣어준다.

열대과일 소르베 (계속)

7 · 2분 정도 간 다음 키위를 넣는다. 키위 씨의 떫은맛이 너무 퍼지지 않도록 마지막으로 다시 한 번 가볍게 갈아준다.

8 · 용기에 덜어낸 다음 바로 냉장고에 넣어 식힌다. 냉장고에서 최소 4시간 이상 숙성한다.

9 · 다시 한 번 핸드블렌더로 갈아준 다음 아이스크림 메이커에 넣고 기계 사용법에 따라 소르베를 만든다.

10 · 아이스크림용 깊은 스텐 바트에 담고 표면을 매끈하게 해준다. -35℃에서 급속 냉동한 다음 냉동실(-20℃)에 보관한다.

오렌지 셸에 넣은 소르베
ORANGES GIVRÉES

8인분

작업 시간
40분

냉동
20분

냉장 숙성
4시간

보관
냉동실에서 2주일까지

도구
체
시럽용 온도계
핸드블렌더
아이스크림 메이커
아이스크림 보관용 스텐 바트

재료
오렌지 셸
오렌지 8개
시럽(물, 설탕 동량) 250g

오렌지 소르베
포도당 분말 38g
덱스트로스 13g
아이스크림용 안정제 5g
탈지 우유 분말 15g
정백당 154.5g
물 687g
생 오렌지즙 705g

오렌지 셸 COQUES
오렌지를 씻은 후 꼭지 부분 뚜껑과 바닥 부분을 조금씩 자른다. 속을 빼내기 쉽도록 오렌지를 살짝 눌러준다. 큰 스푼으로 오렌지 속을 빼낸 다음 껍질 안쪽에 시럽을 발라 흰 부분의 쓴맛을 차단하는 막을 만들어준다. 냉동실에 넣어둔다. 오렌지 과육을 착즙해 체에 거른다.

오렌지 소르베 SORBET ORANGE
포도당 분말, 덱스트로스, 안정제, 탈지 우유 분말, 설탕을 혼합한다. 소스팬에 물을 넣고 가열해 40℃가 되면 가루 혼합물을 넣고 끓을 때까지 가열한다. 오렌지즙을 넣어준다. 핸드블렌더로 갈아준 다음 냉장고에 넣어 식힌다. 최소 4시간 이상 냉장고에 두어 숙성한다. 다시 한 번 갈아준 다음 아이스크림 메이커에 넣고 기계 사용법에 따라 소르베를 만든다.
아이스크림용 깊은 스텐 바트에 덜어 –35℃에서 급속 냉동한 다음 냉동실(-20℃)에 보관한다.

셰프의 팁

• 오렌지 대신 레몬을 사용하면
레몬 소르베를 만들 수 있다(p.632 레시피 참조).

• 이 레시피에 사용된 탈지 우유 분말은 선택 사항이다.
우유 분말을 넣으면 소르베의 색이 탁해지고
수분을 안정화시키는 효과가 있다.

레몬 소르베

SORBET CITRON

6~8인분

작업 시간
30분

냉장 숙성
4시간

보관
냉동실에서 2주일까지

도구
시럽용 온도계
핸드블렌더
아이스크림 메이커
아이스크림 보관용 스텐 바트

재료
포도당 분말 35g
덱스트로스 25.5g
아이스크림용 안정제 5g
탈지 우유 분말 9g
정백당 191g
물 398g
레몬즙 332g

포도당 분말, 덱스트로스, 안정제, 탈지 우유 분말, 설탕을 혼합한다.

소스팬에 물을 넣고 가열해 40℃가 되면 가루 혼합물을 넣고 끓을 때까지 가열한다. 레몬즙을 넣어준다. 핸드블렌더로 갈아준 다음 냉장고에 넣어 식힌다. 최소 4시간 이상 냉장고에 두어 숙성한다.

다시 한 번 갈아준 다음 아이스크림 메이커에 넣고 기계 사용법에 따라 소르베를 만든다.

아이스크림용 깊은 스텐 바트에 덜어 표면을 매끈하게 해준다. −35℃에서 급속 냉동한 다음 냉동실(-20℃)에 보관한다.

라즈베리 소르베 (안정제 무첨가)

SORBET PLEIN FRUIT FRAMBOISE

6~8인분

작업 시간
30분

냉장 숙성
2시간

보관
냉동실에서 1주일까지

도구
시럽용 온도계
핸드블렌더
아이스크림 메이커
아이스크림 보관용 스텐 바트

재료
물 100g
정백당 75g
포도당 분말 17g
덱스트로스 8g
라즈베리 퓌레 667g
레몬즙 33g

설탕, 덱스트로스, 포도당 분말을 혼합한다.

소스팬에 물을 넣고 가열해 40℃가 되면 가루 혼합물을 넣고 끓을 때까지 가열한다. 바로 냉장고에 넣어 재빨리 식힌다.

라즈베리 퓌레와 레몬즙을 넣고 핸드블렌더로 갈아 균일하게 혼합한다. 냉장고에 최소 2시간 이상 넣어두어 숙성한다.

다시 한 번 갈아준 다음 아이스크림 메이커에 넣고 기계 사용법에 따라 소르베를 만든다.

아이스크림용 깊은 스텐 바트에 덜어 표면을 매끈하게 해준다. –35℃에서 급속 냉동한 다음 냉동실(-20℃)에 보관한다.

프로즌 커피 파르페

PARFAIT GLACÉ AU CAFÉ

8인분

작업 시간
35분

냉동
최소 4시간

조리
25분

보관
냉동실에서 2주일까지

도구
전동 스탠드 믹서
체
원뿔체
거품기
시럽용 온도계
사방 16cm, 높이 4cm 정사각형 틀
주방용 붓

재료
스펀지 베이스
달걀 100g
설탕 30g
꿀 30g
밀가루 50g
아몬드 가루 10g

커피 시럽
진한 커피 100g
설탕 50g
다크 럼(선택 사항) 10g

커피 파르페
바닐라 빈 1/2줄기
커피 원두 알갱이 40g
전유(유지방 3.6%) 150g
달걀노른자 150g
설탕 150g
휘핑한 생크림(유지방 35%) 200g

스펀지 BISCUIT
오븐을 190℃로 예열한다. 전동 스탠드 믹서 볼에 달걀과 설탕, 꿀을 넣고 색이 연해질 때까지 거품기로 잘 섞는다. 체에 친 밀가루와 아몬드 가루를 넣고 실리콘 주걱으로 접어 돌리듯이 잘 섞는다. 유산지를 깐 베이킹 팬 위에 부어 펼쳐 놓은 뒤 190℃로 예열한 오븐에 넣어 폭신하게 부풀어 오를 때까지 25분간 굽는다.

커피 시럽 SIROP D'IMBIBAGE AU CAFÉ
소스팬에 커피와 설탕을 넣고 설탕이 완전히 녹을 때까지 가열한다. 식힌 뒤 럼을 넣는다.

커피 파르페 PARFAIT CAFÉ
소스팬에 우유와 길게 갈라 긁은 바닐라 빈, 곱게 부순 커피 원두를 넣고 약한 불로 데우면서 향을 우려낸다. 체에 거른 다음 다시 계량하여 모자라는 분량의 우유를 보충해 150g을 만든다. 볼에 달걀노른자와 설탕을 넣고 색이 연해지고 걸쭉해질 때까지 거품기로 잘 저어 섞는다. 향이 우러난 우유를 달걀노른자 혼합물에 조금 부어 잘 섞은 다음 다시 전부 소스팬으로 옮겨 붓고 85℃가 될 때까지 잘 저으며 익힌다. 전동 스탠드 믹서 볼에 옮겨 담고 완전히 식을 때까지 거품기로 돌린다. 휘핑해둔 크림을 넣고 주걱으로 접어 돌리듯이 살살 섞은 다음 정사각형 틀에 붓는다.

완성하기 MONTAGE
구워낸 스펀지를 사방 15cm 정사각형으로 자른다. 커피 시럽을 붓으로 발라 스펀지에 적신 다음 틀 안의 파르페 위에 놓는다. 냉동실에 최소 4시간 이상 넣어둔다. 틀에서 꺼낸 다음 기호에 맞게 장식한다. 템퍼링한 밀크 초콜릿을 투명 전사지에 펴 발라 살짝 굳었을 때 원하는 모양으로 잘라내 장식하거나(pp.592~597 테크닉 참조) 샹티이 크림, 또는 초콜릿을 씌운 커피 원두 알갱이 등을 올려 장식한다.

셰프의 팁

• 과일 파르페의 경우, 우유 대신 과일 퓌레를 사용한다.

• 리큐어 등의 술을 넣은 파르페의 경우, 우유 대신 물을 사용한 시럽을 넣고 마지막 혼합 과정에서 총 중량의 15%에 해당하는 리큐어를 휘핑한 크림에 넣어준다.

• 서빙할 때 파르페의 형태를 더욱 잘 유지하기 위해서는 혼합물의 온도가 85℃에 달했을 때 불에서 내리고 젤라틴 3g을 넣어준 뒤 전동 믹서기로 돌려 식혀주면 좋다.

• 커피 원두를 150℃ 오븐에서 5분간 로스팅한 다음 향을 우려내면 더욱 진한 커피 향을 낼 수 있다.

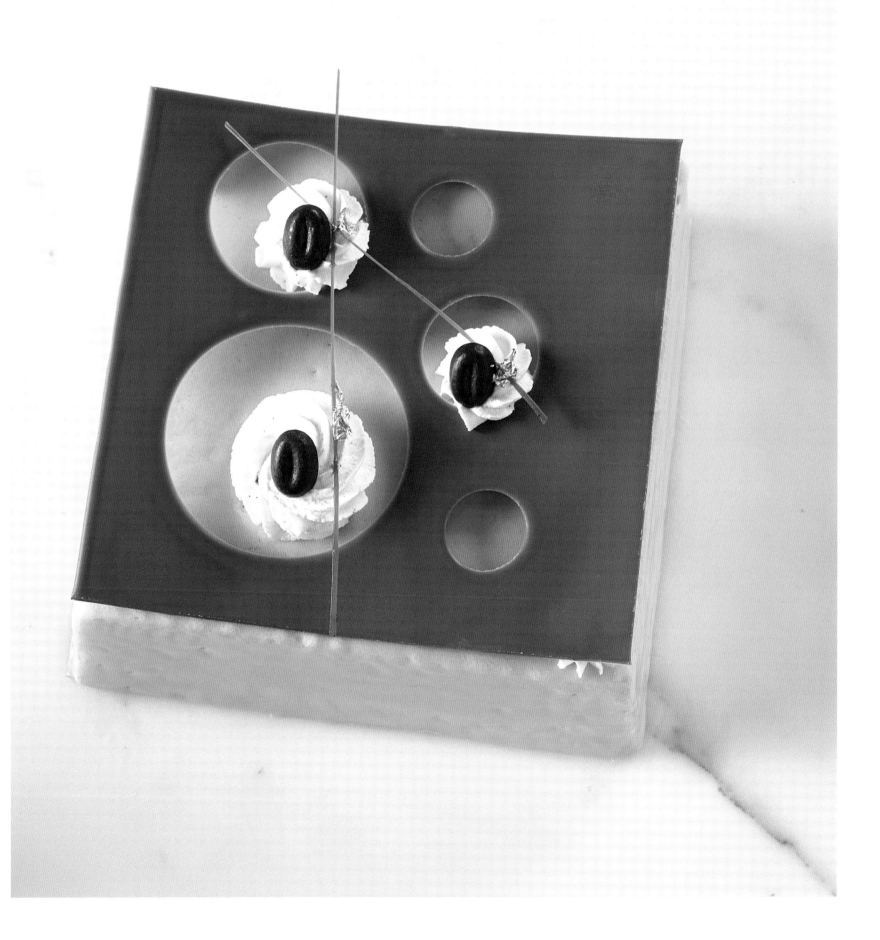

누가 글라세
NOUGAT GLACÉ

8인분

작업 시간
40분

조리
25분

냉동
최소 4시간

보관
냉동실에서 2주일까지

도구
핸드믹서
체
시럽용 온도계
전동 스탠드 믹서
15cm x 25cm, 높이 6cm 직사각형
베이킹 프레임
주방용 붓
짤주머니 + 10mm 별모양 깍지
주방용 토치

재료
꿀 스펀지
달걀노른자 80g
설탕 85g
꿀 30g
달걀흰자 120g
밀가루 100g
아몬드 가루 25g

누가 혼합물
아몬드 100g
판 젤라틴 3.5g
설탕 50g
꿀 165g
달걀흰자 100g
바닐라 빈 1줄기
아니스 가루 쓰는 대로
액상 생크림(유지방 35%) 230g
그랑 마르니에(Grand Marnier®) 42g
피스타치오 35g
캔디드 오렌지 필 35g
캔디드 프루츠 70g

이탈리안 머랭
달걀흰자 50g
설탕 100g
물 40g

그랑 마르니에 시럽
물 150g
설탕 50g
그랑 마르니에(Grand Marnier®) 5g

완성 재료
생과일 또는 과일 콩피 몇 조각

꿀 스펀지 BISCUIT AU MIEL
오븐을 190℃로 예열한다. 볼에 달걀노른자, 설탕 70g, 꿀을 넣고 색이 연해지고 걸쭉해질 때까지 핸드믹서로 혼합한다. 다른 볼에 달걀흰자를 넣고 설탕 15g을 넣어가며 단단하게 거품을 올린다. 첫 번째 혼합물을 거품 낸 달걀흰자에 넣고 실리콘 주걱으로 접어 돌리듯이 살살 섞어준다. 체에 친 밀가루와 아몬드 가루를 넣고 주걱으로 잘 섞는다. 유산지를 깐 베이킹 팬(30cm x 40cm)에 혼합물을 붓고 펼쳐 놓은 다음 오븐에 넣어 폭신하게 부풀어 오를 때까지 10분간 굽는다. 꺼내서 식힌다.

누가 혼합물 APPAREIL À NOUGAT
베이킹 팬에 아몬드를 펼쳐 깐 다음 150℃ 오븐에서 15분간 로스팅한다. 꺼내서 식힌 뒤 굵직하게 다진다. 젤라틴을 찬물에 담가 말랑하게 불린다. 소스팬에 설탕을 넣고 110℃까지 가열한다. 다른 소스팬에 꿀을 넣고 끓인다. 전동 스탠드 믹서 볼에 달걀흰자를 넣고 거품을 올린다. 여기에 뜨거운 꿀을 넣고 이어서 끓인 설탕 시럽을 넣어주며 계속 거품기를 돌려 이탈리안 머랭을 만든다(p.232 테크닉 참조). 길게 갈라 긁은 바닐라 빈 가루과 아니스 가루를 넣어준다. 불린 젤라틴의 물을 꼭 짠 다음 녹여서 혼합물에 넣어준다. 생크림을 거품기로 돌려 휘핑한 다음 그랑 마르니에를 넣어준다. 식은 머랭에 휘핑한 크림을 넣고 실리콘 주걱으로 접어 돌리듯이 살살 섞어준다. 아몬드, 피스타치오, 작은 큐브 모양으로 썬 캔디드 오렌지 필과 캔디드 프루츠를 넣고 잘 섞는다.

이탈리안 머랭 MERINGUE ITALIENNE
이탈리안 머랭을 만든다(p.232 테크닉 참조).

그랑 마르니에 시럽 SIROP GRAND MARNIER
소스팬에 물과 설탕을 넣고 가열하여 설탕을 완전히 녹인 후 끓으면 불에서 내려 식힌다. 완전히 식으면 그랑 마르니에를 넣어준다.

완성하기 MONTAGE
꿀 스펀지를 직사각형 프레임 사이즈에 맞춰 2장으로 잘라낸 다음 그랑 마르니에 시럽을 붓으로 발라 적신다. 프레임 안에 스펀지를 한 장 깐 다음 누가 혼합물을 채워 넣고 두 번째 스펀지로 덮어준다. 냉동실에 4시간 동안 넣어 얼린다. 별모양 깍지를 끼운 짤주머니에 이탈리안 머랭을 채워 넣은 다음 누가 글라세 윗면에 짜 얹어 장식한다. 토치로 살짝 그슬려 머랭에 구운 색을 낸다. 과일을 몇 개 올려 장식한다.

셰프의 팁

크림은 알코올과 접촉하면 약간 뻑뻑해지는 경향이 있다.
두 재료가 잘 혼합되기 위해서는 크림이 충분히
부드럽게 흐르는 농도를 갖고 있어야 한다.

베이크드 알래스카 (오믈렛 노르베지엔)

OMELETTE NORVÉGIENNE

8인분

작업 시간
1시간 30분

냉장 숙성
4시간

조리
15분

냉동
4시간

보관
냉동실에서 2주일까지

도구
핸드믹서
체
시럽용 온도계
원뿔체
핸드블렌더
아이스크림 메이커
아이스크림용 스텐 바트
지름 16cm 높이 4cm 케이크 링
짤주머니 + 지름 10mm 원형 깍지
주방용 붓
스패출러

재료
바닐라 아이스크림
전유(유지방 3.6%) 534g
액상 생크림(유지방 35%) 150g
바닐라 빈 1줄기
탈지 우유 분말 41g
정백당 134g
포도당 분말 33g
덱스트로스 17g
아이스크림용 안정제 5g
달걀노른자 73g

레이디핑거 스펀지
달걀흰자 60g
설탕 43g
달걀노른자 40g
체에 친 밀가루 50g
아몬드 가루 12g
꿀 15g

칼바도스 시럽
물 125g
설탕 125g
칼바도스(Calvados, 사과 브랜디) 35g

머랭
달걀흰자 150g
설탕 100g
달걀노른자 50g

데커레이션
구운 아몬드 슬라이스 100g
슈거파우더 100g
플랑베용 리큐어
(그랑 마르니에, 칼바도스 등)

바닐라 아이스크림 GLACE À LA VANILLE
레시피 분량대로 바닐라 아이스크림을 만든다(p.618 테크닉 참조). 4℃ 냉장고에서 최소 4시간 이상 숙성한다. 다시 한 번 핸드블렌더로 갈아준 다음 아이스크림 메이커에 넣고 돌린다.

레이디핑거 스펀지 BISCUIT CUILLÈRE
오븐을 190℃로 예열한다. 볼에 달걀노른자, 설탕 35g, 꿀을 넣고 걸쭉해질 때까지 핸드믹서로 혼합한다. 다른 볼에 달걀흰자를 넣고 설탕 8g을 넣어가며 거품을 올린다. 첫 번째 혼합물을 거품 낸 달걀흰자에 넣고 실리콘 주걱으로 접어 돌리듯이 살살 섞어준다. 체에 친 밀가루와 아몬드 가루를 넣고 주걱으로 잘 섞는다. 유산지를 깐 베이킹 팬에 혼합물을 붓고 펼쳐 놓은 다음 오븐에 10분간 굽는다.

칼바도스 시럽 SIROP D'IMBIBAGE
소스팬에 물과 설탕을 넣고 끓여 시럽을 만든다. 불에서 내려 완전히 식힌 뒤 칼바도스를 넣어준다.

머랭 만들기 OMELETTE DE FINITION
달걀흰자에 설탕을 넣어가며 핸드믹서로 거품을 올린다. 달걀노른자를 풀어 넣고 조심스럽게 섞어준다.

완성하기 MONTAGE
레이디핑거 스펀지가 식으면 지름 16cm 원반형 2개로 잘라둔다. 지름 16cm 케이크 링 안에 첫 번째 비스퀴를 넣어 깐 다음 붓으로 칼바도스 시럽을 발라 적신다. 그 위에 바닐라 아이스크림을 채운 다음, 시럽을 발라 적신 두 번째 비스퀴를 덮어준다. 냉동실에 최소 4시간 동안 넣어 얼린다. 오븐을 250℃로 예열한다. 짤주머니나 스패출러를 사용하여 냉동된 케이크 위에 머랭을 보기 좋게 덮어씌운다. 구운 아몬드 슬라이스를 고루 얹고 슈거파우더를 솔솔 뿌린 다음 오븐에 잠깐 넣어 살짝 그슬린 색을 내준다. 서빙하기 전까지 냉동실에 보관한다.
서빙 바로 전에 꺼내서 불꽃에 안전한 서빙 플레이트 위에 놓는다. 작은 소스팬에 준비한 리큐어를 뜨겁게 데운 다음 불을 붙여 플랑베하고 아이스크림 케이크에 부어준다.

셰프의 팁

• 서빙용 접시나 플레이트는 반드시 불꽃과 고열에 견디는 재질을 사용해야 안전하다.

• 이 레시피에 제시된 머랭 대신 일반 이탈리안 머랭을 사용해도 좋다(p.232 테크닉 참조).

프로피트롤

PROFITEROLES

8인분

작업 시간
2시간

냉장 숙성
4시간

냉동
1시간

조리
25분

보관
냉동실에서 2주일까지

도구
체
짤주머니 2개 + 지름 10mm 원형 깍지,
별모양 깍지
주방용 온도계
원뿔체
핸드블렌더
아이스크림 메이커
아이스크림용 스텐 바트

재료

슈 반죽
물 70g
우유 60g
소금 1g
설탕 5g
버터 50g
밀가루 75g
달걀 125g
펄 슈거 쓰는 대로
다진 아몬드 쓰는 대로

바닐라 아이스크림
전유(유지방 3.6%) 534g
액상 생크림(유지방 35%) 150g
바닐라 빈 1줄기
탈지 우유 분말 41g
정백당 134g
포도당 분말 33g
덱스트로스 17g
아이스크림용 안정제 5g
달걀노른자 73g

초콜릿 소스
액상 생크림(유지방 35%) 125g
물 75g
설탕 95g
무가당 코코아 가루 40g
글루코스 시럽 12g
카카오 70% 다크 초콜릿 95g

슈 반죽 PÂTE À CHOUX

오븐을 190℃로 예열한다. 소스팬에 물, 우유, 소금, 설탕, 작게 썬 버터를 넣고 가열한다. 끓으면 바로 불에서 내린 뒤 체에 친 밀가루를 한번에 넣고 주걱으로 균일하게 잘 섞는다. 다시 불에 올린 다음 혼합물이 소스팬 안쪽 벽에 더 이상 달라붙지 않을 때까지 약 10초 정도 세게 저어주며 수분을 날린다. 볼에 덜어내 더 이상 익는 것을 중단시킨다. 미리 풀어둔 달걀을 조금씩 넣어가며 잘 섞는다. 주걱으로 혼합물의 농도를 체크해본다. 볼 안의 반죽 가운데를 주걱으로 갈랐을 때 천천히 다시 오므라들며 합쳐지면 알맞은 상태이다. 만일 너무 되직하면 달걀을 더 넣으며 농도를 조절한다. 10mm 원형 깍지를 끼운 짤주머니에 채워 넣은 다음 논스틱 베이킹 팬 위에 작은 슈를 40개 정도 짜 놓는다(1인당 미니 슈 4~5개 정도). 다진 아몬드와 굵은 펄 슈거를 슈 위에 고루 뿌린 뒤 오븐에 넣어 25분간 굽는다.

바닐라 아이스크림 GLACE À LA VANILLE

레시피 분량대로 바닐라 아이스크림을 만든다(p.618 테크닉 참조). 4℃ 냉장고에서 최소 4시간 이상 숙성한다. 다시 한 번 핸드블렌더로 갈아준 다음 아이스크림 메이커에 넣고 돌린다.

초콜릿 소스 SAUCE AU CHOCOLAT

소스팬에 생크림, 물, 설탕, 코코아 가루, 글루코스 시럽을 넣고 끓인다. 잘게 썬 초콜릿 위에 붓고 가나슈를 만들듯이 잘 저어 매끈하게 섞는다.

완성하기 MONTAGE

슈가 식으면 윗부분 1/3 지점을 가로로 자른다. 별모양 깍지를 끼운 짤주머니로 바닐라 아이스크림을 꽃모양으로 짜 슈 아랫부분을 넉넉히 채운다. 슈의 윗부분을 덮어준다. 서빙하기 전까지 냉동실에 보관한다. 초콜릿 소스는 1인당 약 40g 정도 준비한다.

셰프의 팁

• 슈는 하루 전날 미리 준비하는 게 좋다.

• 슈의 뚜껑 부분을 자른 상태로 냉동해두면
아이스크림을 채워 넣을 때 덜 녹는다.

바닐라 라즈베리 바슈랭

VACHERIN VANILLE-FRAMBOISE

8인분

작업 시간
3시간

냉장 숙성
최소 6시간

냉동
1시간

조리
1시간 30분

보관
냉동실에서 2주일까지

도구
전동 스탠드 믹서
핸드믹서
체
실리콘 패드
짤주머니 4개 + 별모양 깍지, 지름 10mm 원형 깍지, 생토노레용 깍지
지름 16cm 원형 실리콘 틀
주방용 온도계
핸드블렌더
아이스크림 메이커
원뿔체
거품기
지름 18cm 케이크 링

재료
바닐라 아이스크림
전유(유지방 3.6%) 534g
액상 생크림(유지방 35%) 150g
바닐라 빈 1줄기
탈지 우유 분말 41g
정백당 134g
포도당 분말 33g
덱스트로스 17g
아이스크림용 안정제 5g
달걀노른자 73g

라즈베리 소르베
물 200g
설탕 170g
포도당 분말 30g
아이스크림용 안정제 6g
라즈베리 퓌레 650g
레몬즙 20g

라즈베리 쿨리
라즈베리 퓌레 115g
설탕 10g
전화당 13g
라즈베리 리큐어(crème de framboise) 또는 키르슈 7g

프렌치 머랭
달걀흰자 100g
설탕 175g
슈거파우더 25g

라즈베리 글라사주
살구 나파주 100g
글루코스 시럽 10g
라즈베리 퓌레 30g
붉은색 식용 색소

마스카르포네 샹티이 크림
액상 생크림(유지방 35%) 150g
마스카르포네 75g
슈거파우더 45g
바닐라 빈 1/2줄기

데커레이션용 생 라즈베리

바닐라 아이스크림 GLACE À LA VANILLE
레시피 분량대로 바닐라 아이스크림을 만든다(p.618 테크닉 참조). 4℃ 냉장고에서 최소 4시간 이상 숙성한다. 다시 한 번 핸드블렌더로 갈아준 다음 아이스크림 메이커에 넣고 돌린다.

라즈베리 소르베 SORBET PLEIN FRUIT FRAMBOISE
레시피 분량대로 소르베를 만든다(p.634 레시피 참조). 설탕 50g, 포도당 분말, 안정제를 혼합한다. 소스팬에 물과 나머지 분량의 설탕을 넣고 가열해 시럽을 만든다. 40℃가 되면 혼합해둔 가루를 넣은 다음 끓을 때까지 가열한다. 라즈베리 퓌레와 레몬즙을 넣고 핸드블렌더로 갈아 혼합한다. 냉장고에 넣어 재빨리 식힌다. 냉장고에서 2시간 이상 숙성시킨다. 다시 한 번 핸드블렌더로 갈아준 다음 아이스크림 메이커에 넣고 돌려 소르베를 만든다.

라즈베리 쿨리 COULIS DE FRAMBOISE
볼에 라즈베리 퓌레와 설탕, 전화당, 라즈베리 리큐어를 넣고 주걱으로 잘 섞는다. 지름 16cm 실리콘 원형틀에 채워 넣은 다음 냉동실에 넣어둔다.

프렌치 머랭 MERINGUE FRANÇAISE
오븐을 100℃로 예열한다. 레시피 분량대로 프렌치 머랭을 만든다(p.234 테크닉 참조). 원형 깍지를 끼운 짤주머니에 채워 넣는다. 실리콘 패드를 깐 베이킹 팬 위에 지름 18cm 원반형 1개와 약 5cm 크기의 눈물방울 모양을 여러 개 짜 놓는다. 오븐에서 1시간 30분 굽는다.

라즈베리 글라사주 GLAÇAGE À LA FRAMBOISE
모든 재료를 상온 20℃로 만든 상태에서 혼합한 뒤 핸드블렌더로 갈아준다. 식용 색소를 넣어 원하는 색상을 만든다. 체에 걸러 둔다.

마스카르포네 샹티이 크림 CRÈME CHANTILLY MASCARPONE
생크림과 마스카르포네, 설탕, 바닐라 빈 가루를 혼합해 휘핑하여 샹티이 크림을 만든다(p.201 테크닉 참조).

완성하기 MONTAGE
원반형 머랭을 케이크 링 바닥에 깔고 바닐라 아이스크림을 링 중간 높이까지 채운다. 냉동된 라즈베리 쿨리를 그 위에 놓고 라즈베리 소르베를 링 높이 끝까지 채워 넣는다. 냉동실에 1시간 동안 넣어 얼린다. 링을 제거한 뒤 별모양 깍지를 끼운 짤주머니를 이용해 각각 라즈베리 소르베와 샹티이 크림을 번갈아가며 꽃모양으로 짜 얹어 케이크 윗면의 둘레를 장식한다. 옆면에는 눈물방울 모양으로 만든 머랭을 빙 둘러 붙인 다음 생토노레 깍지를 끼운 짤주머니로 샹티이 크림을 사이사이에 짜 넣는다. 케이크 윗면 중앙에 라즈베리 글라사주를 조심스럽게 부어준 다음 생 라즈베리를 몇 개 얹어 장식한다.

부록
ANNEXES

파티스리 용어 정리

A

ABAISSER 아베세
반죽을 밀대로 납작하게 밀어 원하는 두께와 모양으로 만들다.

ABRICOTER 아브리코테
케이크나 타르트 등의 표면에 붓으로 나파주나 살구잼, 또는 레드 커런트 즐레 등을 얇게 발라 매끈하고 윤기 나는 마무리와 맛을 내다.

APPAREIL 아파레이
익힐 준비가 된 재료 혼합물.

ARASER 아라제
틀에서 흘러나온 여분의 반죽이나 초콜릿을 스패출러 등으로 밀어 제거하다.

B

BAIN-MARIE 뱅 마리
중탕, 중탕 가열. 익힌 내용물을 따뜻하게 일정 온도로 유지하거나 초콜릿, 달걀 베이스의 크림, 크렘 앙글레즈 등 분리될 염려가 있거나 타기 쉬운 예민한 혼합물을 약하게 데우는 방법. 내용물을 내열 용기에 담고 물이 약하게 끓고 있는 냄비 위에 얹는다. 플랑이나 커스터드 크림 등은 오븐에서 중탕으로 익혀야 달걀이 혼합물에서 분리되지 않고 표면이 마르지 않는다.

BEURRE CLARIFIÉ 뵈르 클라리피에
정제 버터. 일반 버터를 가열해 녹인 뒤 분리된 카제인, 유청, 수분 등의 불순물을 제거하여 순수 버터만을 남긴 상태. 정제 버터는 일반 버터보다 더 오래 보관할 수 있고 고열에 더 잘 견딘다.

BEURRE (EN) POMMADE 뵈르 (앙) 포마드
상온에 두어 부드러워진 버터를 주걱으로 잘 저어 포마드와 같이 매끈하고 크리미한 질감으로 만든 상태.

BEURRER UN PÂTON OU UN MOULE 뵈레 앵 파통, 뵈레 앵 물
- 퓌유타주나 크루아상 반죽 데트랑프를 만들 때 반죽에 버터를 넣다.
- 반죽이 달라붙지 않도록 베이킹 틀이나 링 또는 기타 용기 안쪽 면에 버터를 바르다.

BLANCHIR 블랑시르
달걀노른자 또는 달걀과 설탕을 색이 연해지고 걸쭉해질 때까지 거품기로 저어 혼합하다.

BOULER 불레
반죽을 손으로 감싸 뭉쳐 공 모양으로 둥글게 만들다.

BROYER 브루아예
분쇄하거나 짓이겨 가루나 페이스트 형태로 만들다.

BRÛLER 브륄레
원뜻은 '타다'라는 의미로 다음과 같은 경우에 사용한다.
- 삭다. 달걀과 설탕을 혼합한 다음 바로 사용하지 않을 경우 달걀이 삭다.
- 반죽의 수분이 부족할 때
- 익히는 온도가 넘어갈 때 음식이 타다.

C

CARAMÉLISER 카라멜리제
- 캐러멜화하다. 설탕을 가열해 갈색의 캐러멜을 만들다.
- 캐러멜을 부어 씌우다.
- 틀의 안쪽 면에 시럽이나 캐러멜, 또는 크림이나 버터를 넣은 캐러멜 등을 깔아주다.
- 크림이나 케이크 표면 위의 설탕을 달군 쇠로 탄 자국을 내거나 토치로 그슬려 캐러멜화하다.

CHABLONNER 샤블로네
비스퀴나 스펀지 층 위에 녹인 초콜릿이나 글라사주 페이스트를 얇게 발라 수분의 흡수를 차단하는 방수막을 만든다. 이 작업은 케이크 커팅을 쉽게 해주는 역할도 한다.

CHARGER 샤르제
타르트 시트를 초벌로 구울 때 유산지나 내열 랩이나 유산지를 깐 다음 베이킹용 누름돌이나 말린 콩 등을 넣어 채우다.

CHEMISER 슈미제
- 틀 안에 필링 재료를 채워넣기 전에 미리 얇게 민 반죽이나 버터, 밀가루, 초콜릿, 아이스크림, 유산지, 스펀지 등으로 한 켜 깔거나 대주다.
- 틀을 제거할 때 틀에 미리 대준 한 겹(chemise)이 씌워진 결과물을 얻을 수 있다.

CHINOISER 시누아제
액체나 액체 혼합물을 원뿔체(chinois, 원뿔 모양으로 된 고운 체망)에 걸러 불순물을 제거하다.

CHIQUETER 시크테
퓌유타주 등의 반죽을 굽기 전에 파티스리용 핀처나 작은 칼 또는 손가락으로 가장자리를 빙 둘러 집거나 눌러 자국을 내주다. 이러한 방법은 데커레이션 효과 뿐 아니라 베이킹 과정에도 영향을 준다. 즉 오븐에 구울 때 무늬를 내어 집은 가장자리는 반죽의 다른 부분보다 더 빨리 색이 나고 단단해져 타르트 등의 둘레를 잡아주는 역할을 해준다.

CLARIFIER 클라리피에
- 시럽이나 즐레를 맑게 하다.
- 버터를 녹여 성분을 분리하다.
- 달걀노른자를 제외한 흰자만 분리해내다.

CORNE 코른
스크레이퍼. 식품 유해성이 없는 플라스틱 재질로 만든 손잡이가 없고 납작한 작은 스크레이퍼. 한쪽은 모서리가 둥글고 한쪽은 일직선으로 되어 있어 어떤 종류의 용기에도 사용이 적합하다. 주로 긁어내는 용도로 많이 쓰인다.

CORNER 코르네
플라스틱 스크레이퍼를 사용하여 반죽이나 혼합물을 자르거나, 채워 넣거나, 매끈하게 밀어주거나, 긁거나, 다른 용기로 옮기거나, 그릇에서 완전히 덜어낸다. 스크레이퍼를 사용하여 말끔하게 긁어내면 용기를 세척하기 쉽다.

CORPS 코르
혼합을 마친 반죽의 상태. 반죽의 모양 상태, 탄성, 늘였을 때의 저항도 등으로 반죽의 상태를 평가한다. 이것은 밀가루 내의 글루텐 상태와 직결되어 있다.

COUCHER 쿠셰
슈 반죽이나 머랭, 프티푸르 등의 혼합물을 짤주머니에 채워 넣은 뒤 베이킹 팬에
짜 놓는다.

CRÈME CHANTILLY 크렘 샹티이
샹티이 크림. 유지방 함량 최소 30%인 생크림을 휘핑한 것으로 원칙적으로 흰 설탕과
천연 향 이외에 그 어떤 것도 첨가하지 않은 것만을 지칭한다.

CRÉMER 크레메
설탕과 버터를 비터로 혼합해 설탕이 완전히 녹은 가볍고 부드러운 크림 질감으로
만든다. 버터가 부드러워져 사용하기 좋은 상태가 될 뿐 아니라 공기가 주입되어
이것을 넣은 반죽이나 혼합물을 구웠을 때 더 가볍고 폭신한 질감을 만들어준다.

CRÉMEUX 크레뫼
어느 정도 단단한 질감의 되직한 커스터드 크림 형태로 주로 마카롱의 필링으로
사용되거나 앙트르메, 무스 케이크 등에 레이어로 채워 넣는다. 크레뫼는 일반적으로
크렘 앙글레즈 스타일의 커스터드에 젤라틴을 넣어 만들고, 레시피에 따라 다양한
향을 추가하기도 한다.

CRISTALLISER 크리스탈리제
결정화하다. 굳다. 커버처 초콜릿에 함유된 카카오 버터가 결정화하여 완전히 굳으면
좀 더 매끈하고 윤기 나는 마무리가 가능하며 탁 하고 경쾌하게 깨지는 질감을 갖게
되며 틀에 넣어 굳히고 틀을 제거하는 등의 작업이 훨씬 수월해진다. 이를 위해서는
초콜릿의 템퍼링 작업이 선행되어야 한다. 즉 초콜릿을 액체로 녹인 다음 식히고
다시 적정 온도로 데워 안정적인 상태로 만들어야 작업하기 쉬워진다.

CROÛTER 크루테
마카롱 등의 반죽을 통풍이 되는 상온 또는 건조기에 넣어 표면이 꾸둑하게 굳도록
하다.

CUIRE À LA NAPPE 퀴르 아 라 나프
혼합물을 가열해 주걱으로 들어 올렸을 때 균일하게 덮여 있는 상태로 만들다. 몇몇
소스나 크렘 앙글레즈의 경우 충분히 익으면 주걱으로 들어 올렸을 때 흘러내리지
않고 균일하게 덮인 상태를 유지한다. 손가락으로 주걱을 훑어내려 선을 그었을 때
그 자리가 그대로 남아 있으면 완성된 것이다. 크렘 앙글레즈의 경우 83~85℃까지
가열하면 이 상태가 된다.

D

DÉCUIRE 데퀴르
설탕을 가열해 캐러멜 등을 만든 다음 약간의 물이나 다른 액체를 넣어 온도를
낮춘다.

DÉMOULER 데물레
틀에 넣은 혼합물(제누아즈, 아이스크림, 초콜릿 등)을 틀에서 조심스럽게 분리해
내다.

DESSÉCHER 데세셰
건조시키다. 혼합물을 건조기 또는 오븐에 넣어 수분을 날려 말리다.

DÉTAILLER 데타이예
밀대로 민 반죽을 쿠키 커터나 나이프로 자르다.

DÉTENDRE 데탕드르
혼합물에 액체나 농도를 묽게 해주는 다른 재료를 더해 풀어주어 더 쉽게 익도록
만들다.

DÉTREMPE 데트랑프
밀가루, 물, 소금을 혼합한 반죽으로 푀유타주나 크루아상 반죽을 만들 때 쓰인다.

DORER 도레
달걀물을 바르다. 달걀과 우유를 섞어 붓으로 발라준다.
초콜릿 타르트 또는 장식 모형 위에 금박 조각을 얹어 장식하다.

DOUBLER 두블레
오븐에 넣어 익힐 때 아래쪽에서 타지 않도록 하고 혼합물의 내부를 촉촉하게 유지할
목적으로 베이킹 팬을 한 장 더 깔아주다.

DRESSER 드레세
- 서빙용 플레이트에 케이크나 디저트 조각을 보기 좋게 플레이팅하다.
- 베이킹 팬에 모양대로 잘라둔 반죽을 놓다.
- 짤주머니를 사용하여 원하는 모양으로 케이크 반죽을 베이킹 팬 위에 짜놓다.

E

ÉBARBER 에바르베
케이크나 초콜릿을 틀에서 분리한 다음 가장자리에 넘친 부분 등을 깔끔하게
제거하다.

ÉCUMER 에퀴메
시럽이나 잼, 즐레, 정제 버터를 가열할 때 표면에 뜨는 불순물이나 거품을 제거하다.

ÉMULSION 에뮐시옹
본래의 성질상 잘 섞이지 않는 두 종류의 물질을 혼합하여 균일한 질감을 만들다.

ENROBER 앙로베
초콜릿, 퐁당 아이싱 슈거, 시럽, 캐러멜 등을 사용하여 일정한 두께로 얇게 전체를
씌워 덮어주다.

ÉTUVE 에튀브
주로 전문 업소용 주방에서 사용하는 오븐으로, 최고 300℃까지 아주 정밀한 온도
조절이 가능하다. 건조 또는 스팀 모드로 조절 가능하며, 이스트를 넣은 반죽을
발효시켜 부풀릴 때도 유용하다.

F

FAÇONNER 파소네
반죽이나 혼합물로 일정한 모양이나 상태를 만들다.

FARINER (FLEURER) 파리네(플뢰레)
미리 버터를 발라둔 베이킹 틀이나 베이킹 팬 또는 반죽에 밀가루를 솔솔 뿌려
붙지 않게 하다. 플뢰레는 더 적은 양의 밀가루를 아주 얇게 뿌리는 것을 뜻한다.

FESTONNER 페스토네
타르트 등의 가장자리에 빙 둘러 꽃줄처럼 무늬를 내주다.

FEUILLANTINE 푀이앙틴

캐러멜라이즈드 프랄린 맛이 나며 레이스처럼 얇고 바삭한 가보트(Gavotte) 크리스피 과자를 잘게 부순 것으로 파이유테 푀이앙틴(pailleté feuillantine)이라고도 한다. 주로 케이크 안에 레이어로 깔아 넣어 크런치한 식감을 주는 데 사용된다.

FLAMBER 플랑베

따뜻한 음식에 술(주로 럼, 코냑, 각종 리큐어)을 붓고 불을 붙여 태우다. 이 과정에서 알코올은 대부분 날아가고 향은 더해진다. 안전을 위해 주방용 스틱 라이터나 긴 성냥을 사용한다.

FONCER (FONÇAGE) 퐁세(퐁사주)

얇게 민 타르트 시트 반죽을 타르트 링이나 틀 안의 바닥과 옆면에 깔아 대주다.

FONTAINE 퐁텐

밀가루 가운데를 링 모양으로 움푹 패이도록 만든 공간. 반죽에 필요한 액체 재료를 여기에 붓고 밀가루를 조금씩 섞어 반죽한다.

FRASER (FRAISER) 프라제(프레제)

반죽을 작업대에 놓고 손바닥으로 누르며 끊어 밀듯이 반죽하다. 반죽에 탄성이 생기지 않도록 해주는 방법으로 지방을 완전히 섞지 않으면서 반죽에 침투시킬 수 있다.

G

GARNIR 가르니르

- 짤주머니를 채우다. 틀을 채워 넣다.
- 슈 반죽이나 타르트 시트를 채우다.

GLACER 글라세

- 케이크나 앙트르메 등에 글라사주, 나파주, 퐁당 아이싱 슈거, 소르베 등을 매끈하고 윤기 나게 씌우다. 글라사주는 투명한 것(예: 살구 잼이나 투명 나파주)과 불투명한 것(초콜릿 글라사주 또는 에클레어에 주로 사용되는 퐁당 아이싱) 모두 포함한다.
- 파티스리에 슈거파우더를 솔솔 뿌린 뒤 오븐에 잠깐 넣어 윤기 나게 캐러멜라이즈하다. 또는 시럽을 씌워 표면을 윤기 나게 해주다.

GRAINER 그레네

알갱이가 생기다. 예를 들어 단단하지 않게 거품 올린 날달걀흰자나 실패한 크렘 앙글레즈의 경우에는 질감이 매끈하지 않고 알갱이가 뭉치는 현상이 생긴다.

GRAISSER 그레세

기름칠하다. 기름이나 버터를 틀 안쪽 면에 바르다.

H

HACHER 아셰

다지다. 칼이나 분쇄기로 잘게 자르거나 다지다.(과일 콩피 등)

I

IMBIBER 앵비베

적시다. 시럽이나 알코올(puncher 참조), 우유 등의 액체를 붓으로 여러 번 발라 적셔서 완전히 스며들게 하다.

INCORPORER 앵코르포레

한 재료를 다른 재료에 넣어 혼합하다.

INTÉRIEUR 앵테리외르

내부, 안쪽. 겉면을 코팅이나 글라사주 등으로 덮어 입히게 될 내부의 반죽, 초콜릿 케이크, 혼합물, 가나슈 등을 지칭한다.

M

MACARONNER 마카로네

탄성이 있는 실리콘 주걱 등을 사용해 혼합물이나 반죽을 위 아래로 움직여가며 혼합하다. 혼합물의 농도는 위로 들어 올렸을 때 띠 모양으로 접히며 흘러 떨어지는 상태가 되어야 하며, 크림 디저트 등을 만들 때 주로 적용된다.

MARBRAGE 마르브라주

- 퐁당 아이싱 슈거, 초콜릿, 또는 즐레 등으로 글라사주를 입힐 때 다른 색깔의 글라사주를 불규칙하게 섞어 마블링 무늬를 내주다.
- 푀유타주의 데트랑프 반죽에서 버터가 균일하게 분포되지 않았을 때 일어나는 현상.

MASQUER 마스케

씌우다, 가리다. 케이크를 크림이나 아몬드 페이스트, 녹인 초콜릿 등으로 안이 보이지 않게 씌워 장식하다. 케이크에 버터크림, 마지판, 가나슈 등을 얇고 균일하게 발라 씌우다. 이 작업은 안의 케이크를 덮어 가리는 효과뿐 아니라 표면을 최대한 매끄럽게 마감해 마지막 아이싱 데커레이션 등을 올리기에 좋은 상태를 만들어준다.

MASSE 마스

파티스리나 당과류 제조에 들어가는 밀도가 쫀쫀한 높은 반죽.

MASSER 마세

시럽 등의 익힌 설탕을 굳게 하다, 결정화하다.

MERINGUER 므랭게

- 달걀흰자의 거품을 올릴 때 설탕을 여러 번에 나누어 넣어 알갱이가 생기는 것을 방지하다.
- 케이크 등의 디저트를 머랭으로 장식하다.

MOUILLURE 무이위르

적심용 물. 냄비 안쪽을 닦는 용도의 붓에 물을 묻히거나, 갈레트 표면에 줄무늬를 낼 포크를 담글 용으로 준비된 물을 넣어둔 용기.

N

NAPPE 나프

'cuire à la nappe' 참조.

NAPPER 나페

차갑거나 따뜻한 반액체 상태의 혼합물을 넉넉히 끼얹어 씌우다. 물결처럼 직접 붓거나 손동작을 이용해서, 또는 스푼을 사용하여 끼얹는다. 과일의 경우 붓을 사용해 입히기도 한다.

P

PANADE 파나드

슈 반죽을 만들 때 물, 밀가루, 소금과 지방을 넣어 섞은 혼합물. 달걀을 넣기 전 단계까지의 혼합물 상태를 말한다.

PARER 파레

원재료의 상태에서 필요 없는 부분, 먹지 못하는 부분, 또는 보기에 안 좋은 부분 등을 잘라내 다듬다.

PASTEURISATION 파스퇴리자시옹
- 파스퇴리제이션. 식품의 성질에 따라 100℃ 이하의 온도에서 데우고 급속히 식히는 과정에서 일어나는 열처리 과정으로 병원균을 사멸시켜 식품의 보존성을 높이는 방법.
- 저온 멸균 : 60~65℃에서 30분간
- 고온 멸균 : 80~85℃에서 3분간
- 가속 멸균 : 92~95℃에서 1초간
- 급속 냉각 : 4~6℃

PÂTON 파통
푀유타주나 크루아상 반죽을 만들 때 데트랑프 안에 푀유타주 버터(beurre de tourage)를 넣은 것.

PÉTRIR 페트리르
반죽하다. 밀가루를 포함한 여러 재료를 섞어 치대고 혼합하여 탄성이 있는 균일한 반죽을 만들다.

PINCER 팽세
타르트 시트 가장자리에 손가락이나 파티스리용 핀처로 집어 빙 둘러 무늬를 내주다. 이것은 장식의 효과뿐 아니라 시트가 고루 부풀게 하는 데도 도움을 준다.

PIQUER 피케
밀대로 민 푀유타주 반죽, 타르트 시트 등에 칼끝이나 포크 또는 펀칭 롤러를 사용하여 구멍을 찍어주다. 오븐에 초벌로 익히는 동안 너무 부풀어 오르거나 수축되는 것을 방지할 수 있다. 단, 플랑과 같이 시트 안에 액체로 된 필링을 넣어주는 경우는 구멍을 내지 않는다.

POINTAGE (PIQUAGE) 푸앵타주(피카주)
1차 발효. 생 이스트를 넣은 반죽이 발효되도록 휴지시키는 첫 번째 단계로 반죽과 성형 과정 사이에 향을 고정시키는 효과가 있다. 성형에 이어서 두 번째 발효 과정(apprêt)이 뒤따른다.

POUSSE 푸스
생 이스트, 베이킹파우더 또는 혼합물의 성분이 활성화 됨에 따라 오븐에서 빵이 부푸는 현상.

PUNCHER 퐁셰
술 또는 리큐어 등의 알코올을 넣은 시럽을 붓으로 발라 적시다(imbiber 참조).

R

RABATTRE (ROMPRE) 라바트르(롱프르)
반죽을 펀칭하다. 1차 발효를 마친 반죽을 접어 누르기를 여러 번 반복하여 발효 중 생성된 공기를 빼주는 작업으로 이 과정을 마치면 다시 발효가 일어난다.

RAYER 레이예
갈레트 등의 디저트 표면에 달걀물을 바른 다음 굽기 전에 칼끝으로 곡선형의 줄무늬 또는 원하는 장식 문양을 내주다.

RESSUAGE 르쉬아주
습기 제거하기. 오븐에 구워낸 뒤 꺼낸 반죽은 그 안의 증기가 식으면서 습기가 생긴다. 식힘망 위에 올려두면 축축해지지 않고 겉은 바삭하며 속은 말랑한 상태를 유지할 수 있다.

ROGNURES 로뉘르
푀유타주 등의 반죽 시트를 틀에 앉힌 뒤 가장자리에 남는 부분이나 모양을 자르고 남은 자투리 부분.

RUBAN 뤼방
크림 등을 거품기나 주걱으로 충분히 저어 혼합해 들어올렸을 때 띠 모양으로 접히며 흘러내리는 농도가 된 상태를 말한다.

S

SABLER 사블레
버터와 밀가루를 손가락으로 섞어 모래와 같이 부슬부슬한 질감으로 반죽하다.

SANGLER 상글레
아이스 디저트 혼합물을 틀에 넣을 때 빨리 굳게 하기 위해서 잘게 부순 얼음과 소금을 넣은 용기에 넣고 작업하다.
- 혼합물을 아이스크림 메이커에 또는 냉장고에 넣어 냉각시키다.
- 사용하기 전에 용기를 미리 냉동실에 넣어두다.

SERRER 세레
- 이스트를 넣어 발효시킨 반죽을 눌러 공기를 빼주다. 반죽을 펀칭하다.
- 거품기로 휘핑할 때 마지막에 더욱 세게 돌려 더 단단한 질감을 만들다.
- 발효 반죽의 밀도를 아주 쫀쫀하게 만들다.

T

TABLER (METTRE AU POINT) 타블레(메트르 오 푸앵)
녹인 커버처 초콜릿을 대리석 작업대 위에 쏟아 놓고 태블릿 몰드에 넣어 굳히기 전에 스크레이퍼로 긁어모아 섞는 작업을 여러 번 반복하여 템퍼링하다.

TAMISER 타미제
가루로 된 원재료를 체에 쳐 불순물과 뭉친 알갱이 등을 제거하다.

TANT POUR TANT 탕 푸르 탕
슈거파우더 또는 정백당과 아몬드가루를 동량으로 혼합한 것.

TOURER 투레
푀유타주를 접어 밀다. 푀유타주 반죽을 얇게 직사각형으로 길게 민 다음 3절 접기 또는 4절 접기로 접어 민다.

V

VANNER 바네
- 크림이나 혼합물, 즐레 등을 주걱이나 거품기로 균일하게 저어 표면에 막이 생기는 것을 막아주다.
- 크림이 분리되거나 눌어붙지 않게 저어준다.

찾아보기

셰프의 레시피 찾아보기 (LEVEL 3)

감사의 글

사진작가 니나 누라(Nina Nurra)는 감사의 말을 전합니다!
함께 일하는 동안 뛰어난 재능과 샘솟는 아이디어를 보여주었고 언제나 기분 좋은
분위기를 만들어준 스테비(Stévy), 카를로스(Carlos), 에두아르(Edouard)에게 깊은
감사의 말을 전합니다. 그들 덕에 그나마 이 '어마무시'한 프로젝트를 즐겁게 완성할 수
있었죠. 아울러 레지스(Régis), 클로드(Claude), 알랭(Alain), 브뤼노(Bruno)를
비롯한 에콜 페랑디 파리(FERRANDI Paris)의 파티스리 셰프들에게,
엄청난 드림팀의 어시스턴트로 훌륭하게 임무를 다해준, 미래가 촉망되는 예리한 감각의
젊은 파티시에 알리리안(Allyriane)에게, 언제나 친절하고도 프로페셔널한 꼼꼼함으로
사진 촬영 코디네이션 작업을 완벽하게 진행해준 오드리(Audrey)에게, 가까이서
혹은 간접적으로나마 이 프로젝트에 참여한 에콜 페랑디 학생들 리상드라(Lisandra),
리사(Lisa), 마고(Margot), 오렐리엥(Aurélien), 상드린(Sandrine), 알바(Alba),
플로랑(Florent)에게도 진심 어린 고마움을 전합니다.
혹 잊은 이름이 있다면 너그러운 용서를 바랍니다.
한결같이 나를 믿고 인내해준 클레리아(Clélia)와 플로랑스(Florence)에게도
마음으로부터 깊은 감사의 말을 전합니다.
마지막으로 장비 제공을 비롯해 모든 지원을 아끼지 않은 Multiblitz와 MMF Pro
측에게도 정말 고맙다는 말씀을 드리고 싶어요.

편집부는 감사의 말을 전합니다!
최고의 책을 만든다는 공통의 목표를 가지고 지난 일 년간 함께 작업한 모든
팀원들에게, 소중한 레시피 작성과 사진 촬영에 협조해준 에콜 페랑디 파리의 모든
교수진과 학생들에게, 꼼꼼하고 철저하게 하나부터 열까지 챙기며 한결같은 도움을
준 오드리 자네(Audrey Janet)에게, 자신들의 내공 있는 노하우와 지식, 테크닉을
공유해준 많은 객원 셰프들에게도 깊은 감사의 말씀을 드립니다.
재능 있는 사진작가 니나 누라, 그래픽 디자인의 달인 알리스 르로이(Alice Leroy),
책임 편집자 에스테렐 파야니(Esterelle Payany), 노련한 자문을 담당해준 줄리
르로이(Julie Leroy), 소중한 도움과 지원을 아끼지 않은 데보라 슈와르츠(Déborah
Schwarz), 책이 무사히 출간될 수 있도록 인내와 꾸준함과 친절함으로 여러 면에서
도움을 준 클레리아 오지에 라퐁텐(Clélia Ozier-Lafontaine)을 비롯한 모든 출판부
팀원들에게 진심으로 감사의 인사를 드립니다.

여러 기기와 장비를 협찬해준 **Marine Mora et Matfer Bourgeat** 에도 감사의
말씀을 전합니다.
9 rue du Tapis Vert - 93260 Les Lilas
01 43 62 60 40
www.matferbourgeat.com